战略性新兴领域"十四五"高等教育系列教材

二氧化碳地质封存与监测

主　　编　彭苏萍　师素珍　王绍清
副主编　张力为　姚艳斌　郑　晶　卢勇旭
参　　编　许　浩　杨　柳　蔡建超　黄亚平　赵惊涛　刘淑琴

机械工业出版社
CHINA MACHINE PRESS

本书在阐述二氧化碳地质封存相关概念和封存机理的基础上，详细介绍了二氧化碳地质封存的数值模拟、选址指标体系、地球物理监测方法、潜力及风险评估，并分析了国内外典型项目案例。本书内容丰富，结构清晰，注重理论与实践的结合，同时融入课程思政元素，引导读者逐步深入学习，从而全面掌握二氧化碳地质封存与监测的相关技术。

本书可作为碳储科学与工程及其相关专业的教材，也可供从事二氧化碳地质封存与监测的工作人员以及对本专业感兴趣的读者参考。

本书配有教学大纲、授课PPT、课后题参考答案、视频、知识图谱等教学资源，免费提供给选用本书的授课教师，需要者请登录机械工业出版社教育服务网（www.cmpedu.com），注册后下载。

图书在版编目（CIP）数据

二氧化碳地质封存与监测 / 彭苏萍，师素珍，王绍清主编. -- 北京：机械工业出版社，2024.12.

(战略性新兴领域"十四五"高等教育系列教材).

ISBN 978-7-111-77597-3

I. O613.71；X831

中国国家版本馆 CIP 数据核字第 2024QK3404 号

机械工业出版社（北京市百万庄大街22号　邮政编码100037）
策划编辑：李　帅　　　　　责任编辑：李　帅　于伟蓉
责任校对：王荣庆　李　杉　　封面设计：马若漾
责任印制：常天培
河北虎彩印刷有限公司印刷
2024年12月第1版第1次印刷
184mm×260mm・18.5印张・431千字
标准书号：ISBN 978-7-111-77597-3
定价：68.00元

电话服务　　　　　　　　网络服务
客服电话：010-88361066　　机　工　官　网：www.cmpbook.com
　　　　　010-88379833　　机　工　官　博：weibo.com/cmp1952
　　　　　010-68326294　　金　书　网：www.golden-book.com
封底无防伪标均为盗版　　　机工教育服务网：www.cmpedu.com

系列教材编审委员会

顾　　　问：谢和平　彭苏萍　何满潮　武　强　葛世荣
　　　　　　陈湘生　张锁江
主 任 委 员：刘　波
副主任委员：郭东明　王绍清
委　　　员：（排名不分先后）
　　　　　　刁琰琰　马　妍　王建兵　王　亮　王家臣
　　　　　　邓久帅　师素珍　竹　涛　刘　迪　孙志明
　　　　　　李　涛　杨胜利　张明青　林雄超　岳中文
　　　　　　郑宏利　赵卫平　姜耀东　祝　捷　贺丽洁
　　　　　　徐向阳　徐　恒　崔　成　梁鼎成　解　强

丛书序一

面对全球气候变化日益严峻的形势，碳中和已成为各国政府、企业和社会各界关注的焦点。早在 2015 年 12 月，第二十一届联合国气候变化大会上通过的《巴黎协定》首次明确了全球实现碳中和的总体目标。2020 年 9 月 22 日，习近平主席在第七十五届联合国大会一般性辩论上，首次提出碳达峰新目标和碳中和愿景。党的二十大报告提出，"积极稳妥推进碳达峰碳中和"。围绕碳达峰碳中和国家重大战略部署，我国政府发布了系列文件和行动方案，以推进碳达峰碳中和目标任务实施。

2023 年 3 月，教育部办公厅下发《教育部办公厅关于组织开展战略性新兴领域"十四五"高等教育教材体系建设工作的通知》（教高厅函〔2023〕3 号），以落实立德树人根本任务，发挥教材作为人才培养关键要素的重要作用。中国矿业大学（北京）刘波教授团队积极行动，申请并获批建设未来产业（碳中和）领域之一系列教材。为建设高质量的未来产业（碳中和）领域特色的高等教育专业教材，融汇产学共识，凸显数字赋能，由 63 所高等院校、31 家企业与科研院所的 165 位编者（含院士、教学名师、国家千人、杰青、长江学者等）组成编写团队，分碳中和基础、碳中和技术、碳中和矿山与碳中和建筑四个类别（共计 14 本）编写。本系列教材集理论、技术和应用于一体，系统阐述了碳捕集、封存与利用、节能减排等方面的基本理论、技术方法及其在绿色矿山、智能建造等领域的应用。

截至 2023 年，煤炭生产消费的碳排放占我国碳排放总量的 63% 左右，据《2023 中国建筑与城市基础设施碳排放研究报告》，全国房屋建筑全过程碳排放总量占全国能源相关碳排放的 38.2%，煤炭和建筑已经成为碳减排碳中和的关键所在。本系列教材面向国家战略需求，聚焦煤炭和建筑两个行业，紧跟国内外最新科学研究动态和政策发展，以矿业工程、土木工程、地质资源与地质工程、环境科学与工程等多学科视角，充分挖掘新工科领域的规律和特点、蕴含的价值和精神；融入思政元素，以彰显"立德树人"育人目标。本系列教材突出基本理论和典型案例结合，强调技术的重要性，如高碳资源的低碳化利用技术、二氧化碳转化与捕集技术、二氧化碳地质封存与监测技术、非二氧化碳类温室气体减排技术等，并列举了大量实际应用案例，展示了理论与技术结合的实践情况。同时，邀请了多位经验丰富的专家和学者参编和指导，确保教材的科学性和前瞻性。本系列教材力求提供全面、可持续的解决方案，以应对碳排放、减排、中和等方面的挑战。

本系列教材结构体系清晰，理论和案例融合，重点和难点明确，用语通俗易懂；融入了编写团队多年的实践教学与科研经验，能够让学生快速掌握相关知识要点，真正达到学以致用的效果。教材编写注重新形态建设，灵活使用二维码，巧妙地将微课视频、模拟试卷、虚拟结合案例等应用样式融入教材之中，以激发学生的学习兴趣。

本系列教材凝聚了高校、企业和科研院所等编者们的智慧，我衷心希望本系列教材能为从事碳排放碳中和领域的技术人员、高校师生提供理论依据、技术指导，为未来产业的创新发展提供借鉴。希望广大读者能够从中受益，在各自的领域中积极推动碳中和工作，共同为建设绿色、低碳、可持续的未来而努力。

谢和平

中国工程院院士

深圳大学特聘教授

2024 年 12 月

丛书序二

2015年12月，第二十一届联合国气候变化大会上通过的《巴黎协定》首次明确了全球实现碳中和的总体目标，"在本世纪下半叶实现温室气体源的人为排放与汇的清除之间的平衡"，为世界绿色低碳转型发展指明了方向。2020年9月22日，习近平主席在第七十五届联合国大会一般性辩论上宣布，"中国将提高国家自主贡献力度，采取更加有力的政策和措施，二氧化碳排放力争于2030年前达到峰值，努力争取2060年前实现碳中和"，首次提出碳达峰新目标和碳中和愿景。2021年9月，中共中央、国务院发布《中共中央 国务院关于完整准确全面贯彻新发展理念做好碳达峰碳中和工作的意见》。2021年10月，国务院印发《2030年前碳达峰行动方案》，推进碳达峰碳中和目标任务实施。2024年5月，国务院印发《2024—2025年节能降碳行动方案》，明确了2024—2025年化石能源消费减量替代行动、非化石能源消费提升行动和建筑行业节能降碳行动具体要求。

党的二十大报告提出，"积极稳妥推进碳达峰碳中和""推动能源清洁低碳高效利用，推进工业、建筑、交通等领域清洁低碳转型"。聚焦"双碳"发展目标，能源领域不断优化能源结构，积极发展非化石能源。2023年全国原煤产量47.1亿t、煤炭进口量4.74亿t，2023年煤炭占能源消费总量的占比降至55.3%，清洁能源消费占比提高至26.4%，大力推进煤炭清洁高效利用，有序推进重点地区煤炭消费减量替代。不断发展降碳技术，二氧化碳捕集、利用及封存技术取得明显进步，依托矿山、油田和咸水层等有利区域，降碳技术已经得到大规模应用。国家发展改革委数据显示，初步测算，扣除原料用能和非化石能源消费量后，"十四五"前三年，全国能耗强度累计降低约7.3%，在保障高质量发展用能需求的同时，节约化石能源消耗约3.4亿t标准煤、少排放CO_2约9亿t。但以煤为主的能源结构短期内不能改变，以化石能源为主的能源格局具有较大发展惯性。因此，我们需要积极推动能源转型，进行绿色化、智能化矿山建设，坚持数字赋能，助力低碳发展。

联合国环境规划署指出，到2030年若要实现所有新建筑在运行中的净零排放，建筑材料和设备中的隐含碳必须比现在水平至少减少40%。据《2023中国建筑与城市基础设施碳排放研究报告》，2021年全国房屋建筑全过程碳排放总量为40.7亿t CO_2，占全国能源相关碳排放的38.2%。建材生产阶段碳排放17.0亿t CO_2，占全国的16.0%，占全过程碳排放的41.8%。因此建筑建造业的低能耗和低碳发展势在必行，要大力发展节能低碳建筑，优化建筑用能结构，推行绿色设计，加快优化建筑用能结构，提高可再生能源使用比例。

面对新一轮能源革命和产业变革需求，以新质生产力引领推动能源革命发展，近年来，中国矿业大学（北京）调整和新增新工科专业，设置全国首批碳储科学与工程、智能采矿工程专业，开设新能源科学与工程、人工智能、智能建造、智能制造工程等专业，积极响应未来产业（碳中和）领域人才自主培养质量的要求，聚集煤炭绿色开发、碳捕集利用与封存等领域前沿理论与关键技术，推动智能矿山、洁净利用、绿色建筑等深度融合，促进相关学科数字化、智能化、低碳化融合发展，努力培养碳中和领域需要的复合型创新人才，为教育强国、能源强国建设提供坚实人才保障和智力支持。

为此，我们团队积极行动，申请并获批承担教育部组织开展的战略性新兴领域"十四五"高等教育教材体系建设任务，并荣幸负责未来产业（碳中和）领域之一系列教材建设。本系列教材共计14本，分为碳中和基础、碳中和技术、碳中和矿山与碳中和建筑四个类别，碳中和基础包括《碳中和概论》《碳资产管理与碳金融》和《高碳资源的低碳化利用技术》，碳中和技术包括《二氧化碳转化原理与技术》《二氧化碳捕集原理与技术》《二氧化碳地质封存与监测》和《非二氧化碳类温室气体减排技术》，碳中和矿山包括《绿色矿山概论》《智能采矿概论》《矿山环境与生态工程》，碳中和建筑包括《绿色智能建造概论》《绿色低碳建筑设计》《地下空间工程智能建造概论》和《装配式建筑与智能建造》。本系列教材以碳中和基础理论为先导，以技术为驱动，以矿山和建筑行业为主要应用领域，加强系统设计，构建以碳源的降、减、控、储、用为闭环的碳中和教材体系，服务于未来拔尖创新人才培养。

本系列教材从矿业工程、土木工程、地质资源与地质工程、环境科学与工程等多学科融合视角，系统介绍了基础理论、技术、管理等内容，注重理论教学与实践教学的融合融汇；建设了以知识图谱为基础的数字资源与核心课程，借助虚拟教研室构建了知识图谱，灵活使用二维码形式，配套微课视频、模拟试卷、虚拟结合案例等资源，凸显数字赋能，打造新形态教材。

本系列教材的编写，组织了63所高等院校和31家企业与科研院所，编写人员累计达到165名，其中院士、教学名师、国家千人、杰青、长江学者等24人。另外，本系列教材得到了谢和平院士、彭苏萍院士、何满潮院士、武强院士、葛世荣院士、陈湘生院士、张锁江院士、崔愷院士等专家的无私指导，在此表示衷心的感谢！

未来产业（碳中和）领域的发展方兴未艾，理论和技术会不断更新。编撰本系列教材的过程，也是我们与国内外学者不断交流和学习的过程。由于编者们水平有限，教材中难免存在不足或者欠妥之处，敬请读者不吝指正。

刘波

教育部战略性新兴领域"十四五"高等教育教材体系
未来产业（碳中和）团队负责人
2024年12月

前　言

随着全球气候变化的加剧，人类社会正面临着前所未有的挑战。其中，二氧化碳等温室气体的大量排放是导致全球变暖和极端气候事件频发的主要原因之一。为了应对这一严峻形势，国际社会已经采取了一系列减排措施，包括提高能源效率、发展可再生能源、推广电动汽车等。然而，尽管这些努力取得了一定成效，但全球温室气体排放量仍然居高不下，迫切需要寻找更有效的解决方案。在此背景下，二氧化碳地质封存技术应运而生，它是一种将工业生产过程中产生的二氧化碳捕获并永久封存于地下地质构造中的方法。该技术的核心目标是阻止二氧化碳进入大气，从而减缓全球变暖的速度。地质封存可以发生在多种地质环境中，如枯竭的油气田、深层咸水层、不可开采的煤层等。这些地质结构具有天然的封闭性，能够有效地隔离和封存二氧化碳。

本书全面系统地介绍二氧化碳地质封存的基本理论、封存机理、数值模拟、选址指标体系、地球物理监测方法、潜力及风险评估，最后分析了一些国内外典型项目案例。本书在编写过程中融入了编者多年的科研经验、科研成果和对新技术成果发展的理解，保证内容先进性的同时，注重课程思政元素的融入，旨在帮助学生技术与思想全方位发展。通过对本书的阐述，希望能够为碳储科学与工程、石油工程及地质类专业的师生提供一本高质量的教材，为从事二氧化碳地质封存研究的科研人员、工程师以及政策制定者提供一本全面、深入、实用的参考书籍。

本书共分为8章，内容涵盖了二氧化碳地质封存的各个方面。第1章为绪论，由师素珍和王绍清共同编写，介绍了二氧化碳地质封存的概念、背景及国内外二氧化碳封存工程概况，为读者介绍了全面的背景知识；第2~4章深入探讨了二氧化碳地质封存的理论基础、多相多场耦合理论、封存机理以及数值模拟方法，由姚艳斌、王绍清、刘淑琴、许浩、杨柳和蔡建超共同编写，为读者揭示了二氧化碳地质封存的科学原理；第5~7章详细介绍了二氧化碳地质封存的选址指标体系、地球物理监测方法、潜力及风险评估，由师素珍、黄亚平、郑晶、卢勇旭、赵惊涛和张力为共同编写，为读者提供了实施二氧化碳地质封存项目的关键技术和方法；第8章为国内外二氧化碳地质封存典型项目案例分析，由郑晶、师素珍编写，通过对国内外典型项目案例的拆解，展示了二氧化碳地质封存技术的实际应用效果。全书由彭苏萍负责组织编写、内容策划与统稿，师素珍协助完成全书统稿。

为求内容的科学性、先进性、实用性以及切实反映国外、国内的进展，本书编写过程中参考了大量的文献，在此谨对这些文献的作者深表谢意。此外，我们衷心感谢所有参与本书编写的专家学者，他们的辛勤工作和宝贵意见是本书得以完成的重要保障。我们也期待读者能够从本书中获得启发和帮助，共同为实现碳中和目标、保护地球环境贡献力量。

  由于编者时间和水平所限，所述内容、图文不妥在所难免，敬请使用本书的师生及其他读者批评指正。

编者

目　录

丛书序一

丛书序二

前言

第1章　绪　论　/ 1

  1.1　二氧化碳地质封存概念　/ 1

  1.2　二氧化碳地质封存背景　/ 6

  1.3　国外二氧化碳地质封存概况　/ 8

  1.4　国内二氧化碳地质封存概况　/ 10

  思考题　/ 13

第2章　二氧化碳地质封存理论基础　/ 14

  2.1　二氧化碳混合流体基础物性　/ 14

  2.2　物性影响　/ 34

  2.3　封存方式　/ 38

  2.4　多相多场耦合理论　/ 42

  思考题　/ 50

第3章　不同类型下的二氧化碳地质封存机理　/ 51

  3.1　深部煤层超临界二氧化碳封存机理研究　/ 51

  3.2　深部油气藏超临界二氧化碳封存机理研究　/ 58

  3.3　深部咸水层超临界二氧化碳封存机理研究　/ 65

  3.4　煤炭地下气化耦合二氧化碳封存　/ 71

  思考题　/ 85

第4章　二氧化碳地质封存数值模拟　/ 86

  4.1　注二氧化碳提高煤层气采收率数值模拟　/ 86

4.2　注二氧化碳提高石油采收率数值模拟　/　94
4.3　咸水层二氧化碳地质封存数值模拟　/　99
4.4　多孔介质多相渗流仿真的建模与应用　/　103
思考题　/　114

第 5 章　二氧化碳地质封存选址指标体系　/　115

5.1　二氧化碳地质封存选址流程　/　115
5.2　二氧化碳地质封存选址指标　/　126
5.3　目标靶区评价指标体系　/　139
思考题　/　153

第 6 章　二氧化碳地质封存地球物理监测　/　154

6.1　二氧化碳地质封存地震监测　/　155
6.2　二氧化碳地质封存测井监测　/　177
6.3　二氧化碳地质封存电磁监测　/　188
6.4　二氧化碳时移微重力监测　/　198
思考题　/　205

第 7 章　二氧化碳地质封存潜力及风险评估　/　206

7.1　二氧化碳地质封存潜力评估　/　206
7.2　二氧化碳地质封存风险评估　/　209
思考题　/　218

第 8 章　国内外二氧化碳地质封存典型项目案例分析　/　219

8.1　国外典型二氧化碳地质封存案例分析　/　219
8.2　我国典型二氧化碳地质封存案例分析　/　230
思考题　/　246

附　录　/　247

附录 A　纯二氧化碳密度值　/　247
附录 B　纯二氧化碳黏度值　/　248
附录 C　二氧化碳地质封存选址指标　/　249

参考文献　/　275

第 1 章 绪 论

学习要点

- 掌握 CO_2 地质封存的概念。
- 了解 CO_2 地质封存的背景，熟悉我国针对 CO_2 封存出台的相关政策。
- 了解目前国内外 CO_2 地质封存的工程概况。

燃烧石油、天然气和煤炭等化石燃料发电会排放大量的 CO_2，这是气候变化的主要驱动因素，会对全球产生持续而深刻的影响。2023 年召开的《联合国气候变化框架公约》第二十八次缔约方大会（COP28）对《巴黎协定》实施情况进行了首次全球盘点。作为世界上最大的发展中国家，我国加入《巴黎协定》以来，克服自身经济、社会等方面的困难，实施了一系列应对气候变化战略、措施和行动，参与全球气候治理，应对气候变化取得了积极成效。CO_2 地质封存是指通过工程技术手段将捕集的 CO_2 封存于深部地质构造中，实现与大气长期隔绝的过程。在不可能完全放弃化石能源的条件下，碳捕集、利用与封存技术作为碳中和技术组合不可或缺的组成部分，是实现《巴黎协定》温控目标的关键技术手段和托底技术保障。

1.1 二氧化碳地质封存概念

碳捕集、利用与封存（Carbon Capture，Utilization and Storage，简称为 CCUS）技术是指通过工程技术手段将从碳排放工业源捕集的 CO_2 直接注入地下 800~3500m 深度范围内的地质构造中，通过一系列的岩石物理束缚、溶解和矿化作用，将 CO_2 封存在不可开采的煤层、深部咸水层和枯竭油气田等地质体中，利用地质条件生产或强化能源、资源开采，实现 CO_2 与大气长期或永久隔绝的过程。CCUS 技术是减少化石能源消费 CO_2 排放的关键技术，也被认为是中国未来减少 CO_2 排放、保障能源安全以及实现可持续发展的重要手段。CCUS 技术包括 CO_2 捕集、运输、地质封存与利用等关键技术环节。其中，CO_2 地质封存与利用是 CCUS 技术的核心组成部分，决定了其发展潜力和方向，是可预见未来实现大规模碳去除的有效方式。

CO_2 地质封存方式包括 CO_2 驱替煤层气封存（CO_2 Enhanced Coal Bed Methane Recovery，简称为 CO_2-ECBM）、CO_2 驱油封存（CO_2 Enhanced Oil Recovery，简称为 CO_2-EOR）和 CO_2 咸水层封存等。整体看来，几种主要的地质封存方式中，咸水层的封存潜力最大，可以满足最大规模的碳封存；油气藏封存的工程实践最多、经济性最好，并已初步实现商业化，国内项目规模可达到 100 万 t/年；深部煤层封存，我国也已实施多个工程示范项目，不过目前注入规模比油气藏封存小得多，单体项目 CO_2 注入量不超过 5000t，但其安全性最高，同时源汇匹配条件和经济性好，具有开展大规模地质封存的前景。

1.1.1 CO_2 驱替煤层气封存

CO_2-ECBM（图 1-1）是指将压缩后的 CO_2 或含 CO_2 的混合气体注入深部不可采煤层中，在实现 CO_2 长期封存的同时强化煤层气开采的工业过程。CO_2 注入煤层后，由于煤对 CO_2 的吸附能力强于 CH_4，注入的 CO_2 会被煤体优先吸附实现长期封存，并置换吸附态 CH_4 为游离态。同时，CO_2 注入还会降低煤体中 CH_4 分压，加速 CH_4 解吸，游离态 CH_4 在注采压差作用下不断向采出井运移，从而提高煤层气采收率。

CO_2 驱替煤层气封存技术主要针对的是地下深部的不可采含气煤层，此类煤层顶板大多发育泥岩或页岩等非渗透性岩层，通过向煤层中注入 CO_2 驱替置换煤层裂隙或孔隙中赋存的煤层气，可以在封存 CO_2 的同时辅助采集

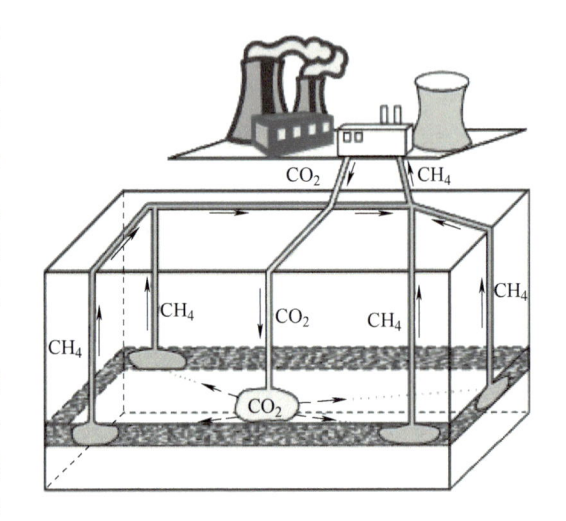

图 1-1 煤层 CO_2 封存示意图

煤层气，而开采煤层气产生的经济效益可以在一定程度上降低 CO_2 的封存成本。

煤层作为 CO_2 地质储层，具有两方面显著特征：一是在一定温度和压力作用下具有吸附和容纳气体的能力；二是由于煤层是一种典型的双重孔隙结构介质，包含原生孔隙（如微孔隙和间孔隙）和次生孔隙（如大孔隙和天然裂隙）两大系统，而煤层中大孔隙和裂隙的存在就具有允许气体流动的能力。因此，孔隙是煤层中 CO_2 的主要储集场所，而裂隙则是沟通孔隙与孔隙以及孔隙与裂隙的纽带，是煤层中 CO_2 运移的通道。

煤层中现有的游离和吸附的煤层气是在煤化作用、构造活动、埋藏演化史中经过多次吸附-解吸、扩散、渗透和运移后，在围限条件下动态平衡的产物。煤层气的开发，实质上就是煤层气的解吸动力学过程，就整个煤层气的地面开发而言，可以概括为解吸、扩散和渗透三个连续过程。实际上，CO_2 在煤层中地质封存过程可以简化为煤层气开采的逆过程，其核心机制是 CO_2 吸附及驱替 CH_4 的动力学过程。因此，不可开采煤层 CO_2 地质封存机理实质上主要是关于 CO_2 在煤层孔隙结构中吸附-解吸的作用机制。

煤层气的主要成分是 CH_4，煤层对 CO_2 的吸附能力约是对 CH_4 的吸附能力的 2 倍，CO_2-ECBM 技术利用煤层中 CO_2 与 CH_4 之间存在竞争吸附关系，注入的 CO_2 在通过竞争吸

附置换出 CH_4 的同时被封存于煤层之中。吸附是煤层封存 CO_2 的主要机制，也是煤层封存 CO_2 不同于其他封存技术的特点之一。

CO_2 注入煤层后，在煤层孔隙裂隙中混合的流体经扩散、渗流、竞争吸附、置换，驱替煤层中的 CH_4 气体，导致 CO_2 最终替换煤层孔隙裂隙中的 CH_4 分子，并以吸附态、游离态赋存于煤层的孔隙裂隙中。CO_2 驱替煤层气封存技术目前还尚未成熟，部分技术问题有待解决，还需要进一步研究，如注入 CO_2 会导致煤层渗透性降低，使 CO_2 无法继续注入。此外，不可采煤层的判定受特定时期经济和技术条件限制，随着经济技术的发展，不可采煤层可以转变为可采煤层，但是一旦注入 CO_2 未来就难以被重新开采利用了。

1.1.2 CO_2 油气藏封存

油气藏是封存 CO_2 的一个极佳选择，是目前最为成熟的封存技术之一。油气藏封存 CO_2 一般有两种情况。一种是枯竭的油气田封存，是指将 CO_2 以超临界流体的存在形式直接注入油气藏中。油气田长时间封闭油气，一般都具有良好的封闭性，数万年甚至百万年里油气都未泄漏，表明油气藏中封存 CO_2 具有很好的安全性与潜力。利用原有的油田技术设施也会对降低 CO_2 的封存成本与再建设成本，并不需要再勘探也减少了人力成本。另一种是 CO_2 驱油技术（CO_2-EOR 技术）。在提取原油或燃气的过程中，为提高采收率，会将 CO_2 以超临界流体的形式直接注入已开采的油气田中，CO_2 在高压条件下驱动原油的流动，促使原油流向井口，而 CO_2 封存于未能开采的原油与地下水体中。这种方式不仅提高了油气的采收率，也将 CO_2 封存在了油气田中。这两种 CO_2 封存的方式都称为油气藏封存 CO_2 技术。

枯竭的油藏是 CO_2 地质封存的首选场所，其优点表现在以下几个方面：

1）构造地层圈闭内的原油数百万年没有泄漏足以说明其地质构造的完整性和封存 CO_2 的安全性。

2）由于油藏的开发，储层的地质构造和物理特性已经充分掌握，有利于节省封存成本和提高安全性。

3）已建立的相应的计算机模拟模型可以预测地下 CO_2 的运移、驱替方式和封存机理。

4）已有的油井和井场基础设施有利于实施 CO_2 封存作业。

5）CO_2 不会影响枯竭油藏中原来已经存在的石油，而且如果油田还在生产，那么 CO_2 封存过程中还可以提高石油采收率。

CO_2-EOR 技术是指将 CO_2 注入油藏，利用其与原油的物理化学作用，使原油和油藏性质发生变化，实现提高原油采收率和封存 CO_2 双重目的的工业过程，是 CCUS 最受瞩目的方向之一。达到超临界状态的 CO_2，具有较强的溶解性和萃取能力。油田二次开采后，由于毛细作用，原油会部分残留在岩石缝隙间，同岩层中注入 CO_2 会引起原油体积膨胀、降低原油黏度、改善油水流度比、萃取轻质组分及混相效应等机理，提高原油采收率，增加原油产量。

通过常规的一次采油技术只能采出油藏中原始石油地质储量的 5%～40% 的原油，利用水驱等技术进行的二次采油可以增产占地质储量的 10%～20% 的原油，而通过应用注入 CO_2 进行驱油这种提高石油采收率的三次采油技术可以进一步提高采出地质储量的 7%～

23%（平均 13.2%）的原油。

向地下油气藏注入流体，增加地下流体压力，提高油气采收率的助采技术已经被广泛应用于油气开采行业，CO_2 替代常规注入流体驱替油气的技术不仅提高了油气采收率，同时也降低了 CO_2 地质封存的成本。CO_2 的注入可以弥补油气开采造成的储层压力下降，替换孔隙中的油气，在增加油气采收率的同时封存 CO_2。注入的 CO_2 与油气流体部分混合，提升油气流体的压力，降低其黏度，使油气更易于开采。在 CO_2 强化石油（天然气）开采封存的过程中，CO_2 大部分封存在地下的构造空间和束缚空间，一部分溶解于地下残余流体中，少部分矿化封存于地下岩石中，也有部分 CO_2 随着油气流被回采至地面。

利用 CO_2 提高石油采收率有多种方式。例如，连续注入 CO_2、CO_2 和水交替注入等。注入 CO_2 驱替原油过程同 CO_2 与原油混合物的相态特征有关，而这种相态特征又同油气藏的压力、温度和原油组分相关。对压力较低的油气藏，注入 CO_2 通过促使原油膨胀和降低原油黏度的机理来实现提高石油采收率，该过程称为非混相驱动提高石油采收率技术（图 1-2）。而对压力较高的油气藏，当地层压力高于最小混相压力时，注入 CO_2 会和油气藏中原油完全混合，进而实现提高石油采收率，该过程称为混相驱动提高石油采收率技术（图 1-3）。在应用 CO_2 提高石油采收率过程中，大约有 50%~67% 的注入 CO_2 会和原油一起被采出来。一般情况下，为了降低操作成本通常会把采出的 CO_2 从原油中分离出来再回注入地层中，实现 CO_2 再利用。最后，当油藏开采到没有经济价值时，CO_2 就会以各种方式圈闭在地层中实现地质封存。

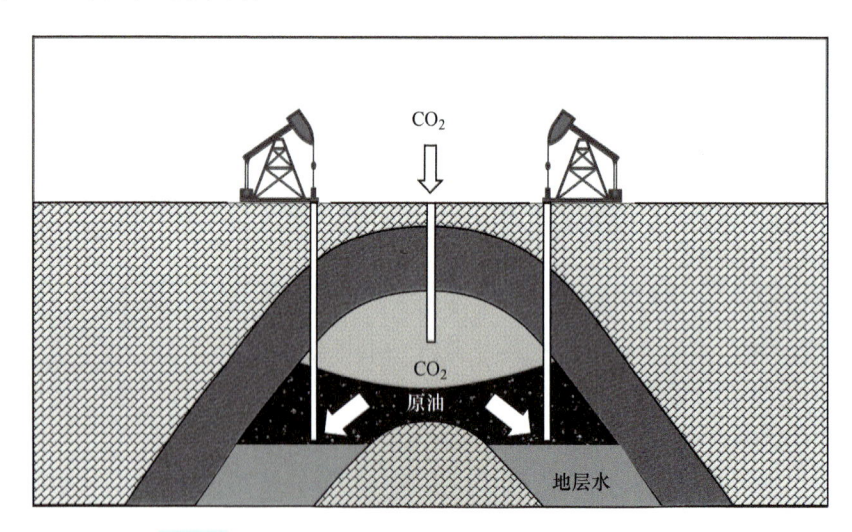

图 1-2　CO_2 提高石油采收率实现油气藏封存示意图

通常，适宜 CO_2 地质封存的油气藏要么已经枯竭，丧失经济开采能力，要么已经处于油田二次开发的晚期阶段。多数油田经过二次注水开发后，原油气储层的空间多被地下水或咸水充填，形成咸水层。因此，枯竭的油气藏 CO_2 地质封存与 CO_2 在深部咸水含水层中的封存条件较为相似。

由于油气藏是既有储层的 CO_2 封存，原有的油气储层已经得到验证，又具备较高的封存能力和较强的安全性，故不同于深部咸水含水层 CO_2 地质封存。因此，在油气藏中封存

CO_2，需要在油气勘探和开发的研究工作基础上，重新对储层沉积类型（如碎屑岩或碳酸盐岩）、储层埋深、厚度、三维几何形态和完整性以及储层的物性与非均质性进行评价，从而对 CO_2 封存能力做出客观、翔实的评价。

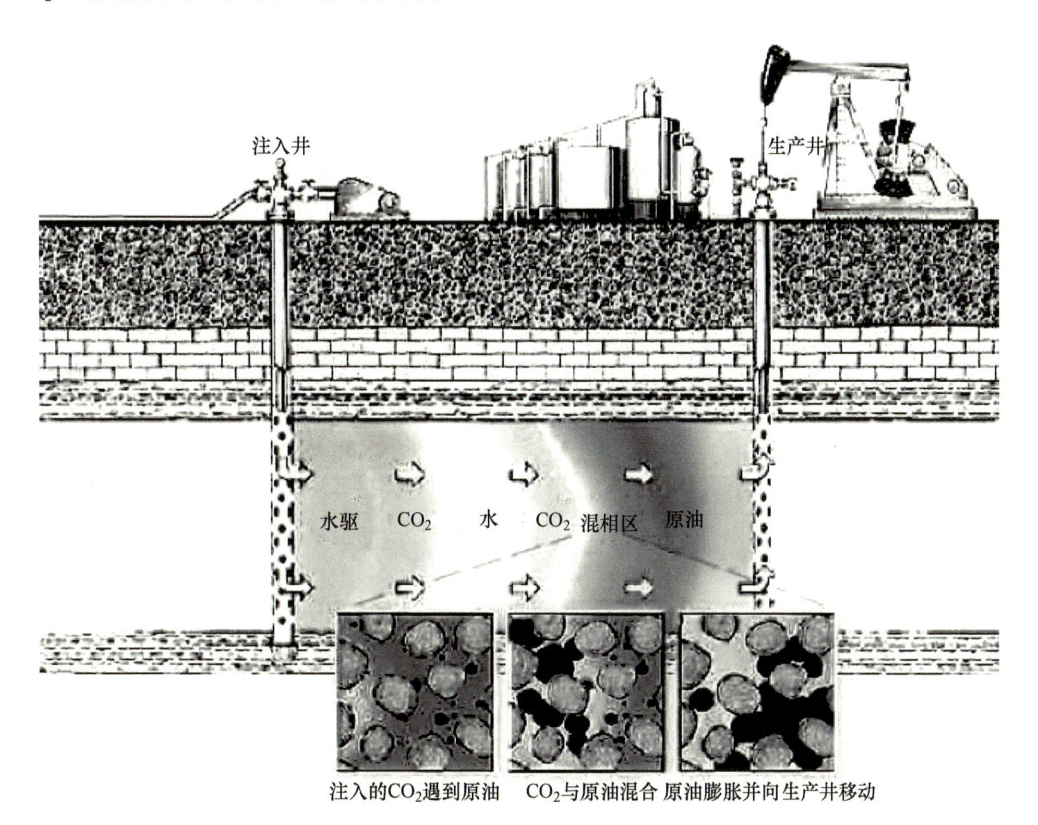

图 1-3　CO_2 和水混相驱动提高石油采收率示意图

1.1.3　CO_2 咸水层封存

CO_2 咸水层封存（图 1-4）是将加压后的高密度 CO_2 通过注入井注入咸水层中填充孔隙空间，以替代部分原生孔隙中的咸水，实现 CO_2 安全、稳定和长久封存的工业过程。在世界范围内，地下咸水层分布十分广泛，封存潜力十分巨大，被认为是封存 CO_2 相当可行的技术部署场所之一。

CO_2 地质封存机理可以分为两大类：物理封存和化学封存。其中，物理封存包括构造地层静态封存、束缚气封存和水动力封存；化学封存包括溶解封存和矿化封存。CO_2 注入初期，构造和地层圈闭起到主要作用；随着时间的推移，构造和水动力圈闭中的游离态的 CO_2 逐渐减少，取而代之的形式是束缚气封存和溶解封存，同时矿化封存机理也逐渐开始发挥作用。此外，即使上述机制无法捕获 CO_2，在某些有利条件下，地层内流体的流速较低，CO_2 流体运移到地表需要上百万年。大量 CO_2 可以通过这种方法被潜在封存，该方式称为流体动力封存机制。

咸水层 CO_2 封存技术充分利用了 CO_2 的超临界性质，CO_2 在超临界状态（即温度不低

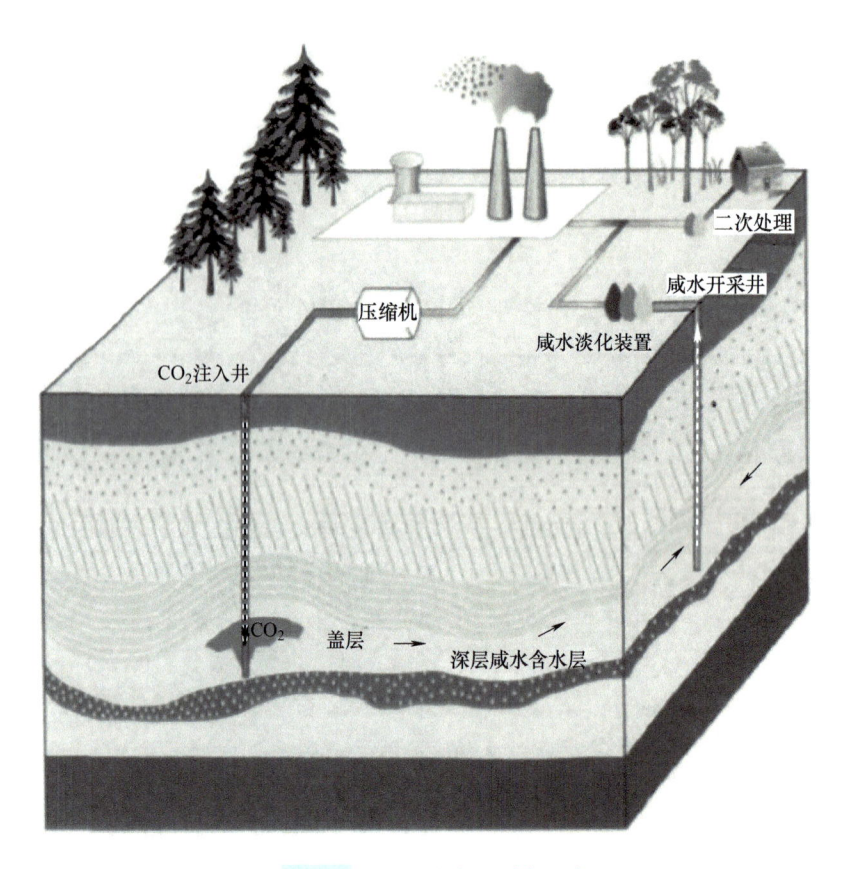

图 1-4 CO$_2$ 咸水层封存示意

于 31.1℃，压力不小于 7.38MPa）下会转变为一种超临界流体，此时的 CO$_2$ 具有像液体一样的高密度（约为标准大气压下密度的 80~400 倍）和像气体一样的流动性，能够在地层中大量迅速地运移并占据地层的孔隙或裂隙空间。超临界 CO$_2$ 在浮力作用下聚集在盖层底部，逐步充满整个储层空间，部分溶解在地层水中与离子、矿物等反应最终实现长期封存。

CO$_2$ 咸水层封存通过工程技术手段将主要来自于工业领域大型排放源捕集的 CO$_2$ 注入至适宜咸水层中，以实现其与大气长期隔绝的目的。适宜咸水层赋存深度一般在 800m 以下，矿化度一般介于 3~50g/L。

1.2　二氧化碳地质封存背景

随着工业化进程的飞速发展，全球资源的开发和利用不断加深，人类社会生产生活进步的同时，能源、生态及气候等问题开始暴露于大众视野。工业和科技的发展加剧了化石能源的消耗，造成以 CO$_2$ 为主的温室气体不断排放，打破了碳源排放与碳汇吸收之间的循环平衡。碳汇是指吸收大气中 CO$_2$ 的活动、过程或机制。自 21 世纪以来，全球的 CO$_2$ 排放量随着经济的繁荣而迅速增加（图 1-5），但人类活动导致碳源排放量远远超过地球系统本身的碳汇吸收能力。以 CO$_2$ 为代表的温室气体过度排放，导致全球平均气温不断升高（图 1-6），而全球气候变暖引发的诸如冰川消融、海平面上升、海水酸化、生态系统破坏等一系列极端高温气候事件，正在对自然生态环境产生重大影响，也对人类经济社会发展构成重大威胁。2023年全球平均气温比工业化前期气温（1850—1900年平均值）高出约1.45℃。1951—2020年，我国地表年平均气温每10年上升0.26℃，明显高于同期全球每10年上升0.15℃的平均水平。2021年联合国气候变化大会将"到本世纪末控制全球温度升高1.5℃"作为确保人类能够在地球上永续生存的目标之一，并全方位努力推动能源体系向化石能源低碳化、无碳化发展。减排温室气体CO_2应对气候变化逐渐成为国际共识，我国也将其作为实现煤炭等化石能源清洁利用的重要方法。

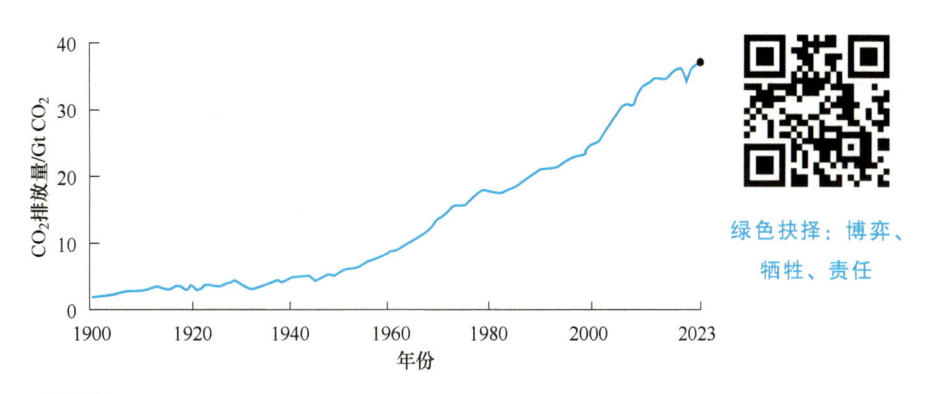

绿色抉择：博弈、牺牲、责任

图 1-5 1900—2023年全球能源相关CO_2排放量及其年度变化图

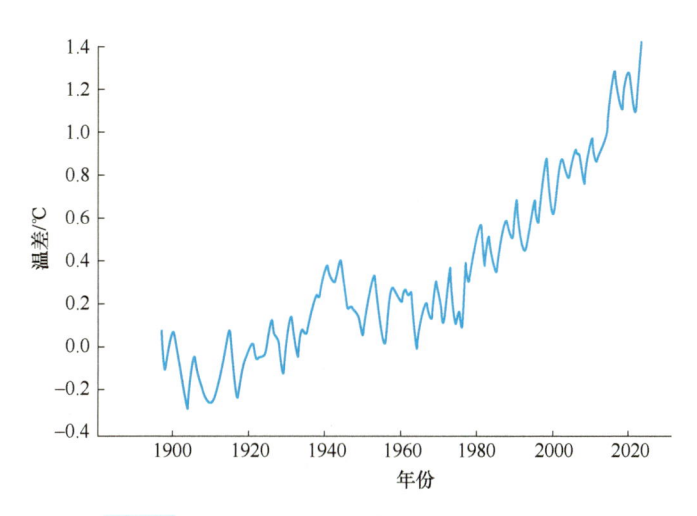

图 1-6 工业化前至今全球气温温差变化趋势图

碳封存是CO_2深度减排的重要途径。CO_2封存方式主要包括植被吸收、深部咸水层或油气藏地质封存、深海溶解、材料合成或矿化等，不同方式的封存潜力、实施难度和社会经济效益差别很大。2006年，专家首次提出碳捕集、利用与封存的概念，并建议近期CO_2减排必须与利用紧密结合，主要利用途径是CO_2强化采油和资源化利用。建议得到高度重视，我国政府通过国家自然科学基金、国家重点基础研究发展计划（"973"计划）、国家高技术研究发展计划（"863"计划）、国家科技支撑计划和国家重点研发计划、国家科技专项重大等支持了CCUS领域的基础研究、技术研发和工程示范等。全球变暖形势严峻，CCUS作为一项有望实现化石能源大规模低碳利用的新兴技术，是控制温室效应、实现人类社会可持续发展的重要技术选项。

按照封存地质构造和封存环境的差异主要有油气藏封存、不可采煤层封存、咸水层封存和海洋封存4种封存方式。油气藏封存CO_2又可细分为枯竭油气田封存和CO_2-EOR技术即CO_2驱油驱气封存，前者是充分利用枯竭的油气田注入超临界状态的CO_2，后者是利用超临界CO_2流体置换出油气藏的原油或燃气，该方法既实现了CO_2的封存，又提高了能源采收率，已比较成熟，成本低且能产生一定的经济效益。不可采煤层封存CO_2与CO_2驱油驱气原理类似，利用煤层对CO_2的吸附能力，驱替煤层里的甲烷气。深部咸水层封存是将CO_2输送到地下咸水层中，利用地层构造的封闭作用、盐水对CO_2的溶解作用、CO_2在岩石孔隙中的充填作用及CO_2溶解后与金属阳离子发生矿化反应实现长期封存，该方法安全有效且可行性高。海洋封存是利用海洋对CO_2的超强吸收能力实现CO_2的水柱封存、沉积物封存或生物封存。海洋封存虽然有着巨大的潜力，但与陆地封存对比，需要付出更多的技术和经济，且人工注入大量CO_2对海洋生态造成的巨大危害同样难以挽回。

我国的碳达峰、碳中和目标（简称为"双碳"目标），是CO_2排放力争于2030年前达到峰值，努力争取于2060年前实现碳中和。但从国外碳达峰、碳中和的过程来看，我国实现"双碳"目标的时间短、任务重、难度大。同时，我国作为煤炭生产和消费大国，以煤炭为主体的化石能源消费结构十分显著。《中国矿产资源报告（2023）》指出，2022年我国煤炭消费占一次能源消费总量的比重达56.2%，比重远高于其他化石能源（如石油占比17.9%、天然气占比8.4%）以及非化石能源（水电、核电、风电、太阳能发电等累计占比17.5%）。我国以化石能源为主的能源结构变革和能源替代仍需要时间，如何在避免能源结构过激调整、保障能源安全的前提下完成碳减排，实现能源结构从化石能源为主向可再生能源为主的平稳过渡，是我国"双碳"进程中需要面对重要挑战之一。

据《中国二氧化碳捕集利用与封存（CCUS）年度报告（2024）》统计，我国已投运或建设中的CO_2地质封存与利用项目已有23个，可实现年CO_2地质封存与利用量达百万吨以上。总体来看，我国CO_2地质封存与利用技术发展迅速，各项技术处于不同程度的室内研究和工业示范阶段，但CO_2地质封存与利用示范项目仍相对有限。国外已经实施的CO_2地质封存与利用示范项目中，单体最大项目年封存CO_2能力高达400万t，而我国单体最大的CO_2地质封存与利用示范项目是吉林油田的CO_2-EOR示范项目，年CO_2注入量仅80万t，CO_2封存利用能力较欧美发达国家存在较大差距。在技术层面上，我国地质条件复杂，如混相压力高、煤层渗透率较低、咸水层以陆相为主、储层非均质性强等，造成高安全性、大封存容量的CO_2封存场地选择困难，对CO_2注入技术要求较高，故而高效CO_2地质封存技术以及驱油、驱气、地热能开发技术等还有待攻关突破。

1.3 国外二氧化碳地质封存概况

随着工业技术的不断发展和能源的过度使用，温室效应日益严峻。为了缓解这一问题，国际社会正致力于开发和推广减少二氧化碳（CO_2）排放的先进技术。其中 CCUS 技术因其能够实现大规模化石能源的零碳排放利用而备受关注。全球范围内的 CCUS 项目数目逐步增多、规模逐步扩大，发展势头良好。

1.3.1 世界 CO_2-ECBM 工程概况

目前 CO_2-ECBM 技术并未十分成熟，世界范围内仍然处于先导性试验或者试验开采阶段，并未实现大规模的商业化开采，相关研究始于 20 世纪 90 年代的美国。1995—2001 年，美国伯灵顿资源公司在圣胡安盆地 Burlington Allison 区块首次开展了 CO_2-ECBM 工程试验，成功实施了煤层气多井联合开采，先后累计注入 33.6 万 t CO_2。随后，美国在圣胡安盆地的 Pump 峡谷 (2008 年)、伊利诺伊盆地的 Tanquary 农场 (2008 年)、阿巴拉契亚盆地中部的 Virginia (2009 年、2015 年)、阿巴拉契亚盆地北部的 Marshall (2009 年)、威利斯顿盆地 (2009 年)、黑武士盆地 (2010 年) 开展了 CO_2-ECBM 示范工程。美国是迄今为止进行场地试验最多、技术最先进的国家，加拿大、欧盟、日本等也相继开展了 CO_2-ECBM 实验室研究和先导性试验，见表 1-1。1998 年，加拿大先后在阿尔伯塔 Ferrn Big Valley 地区和 Alder Flats 地区开展了 N_2 和 CO_2 混合注入的现场试验及 CO_2-ECBM 先导性实验。2001 年欧盟在波兰 Upper Silesian 盆地启动了 RECOPOL 项目，它是欧洲第一个 CO_2-ECBM 先导性示范项目，截止到 2005 年，该试验已注入 760t CO_2，后续项目仍在进行注入后的运移监测。2004—2005 年，日本经济贸易工业部组织、通用环境技术公司在北海道的 Ishikari 盆地实施了系列 CO_2-ECBM 实验室研究、模拟计算、先导性试验、野外监测和评价工作。另外，2004 年意大利在 Sulcis 盆地开展了 CO_2-ECBM 的前期可行性调查。上述 CO_2-ECBM 先导性试验基本取得了预期效果，积累了丰富的工程经验。

表 1-1 国外范围主要 CO_2-ECBM 工程

国家和地区	工程位置	注入时间	CO_2 注入量/t
美国	Allision 试验区，圣胡安盆地	1995 年	336000
美国	Pump 峡谷，圣胡安盆地	2008 年	16699
美国	Tanquary 农场，伊利诺伊盆地	2008 年	92.3
美国	Virginia，阿巴拉契亚盆地	2009 年	900
美国	褐煤区块，威利斯顿盆地	2009 年	90
美国	Marshall，阿拉巴契亚盆地	2009 年	4500
美国	黑武士盆地	2010 年	225
美国	Buchanana，阿拉巴契亚盆地	2015 年	1470
加拿大	Fenn Big Valley，阿尔伯塔	1998 年	201
加拿大	Alder Flats，阿尔伯塔	2006 年	—
欧盟	Kaniow，Silesian 盆地	2004 年	760
日本	Ishikari 盆地，北海道	2004 年	800

1.3.2　国外 CO_2-EOR 工程概况

经过近70年发展，CO_2-EOR 技术已达到商业应用水平，美国是最早研究和应用该技术的国家，现已形成了较完备的捕集-驱油封存-利用一体化的全流程工业配套，并促进 CO_2-EOR 技术在世界范围内的商业应用。自20世纪50年代，美国就开展了 CO_2-EOR 相关技术研究，1958年，Shell 公司率先在美国二叠系储集层实施了井组规模的 CO_2 驱油实验，试验表明向油藏中注 CO_2 可以有效提高原油产量。1972年，Chevron 公司在美国得克萨斯州投产了世界首个 CO_2-EOR 商业项目。在随后的40年间，特别是20世纪80年代以来，美国已有超过130个 CO_2-EOR 项目在实施，CO_2-EOR 年产油量约1600万 t。加拿大、阿尔及利亚、日本等也相继开展了 CO_2-EOR 技术研究。2000年，加拿大在萨斯喀彻温省实施了当时全球最大规模的 CO_2-EOR 项目 Weyburn-Midale 项目，截至2021年，该项目已累积封存 CO_2 超3500万 t，平均年 CO_2 注入量约200万 t。苏联在20世纪50年代开始了 CO_2-EOR 技术研究，并于1963年在图依马津油田亚历山德罗夫区块进行工业性基础试验，但因其国情和资源禀赋，对 CO_2-EOR 技术应用没有迫切需求，仅小规模烃类气驱油项目实施。20世纪90年代，日本和东南亚国家开始 CO_2-EOR 相关研究。然而，由于多种因素，如经济条件、政策环境和技术成熟度等，这些研究并没有得到大规模的商业化应用，至今仅有少数 CO_2-EOR 项目实施，但随着海上高含 CO_2 天然气藏的大规模开发，CO_2-EOR 技术展现出快速发展势头。

1.3.3　国外 CO_2-咸水层工程概况

国外 CO_2-咸水层技术已整体达到工业示范阶段，小部分项目已经达到商业化运行阶段。在这方面，挪威走在世界前列，1996年，挪威 Statoil 公司在北海 Sleipner 油田离岸 CO_2 地质封存项目正式运行，该项目是世界上首个实现商业化运行的地质封存与利用项目，每年将100万 t CO_2 注入到位于北海海床下的 Utsira 咸水层中，到目前为止，封存区域仍无泄漏迹象，是运行时间最长的 CO_2 咸水层封存项目。2008年，挪威国家石油公司在 Snøhvit 气田开展了海底 CO_2 咸水层封存项目，该项目每年封存70万 t CO_2，是在严寒气候（北极圈）地区运行的封存项目。加拿大、美国、阿尔及利亚以及日本等国家相继开展了 CO_2-咸水层工程试验，并基本取得预期效果。20世纪90年代初，加拿大在阿尔伯塔盆地开展 CO_2-咸水层项目，该项目注入的气体为 CO_2 和 H_2S 的混合气体。2004年，阿尔及利亚在 In Salah 气田开展了 CO_2-咸水层工程试验，截至2011年累计注入380万 t CO_2。2003—2005年，日本在长冈市开展陆上 CO_2-咸水层工程试验，期间共封存 CO_2 约1万 t。2004年，美国资源公司在得克萨斯州北部海湾地区开展了 Frio 地层 CO_2 注入工程试验，每10d 将约1600t 的 CO_2 注入深1500m 的砂岩储层内。2019年，澳大利亚 Gorgon CCS 项目落地。世界范围内 CO_2 咸水层封存项目的顺利运行证实了 CO_2-咸水层技术的可行性，并提供了长期大规模的封存经验。

1.4　国内二氧化碳地质封存概况

全球气候变暖已经愈发严重，工业排放的 CO_2 被认为是导致气候变暖的主要因素。CO_2

如何减排，是应对气候变化及全球变暖问题的关键。2007 年，我国超过美国成为 CO_2 排放总量全球第一的国家，2007 年以后，我国的快速发展致使 CO_2 的排放量持续增加，至 2012 年，我国 CO_2 排放总量已经等同于美国及欧盟 CO_2 排放量的总和。为应对全球气候变暖以及其带来的环境负影响带来的挑战，实现环境和经济的可持续发展，我国提出了"双碳"目标。面对严峻的碳排放问题，如何减少 CO_2 排放成为解决问题的关键，CCS 技术的出现成为问题的突破口。CCS 技术不仅能将 CO_2 封存于地下或海底，而且还能实现 CO_2 "变废为宝"，被看作是碳排放问题最具发展前景的解决方案之一。

1.4.1 我国 CO_2-ECBM 工程概况

我国自"十五"国家科技攻关计划开始启动 CO_2-ECBM 的基础研究和经济技术评价研究工作，并于 2013 年后在国家科技重大专项"大型油气田及煤层气开发专项"的资助下，开始了 CO_2-ECBM 自主工程探索，见表 1-1。截至 2023 年，我国已经完成 7 个 CO_2-ECBM 先导性试验，均由中联煤层气有限责任公司主导，其中，6 个先导性试验分布在沁水盆地南部，1 个分布在鄂尔多斯盆地东缘。2002—2006 年，我国与加拿大政府合作，在沁水盆地南部 TL-003 井首次开展了 CO_2-ECBM 先导试验，采用间歇式注入方式，向 3 号煤层中累计注入 192.8t 液态 CO_2，生产结果表明，煤层气单井产量和采收率明显提升。2011—2012 年中联煤层气有限责任公司与澳大利亚联邦科学与工业研究组织合作，在山西柳林地区深度为 560m 煤层开展了为期 8 个月的间歇式单井注采试验，实现 CO_2 注入 460t。2013—2015 年，中联煤层气有限责任公司再次在沁水盆地煤层开展 CO_2 注入试验，在 900m 深煤层实现 CO_2 注入 4491t。我国 CO_2-ECBM 先导性试验经历了浅部煤层单井吞吐、深部煤层单井吞吐、多分支水平井吞吐和深部煤层井组吞吐的发展过程。已有的先导性工程与技术试验，揭示了 CO_2-ECBM 的可行性，展示了该技术广阔的商业化前景，同时也凸显了其开发技术的难度。

表 1-2 我国范围主要 CO_2-ECBM 示范工程

封存地点	项目名称	注入时间	CO_2 注入量/t
沁水盆地	中联煤 TL-003 井 CO_2 注入微型先导性试验	2004 年	192.8
沁水盆地	中联煤 SX-001 井深部煤层 CO_2 注入现场试验	2010 年	233.6
鄂尔多斯盆地	中联煤驱煤层气项目（柳林）	2011 年	460
沁水盆地	中联煤深部煤层井组 CO_2 注入现场试验	2013 年	4491
沁水盆地	中联煤 TS-634 井组 CO_2 注入现场试验	2020 年	2001.04

1.4.2 我国 CO_2-EOR 工程概况

自 20 世纪 60 年代起，我国在大庆油田率先进行了 CO_2-EOR 的初步测试，此后持续进行相关研究与实践。但是，由于地质条件的复杂性和气源、压缩设备等限制因素，早期的 CO_2-EOR 技术在我国发展比较缓慢，主要停留在实验室研究和小规模现场试验层面。在江苏、中原、大庆、胜利等油田，相继进行了 CO_2 驱油的初步试验，其中 1996—1998 年在江苏富民油田的 48 井和苏北盆地草舍油田的草 3 井进行的 CO_2 吞吐试验，被视为我国首次大规模的 CO_2 驱油试验。进入 21 世纪后，我国的 CO_2-EOR 技术迅速发展，理论和关键技术均取得显著进展，见表 1-3。到 2020 年，我国共有 9 个运营中的 CO_2-EOR 项目和 1 个在建项目，并在吉林油田建立了我国首个完整的 CCS-EOR 示范项目。该项目包含 5 个 CO_2 驱油与封存示范区，拥有 69 个注气井组，年产油能力达到 20 万 t，年 CO_2 封存能力为 30 万 t。新疆油田在 2009 年于准噶尔盆地进行了 CO_2 驱油封存的初步试验。自 2012 年起，通过 CO_2 驱油、CO_2 吞吐和致密油 CO_2 蓄能压裂等技术，累计注入 5.6 万 t CO_2，增产油 4.7 万 t，节约蒸汽 2.37 万 m^3，取得了良好的生产效果。2021 年，我国石油在 CCUS-EOR 项目中注入的 CO_2 量达到 56.7 万 t，产油量达到 20 万 t。目前，我国石油已启动松辽盆地 300 万 t CCUS 重大示范工程，并在大庆油田、吉林油田、长庆油田、新疆油田开展"四大工程示范"，在辽河油田、冀东油田、大港油田、华北油田、吐哈油田、南方勘探区进行"六个先导试验"。齐鲁石化-胜利油田百万吨级 CCUS 项目于 2022 年 1 月 29 日全面建成并投入使用，该项目由齐鲁石化捕集 CO_2，并运送至胜利油田进行驱油封存，未来 15 年内，计划累计注入 CO_2 达 1068 万 t，增产油 227 万 t。

表 1-3 我国范围主要 CO_2-EOR 工程

封存地点	项目名称	注入时间	CO_2 年注入量/万 t
黑龙江大庆	大庆油田 EOR 项目	2003 年	20
江苏东台	中石化华东油田 CCUS 全流程示范项目	2005 年	10
吉林松原	吉林油田 CO_2-EOR 研究与示范项目	2008 年	25
山东东营	中石化胜利油田 CO_2-EOR 项目	2010 年	4
陕西西安	延长石油煤化工 CO_2 捕集与驱油示范项目	2013 年	5
河南濮阳	中石化中原油田 CO_2-EOR 项目	2015 年	10
新疆克拉玛依	敦华石油-新疆油田 CO_2-EOR 项目	2015 年	10
陕西西安	长庆油田 CO_2-EOR 项目	2017 年	5
陕西榆林	陕西国华锦界电厂 15 万 t/a 燃烧后 CO_2 捕集封存全流程示范项目	2020 年	15
山东东营、淄博	齐鲁石化-胜利油田 CCUS 项目	2022 年	100
江苏东台	中石化华东油气田江苏省 20 万 t 级全链条工业应用示范工程	2022 年	5
江苏泰州	国家能源集团江苏泰州电厂 50 万 t/a CO_2 捕集与资源化能源化利用示范工程	2022 年	50

1.4.3 我国 CO_2-咸水层工程概况

据估算，我国 CO_2 咸水层封存的理论封存容量约为 1435 亿 t，封存潜力巨大，占我国 CO_2 地质封存总潜力的 90% 以上，是未来支撑碳中和目标的主力封存空间。我国 CO_2-咸水层技术还处于中试阶段中期。2008 年，在国家高技术研究发展计划（"863"计划）资助下，我国启动 CO_2 咸水层封存工程项目见表 1-4。2010 年，国家能源集团在鄂尔多斯盆地开

展了深部咸水层 CO_2 地质封存示范工程，该项目将神华煤直接液化厂排放的 CO_2 尾气封存至其西约 10km 处地下深部咸水层中，在世界上首次实现低孔、低渗、深部咸水层的多层注入、分层监测，是我国首个煤基 CO_2 捕集和深部咸水层地质封存全流程示范项目。2011 年 1 月，该项目成功实现超临界 CO_2 注入靶区；同年 5 月，开始连续注入、工程测试和生产测试；2011—2014 年，CO_2 注入量持续增加，并于 2014 年 6 月完成注入。该项目 CO_2 总注入量约 30 万 t，达到了预期效果。2021 年 8 月，中海油依托恩平油田群正式启动了我国首个海上咸水层 CO_2 封存示范工程，该工程将恩平油田群伴生的 CO_2 回注至海底咸水层，实施后每年可封存 CO_2 约 30 万 t，累计 CO_2 封存约 146 万 t。

表 1-4 我国范围主要咸水层封存工程项目

封存地点	项目名称	注入时间	CO_2 年捕集量/万 t
鄂尔多斯	国家能源集团鄂尔多斯咸水层封存项目	2011 年	10
连云港	连云港清洁能源动力系统研究设施	2011 年	3
天津	华能绿色煤电 IGCC 电厂捕集利用与封存	2015 年	10
陕西	国家能源集团国华锦界电厂 15t/a 燃烧后 CO_2 捕集与封存全流程示范项目	2020 年	15

思 考 题

1. 什么是二氧化碳地质封存，及其如何为减缓气候变化做出贡献？
2. 结合二氧化碳地质封存的相关概念，试分析二氧化碳分别在煤层、油气藏、深部咸水层中封存的优缺点。
3. 请查阅相关资料，说明我国采取了哪些鼓励二氧化碳封存的措施。

第2章
二氧化碳地质封存理论基础

> **学习要点**
>
> - 了解二氧化碳混合流体的基础物性，掌握 CO_2 物性特征，了解 CO_2 混合流体密度、CO_2 溶解度、CO_2-咸水界面张力及 CO_2 流体传质特性。
> - 掌握 CO_2 分子在地层水中的扩散规律及影响因素，了解 CO_2 对流传质特性以及指进影响因素。
> - 了解裂缝和储层的孔渗特性对二氧化碳封存的影响条件。
> - 了解二氧化碳地质封存的4种封存方式，掌握这4种方式的封存机理及特点。
> - 熟悉二氧化碳地质封存的多相多场耦合理论，了解多场耦合中温度和地应力是对 CO_2 混合流体的运移的影响方式。

二氧化碳捕集、利用与封存技术（CCUS）各工艺过程的设计、运行都依赖于对 CO_2 及其混合流体物理性质的深入理解。同时，在 CCUS 的规模化发展和商业化进程中，对 CO_2 地质封存的理论条件提出了更高的要求。本章从 CO_2 基础物性出发，梳理了 CO_2 混合流体的密度、溶解度、CO_2-咸水界面张力及其传质特性，从地质角度分析了裂缝和储层的孔渗特性对 CO_2 地质封存的影响，论述了构造封存、残余封存、溶解封存和矿化封存等 CO_2 地质封存的主要封存方式，进而阐述了 CO_2 地质封存的多相多场耦合理论，为 CO_2 地质封存的工程实践提供参考。

2.1 二氧化碳混合流体基础物性

2.1.1 CO_2 物性特征

CO_2 在多孔介质中的运移过程因环境中压力和温度的改变而不断发生相变，其物性发生改变的同时，相变对渗流速率也具有强烈的影响，

CO_2 物性特征

进而影响了整个传输过程，因此，确定 CO_2 相态的变化在 CO_2 地质封存中特别重要。图 2-1 所示为 CO_2 在整个压力与温度区间内的不同相态区域。CO_2 的临界压力为 7.38MPa，临界温度为 31℃，三相点压力为 0.52MPa，三相点温度为-56.63℃。就 CO_2 的相态来讲，纯 CO_2 相态可分为以下 5 个区域：

1）超临界区域。压力高于 7.38MPa，温度高于 31℃时，CO_2 呈超临界状态。超临界 CO_2 的形态与气态 CO_2 类似，是一种稠密的气态，其具有很高的扩散特性。超临界 CO_2 的密度比一般气体要大两个数量级，与液态 CO_2 近似。它的黏度又比液态 CO_2 小，因而具备了更好的流动性和传递性。

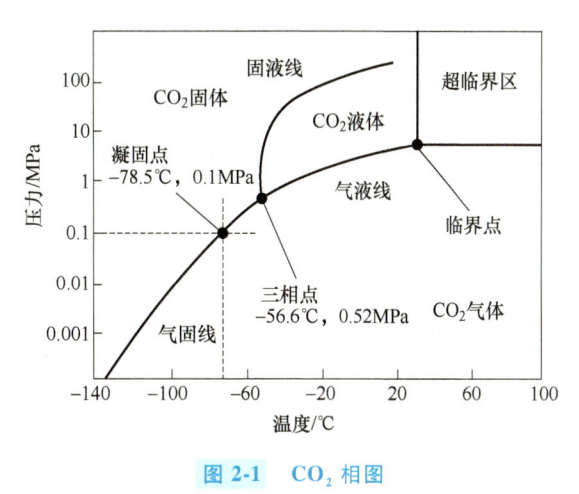

图 2-1 CO_2 相图

2）密相液态区域。压力高于 7.38MPa，同时温度低于 31℃，高于-56.6℃时，CO_2 为密相状态。

3）液态区域。压力低于 7.38MPa 且高于 0.52MPa，温度低于 31℃且高于-56.6℃时，CO_2 为液态状态。需要指出：在上述的区间内，存在饱和状态曲线，即在不同的压力和温度时刻，均对应着另一个参数来决定此时 CO_2 是液相还是气相。因此，在实际过程中，应依据压力和温度来确定不同时刻 CO_2 的相态。

4）固态区域。当温度低于-56.6℃时，CO_2 即会形成干冰。在环境大气压下，气固两相平衡点（升华点）为-78.5℃。高于此温度，干冰吸热可直接升华为气体。

5）气态区域。当温度高于-56.6℃时，压力低于对应温度下的饱和压力，则 CO_2 为气体状态。

不同条件下 CO_2 相态的变化必然引起 CO_2 物性参数的变化。CO_2 的物性参数随温度和压力的变化规律如图 2-2、附录 A 和附录 B 所示。

在临界压力至三相点压力区间和临界温度至三相点温度区间，特别在饱和曲线的附近，CO_2 的密度的变化十分明显。在纯气体或液体的状态下，相同压力时，CO_2 密度随着温度的上升而降低；相同的温度时下，CO_2 密度随着压力的上升而增大。但总体来讲，纯液态 CO_2 密度变化的幅度很小，而在 CO_2 由气态向液态转变的过程中，密度则会发生较大的变化（图 2-2a），增大了约 20~60 倍。类似的趋势在黏度也有体现，对于气态 CO_2，在温度不变的情况下，黏度变化的总趋势是随着压力和温度的升高而增加，但是相对于液态 CO_2 来说，CO_2 气体的黏度的变化非常微小。纯 CO_2 的黏度随压力的变化关系如图 2-2b 所示，当温度低于临界温度时，随着压力上升，CO_2 黏度值缓慢增加，当压力达到该温度下的饱和蒸气压时，曲线在该处发生明显的转折，随着压力继续上升，黏度值有较大幅度的增加。而当温度高于临界温度时，在临界压力处，曲线仍产生拐点，但整个压力范围内，黏度值的变化较平缓，曲线较平滑。同时还可以看出，在温度为-30~60℃范围内，气态 CO_2 黏度值变化不超过 $6\mu Pa\cdot s$，液态 CO_2 黏度值变化不超过 $150\mu Pa\cdot s$，超临界态 CO_2 黏度值变化不超过 $60\mu Pa\cdot s$。

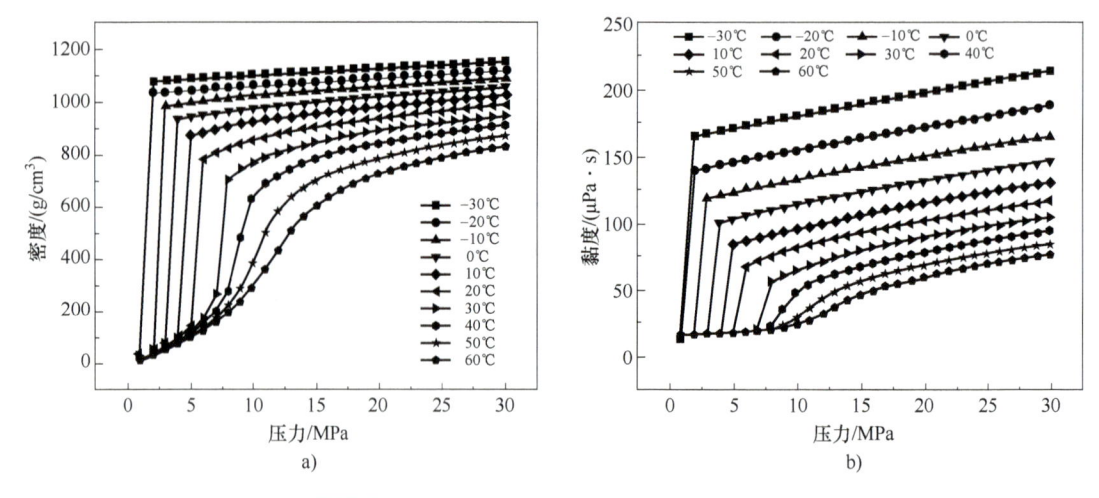

图 2-2 CO_2 密度、黏度随温度和压力的变化

a) CO_2 密度随温度和压力的变化 b) CO_2 黏度随温度和压力的变化

2.1.2 CO_2 混合流体密度

密度是物质的基本物理属性之一。在 CCUS 项目中，二氧化碳混相流体密度尤其关键，因为它直接影响流体的流动特性、扩散行为以及封存稳定性。

CCUS 项目主要包括 CO_2-ECBM、CO_2-EOR 和 CO_2 咸水层封存等，这些项目均需要将 CO_2 注入地下储层。在注入过程中，CO_2 会与储层中的原始流体（如水、油、气等）混合，形成新的混合（相）体系。混相体系的密度与储层的压力、温度和流体组成等密切相关。此外，在实际工程实施中，由于成本和获取条件等限制，使用的 CO_2 往往不是纯净的，而是含有一定量的杂质。这些杂质的存在会影响 CO_2 的密度等物理性质。杂质的种类和含量不同，对密度的影响也会有所不同。

1. 流体密度的测量方法

1）压缩因子测量法。通过测量物质的压缩因子从而得出密度，常见的方法包括恒容法、PVT 法以及 Burnett 法等。

2）密度间接测量法。常用的方法包括振动法和磁悬浮天平法。振动法是通过流体流过振动测量仪器（如振动叉、振弦或振动管）产生的共振频率差异来间接推导出物质密度。

磁悬浮天平法则是利用阿基米德浮力定律，通过上部固定的电磁铁与测量仪器内的悬浮永磁铁的相互作用力获得物质的密度，磁悬浮天平的测量环境与外界分离，能够实现高温、高压下流体密度测量，并且具有测量范围广、精度高的优点，是广泛使用的方法（图 2-3）。

磁悬浮天平在测量流体密度时，浮块在测量室的溶液中受到的浮力 F_1、浮块受到的拉力 F_2 与浮块自身重力 F_3 相平衡，即

$$F_1 + F_2 = F_3 \tag{2-1}$$

式（2-1）可以表示为

$$\rho g V + F(P,T) g = m g \tag{2-2}$$

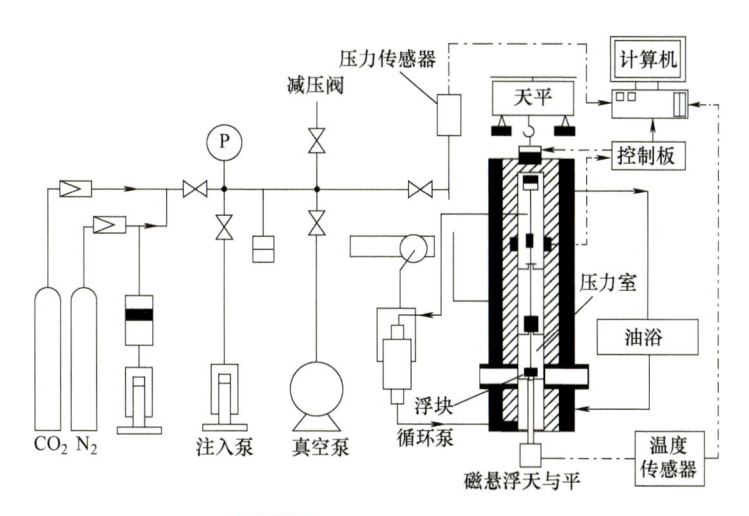

图 2-3 磁悬浮天平示意图

式中 ρ——测量条件下流体的密度（kg/m³）；

m——浮块的质量（g）；

$F(P,T)$——在相应压力，温度条件下浮块所受拉力（N）；

V——在相应压力，温度条件下浮块的体积（m³）。

因此，流体的密度可以表示为

$$\rho = \frac{m - F(P,T)}{V} \tag{2-3}$$

2. 混合流体密度特征

（1）CO_2-N_2-CH_4 混合气体体系　无论是简单的 CO_2 地质封存还是利用 CO_2 驱替油气、天然气或煤层气（气体主要成分均为 CH_4），在实际注入过程前，通常会对捕集到的 CO_2 混合物进行分离与提取。使用高纯度 CO_2 的成本是非常昂贵的，但是使用含有少许 N_2 杂质的 CO_2 气体会大大减少分离的成本，所以在 CO_2 的选择中通常选用含有少量杂质的 CO_2 混合物，例如烟气。烟气中主要成分为 CO_2、N_2 与其他少量混合物，它价格便宜、容易获取并且处理简单。此外，注入压力的高低会对驱替工作产生较大的影响，注入的压力越高，储层原油就越容易驱替。因此，有必要研究 CO_2-N_2-CH_4 混合体系的密度随温度、压力等热物理性质变化的规律，这对储层中注入 CO_2 后产生的驱替行为和最终强化采气效果有着重要指导意义。

1）压力。随着压力的增加，相同组分的三元体系的密度增加（图 2-4）。这是由于随着压力的增加，单位体积内 CO_2-N_2-CH_4 三元体系分子的数目也随之增加，因此，整体表现为混合气体密度的增加。

2）温度。在相同压力下，同组分的 CO_2-N_2-CH_4 三元混合物的密度随着温度的升高而降低（图 2-5）。这是由于分子热运动的影响。随着温度的升高，分子的热运动变得更加剧烈，混合物的体积更加膨胀，从而导致密度的降低。

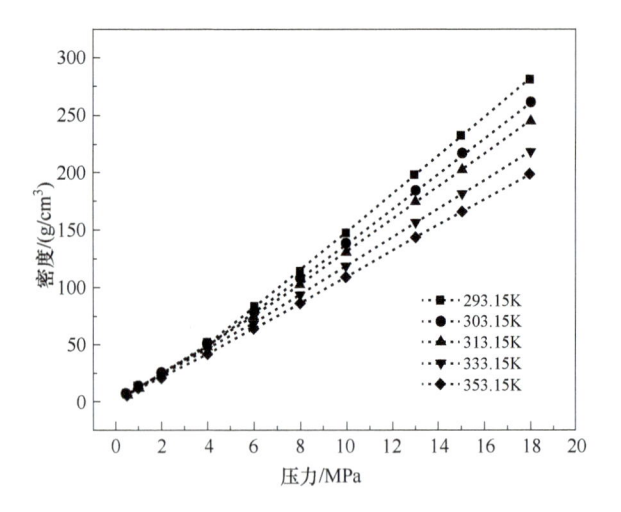

图 2-4　33.46% CO_2 +33.35% N_2 +33.19% CH_4 三元混合物的密度随压力的变化

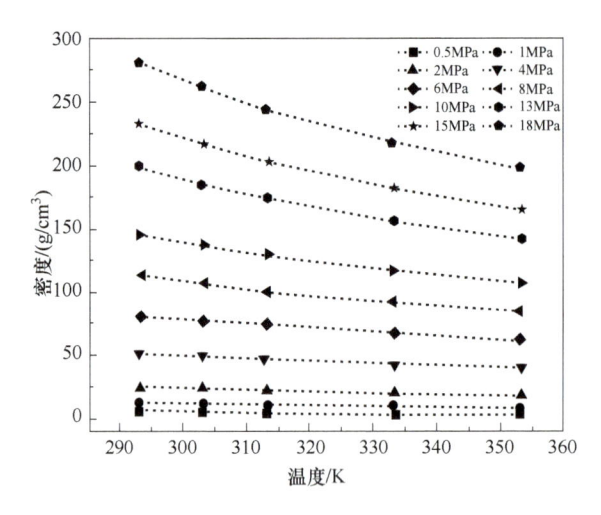

图 2-5　33.46% CO_2 +33.35% N_2 +33.19% CH_4 三元混合物的密度随温度的变化

3) 组分。CO_2-N_2-CH_4 三元混合物密度主要受 CO_2 浓度的影响较大（图 2-6）。在相同的温度条件下，对于 CO_2 含量小于 0.334 摩尔分数的 CO_2-CH_4-N_2 混合体系的密度随温度与压力的变化规律近似线性变化。但对于高浓度 CO_2（摩尔分数大于 0.9499）的 CO_2-CH_4-N_2 三元混合物的密度会在压力为 6~13MPa 时受到 CO_2 临界区的影响而出现剧烈变化，这是由于 CO_2 与其余两种气体的相变不同所引起的。

（2）CO_2-烷烃体系　当 CO_2 注入油藏储层中时，部分 CO_2 会逐渐溶解于原油中，并以溶解态的方式通过分子扩散或者对流在储层中进行运移，而 CO_2-原油混合流体的热力学特性，如黏度、密度、体积、相态变化等，都会对 CO_2 的运移和扩散产生不同程度的影响，因此，掌握 CO_2 在地质封存条件下的相态特性及变化规律是利用 CO_2-EOR 的关键问题。其中，CO_2 与原油混合溶液的密度特性作为重要物理性质之一在很大程度上决定着 CO_2 在油藏中的运移，并最终影响 CO_2 驱油效率以及 CO_2 封存安全性。

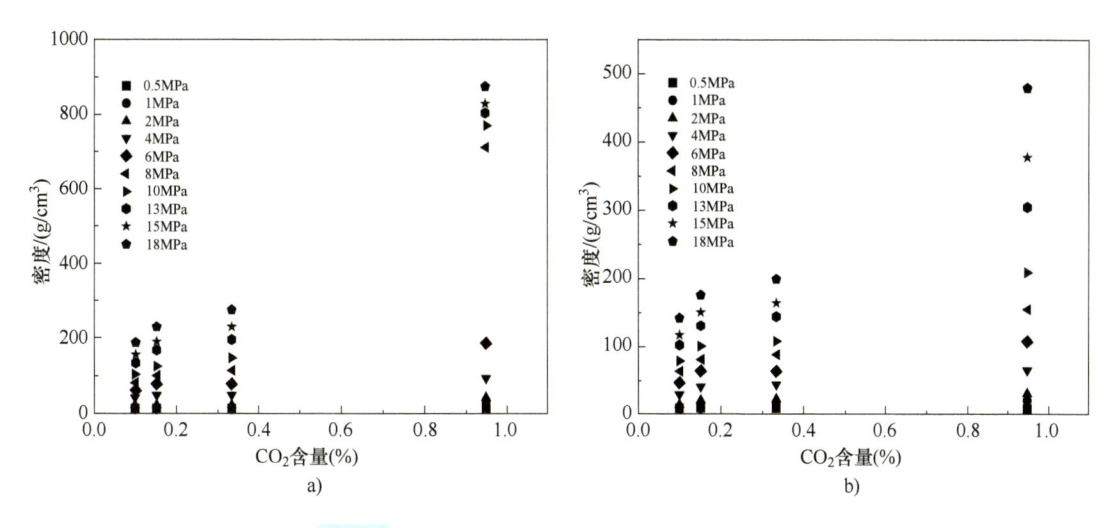

图 2-6 三元混合物的密度随 CO_2 浓度的变化

a) 20℃ b) 80℃

1) CO_2-烷烃溶液密度随压力、温度的变化。CO_2 溶解于烷烃中会导致混合溶液密度的增加,这是由于 CO_2 分子的加入增加了单位体积内的质量。同时,混合溶液的密度会随着温度的升高而降低,这是因为温度升高导致分子运动加剧,体积膨胀(图 2-7)。而混合溶液的密度随着压力的增加而增加,因此,压力的增加使得溶液中的分子间距离减小,单位体积内的质量增加(图 2-8)。此外,混合溶液的密度随温压条件变化还取决于混合溶液中含量较高的组分(CO_2/烷烃)。以 CO_2-癸烷溶液为例,低 CO_2 浓度时($x_1 = 0$、0.2362 和 0.4699),混合溶液的密度与纯癸烷密度随温度和压力的变化相近,且均呈线性变化。在高 CO_2 浓度时($x_1 = 0.7100$、0.7725 和 0.8690),混合溶液密度随压力变化的幅度较大。这种密度随 CO_2 浓度增加而对压力变化敏感度提高的现象,其主要原因在于 CO_2 的压缩性比烷烃高。当 CO_2 含量较低时,混合溶液较不易被压缩,随着压力的增加混合溶液的密度增量很小。当 CO_2 含量较高时,混合溶液的压缩性较好,随着压力的增加混合溶液的密度增量变大。

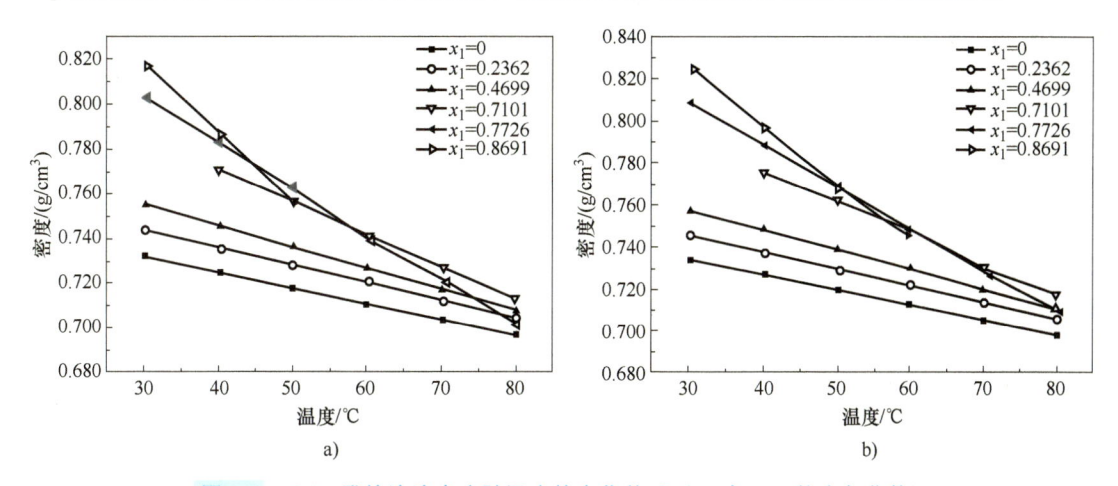

图 2-7 CO_2-癸烷溶液密度随温度的变化关系(x_1 为 CO_2 的摩尔分数)

a) 12MPa b) 14MPa

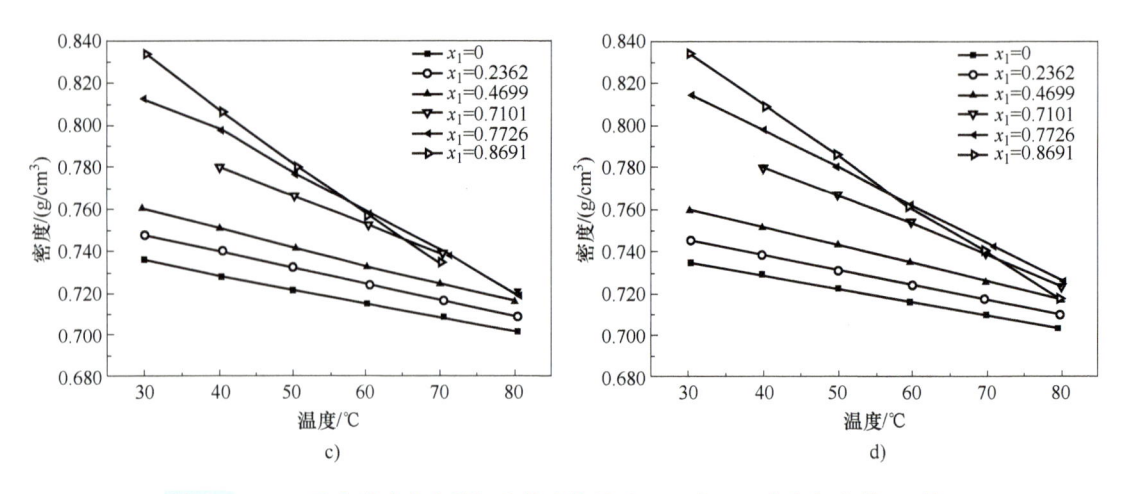

图 2-7 CO_2-癸烷溶液密度随温度的变化关系（x_1 为 CO_2 的摩尔分数）（续）

c) 16MPa d) 18MPa

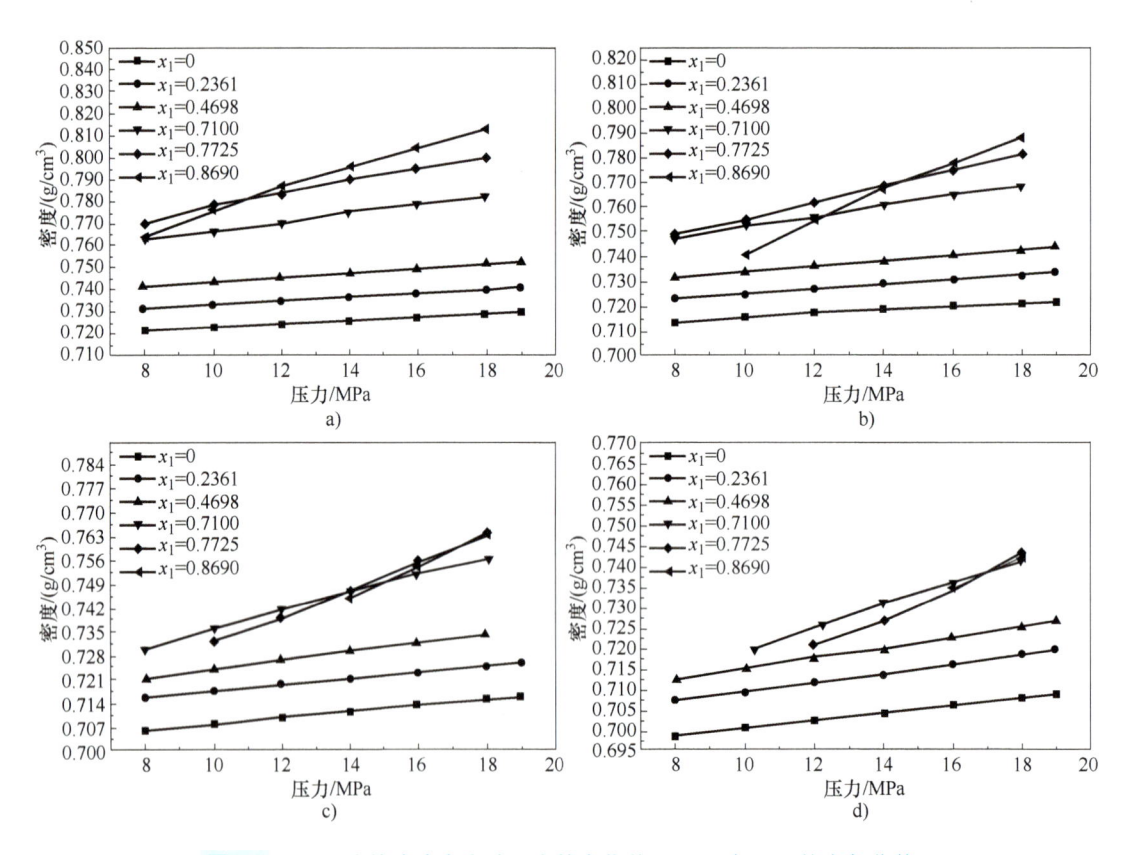

图 2-8 CO_2-癸烷溶液密度随压力的变化关系（x_1 为 CO_2 的摩尔分数）

a) 40℃ b) 50℃ c) 60℃ d) 70℃

2) CO_2-烷烃溶液密度随 CO_2 浓度的变化。图 2-9 所示为 CO_2-癸烷溶液密度随 CO_2 摩尔分数的变化关系。当 CO_2 摩尔分数较低时 $x_1<0.7$ 时，CO_2-烷烃溶液密度是随着 CO_2 摩尔分数的增加而逐渐增大；当 $x_1>0.7$ 时，溶液密度则呈现出不同程度的变化趋势，变化情况与温度压力条件有关。当压力为 12MPa 时，30~40℃下溶液密度随着 CO_2 摩尔分数的增大而增大；50~80℃下溶液密度出现先增加后降低的现象，且高温条件下更容易出现。在 12~18MPa 范围内，溶液密度开始降低时，对应的温度逐渐从 50℃升高到 70℃，这说明压力越高，出现密度降低现象对应的温度越高。总体来看，CO_2 的注入量对 CO_2 的封存安全有着重要影响，当 CO_2 摩尔分数较高时，高温、低压条件下更容易出现溶液密度降低的现象，此时 CO_2 会朝油藏顶部上浮，增加 CO_2 泄漏的风险，不利于油的稳定驱替及 CO_2 的安全封存。因此，在实际 CO_2 驱油及地质封存时，CO_2 注入量并非越多越好，需要结合实际情况注入适量的 CO_2。研究结果表明，在温度为 50~80℃的油藏中，注入 CO_2 的摩尔分数控制在 0.7 以内时对 CO_2 的安全封存更有利。

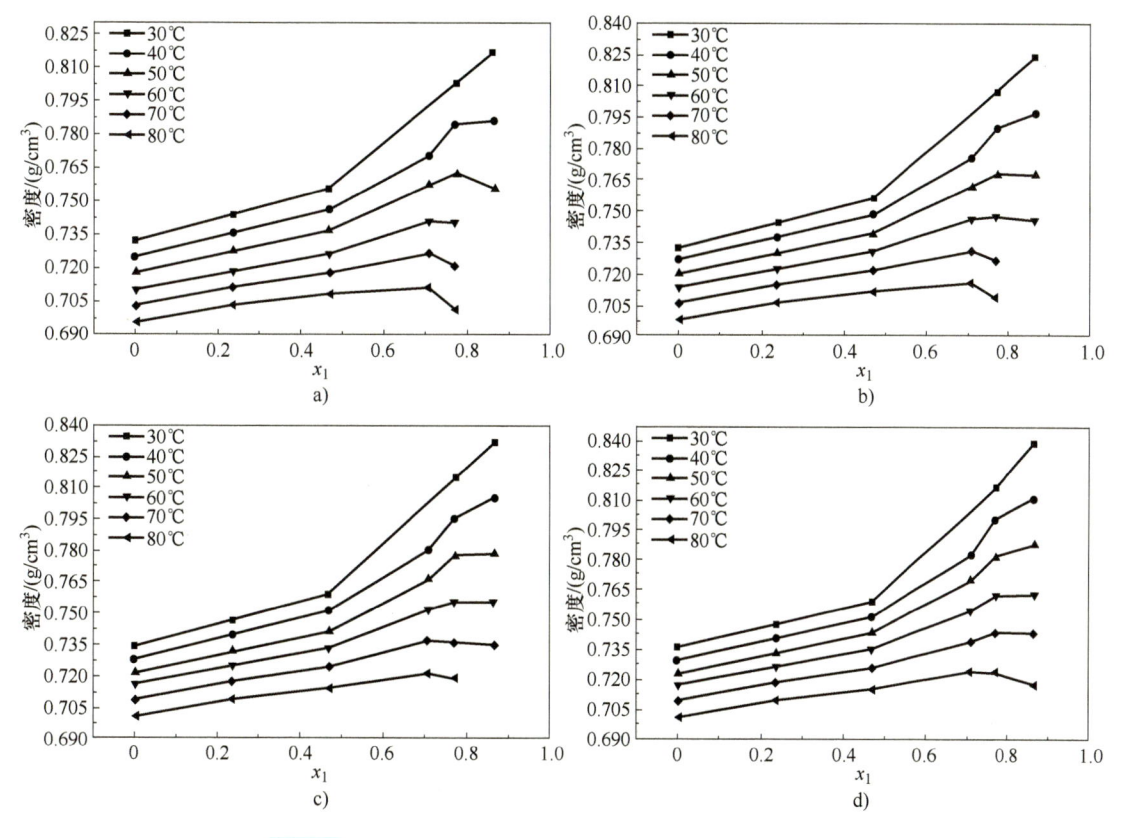

图 2-9　CO_2-癸烷溶液密度随 CO_2 摩尔分数的变化关系

a) 12MPa　b) 14MPa　c) 16MPa　d) 18MPa

3）碳数变化。在 CO_2 摩尔分数相近的情况下，不同 CO_2-烷烃体系密度随着压力的增加呈线性增大的趋势，且具有相近的增长速率（图 2-10a）。此外，烷烃的碳数越高，其对应的 CO_2-烷烃溶液密度也越大。图 2-10b 所示为不同压力下 CO_2-烷烃溶液密度随烷烃碳数的变化关系，可以看出，CO_2-烷烃体系密度随烷烃碳数的增加而增大。

4）混合烷烃。CO_2-混合烷烃的密度主要受混合烷烃组分的平均碳数影响，溶液密度随着平均碳数的增加而增大（图 2-11）。对于不同组成的混合烷烃，如果平均碳数和单组分烷烃相同，那么其混合密度也相等。因此，对于组成复杂的混合烷烃体系，其密度可以用碳数相同的单组分烷烃来表示。

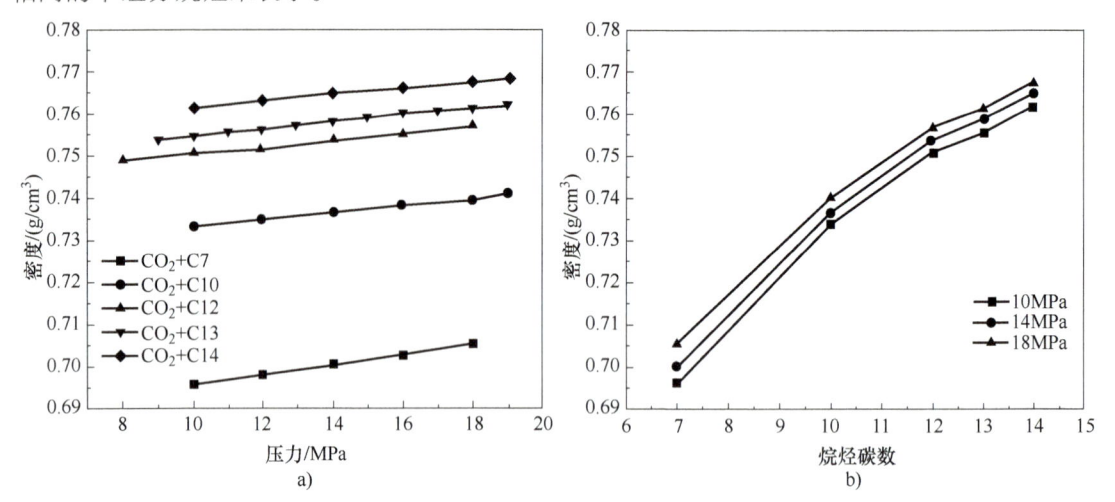

图 2-10　CO_2-烷烃溶液密度随碳数的变化关系（CO_2 质量分数为 25% 时）
a）不同 CO_2-烷烃体系密度随着压力变化　b）不同压力下 CO_2-烷烃密度随烷烃碳数的变化

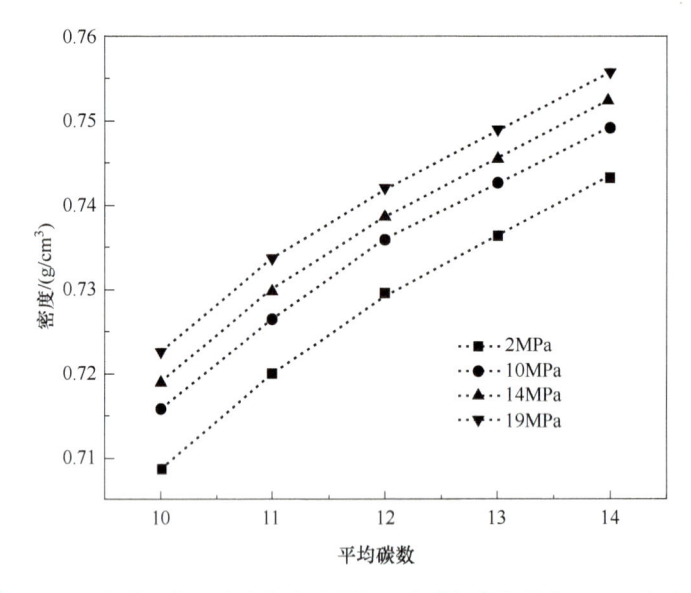

图 2-11　CO_2-混合烷烃体系溶液密度随烷烃平均碳数的变化关系（温度为 50℃ 时）

（3）CO_2-咸水溶液体系　CO_2 注入深部咸水层后，会与咸水接触并逐渐发生混溶现象，被 CO_2 饱和后的咸水密度大于咸水，饱和 CO_2 的咸水会在重力作用下向下运移。此外，储层上覆的致密盖岩可以阻止 CO_2 向上运移和泄漏，因此，咸水溶解捕获 CO_2 的方式可以使大量 CO_2 安全长期的封存于地层中。地下咸水层中含有多种离子，包括 Na^+、Cl^-、NO_3^-、F^-、HCO_3^{2-}、Ca^{2+}、Mg^{2+}、K^+、Fe^{2+} 等，以 NaCl 为主，其浓度接近或超过 50%，因此，在实验室研究中，常采用 NaCl 溶液来简化模拟地下咸水的物理性质。通过测量并分析不同压力、温度、CO_2 质量分数、NaCl 浓度等条件下的 CO_2-H_2O-NaCl 溶液密度，可以预测地下咸水在

CO_2 封存过程中，CO_2-咸水混合体系的溶解、流动，CO_2 封存的速率和位置，保证 CO_2 长时间的安全封存。不同压力、温度、CO_2 质量分数、NaCl 浓度等条件下的 CO_2-H_2O-NaCl 溶液密度的变化规律如下：

1）压力。CO_2-H_2O-NaCl 溶液的密度随着压力的增加呈现线性增加（图 2-12）。当压力增加时，溶液中的分子和离子被压缩，导致单位体积内的分子数增加，从而使得溶液的密度增加。应注意：混合溶液密度随压力增加的增长率很小，表明高注入压力对地层封存 CO_2 量的贡献有限，反而会增加地层流体压力，造成上覆盖层破裂，致使 CO_2 向上运移泄漏。

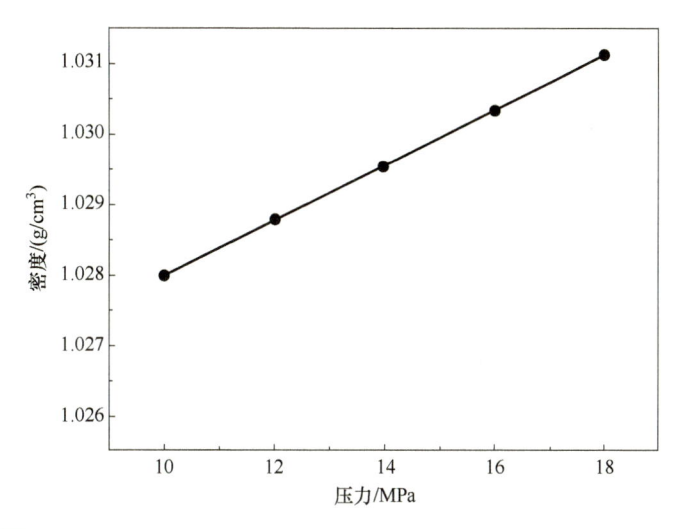

图 2-12 CO_2-H_2O-NaCl 溶液密度随压力的变化关系（1mol/kg NaCl，60℃）

2）温度。CO_2-H_2O-NaCl 溶液密度随温度的升高而降低（图 2-13）。当温度升高时，由于溶液内分子热运动加剧，分子内能增加，分子间运动更加剧烈，导致溶液体积增大，使得溶液密度降低。

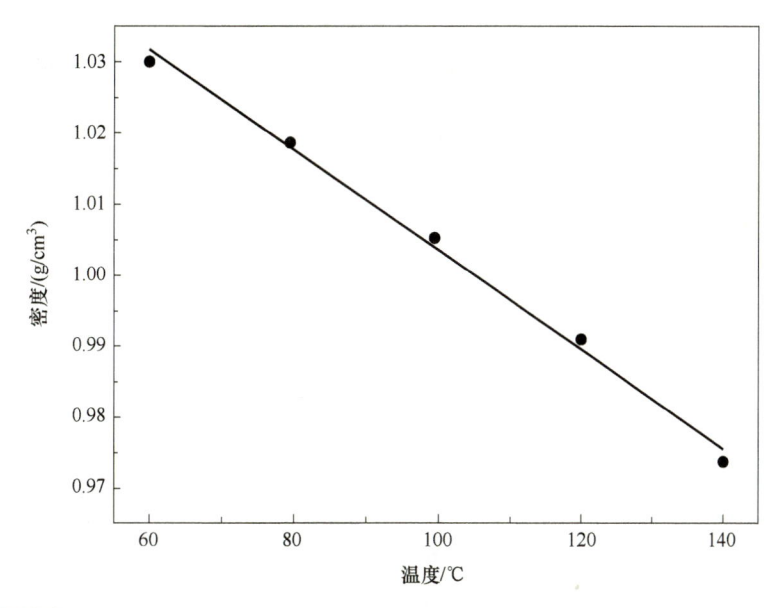

图 2-13 CO_2-H_2O-NaCl 溶液密度随温度的变化关系（1mol/kg NaCl，10MPa）

3) CO_2 质量分数　CO_2-H_2O-NaCl 溶液密度随 CO_2 质量分数的增加而增大（图 2-14）。这与 CO_2 在 NaCl 溶液中的溶解作用增强有关：一方面，CO_2 分子嵌入到水分子之间，使单位体积溶液中的分子数增加，导致 CO_2-H_2O-NaCl 溶液密度增加；另一方面，CO_2 分子占据了部分原属于 H_2O 的空间位置，由于 CO_2 的分子质量大于水，也会导致溶液密度增加。

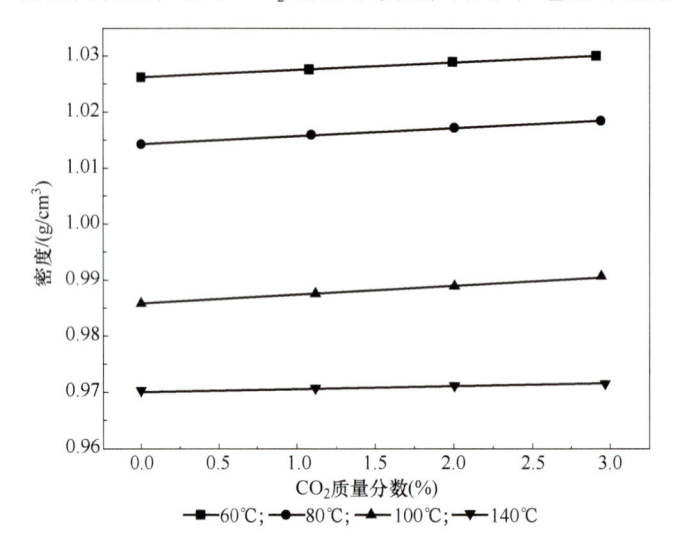

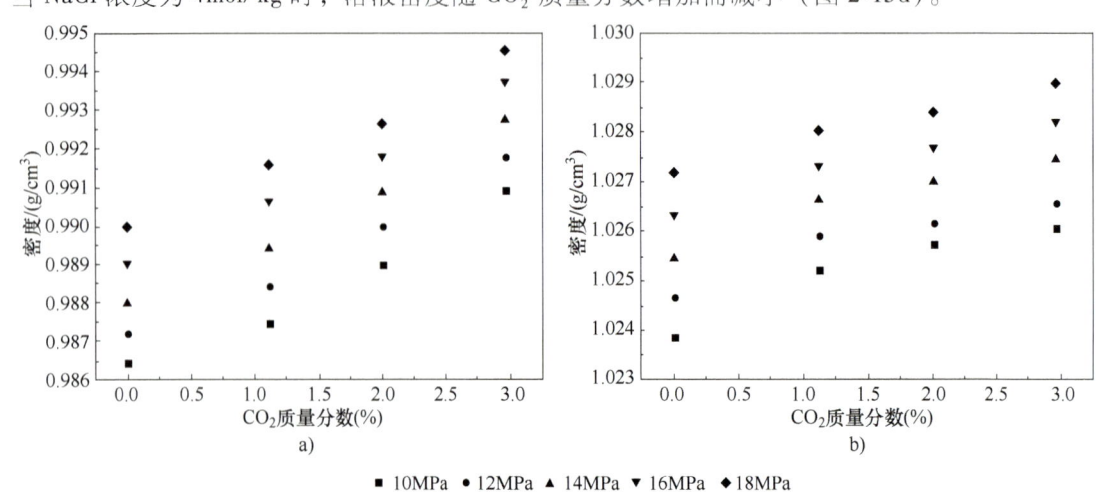

图 2-14　CO_2-H_2O-NaCl 溶液密度随 CO_2 质量分数的变化关系（1mol/kg NaCl，10MPa）

然而，当溶液体系达到一定温度后，溶液密度会随着 CO_2 质量分数的增大而减小，这一温度被称为等密度温度。这是温度增加带来的体积变化和 CO_2 分子溶解的双重影响：在温度较低时，溶液体积随温度升高的变化较小（为次要因素），但水分子的活动性增强（为主要因素），导致分子间的填充和替换效应加剧，从而使溶液密度增加得更快；在温度较高时，溶液体积随温度升高的变化变得更加显著（为主要因素），尽管分子间的填充和替换效应也在增强，但这种效应被增大的体积所抵消。随着温度的进一步升高，溶液体积的增大效应开始超过分子间的填充和替换效应，导致溶液密度随温度的升高而降低。NaCl 浓度也是产生这一现象的原因，当 NaCl 浓度较低时，溶液密度随 CO_2 浓度增加而增大（图 2-15a~c），当 NaCl 浓度为 4mol/kg 时，溶液密度随 CO_2 质量分数增加而减小（图 2-15d）。

图 2-15　CO_2-H_2O-NaCl 溶液密度随 CO_2 质量分数的变化关系（120℃时）
a）1mol/kg NaCl　b）2mol/kg NaCl

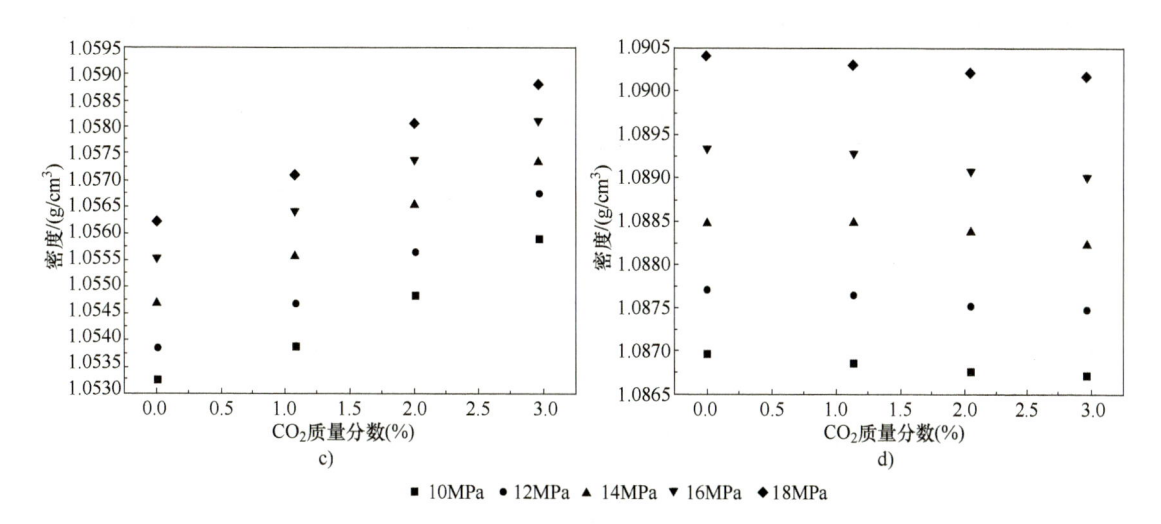

图 2-15 CO_2-H_2O-NaCl 溶液密度随 CO_2 质量分数的变化关系（120℃时）（续）

c）3mol/kg NaCl　d）4mol/kg NaCl

4）NaCl 浓度。CO_2-H_2O-NaCl 溶液密度随 NaCl 浓度的增加而增大（图 2-16）。同 CO_2 溶于水的原理相近，NaCl 溶于水后，一方面 Na^+ 和 Cl^- 嵌入到水分子之间，单位体积内的离子数量增加；另一方面，Na^+ 和 Cl^- 占据了部分水分子的空间，NaCl 的分子质量大于水，因此，溶液浓度增加。

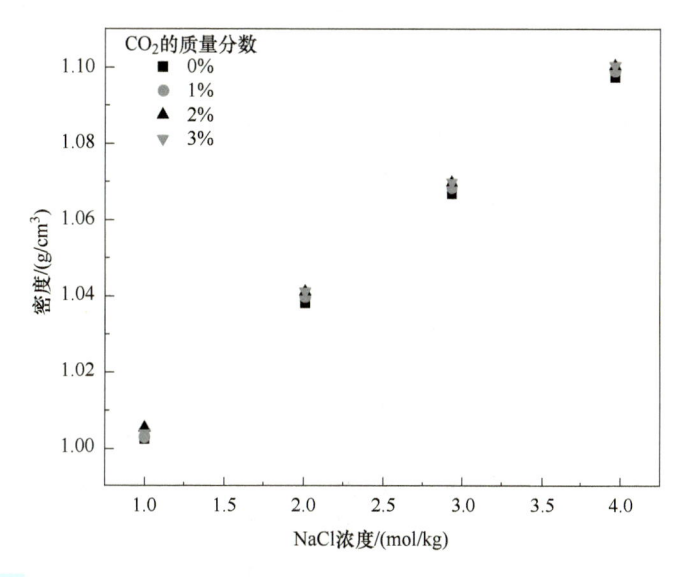

图 2-16 CO_2-H_2O-NaCl 溶液密度随 NaCl 浓度的变化关系（12MPa，100℃）

2.1.3 CO_2 溶解度

在典型的深部咸水层环境中，CO_2 的密度和黏度都比周围水的小。因此，CO_2 更容易漂浮在咸水的上方，而且具有较强的移动性，从而增大了 CO_2 泄漏的风险。溶解度捕获是一种长效的捕获机制，注入初期大概占捕获总量的 20%，最多可捕获 CO_2 注入量的 90%。常

见水盐体系中 CO_2 溶解度的研究对于 CCUS 技术的发展是十分重要的。

1. 二氧化碳溶解度测量方法

二氧化碳溶解度测量方法主要包括静态饱和法、PVT 测定法、泡点压力法、平衡液体取样法、磁悬浮天平称量法等方法，具体展开如下：

（1）静态饱和法 在一定的温度和压力条件下，将已知体积的 CO_2 通入已知体积的溶液中，气液两相充分溶解平衡后，计算出吸收平衡前后 CO_2 的体积之差，从而确定 CO_2 在溶液中的溶解度。

（2）PVT 测定法 也称为恒定容积法，向恒定体积的容器内通入定量的 CO_2，此时容器内 CO_2 的温度、压力和体积均可读出，相应 CO_2 的摩尔数可以根据 CO_2 状态方程算出（$PV=nRT$）。将装有 CO_2 的容器与装有已知量溶液的容器相连，使 CO_2 溶解反应至总体系的温度和压力稳定，再次计算出剩余 CO_2 摩尔量。此时，溶液溶解的 CO_2 量则为初始量与剩余量之差。又因溶液的量已知，故可以算出 CO_2 在此溶液中的溶解度。

（3）泡点压力法 在具有可视窗的高压反应釜中装入一定量的溶液和 CO_2，通过增加 CO_2 压力使气液混合相成为液相，保持温度不变的条件下，缓慢降低压力，当在视窗中看到第一个气泡产生时，记下此时的压力和温度，则此点称为泡点。忽略第一个产生的气泡对溶液中溶解气量的影响，CO_2 溶解度则可以根据已知的溶液和 CO_2 量计算得到。该方法需要对降压过程中的压力进行精确控制。

（4）平衡液体取样法 在一定温压下，在已知体积的溶液中注入 CO_2，待达到气液平衡后，提取少量溶液样品，通过重量分析、体积分析、化学滴定等方式计算溶液的 CO_2 含量，即可得到 CO_2 溶解度。但是，该方法在取样后会改变原有的温压条件，破坏了原有的平衡状态，得到的溶解度结果一致性较差。另外，取液过程中的产生的漏气现象，也会使计算结果偏低。

（5）磁悬浮天平称量法 将已知体积的溶剂和 CO_2 通入磁悬浮天平测量室，充分溶解平衡后，通过测量溶液溶解前后的体积和密度来确定溶解度。该方法的优点是测量过程中温度压力保持恒定，原始状态不会被破坏。

（6）原位光谱法 将放有适量溶剂的反应釜的温度调至待测温度后通入 CO_2，充分溶解后，在确定的压力条件下，定时对混合物的吸光度进行测定，直至吸光度固定不变，溶质与 CO_2 实现溶解平衡。该方法具体可分为原位荧光、原位紫外分光和高压原位红外光谱法三种。原位光谱法的检测是非接触式的，是当前测定气体溶解度的一种相对先进的方法，其优点是不会破坏系统气液平衡。相比于静态法和流动法，原位光谱法具有精度高、取样简易及保持系统平衡的优点，但目前仍不清楚超临界 CO_2 的密度变化是否会影响光谱的吸收。

近十多年的时间里，随着拉曼光谱定量分析技术的不断发展，越来越多的研究者将其运用到不同物质，特别是气态物质的溶解度等基础物性参数的测定分析当中。利用石英毛细管和汞封法，结合共焦拉曼光谱技术，测量得到了不同温压条件下未达饱和的不同 CO_2 浓度水溶液与 NaCl 盐水溶液的拉曼光谱图，并在此基础上建立了 CO_2 浓度与相应溶液体系拉曼峰强度比（I_{CO_2}/I_{O-H}）和峰面积比（Peak Area Ratio，简称为 PAR）⊖之间的关系函数，而后再根据 CO_2 溶解饱和时得的相应溶液的拉曼光谱数据，依据函数关系计算得到不同温压条件下的 CO_2 溶解度。

⊖ PAR = A_{CO_2}/A_{O-H}，式中，A_{CO_2} 为 CO_2 费米尔双键拉曼峰面积，A_{O-H} 为水的 O-H 伸缩振动键拉曼峰面积。

2. 二氧化碳溶解度影响因素

CO_2 在地下咸水中溶解度主要受温度、压力和溶液浓度（矿化度）的影响（图 2-17）。在相同温度条件下，CO_2 随压力的增加整体呈现非线性增加的趋势。产生这一现象的原因是：温度一定时，H_2O 的蒸气压一定，随着 CO_2-H_2O 体系的压力增大，CO_2 的分压相对增大，CO_2 的逸度增大，在水中的溶解度相应增加。而当压力一定时，H_2O 的蒸气压随温度升高而增大，相应的 CO_2 分压减小，CO_2 的逸度减小，在水中的溶解度相应减小。温度越高，压力变化对溶解度的影响越大。此外，在恒定的温度和压力条件下，随着溶液矿化度的增大，CO_2 溶解度呈逐渐减小的趋势。这是由于盐析效应的影响。在水溶液中盐度越高，则溶解于水中的离子对水分子活动性的钝化作用越强，水分子转动和平动速率越慢，盐析效应就越强，因此溶解度越小。由图 2-17d 中不同矿化度下溶解度数据的变化情况可以看出，随着矿化度的增大，CO_2 溶解度降低的趋势逐渐减缓，即盐析效应对溶解度的影响随着盐度的增加而逐渐减小。这可能是由于当水溶液体系中的离子浓度达到一定值以后，由于含量过高，其与水分子之间发生作用的概率减小，因此，水分子活动性的钝化作用比低盐度时弱。

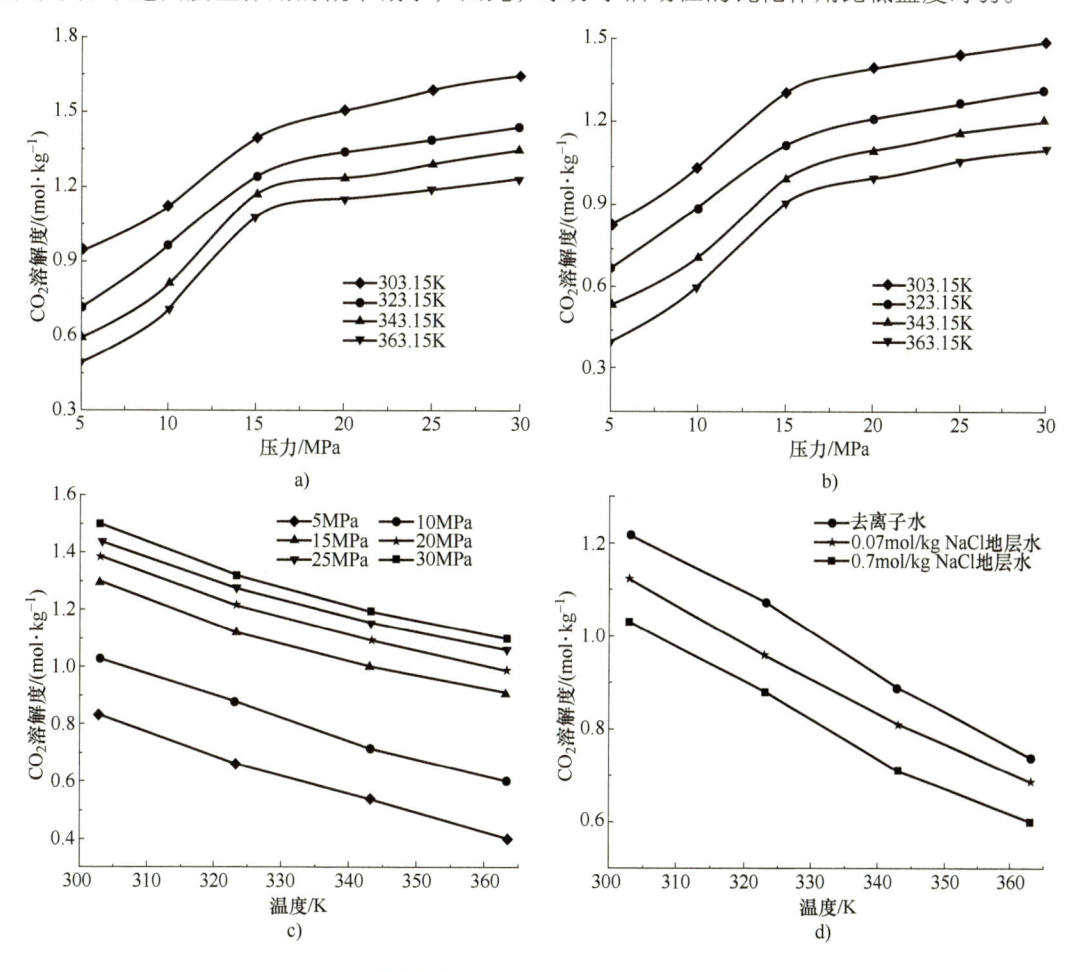

图 2-17　CO_2 溶解度的影响因素

a) 压力影响（0.07mol/L NaCl 地层水）　b) 压力影响（0.7mol/L NaCl 地层水）
c) 温度影响（0.7mol/L NaCl 地层水）　d) 矿化度影响（温度 323.15K）

3. CO_2溶解度预测模型

基于试验数据利用热力学基本原理，建立CO_2在纯水和NaCl溶液中的溶解度模型：当CO_2达到溶解平衡，CO_2在液相中的化学势与在气相中的化学势相等。依据不同的方法建立的溶解度模型不同，一般分为状态方程法、活度系数法和分子模拟法。

1）状态方程法。状态方程是用来描述物质的温度、压力、体积和成分之间关系的数学函数，状态方程法即用状态方程同时计算气相和液相逸度的方法。状态方程的形式有多种，分为立方型状态方程、多参数状态方程和理论型状态方程，CO_2的溶解度模型大多是立方型状态方程，常用的是Peng-Robinson方程，即

$$P = \frac{RT}{V-b} - \frac{a(T)}{V(V+b)+b(V-b)} \tag{2-4}$$

式中　P——压力（MPa）；

R——通用气体常数（8.314J/mol·K）；

T——体系温度（K）；

V——容器体积（m^3）；

a、b——状态方程系数，可由临界参数和偏心因子计算得到，即

$$a = 0.45724 \frac{R^2 T_c^2}{P_c} \alpha(T), \qquad b = 0.0778 \frac{RT_c}{P_c} \alpha(T)$$

P_c、T_c——临界压力（MPa）和临界温度（K）。

$\alpha(T)$函数定义为

$$\alpha(T) = [1+(0.37646+1.54226\omega-0.26992\omega^2)(1-T_r^{0.5})]^2 \tag{2-5}$$

式中　ω——偏心因子；

T_r——对比温度，即实际温度与临界温度比值。

状态方程法的预测精度不仅受所选状态方程的影响，还取决于所用的混合规则。当引入的参数较少、采用通用或简单混合规则时，形式简单，计算简便，但精度较低；引入参数较多、采用复杂混合规则时，准确度得到相应提高，但会给方程的简明性和易用性带来影响。

2）活度系数法。活度系数是气液两相平衡中液相的重要物理化学性质。活度系数法即用活度系数表示液相的非理想性，用逸度系数表示气相的非理想性。活度系数法主要包括以下几类：Wol型方程、局部组成型方程、基团贡献模型。因基于溶液理论推导的活度系数计算式没有考虑压力对其的影响，故活度系数法能精确地预测中低压混合物的气液平衡，不能用于压力较高的情况。

3）分子模拟法。统计缔合流体理论（Statistical Associating Fluid Theory，简称为SAFT）是基于Wertheim的一阶微扰理论，这个分子基础的状态方程将热力学性质与分子间作用力相连接，其参数具有明确的物理意义，与经验模型相比具有更可靠的外推与预测能力，而且可以同时计算系统的相平衡特性和密度，因此，SAFT已成功地应用于多种混合体系的热力学性质与相平衡计算。

2.1.4　CO_2-咸水界面张力

CO_2咸水层封存中，咸水的界面张力对孔隙内流体分布、毛细管力方向和大小有显著影

响。研究咸水界面张力对 CO_2 地质封存选址、封存量评估及安全性评价具有重要意义。滴形法是通过悬滴、鼓泡或座滴的图像分析获得界面张力,测量方法简单且准确度相对较高,被许多研究者广泛采用。滴形法中液滴的轮廓是由数字图像记录的,不但可以获得静态的界面张力,还可以测出界面张力随时间变化的动态值。其测量原理:界面张力有让液滴呈现球形的趋势,而重力有让液滴拉长的趋势。当界面张力和重力平衡时,就可以通过分析液滴的形状和已知的液滴重力测出其界面张力。滴形法需要的液量少、容易操作、适用的材料范围广泛,可以用于复杂试验条件下,如在高压高温条件下进行界面张力测量。

界面张力随压力和温度的变化曲线如图 2-18 所示。界面张力在低压(即压力低于 6MPa)条件下,随着压力的增大而减小,当达到某个压力时其变化趋于平稳,虽然有一些波动,但是幅度比较小。在压力达到 9MPa 左右时,界面张力几乎不再随压力发生变化,而是呈现出伪平稳状态。经多次试验后可以得出结论:在低压条件下(即压力低于 6MPa),界面张力随压力的增大而减小,压力对界面张力的影响显著;而在高压条件下,压力对界面张力的影响较小。另外,27℃时,界面张力在 7.5MPa 处开始出现伪平稳状态;35℃时,在 8MPa 之后出现伪平稳状态;而温度升到 40℃时,一直到 9MPa 才出现伪平稳状态。这说明伪平稳状态出现的压力受温度影响显著。35℃时,不同浓度的咸水溶液和 CO_2 的界面张力如图 2-19 所示,界面张力随咸水溶液的浓度的增大而增大,但是其影响并不显著。

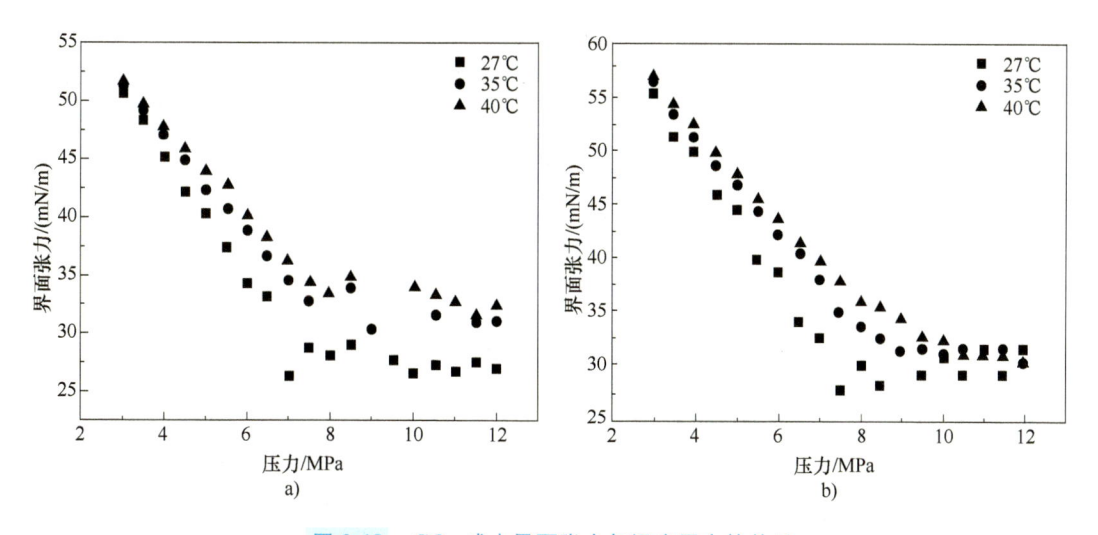

图 2-18 CO_2-咸水界面张力与温度压力的关系
a)去离子水 b)2mol/L NaCl 溶液

由于 CO_2-咸水溶液的界面张力与温度、压力和咸水溶液浓度有关,因此,可以通过扩展实验数据建立相应的界面张力预测经验公式。有学者在温度、压力、浓度范围分别为 323.15~448.15 K、0~50MPa 和 0~5mol/kg 条件下开展试验,基于试验数据建立 CO_2-咸水溶液界面张力预测经验公式——式(2-6)。该式表明界面张力与咸水溶液浓度呈线性关系,并且其系数是温度、压力的函数,其预测结果与试验结果吻合得很好。该经验公式结构简单、预测结果可靠,且使用范围广泛。

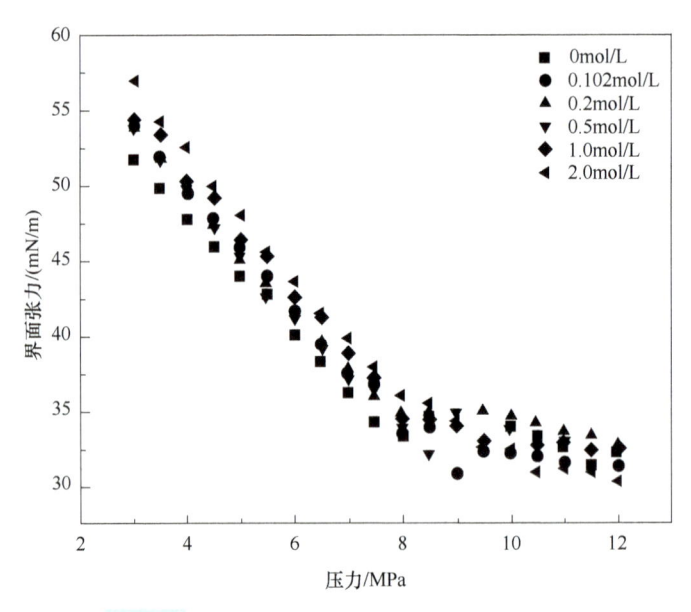

图 2-19　CO_2-咸水界面张力与咸水浓度的关系

$$\gamma = A(m) + B \tag{2-6}$$

$$A = a_0 + a_1(p/\text{MPa}) + a_2(T/\text{K}) \tag{2-7}$$

$$\begin{aligned}B = &[b_0 + b_1(T/\text{K}) + b_2(T/\text{K})^2] \\ &+ [b_3 + b_4(T/\text{K})](p/\text{MPa})^{-1} \\ &+ [b_5 + b_6(T/\text{K})](p/\text{MPa})^{-2} \\ &+ [b_7 + b_8(T/\text{K})](p/\text{MPa})^{-3}\end{aligned} \tag{2-8}$$

式中　　　γ——CO_2-咸水界面张力（mN/m）；

　　　　　A、B——温度和压力系数；

　　　　　m——咸水溶液的密度（mol/L）；

$a_0 \sim a_2$、$b_0 \sim b_8$——通过试验数据拟合到的系数，见表 2-1。

表 2-1　CO_2-咸水界面张力线性拟合参数

参数	数值	参数	数值	参数	数值	参数	数值
a_0	0.451012	b_0	-41.203583	b_3	-538.898050	b_6	-11.694413
a_1	0.006202	b_1	0.435486	b_4	2.030519	b_7	-5165.927448
a_2	0.003365	b_2	-0.000725	b_5	3831.239088	b_8	15.072621

2.1.5　CO_2 流体传质特性

某种物质在单相以及通过两相或者多相界面之间相互转移的过程，称为质量传递过程（简称为传质过程）。只在单相中进行的质量传递，称为单相传质；通过两相或者多相界面之间进行的传质称为相间传质，后者在工程实际中更为重要和普遍。质量传递的驱动力主要包括浓度差、温度差和密度差等化学势差，咸水层中对流传质主要是以密度差为驱动力。

与热量传递中的导热、对流传热相类似，质量传递的方式依据传质机理不同可分为分子扩散和对流传质两种方式。CO_2 在深部咸水层中长期封存的过程就是不断地质量传递的过程，CO_2 在盐水中的溶解、扩散以及对流主要是发生在 CO_2 从水层底部向上的迁移、气层向盖层的扩散、从咸水层顶部向下储层的质量传递过程中，在不同时期 CO_2 的传质方式如图 2-20 所示。

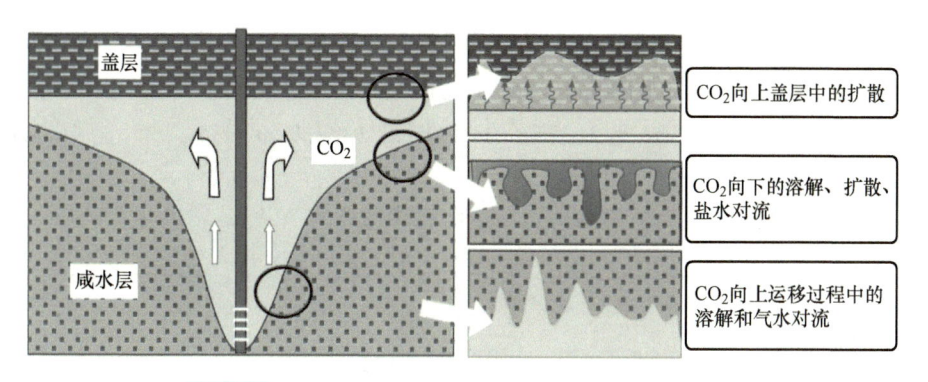

图 2-20 CO_2 咸水层封存过程中不同时期的传质形式

1. 分子扩散

分子扩散也称为分子传质，简称为扩散，是由于分子的无规则热运动而形成的物质传递现象。扩散与温度有关，是质量传递的一种基本方式，是在浓度差或其他推动力的作用下，由于分子、原子等的热运动所引起的物质在空间的迁移现象。这种传质是由微观上的分子运动引起的，与宏观上的流体流动无关。菲克第一定律（Fick's First Law）是描述分子扩散通量或速率的基本定律，即单位时间内通过垂直于扩散方向的单位界面截面面积的扩散物质流量。例如，对于由 A、B 两组分组成的混合物，假设储层液体静止时，组分 A 在竖直方向 Z 上由浓度差所产生的扩散通量为

$$J_A = -D_{AB} \frac{dC_A}{dZ} \tag{2-9}$$

式中　J_A——组分 A 在 Z 方向上的分子扩散通量 [$kmol/(m^2 \cdot s)$]；

C_A——组分 A 摩尔浓度（$kmol/m^3$）；

Z——组分 A 在 Z 方向上的扩散距离（m）；

D_{AB}——组分 A 在组分 B 中的扩散系数（m^2/s）。

CO_2 在地层水的溶解过程中存在着分子扩散现象，分子扩散系数简称扩散系数。由菲克定律可知，物质的扩散系数代表单位浓度梯度下该物质的扩散通量，表示该物质在扩散介质中的传递能力大小，是物质的一种传递属性。同一种物质在不同的混合物中的扩散系数也是不一样的，而且扩散系数还随温度、压力及混合物的浓度不同而变化。计算扩散系数的方式有很多种，可以采用试验测定，也可以使用经验公式进行估算，而估算某物质在液体中的扩散系数常用的是惠尔凯公式，即

$$D_A = \frac{7.4 \times 10^{-15} (\alpha M_B)^{0.5} T}{\mu_s V_A^{0.6}} \tag{2-10}$$

式中 D_A——溶质 A 在液体溶剂 B 中的扩散系数（m^2/s）；

M_B——溶剂 B 的摩尔质量（g/mol）；

α——溶剂 B 的缔合系数（无量纲），若溶剂是水时 $\alpha=2.6$，溶剂是甲醇时 $\alpha=1.9$，溶剂是乙醇时 $\alpha=1.5$，溶剂是苯、醛、烷烃及非缔合溶剂时 $\alpha=1.0$；

T——温度（K）；

μ_s——混合溶液的黏度（Pa·s）；

V_A——溶质 A 在常压下沸点时的液态摩尔体积（cm^3/mol），常见简单分子的摩尔体积 CO_2 为 $34.0cm^3/mol$，H_2 为 $14.3cm^3/mol$，H_2O 为 $18.8cm^3/mol$，O_2 为 $25.6cm^3/mol$，N_2 为 $31.2cm^3/mol$，H_2S 为 $32.9cm^3/mol$，SO_2 为 $44.8cm^3/mol$，CH_4 为 $29.6cm^3/mol$。

影响扩散系数的因素包括温度、压力、盐度和渗透率等（图 2-21）。

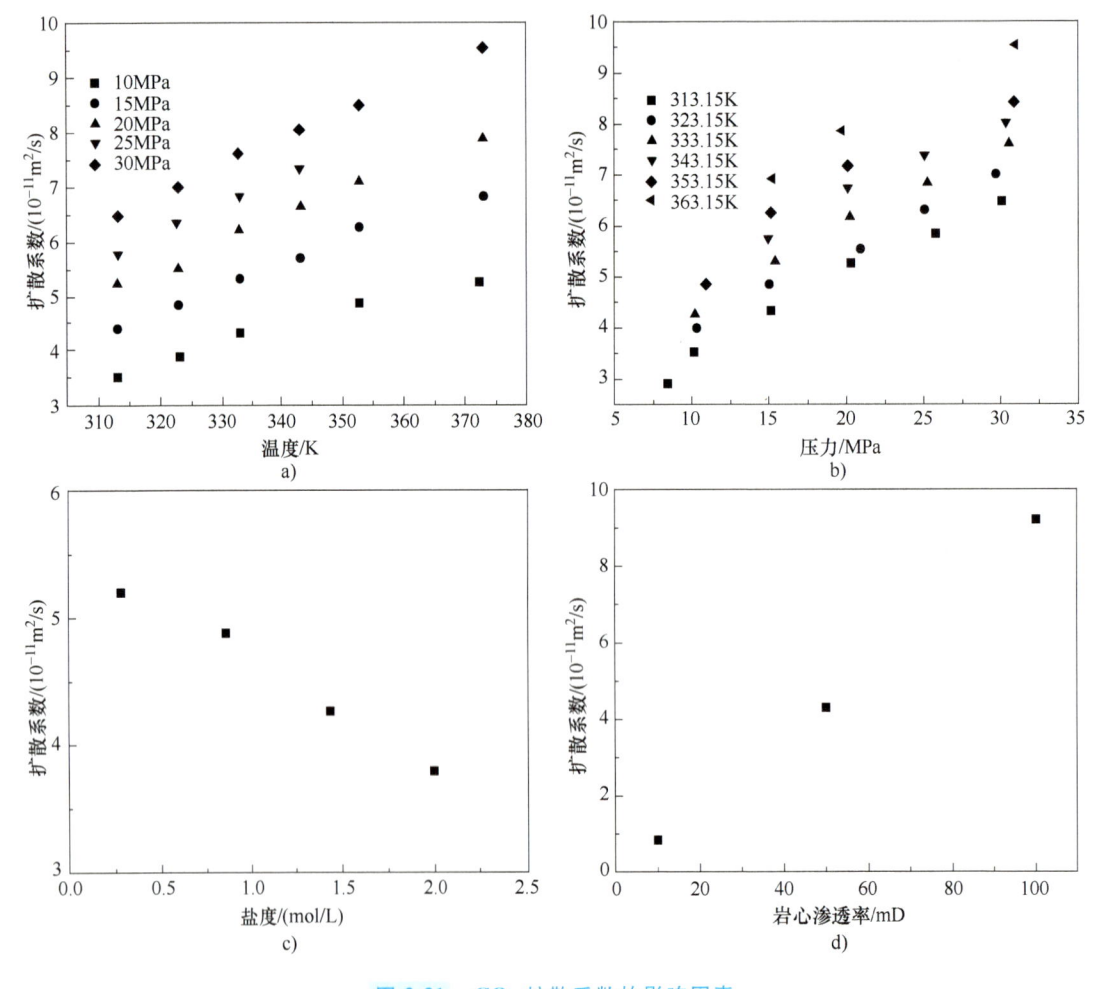

图 2-21 CO_2 扩散系数的影响因素

a）温度 b）压力 c）盐度 d）渗透率

1）温度对扩散系数有显著影响，随着温度的升高，扩散系数增大。主要原因为分子热运动随着温度的增加而增大。另外，盐溶液的黏度会随着温度的增加而减小，降低了 CO_2

扩散阻力，从而增大 CO_2 扩散系数。

2）压力的增加会使 CO_2 扩散系数增大。随着压力的增大，CO_2 浓度增大，在高浓度差的条件下 CO_2 扩散速率变快。

3）CO_2 扩散系数随着溶液盐度的增加而减小。盐水黏度和 CO_2 溶解度分别随着盐度的增加而增加和减小，这均降低了 CO_2 扩散能力，从而降低了 CO_2 扩散系数。

4）储层渗透率的增加会导致扩散系数的增大。渗透率越大，岩石传导流体的能力就越强，CO_2 在岩心中的流动就越容易，CO_2 扩散系数也随之增大。

2. 对流传质特性

CO_2 溶解到咸水中，使得两相界面处的饱和 CO_2 咸水密度大于底层原位咸水的密度，密度约高 0.1% 到 1%。因为重力不稳定性的存在，饱和 CO_2 的咸水会向下流动，而未饱和的咸水溶液则被动向上流动，该现象被称为对流混合。饱和 CO_2 的咸水向下流动的模式看起来像手指的形状，该现象又称为指进。与单纯的分子扩散溶解相比，这种由于密度差引起的对流混合现象可以显著提高 CO_2 的溶解速度，扩大 CO_2 的空间分布范围，减少溶解俘获所需要的时间，从而增加了 CO_2 的封存量，并且降低了 CO_2 通过断层裂缝泄漏的可能。

为了更好地研究对流混合的形成机理，常使用瑞利数（R_a）来评价 CO_2 溶解封存过程中的对流现象。瑞利数为重力和扩散率的比值为

$$R_a = \frac{k \Delta \rho g H}{\varphi \mu D} \tag{2-11}$$

式中 k——多孔介质绝对渗透率（μm^2）；

　　　$\Delta \rho$——流体间的密度差（kg/m^3）；

　　　φ——孔隙度（%）；

　　　D——两种流体在多孔介质中的扩散系数（m^2/s）；

　　　μ——咸水层流体的黏度（$Pa \cdot s$）。

（1）对流混合过程中关键性特征　在对流混合过程中，以下几个关键性特征需要考虑：

1）初始时刻。初始时刻 t_{onset} 是指注入过程中两种流体从扩散到对流过程的时间，即两相稳定分界面被破坏的时刻，可以通过核磁成像（MRI）的平均信号强度来判断。扩散阶段的信号强度是相对平稳的，当扩散层的密度足够大时，两相界面的不稳定性开始发生，MRI 信号强度出现开始下降的趋势，此时传质模式由扩散传质转变为对流传质。通常将曲线转折处定位为初始时刻，初始时刻与 R_a 之间服从 $t_{onset} \sim R_a^2$。

2）对流流态的形成。指进向下发展，由密度差提供动力克服黏性阻力的对流流态开始显现，此时的 CO_2 溶解速率出现拐点，表明进入对流传质的主体阶段。在后续的指进生长过程，小尺寸指进会逐渐合并形成中等甚至大尺寸的指进，侵占底层盐水。指头数量随着瑞利数的增加而增加。随着时间的增加，指头数量先增加（指头的生长和分裂以及新指进的产生）后减小（相邻指进的合并），但是分裂与合并出现的时刻和位置随机性较强。

3）持续时间。持续时间是指从对流混合过程（指进界面形成或稳定分界面破坏）开始到两种 CO_2-咸水充分混合（指进界面模糊）的总时间，其大小随着瑞利数的增大而减小。瑞利数越大，对应的多孔介质的孔隙度越高，即多孔介质内流体流动孔隙空间越大，越有利

于传质。

4）指进生长速率。指进生长速率是指指进移动一定距离所用的时间。指进生长速率越高，说明单位时间内与盐水混合的 CO_2 越多，指进生长速率随着 R_a 的增大而提高。

（2）影响指进的因素　咸水浓度和温度是影响指进过程的关键因素，其中，咸水浓度主要通过影响 CO_2 的扩散系数和溶液的密度差来调控指进的生成和发展，而温度则通过改变溶液的黏度和 CO_2 的溶解度来影响指进的形态和传质效率。具体展开如下：

1）咸水浓度。咸水浓度对咸水层中的 CO_2 对流传质起抑制作用。

① 对流初始时刻：咸水浓度加大，CO_2 的扩散系数减小，所以液面分界面上部的 CO_2 溶液密度增加的速度变慢，即 CO_2 溶液薄层中重力不稳定性积累的速度更慢。同时 NaCl 增多，溶液密度加大，驱动对流指进出生的界面上部的 CO_2 溶液薄层密度要求更高，所以对流初始时刻 t_{onset} 时间点会往后推迟。

② 指头数量：盐水浓度增加，指进的数目减少，因为新指进生成的难度增大，一旦某些指进出现，薄层中的 CO_2 溶液会优先传质进入这些指进，导致薄层中其他部位的密度差下降，不稳定性降低，影响新指进的生成，指进数量减小。

③ 指进下移速度：当对流流动形成时，指进向下移动，此时两相界面处的 CO_2 溶液薄层密度因为指进的流动带走部分 CO_2 混合溶液而降低，无法与因指进对流而带来的新溶液形成足够的密度差，也就无法继续为指进提供前进的质量流。

2）温度。温度对指进形态的影响规律比较复杂。温度升高一方面能够降低溶液黏性，利于指进生成和发展，但另一方面 CO_2 溶解度也随之降低，使得溶液的密度差不足以生成对流指进。温度升高虽然使指进生成更容易，传质速率也更快，但是温度降低了 CO_2 溶解度，导致 CO_2 溶液相密度绝对值的减小，使得指进在向下迁移时 CO_2 质量流更小，指进规模大幅度减小，溶解的 CO_2 量也减少。所以整体来看温度是让对流指进的形成更加容易，但是对 CO_2 传质速率是具有消极影响的。相对于盐度是影响溶液密度从而抑制指进现象，温度则是通过改变溶液的黏度和 CO_2 的溶解度来影响指进变化。

2.2　物性影响

为了确保 CO_2 地质封存项目的成功，必须对潜在储层的地质条件进行全面的分析与评估。这一过程旨在识别和选择那些具备最优地质封存条件的场所。在诸多影响因素中，储层岩石的裂缝发育情况、孔隙度和渗透率属性尤为关键，它们直接关系到 CO_2 的注入效率、CO_2 封存量以及长期封存的可行性。

2.2.1　裂缝对 CO_2 封存的影响

CO_2 在深部地质构造的封存涉及复杂的物理过程，如断裂岩层中的多相多组分流、相变、CO_2 溶解和矿物沉淀以及其他化学反应，CO_2 封存的复杂性因裂缝和断层的存在导致地质的非均质性而加剧。这些裂缝几乎存在于所有天然储层中，在油气运输和圈闭中起着关键作用，裂缝由于其渗透率明显高于储层中基质岩石的渗透率，因此，在预测 CO_2 气体演化和分布方面至关重要。裂缝会产生优先流动路径，可能会增加地质地层中 CO_2 泄漏的风险，进而造成重大的生态问题。例如，CO_2 注入目的储层后，受浮力作用上浮并聚集在上覆盖层底部，当 CO_2 压力持续增加，可通过盖层地层中可能存在的断层和裂缝产生优先流动。原则上，断裂密集的地质构造不适合安全封存 CO_2，然而，在某些地点多个 CO_2 封存储层中都有裂缝和断层的存在。另外某些地点，通过水力压裂来刺激裂缝生长，可以提高 CO_2 在咸水含水层的封存量。

裂缝的物性特征对 CO_2 运移分布具有十分重要的影响，因此，针对裂缝的关键参数如裂缝长度、裂缝开度、裂缝方位以及复杂裂缝对 CO_2 的运移影响进行讨论。

1) 裂缝长度是指岩石裂缝在某一特定方向上的长度或延伸范围。裂缝长度的改变会影响高渗透通道的长度，即裂缝长度越长，CO_2 运移的速率越快。在 CO_2 注入初期，黏度较低的 CO_2 驱替原位咸水，导致储层压力迅速抬高；随着 CO_2 的持续注入，CO_2 有足够的流动空间，储层压力缓慢下降。裂缝长度越长，CO_2 运移速率越快，在注入点附近聚集的 CO_2 越少，继而储层的压力越小，因此，裂缝的存在减小了 CO_2 井口附近的压力聚集，增加 CO_2 封存安全性。相同储层中，裂缝长度越长，对储层压力的缓解越显著。

2) 裂缝开度是指裂缝两壁面之间的距离，是表征裂缝特征的一个重要参数。裂缝开度的增加会导致裂缝渗透率的增加，继而 CO_2 运移的速率增加；CO_2 运移速率加快，减少了 CO_2 在注入点附近的聚集；随着 CO_2 的继续注入，驱替注入井周围咸水；当注入井周围咸水被驱替后，CO_2 有足够的运移空间，再注入 CO_2 会相对容易。而开度小的裂缝对 CO_2 运移能力弱，大量 CO_2 羽流仅能在基质内运移，注入井附近的压力聚集难以得到缓解。因此，裂缝开度越大，对储层压力的缓解越显著。

3) 裂缝方位是岩石裂缝在地表或地下的延伸方向。裂缝方向的不同影响着 CO_2 羽流的运移方向和储层的压力分布。在裂缝方向较为一致且密度较大的情况下，CO_2 容易沿着裂缝方向进行运移，形成较为集中的运移通道，这种运移方式有利于 CO_2 的快速扩散和封存。然而，在裂缝方向杂乱无章或密度较小的情况下，CO_2 的运移方向将变得复杂且难以预测，可能导致 CO_2 在地下封存层中的分布不均匀，降低了储层对 CO_2 的封存能力。其中，当注入方向与裂缝呈 45°时，CO_2 运移速率最快，呈 0°和 90°时其次，呈 135°时最慢。

4) 复杂裂缝对 CO_2 的迁移路径、速率和最终封存位置有着显著影响。当储层中存在复杂裂缝网络时，会极大地增加储层的非均质性，形成高渗透通道网，加速 CO_2 运移的速率，缓解储层压力。但是复杂裂缝网络也会增加储层的不稳定性，增强 CO_2 封存的不确定性，可能会导致 CO_2 的泄漏等问题。

此外，一些潜在的 CO_2 储层已经发现其孔隙度和渗透率不足，无法支持经济有效的商业规模注入。在此基础上，利用水力压裂技术可以提高 CO_2 储集层注入能力和储集能力。根据模型研究显示，压裂可以适度增加储层容量（10%~35%）。该研究的模拟结果证实，在水平井长度、裂缝数量、裂缝形状和裂缝性质的范围内，采用压裂技术，注入能力都得到了提高，与未压裂的直井相比，油气产能提高了 13%~71%。

2.2.2 储层孔渗特性对 CO_2 封存的影响

孔隙度和渗透率是地质封存储层的两个重要参数。孔隙度决定了储层对 CO_2 的容纳能力,渗透率则决定了岩石在一定压力下允许流体通过的能力。通常认为,具有较高的孔隙度和渗透率的地质构造适合封存二氧化碳,这对封存大量二氧化碳至关重要。孔隙度是含水层中由空隙组成的部分,并非储层内的所有孔隙都对 CO_2 封存有贡献,孔隙间的相互连接所形成的有效孔隙决定了含水层的有效储水量。以容量因子 C 计算给定咸水层中可封存的 CO_2 量为

$$C = C_{gas} + C_{liquid} \tag{2-12}$$

式中 C_{gas}——游离态 CO_2 在储层中的体积分数(%),$C_{gas} = \langle \varphi \cdot S_g \rangle$;

C_{liquid}——溶解在咸水层中的 CO_2 在储层中的体积分数(%),$C_{liquid} = \langle \varphi \cdot S_L \cdot X_L^{gas} \cdot \rho_L / \rho_g \rangle$;

C——储层中可封存空间的体积分数(%),为 C_{gas} 和 C_{liquid} 的和;

φ——有效孔隙度(%);

S_L——液相孔隙空间的体积分数(%);

S_g——CO_2 气相孔隙空间的体积分数(%);

X_L^{gas}——盐水中溶解 CO_2 的质量分数(%);

ρ_g——CO_2 相密度;

ρ_L——液相密度;

$\langle \rangle$——储层中孔隙的平均值。

有效孔隙度 φ 对于含水层中 CO_2 封存量起着重要作用,可以作为检验咸水层封存适宜性的重要因素。CO_2 驱替储层原有流体的体积(V_{bulk})是注入量(V_{CO_2})和咸水层平均孔隙度的函数,即

$$V_{bulk} = \frac{V_{CO_2}}{\varphi} \frac{1}{\psi} \tag{2-13}$$

式中 ψ——CO_2 驱替咸水的驱替效率系数,代表储层的孔渗特征和注气工艺。

从本质上讲,含水层的有效孔隙度是其封存二氧化碳能力的关键因素,其数值大小随着有效应力的增加而减小,因此,储层孔隙度随深度的增加而减小。含水层的孔隙大小和结构在相同的影响下会发生变化。由于任何多孔介质的孔隙结构在孔隙数量、大小、形状、取向和孔隙互连方式等方面都具有巨大的复杂性,因此,考虑含水层的孔径分布往往变得很重要。孔径分布定义为在总孔径范围$(\sigma, \sigma+d\sigma)$内的分布函数,即

$$\int_0^\infty f(\sigma) d\sigma = 1 \tag{2-14}$$

关于孔径分布的信息对于表征含盐含水层中 CO_2 对盐水的驱替是很重要的,这是由于它可以用来计算相对渗透率。注入 CO_2 后储层内物理化学变化如矿物沉淀、溶蚀和有效应力改变等是导致储层孔径分布演化的因素。多孔介质中的矿物沉淀通常受孔隙大小的影响。虽然大孔隙允许矿物的沉淀,但较小的孔隙可能会抑制这一过程,导致整体反应速率降低,这实际上稳定了孔隙率。矿物封存和溶解封存是长期封存的捕获机制,孔径非均质分布可能会影响反应在沉积物不同部位发生的容易程度以及 CO_2 的溶解速率。渗透率通常以达西(Darcy)单位来表示,定义为在单位压力梯度下,单位时间内通过单位面积岩石的流体体积。达西定律可以表示为

第 2 章 二氧化碳地质封存理论基础

$$Q = -k \cdot A \cdot \frac{\Delta P}{\mu \Delta L} \tag{2-15}$$

式中 Q——通过岩心流量（cm^3/s）；
k——岩石的渗透率（μm^3）；
A——岩石的截面面积（cm^2）；
ΔP——流体流动方向上的压力差（MPa）；
μ——流体的黏度（Pa·s）；
ΔL——岩心的长度（cm）。

渗透率的值决定于多孔介质的孔隙结构特征。CO_2 封存的目标储层需要保持适当的渗透率，以确保 CO_2 的有效封存。储层的渗透性受岩石矿物的反应、溶解和沉淀的影响。模拟表明，在注入 CO_2 后，最初碳酸盐胶结物的溶解增加了沉积物的孔隙度，但随后的反应导致长石的溶解与碳酸盐矿物和黏土的沉淀，从而降低了渗透率和孔隙度。这意味着沉积物的原始渗透性可能在注入过程中发生改变，并将影响对 CO_2 运移过程的预测。

地下储层内存在复杂的多相流-固系统，CO_2 封存过程并非是简单的单相流动，因此，需要引入相对渗透率来研究储层中 CO_2-咸水体系的两相运移关系。渗透率是多孔介质的固有特性，而相对渗透率是流体-流体-固体系统的特性。虽然相对渗透率取决于许多因素，但现有的实验证据表明，可以通过基于饱和度变化的相对渗透率研究来简化地下复杂的封存过程，图 2-22 所示为典型的气-水两相相对渗透率随含水饱和度变化的曲线。

水的相对渗透率 k_{rw} 在含水饱和度较大的区域较高。在 CO_2 驱替初期，岩石的含水饱和度降低速度缓慢，而 CO_2 的相对渗透率保持在较低水平，由于需要克服进入压力，CO_2 通过扩散和溶解进入最小的孔隙空间，此时 CO_2 的相对渗透率 k_{rg} 很低。

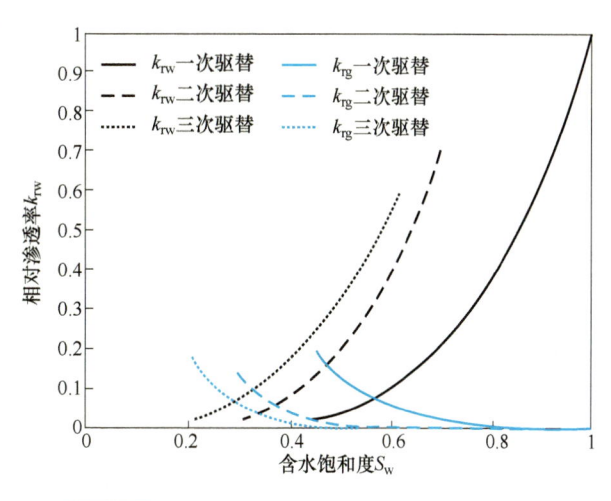

图 2-22 相对渗透率随含水饱和度变化的曲线

在这种缓慢溶解状态下，CO_2 的含量逐渐增加，取代了以前不流动的水，进一步增加了 CO_2 的流动能力。因此，随着驱替过程的继续，水的残余饱和度和渗透率继续降低，CO_2 的渗透率和饱和度增加。

均质和非均质多孔介质的相对渗透率的经验公式：首先定义一个与饱和度相关的参数，即

$$\eta_w^* = \frac{S_w - S_{w\tau}}{1 - S_{w\tau}} \tag{2-16}$$

式中 η_w^*——与饱和度相关的参数，随时间变化；
$S_{w\tau}$——残余水饱和度（%）；

S_w——含水饱和度（%）。

$$\eta_w^* = (P_b/P_c)^\lambda \quad (2\text{-}17)$$

式中 P_c——毛管压力（MPa）；

P_b——初始压力（MPa），在多孔介质中，P_b 通常指的是 CO_2 开始进入多孔介质并驱替润湿相（如水）时的压力；

λ——多孔介质孔隙大小分布的量度，理论上是大于零的任何值。

利用参数 η_w^* 可以计算两相相对渗透率为

$$k_{rw} = (\eta_w^*)^{(2+3\lambda)/\lambda} \quad (2\text{-}18)$$

$$k_{rg} = (1-\eta_w^*)^2 (1-\eta_w^*)^{(2+\lambda)/\lambda} \quad (2\text{-}19)$$

式中 k_{rw}——水相相对渗透率；

k_{rg}——气相相对渗透率。

2.3 封存方式

利用地下某处无法作为饮用水源，或者不具备开采价值的咸水层对 CO_2 进行封存，称为咸水层封存。CO_2 深部咸水层封存是指将 CO_2 从排放源捕集分离出来，运输到某个深部咸水含水层封存地点，并且与大气长期隔绝的过程。一旦 CO_2 注入目标咸水层，CO_2 将被一系列的物理和化学封存机制所封存，经过几百年甚至上万年之久，实现 CO_2 的长期封存。深部咸水层 CO_2 地质封存的封存（圈闭）机制主要有构造封存、残余气封存、溶解封存和矿化封存（图 2-23）。

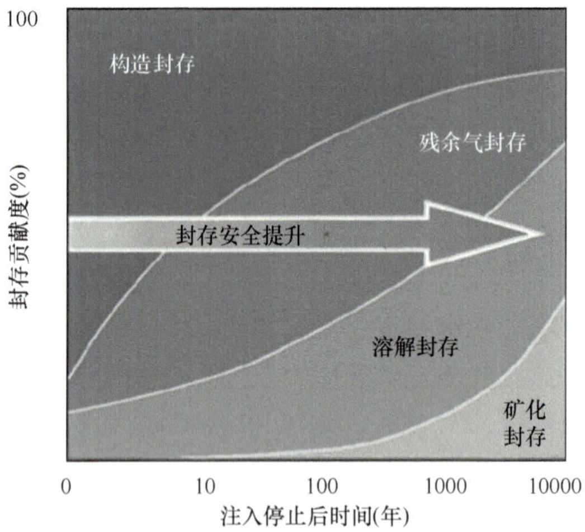

图 2-23 封存机制随时间变化

2.3.1 构造封存

构造封存是指在地层条件下，CO_2 密度低于水，在浮力和水动力的作用下朝各个方向运移，受到盖层的遮挡大量聚集，形成一个相对独立和封闭的圈闭，以连续体的形态封存于储层中，其机理类似于油气藏封存，如背斜封存、断层封存、盐构造封存和地层封存（图 2-24）。

构造封存量计算方法主要包括面积法、容积法以及碳封存领导人论坛评估方法。具体描述如下：

（1）面积法　基于面积法评估咸水层封存潜力：假设咸水层闭合构造，计算面积是地下面积投影到地面上的面积。欧盟委员会后续采用了该方法。该方法参数少且易获得，但准确性不高，其计算公式为

$$m_s = F_{ac} S_f AH \quad (2\text{-}20)$$

式中 m_s——构造封存有效封存量（kg）；

F_{ac}——覆盖系数，取 50%；

S_f——封存系数，取 200kg/m³；

A——储层面积（m²）；

H——储层厚度（m）。

（2）容积法　美国能源部采用容积法评估碳封存量。该方法假设 CO_2 注入后替换储层内所有孔隙体积，精度更高，其计算公式为

$$m_s = AH\varphi\rho_{CO_2}E \tag{2-21}$$

式中　φ——咸水层孔隙度（%）；

ρ_{CO_2}——地层条件下 CO_2 密度（kg/m³）；

E——有效封存系数。

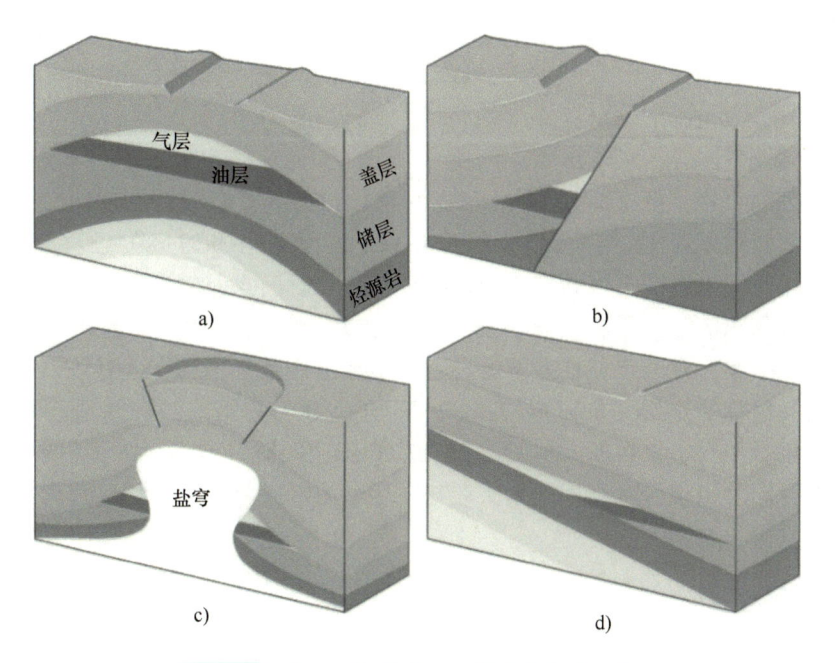

图 2-24　常规油气藏类型及其封存方式示意图
a) 背斜封存　b) 断层封存　c) 盐构造封存　d) 地层封存

E 反映了理想条件下有效封存量与理论封存量的比值，用于矫正计算参数与实际参数之间的误差。E 受储层地质特征、封存机理、地层温度压力等因素影响，其中地层压力和封存时间影响最大。

（3）碳封存领导人论坛评估方法　CSLF（碳封存领导人论坛）在容积法的基础上提出封存潜力由构造封存、残余气封存、溶解封存构成，对封存潜力的评估更为准确，被广泛应用。其中构造封存量公式为

$$m_s = \rho_{CO_2}V_t\varphi(1-S_{wт})E \tag{2-22}$$

式中　V_t——咸水层构造封存圈闭体积（m³）；

$S_{wт}$——咸水层的残余水饱和度（%）。

2.3.2 残余气封存

在CO_2迁移的过程中,由于毛细压力作用(即气液相界面的张力作用),部分CO_2会被长期困留在岩石的微小孔隙中。当大量CO_2流经多孔介质时,其中的一部分CO_2会被岩石的孔隙所隔离。随后,当地层水重新渗透进这些被CO_2占据的空间时,CO_2才会被真正地固定在空隙之中,称为残余气封存的物理封存方法,该方法具有相当高的稳定性,其作用时间可从注入开始持续数十年之久。与构造封存相比,其安全性更高,且受到地层温度、压力、孔隙渗透率以及岩石润湿性等多种因素的共同影响。虽然这一封存机理主要发生在微观尺度,但将其应用于数十米厚、数千米宽的储层时,所实现的CO_2封存量将变得极为可观。更重要的是,残余气封存延长了CO_2与地层水和岩石的接触时间,从而有效地促进了溶解封存和矿化封存这两种封存方式的进行。

根据CSLF提出的计算方法,残余气封存量计算式为

$$m_r = \Delta V_t \varphi S_{CO_2} \rho_{CO_2} \tag{2-23}$$

式中 m_r——残余气封存理论封存量(kg);

ΔV_t——残余气封存体积(m^3);

S_{CO_2}——残余气饱和度(%)。

该封存机理与时间相关,封存潜力随着CO_2的扩散迁移和时间的推移而增大。因此,必须在某一确定时间点对残余气封存潜力进行评估,该时间点即封存潜力的边界值。

残余气封存体积随时间不断变化,随CO_2的扩散和运移而增加,因此,对该封存方式的潜力评估应基于某一时间点。许多学者通过试验测定残余气饱和度,对残余气封存规律进行研究,但对其整体的定量评价研究较少,一般通过数值模拟对封存量进行评估。当CO_2通过储层岩石,且地层水重新渗入被CO_2占据的孔隙空间时,残余气封存机理才发挥作用,故常与溶解封存同时出现,对目标咸水层评估封存潜力时应将残余气封存和溶解封存结合起来考虑。

2.3.3 溶解封存

注入深部咸水层中的CO_2,一部分会溶解到深部地层水中,溶解形式通过分子扩散、弥散和对流等方式进行运移。当水中溶解了一些CO_2时,水的密度将增大,开始向下沉,使得CO_2不受浮力的影响,从而确保CO_2能够安全、有效地封存。然而,若CO_2被固定在构造和地层圈闭中,由于其只能在圈闭底部与地层水接触,那么溶解过程会变得缓慢,且溶解封存潜力也会降低。这是由于溶解过程取决于CO_2的浓度梯度,溶解度随着CO_2浓度的增加而降低。

CO_2注入咸水层后溶解在地层水中,并发生对流和扩散,水解生成的HCO_3^-、CO_3^{2-}与地层水中Ca^{2+}、Mg^{2+}等离子发生反应生成稳定碳酸盐沉淀,实现溶解封存。以Ca^{2+}为例,反应式为

$$CO_2 + H_2O \longrightarrow H_2CO_3$$
$$H_2CO_3 \rightleftharpoons H^+ + HCO_3^- \rightleftharpoons 2H^+ + CO_3^{2-} \tag{2-24}$$
$$Ca^{2+} + HCO_3^- \longrightarrow CaCO_3 + H^+$$

CO_2 注入咸水层后始终与地层水接触发生溶解封存,作用时间为几百年至几千年,属于一种比较稳定的化学封存方式,安全性仅次于矿化封存。

在进行 CO_2 封存之前,地层原本有一部分无机碳溶解在水中,即初始含碳量,但由于地层水在地表条件下会不断析出气体,初始含碳量难以确定。CSLF 采用忽略初始含碳量的方式直接利用溶解度计算溶解封存潜力,其计算公式为

$$m_b = AH\varphi \rho_w X_s^{CO_2} \tag{2-25}$$

式中 m_b ——CO_2 在咸水层中的溶解封存量(kg);

ρ_w ——CO_2 饱和时的咸水密度(kg/m³);

$X_s^{CO_2}$ ——在咸水层中的质量溶解度,是温度、压力和矿化度的函数。

溶解封存潜力评估除了忽略初始含碳量,还要确保地层水饱和 CO_2 后不会再有矿物溶解或析出。事实上,考虑到储层的非均质性,储层不可能完全被饱和,所以该方法计算精度不高。

2.3.4 矿化封存

矿化封存是一种地球化学封存机理,是指 CO_2 与岩石矿物及地层水发生化学反应的过程中会形成碳酸盐矿物沉淀,这样可以以稳定的形式固定 CO_2,其主要影响因素为储层岩石的矿物组分、流体类型和化学反应过程见表 2-2。尽管这种化学反应在早期就存在,但矿化是个相当缓慢的过程,可长达上千年至几万年不等。矿化封存的程度主要决定于储层岩石的矿物成分、储层的温度与压力、深部地层水的化学组分、水岩相互接触面积和水流速率等。由于矿化封存将 CO_2 变成了固体物质的一部分,可以实现 CO_2 的长期封存,因此,被认为是最理想的 CO_2 捕集形式。由于复杂性强、时间尺度大以及影响因素众多,关于矿物封存量的计算公式很少,准确评价矿物封存潜力尚需深入研究。

表 2-2 CO_2 与不同岩石矿物的反应式

化学成分	岩石矿物	化学方程式
碳酸盐类	方解石	$CaCO_3 + H_2O + CO_2 \longrightarrow Ca(HCO_3)_2$
	菱镁矿	$MgCO_3 + H_2O + CO_2 \longrightarrow Mg(HCO_3)_2$
	菱铁矿	$FeCO_3 + H_2O + CO_2 \longrightarrow Fe(HCO_3)_2$
	白云石	$CaMg(CO_3)_2 + 2H^+ \longrightarrow Ca^{2+} + Mg^{2+} + 2HCO_3^-$
硅酸盐类	钾长石	$2KAlSi_3O_8 + 2CO_2 + 3H_2O \longrightarrow Al_2(Si_2O_5)(OH)_4 + 4SiO_2 + 2K^+ + 2HCO_3^-$ $3KAlSi_3O_8 + 2CO_2 + 2H_2O \longrightarrow KAl_2(AlSi_3O_{10})(OH)_2 + 6SiO_2 + 2K^+ + 2HCO_3^-$
	钠长石	$2NaAlSi_3O_8 + 2CO_2 + 3H_2O \longrightarrow Al_2(Si_2O_5)(OH)_4 + 4SiO_2 + 2Na^+ + 2HCO_3^-$ $NaAlSi_3O_8 + CO_2 + H_2O \longrightarrow NaAlCO_3(OH)_2 + 3SiO_2$
	钙长石	$CaAl_2Si_2O_8 + 2H^+ + H_2O \longrightarrow Ca^{2+} + Al_2(Si_2O_5)(OH)_4$
	高岭石	$Al_2(Si_2O_5)(OH)_4 + 6H^+ \longrightarrow 2Al^{3+} + 2SiO_2 + 5H_2O$ $Al_2(Si_2O_5)(OH)_4 + H_2O + 2CO_2 + 2Na^+ \longrightarrow 2NaAlCO_3(OH)_2 + 2SiO_2 + 2H^+$ $Al_2(Si_2O_5)(OH)_4 + KAlSi_3O_8 \longrightarrow KAl_2(AlSi_3O_{10})(OH)_2 + 2SiO_2 + H_2O$

(续)

化学成分	岩石矿物	化学方程式
硅酸盐类	镁橄榄石	$Mg_2SiO_4+2H_2O+2CO_2 \longrightarrow 2MgCO_3+H_4SiO_4$
	铁橄榄石	$Fe_2SiO_4+2H_2O+2CO_2 \longrightarrow 2FeCO_3+H_4SiO_4$
	蒙脱石	蒙脱石$+4H_2O+CO_2 \longrightarrow NaAlCO_3(OH)_2+Al_2(Si_2O_5)(OH)_4+SiO_2$

构造封存、残余气封存、溶解封存和矿化封存4种封存机理在安全性、封存量上有很大的区别，随着时间增长，封存机理安全性依次升高。由于与盖层封闭性、完整性及渗透性相关，构造封存安全性最差。在长期封存过程中，往往不是单一封存机理发挥作用，起主导作用的机理不断发生变化。CO_2开始注入时，构造封存起主导作用；随着时间增长，残余气封存和溶解封存的作用逐渐变大；伴随时间的进一步推移，矿物封存也开始发挥作用，封存稳定性和安全性随着时间增长不断提高。在同一时间内4种封存机理同时存在，咸水层CO_2封存潜力是4种封存机理的封存量之和，即

$$m_{CO_2} = m_s + m_r + m_b + m_m \tag{2-26}$$

式中　m_{CO_2}——咸水层CO_2地质封存潜力（kg）；

　　　m_s——构造封存的封存潜力（kg）；

　　　m_r——残余气封存的封存潜力（kg）；

　　　m_b——溶解封存的封存潜力（kg）；

　　　m_m——矿化封存的封存潜力（kg）。

对于开放构造储层，由于存在水动力作用，在长时间尺度范围内，地质构造中圈闭的CO_2可认为完全溶解在水中，即构造封存转化为了溶解封存，而矿物封存反应速率远小于CO_2溶解速率，故咸水层中CO_2封存潜力可认为由残余气封存和溶解封存构成，即

$$m_{CO_2} = m_r + m_b \tag{2-27}$$

基于以上分析，对于具有开放构造和丰富水文地质作用的咸水层，推荐采用残余气封存和溶解封存结合的方法评估封存潜力。

2.4　多相多场耦合理论

2.4.1　多场耦合中CO_2混合流体运移特征

CO_2在储层中呈典型的羽状流运移，可分为水平和垂直两个方向。同一纵向位置处，越远离井筒位置CO_2饱和度越小，且主要集中于封存体顶部井筒周围，底部侧向运移距离不大，顶部侧向运移范围相对较大。受浮力作用影响，CO_2逐渐向上运移，最终向顶部聚集。注入初期CO_2饱和度增长很快，但后期逐渐平缓并趋于平稳。停注后，在没有外力的作用下CO_2羽状流的水平向运移主要靠CO_2浓度差引起的扩散作用向前推进，移动速度缓慢。CO_2流体与地层流体间存在密度差，促使顶部密度大的流体向下运移，底部较轻的气体向上运移，产生对流扩散。CO_2封存层的非均质性以及上述的对流扩散等会产生指进和分散等。

CO_2可以以气体、溶解态或者超临界态存在，当注入封存层后还会以更加复杂的多相态流体存在，运移速度也受多相态组分的控制。出现的多个相态可能会降低地层中的渗透率。此外，束缚于储层的孔隙、地层流体的溶解度、水岩反应产生的新矿物、被吸附于有机物表面等也都会影响CO_2运移。CO_2混合流体在多场耦合环境中的运移是一个多参数、多过程的复杂系统。由于涉及多个场的耦合，混合流体的运移速度也会受场之间的相互作用的影响。不同相之间的界面，如气-气、气-液等界面的位置和变化，决定了混合相之间的相互作用与传递路径。CO_2混合流体的运移也受到地层中的压力差、温度变化和孔隙结构的影响。地层中的温度变化以及CO_2与水、油及其他气体之间发生的质量传递，包括CO_2的溶解、吸附和化学反应，会影响CO_2的相态和运移速率。CO_2混合流体运移的主动力来源于CO_2溶于地层水之后与原地层水间的密度差，而运移路径主要受岩石物性分布影响。CO_2在运移过程中穿过其他混合流体的能力，主要体现在初期对注入效率的影响上，并能提高储层中被束缚的二氧化碳量及其溶解量。

1. CO_2混合流体运移基础理论

（1）互溶流体和不互溶流体　在研究多相流体渗流规律时，都是把各种流体考虑成不互溶的，即从某种物理意义上各相流体是不混合的。如果两种流体间的界面张力不为零，则两种流体就不混合，两种流体之间总是被一个清楚的流体间界面所分开；如果两种流体间的界面张力为零，就不会存在清楚的流体界面，这样的两种流体被称为互溶流体。如果两种流体是互溶的，则一种流体的分子能扩散到另一种流体中去，且这是一个自发的过程。CO_2相态复杂，注入地层会与地层流体发生相互作用，互溶流体（CO_2-油/CH_4）和不互溶流体（CO_2-水）通常同时存在。

在研究两种互溶流体的同时渗流时，常遇到一种称为流体动力弥散的现象。流体动力弥散是一个非稳态的不可逆转的过程。所谓不可逆转的过程是指不可能采用逆转流动来得到初始分布。与弥散现象紧密相关的还有吸附现象，它表现为岩石固体表面与液体的相互作用（包括吸附、溶解、沉积和离子交换等），这些现象都将表现为溶质在液体中的浓度变化。

（2）CO_2混合流体动力弥散的菲克定律　CO_2混合流体动力弥散现象中的输运过程包括两种基本输运（传质）机理：一种是对流扩散，另一种是分子扩散。

1）对流扩散。由多孔介质微观结构及互相连接的通道形成的复杂系统，使得混合流体在不断地被分细后进入更为纤细的通道分支。按照每个细孔中的速度分布，沿着这些弯曲的流动路径，以及在相邻的流动路径之间，局部速度的大小和方向都要发生变化。正是这种变化造成了在流动区域中的任何初始混合流体逐渐传播并占据多孔介质的越来越多体积的现象。该类型的输运现象通常称为机械弥散或对流扩散。造成这一现象的两个基本要素是流动和流动通过其中的孔隙系统。

2）分子扩散。与机械弥散同时发生的另一种物质输运现象是分子扩散，它是由液相中浓度的差异而引起的。实际上，对这两个过程的划分完全是人为的，流体动力弥散是以不可分开的形式同时包含着两种过程。显然，分子扩散也单独出现在无流动的情况中。

3）菲克定律。试验证实，对流扩散速度（或通量）q_1和分子扩散速度q_2均服从菲克

线性扩散定律，用公式表示为

$$q_1 = -D_1 \text{grad} c \tag{2-28}$$

$$q_2 = -D_2 \text{grad} c \tag{2-29}$$

式中 c——流体中浓度；

D_1——对流扩散系数；

D_2——多孔介质中的分子扩散系数。

（3）孔隙介质中溶质迁移的平流-弥散方程 假设孔隙介质是均质、各向同性的，流动为稳态流动并服从达西定律。要推导弥散方程，首先要弄清其传输机理。传输机理由两部分组成：

1）携带溶质的平流。带有溶质的流体在平流的作用下（满足达西定律）以一定的速度向前流动，也就是所携带的溶质与携带液以相同的速度向前推进。若液流速度为 v，那么它在各方向微分速度分别为 v_x、v_y、v_z。于是在 x 方向上由于平流作用通过 dA 面积的溶质的量为

$$v_x \varphi c dA \tag{2-30}$$

2）流体的动力弥散（附加混合过程）。由于溶质具有动力弥散作用，在该作用下传输的溶质的量为

$$\varphi D_{xx} \frac{\partial c}{\partial x} dA \tag{2-31}$$

基于以上两种传输机理，根据质量守恒原理即可推导出弥散方程为

$$\left[\frac{\partial}{\partial x}\left(D_{xx}\frac{\partial c}{\partial x}\right) + \frac{\partial}{\partial y}\left(D_{yy}\frac{\partial c}{\partial y}\right) + \frac{\partial}{\partial z}\left(D_{zz}\frac{\partial c}{\partial z}\right)\right] - \left[\frac{\partial}{\partial x}(v_x c) + \frac{\partial}{\partial y}(v_y c) + \frac{\partial}{\partial z}(v_z c)\right] = \frac{\partial c}{\partial t} \tag{2-32}$$

式（2-32）称为流体动力弥散方程，它表示含有一定溶质的流体在具有一定流速的情况下，其溶质浓度的变化规律。此式也表明了浓度随时间的变化率与由于平流作用及弥散作用而升起的浓度变化之间的相互关系。

CO_2 封存后，在地下孔隙介质中流动着的是一种含有多种组分的混合物，所以这种流动是多组分混合的流动。这些组分可能以液体状态存在，也可能以气体状态存在，形成了一种多相多组分渗流。在渗流过程中，各相之间存在着剧烈的物质交换（传递），例如，气体变成液体或者相反。由于多相多组分系统是一个非常复杂的物理化学系统，因此，无论是对系统本身物理化学性质的研究，还是对流动规律的研究，包括对物理化学过程的描述和流动规律的描述，都遇到了极为困难的问题。即使有可能建立起基本微分方程，其求解也是相当困难的，通常不得不借助计算机来求出某些具体条件下的数值解。

2. CO_2 混合流体运移的影响因素

（1）盐水盐度的影响 气相和溶解相 CO_2 受盐水盐度大小的影响。盐度越大越不利于 CO_2 的溶解，越多的 CO_2 以气态的形式存在，压力消散得就越慢，以至注入井附近的压力梯度越小，压力越大。较小的盐水盐度，更有利于气相 CO_2 的空间运移。

盐水盐度对溶解相 CO_2 质量分数的影响明显，盐水盐度较大导致 CO_2 的溶解相质量分数较小。饱和盐水盐度地层中，CO_2 溶解相的质量分数最小。说明盐水盐度越高，越不利于

CO_2 的溶解，封存 CO_2 的安全性越差。

（2）注入温度的影响　注入 CO_2 的温度直接影响地层温度的分布，温度的高低影响 CO_2 的运移转化与溶解情况。一方面，注入温度较高，则 CO_2 的黏度较小，CO_2 的流动性较好；另一方面，注入温度高，则注入井附近气相 CO_2 饱和度略高，CO_2 消散的速度快，气相 CO_2 向外扩散的速度快，运移距离略远。

CO_2 注入阶段，不同注入温度对温度场的影响主要是在注入井附近。较高的注入温度使得注入井附近的温度较高。停止注入 CO_2 后，在无外界条件的影响下，注入井附近的地层温度逐渐趋于稳定。高注入温度有利于地层温度的对流与传导。较高的注入温度使得注入井附近的地层压力较大，因为温度直接影响 CO_2 的体积，从而影响地层压力变化。停注后，在无外界压力的影响下，原本受到束缚的注入井附近的地层压力逐渐消散，直至 CO_2 运移若干年后，不同注入温度地层压力趋于稳定。

（3）断层的影响　断层的存在为 CO_2 的泄漏提供通道，影响到 CO_2 地质封存的安全。CO_2 注入过程中，受到外界压力的作用，压力的增加值主要发生于井周围。含有断层的地层，由于地质构造异常（如断层的存在），断层面成为压力扩散的优先运移通道。断层的存在直接影响着压力场的分布。地层压力是 CO_2 运移的主要推动力，直接影响 CO_2 的气相饱和度与溶解相的质量分数。

CO_2 注入过程一直受外界压力的作用，近注入井位置的地层压力隆起。在含有断层的地层中，断层处的压力呈不均匀分布。停注后地层中已有的 CO_2 可自由运移，地层压力缓慢消散。注入 CO_2 阶段，地层压差的影响范围大于停注后的运移阶段。CO_2 运移若干年，由于压力消散，流体向四周运动，而气相和溶解相 CO_2 随着流体在储盖层内向四周扩散运移，气相 CO_2 运移最远的距离略远于不含有断层的地层。

（4）注入速度的影响　在极低的注入流速与气水比下，CO_2 运移由注入的盐水和原位盐水引起的浮力主导，因此，沿着运移方向的 CO_2 饱和度分布急剧降低。随着注入流速的升高，CO_2 在注入方向上的饱和度分布愈发均匀。随着气水比增加，CO_2 饱和度分布与孔隙度分布的关联逐渐减弱。对于大多数注入速度，CO_2 饱和度随气水比减小而降低，多孔介质中的 CO_2 毛细管封存受到注入速度和气水比的共同影响。对于较大的气水比，驱替过程较为稳定，饱和度分布更为平滑，从而提升了较低孔隙度区域中的 CO_2 饱和度。

当注入速度较高时，与单纯注入 CO_2 相比，气水混注导致 CO_2 饱和度普遍降低，CO_2 毛细管封存受到显著影响，尤其是在低孔隙度区域，并且饱和度分布的波动幅度较大。随着注入速度的降低，CO_2 饱和度升高，并且不同注入速度下的 CO_2 饱和度差异越来越小。这说明在较低注入速度下的流体运移同时受到孔隙结构和注入速度的影响。当 CO_2 运移的优先路径形成后，随后注入的流体倾向于沿着此类路径继续运移，而在交叉区域，注入速度的升高对于优先路径的发展影响有限。此时随着气水比减小，侵入优先路径周围孔隙内的 CO_2 减少，导致 CO_2 饱和度较低。在气水混注过程中，CO_2-盐水两相均同时在孔隙空间内运移，出现相互孤立的 CO_2 气泡，在较低注入速度下，毛细管力更容易将其束缚在小孔隙当中，提升了 CO_2 饱和度。

2.4.2 非等温多相流体渗流理论

CO_2 在地层中的渗流属于非等温渗流，非等温渗流现象是物理化学渗流的一种基本现象，流体的物性参数和地层的物性参数往往是随地层的温度而变化的。因此，不仅要考虑由于地层中的温度变化而引起的渗流过程本身的变化，如各种相态化、相对渗透率、渗流阻力变化等，同时还考虑由于渗流场的存在而产生的热力过程，如热对流、传导、地下热反应面的移动等。因此，在研究非等温渗流时，必须考虑到两个场即流场和温度场同时存在及它们之间的相互影响和作用；而求解地下热渗流问题时，必须同时考虑和求解两组方程式——渗流方程式和热传导方程式。

1. 含流体地层的基本热力特性

（1）固体和液体的比热容 通常比热容用 c 表示，其单位是 kJ/(kg·K)。地下含流体层都是饱和某种流体的岩石，其比热容应是干燥岩石颗粒的比热容和其中流体比热容的和。对于被一种液体所饱和的单位体积孔隙介质的综合比热容计算公式为

$$c_1 = \varphi \rho_f c_f + (1-\varphi) \rho_s c_s \tag{2-33}$$

式中 ρ_f，c_f——岩石中所含液体的密度和比热容；

ρ_s，c_s——岩石固体的密度和比热容。

在两相液流的情况下，多孔介质的综合比热容计算公式为

$$c_1 = (1-\varphi)\rho_s c_s + \varphi \rho_w c_w + \varphi s_o c_o \tag{2-34}$$

式中 ρ_w，c_w——CO_2 的密度和比热容；

ρ_o，s_o，c_o——被驱替的流体（可以是天然气、油或咸水）的密度、饱和度和比热容。

（2）热传导系数 饱和流体多孔介质的热传导系数不像比热容那样容易确定，因为传导系数表示的是热的传播能力，所以多孔介质的孔隙结构必然对热传导的方式和途径产生影响。例如，饱和液体的多孔介质中流体和固体各不相干地传递自己的热量时，总的热传导系数应为

$$\lambda_1 = \varphi \lambda_f + (1-\varphi) \lambda_s \tag{2-35}$$

式中 λ_f——液体的热传导系数；

λ_s——岩石的热传导系数；

λ_1——总的热传导系数。

但通常出现这样的情况，即热量由孔隙中的液体传给岩石固体颗粒，然后又由固体颗粒传给另一孔隙中的液体。如果将式（2-35）视为并联的传递方式，则此时又出现了串联的传递方式，即

$$\frac{1}{\lambda_1} = (1-\varphi)\frac{1}{\lambda_s} + \varphi \frac{1}{\lambda_f} \tag{2-36}$$

由于这两种方法所得的热传导系数的差别很大，所以在实际应用时必须依靠实验来确定。

（3）热扩散系数 在饱和流体的孔隙介质中，当流体在其中流动时会出现一种和液体

扩散相似的热扩散过程，该过程同样可以分为分子热扩散和对流热扩散。分子热扩散系数 D_h 可表示为

$$D_h = \frac{\lambda_1}{[(1-\varphi)\rho_s c_s + \varphi \rho_f c_f]} \tag{2-37}$$

式中，D_h 的因次为 $[L^2/T]$。

2. 多孔介质中的传热方式

在通常条件下，传热方式包括三种，即传导、对流、辐射。第一种传热方式是热的传导，其由傅里叶公式描述，它表明通过单位截面面积的热流速与该处的温度梯度成正比，与热传导系数成正比。对于液体和气体，热传导系数与压力和温度有关。在低密度的条件下，气体的热传导系数随温度的增加而上升，而大多数液体的热传导系数则随温度的上升而下降。第二种传热方式称为对流交换，这是液体本身在其流动过程中携带的热量被吸走或从周围吸取热量的一种热交换方式。地下渗流过程中的一种特殊的热交换形式就是液体和多孔介质固体颗粒之间的热交换。第三种传热方式是辐射，它是通过波长为 $0.1\sim10\mu m$ 的辐射波来传递的。在多孔介质中，当有流体存在时，热的传递是通过以下几种途径来完成的：

1）通过固相（将其视为连续介质）的热传导。
2）通过液相（将其视为连续介质）的热传导。
3）通过液相的热对流。
4）通过液相的热力弥散作用。该作用是由于固体颗粒和微观孔隙空间非均质性而产生的。它和水力弥散现象产生的传质现象是完全类同的，也是由于热流流速局部不同产生一种随机的微观速度分布，进而形成的一种热扩散现象。
5）液固两相之间的热交换。
6）当孔隙中充满气体时，在固体颗粒之间会出现热辐射。

3. 多孔介质中连续液相传热和传质问题的描述

本书仅就单一液体无相态转化时的热渗流问题简单介绍。在多相流动的情况下，必须在连续性方程中分别考虑各相的情况，而基本思路不变。在考虑热交换条件下的渗流问题时，除了基本的渗流方程（连续性方程和运动方程）之外，还必须考虑能量守恒方程式。液体的连续性方程为

$$\frac{\partial \rho_1}{\partial t} + \frac{\partial}{\partial x_i}(\rho_f v_i) = 0 \tag{2-38}$$

式中　v_i——液体在某一方向上的渗流速度；
　　　t——时间；
　　　ρ_1——某一时刻和位置液体的密度；
　　　ρ_f——t 时刻和位置液体的密度。

在不考虑液体惯性的情况下，运动方程可以写为

$$v_i = \frac{-k}{\varphi \mu}\left(\frac{\partial p}{\partial x} + \rho_f g \frac{\partial z}{\partial x}\right) \tag{2-39}$$

式中　z——高度；

k——渗透率；

p——注入压力；

μ——液体的黏度。

若液体的热力学能用 $u = c_f T_f$ 表示，则液体在孔隙介质中的能量方程可以表达为

$$\rho_f c_f \frac{\partial T_f}{\partial t} + \rho_1 c_1 v_i \frac{\partial T_f}{\partial x_i} = -\frac{\partial J_h}{\partial x_i} - \frac{\partial}{\partial x_i}\left(E_{ij}\frac{\partial T_f}{\partial x_i}\right) + h_f(T_s - T_f) + \varepsilon \quad (2\text{-}40)$$

式中 c_f——液体比热容；

T_f——流体温度；

T_s——岩石固体的温度；

J_h——因热传导而产生的热流速；

E——热弥散系数；

h_f——液体比焓；

ε——由于液体黏滞阻力而产生的热效应。

式（2-40）中，左端第一项表示液体热力学能的增加，第二项表示系统由于流动携带产生的能量；右端第一项表示系统由于液体热传导而与环境间的热量交换，第二项表示系统由于热弥散效应而与环境间的热量交换（第一项和第二项的负号表示热量流向系统外部），第三项表示系统由于固液两相之间的热交换而得到的热量，第四项表示系统由于液体黏滞阻力而产生的热效应。

固体的能量方程为

$$\rho_s c_s \frac{\partial T_s}{\partial t} = -\frac{\partial (J_{hs})}{\partial x_i} + h_s(T_f - T_s) \quad (2\text{-}41)$$

$$(J_{hs})_i = -\lambda_s \frac{\partial T}{\partial x_i} \quad (2\text{-}42)$$

式中 J_{hs}——由液体传至固体岩块的热流速；

h_s——岩石固体的比焓；

λ_s——岩石的热传导系数。

针对温度和热的传导问题，应用傅里叶公式可表达为

$$J_h = -\lambda_f \frac{\partial T}{\partial x_i} \quad (2\text{-}43)$$

液体的状态方程为

$$\rho_f = \rho_{0T}[1 - \eta(T_f - T_{f0})] \quad (2\text{-}44)$$

式中 ρ_f——液体的密度；

ρ_{0T}——参考密度，通常为某个参考温度 T_0 下的密度；

η——液体的体积膨胀系数，描述温度变化对密度的影响；

T_f——液体当前的温度；

T_{f0}——液体的初始温度。

这样总共列出了表达地下热渗流的 7 个方程式，它们共含有 7 个未知数，因此，该方程

组是封闭的，可以采用数值方法进行计算。

2.4.3　地应力对 CO_2 混合流体的影响

地层宏观力学完整性评价对 CO_2 地质封存至关重要，其重点是研究由于 CO_2 流体的注入，储集层局部高压引起的储、盖层拉张破坏，以及由于复杂地质构造、岩性变化和层理发育等导致的局部应力集中引起的盖层剪切破坏风险。研究盖层岩石变形破坏机理和区域地应力场是评价盖层力学完整性的前提和基础。

在上覆岩层压力的约束下，流体压力内在地改变了地层两种主要水平应力的大小，抵消了孔隙压力变化引起的有效应力变化，导致局部高压，当孔隙压力大于最小水平主应力时，盖层发生拉张破坏。CO_2 注入后引起的储层及隔层不同步的变形，会令地层岩石产生错动变形，并在力学弱面处发生剪切破坏。CO_2 在浮力作用下沿垂直储层方向向上扩散，并积聚在隔层底部，因此，储层及隔层底部等受 CO_2 溶蚀较严重的区域地层力学性质会大幅度下降，形成"力学弱面"，易发生拉张或剪切破坏。

在封存过程中，储层岩石与流体之间的相互作用，会改变岩体骨架的力学特性及物理化学性质，进而改变隔层的应力状态，令隔层岩石出现拉破坏，为 CO_2 提供逃逸通道。整个过程为多物理场的作用，其中化学溶蚀作用导致的储层弹性模量减小和孔隙压力增加是 CO_2 封存过程中导致隔层完整性破坏的主要原因。根据多孔介质力学有效应力原理，有效应力等于总应力减去孔隙压力，即由注气引起层岩体有效应力的减少值等于储层岩体孔隙压力的增加值。注气引起了储层岩体有效应力的减少，导致储层岩体膨胀，进而导致地表隆升等远场岩石力学效应。CO_2 的持续注入会使储层岩体中产生垂向位移。随着注气时间的增加，岩体的有效应力和垂向位移逐渐增大，虽然岩体所受垂向有效应力仍在持续降低，但受岩体本身变形特性的影响，弹塑性变形能力减弱，注气后期的有效应力和垂向位移的变化趋势明显变缓。注入 CO_2 的过程中，施加在岩体上的有效应力降低，可视为岩体的卸载过程。应力场的变化也会影响压力，进而影响孔隙度和渗透率，产生耦合效应。应力场还会对混合流体产生以下影响：

1) 混合流体特性。应力场可以改变 CO_2 混合流体的流动特性。例如，流体中存在的剪切应力可以导致流体的非线性响应，如剪切稀化或剪切增稠效应。这些效应会影响流体的黏性和流动模式，从而改变流体的运移和分布特性。

2) 相变行为。如果混合流体中包含气液或固液界面，应力场的变化可能会影响相变过程。在压力和温度条件下，应力场的改变可以促进或抑制相变，例如，液化或汽化过程的发生速率和位置。

3) 传质特性。应力场也可以影响 CO_2 与其他组分之间的质量传递特性。例如，在多孔介质中，由于应力场的变化，流体中的溶解 CO_2 与固体或液体相的交互作用可能发生变化，影响物质的扩散和吸附行为。

4) 化学反应速率。应力场可以影响 CO_2 与混合流体的反应速率。例如，在高压条件下，应力可能会改变 CO_2 参与的化学反应的速率或者影响反应的选择性。对于涉及化学反应的混合流体系统，应力场的存在可以改变反应速率。应力场可能会影响分子之间的碰撞频率或激活能，从而加速或减缓反应过程，这对 CO_2 捕集、地下封存等具有重要意义。

5）流动性。应力场可以影响流体的流动性质，从而影响 CO_2 与混合流体运移和分布方式。初始应力场对于 CO_2 混合流体封存起着至关重要的作用，在一定程度上，它决定了最大可持续注入压力。另外，在不同的地应力条件下，注入后会引起不同形式的应力重分布，从而对运移造成一定的影响。在一定范围内，水平应力越大，注入后混合流体增压越大，且引起的运移位移越大。

6）溶解性。应力场对 CO_2 混合流体的溶解度有影响。应力场的存在可以增加 CO_2 混合流体的溶解度，这是由于应力可以促进 CO_2 与混合流体之间的相互作用。

7）物理场耦合机制。应力-渗流耦合作用机制主要体现在流体流动会改变岩体有效应力，从而导致岩体变形；同时，岩体的破裂变形同时会导致流体的流动路径发生改变，从而影响渗透系数。应力-渗流-化学耦合关系可以考虑化学场对应力场以及渗流场的影响。对于应力场，影响表现为水化反应导致岩体发生沉淀或者溶解，使岩土体的力学参数发生变化；对于渗流场，影响表现为溶解矿物会改变流体的流动特性。因此，耦合关系主要通过孔隙度、渗透率反映。

思 考 题

1. CO_2 有哪些物性参数会影响其地质封存？这些参数是如何影响 CO_2 的地质封存的？
2. 结合 CO_2 基础物性，如何利用这些参数提高 CO_2 的封存效率或封存容量？
3. 分析并总结 4 种 CO_2 封存方式的特点。
4. 分析深部煤层中，地应力是通过哪些途径影响 CO_2 混合流体的？
5. 结合多相多场耦合理论，分析 CO_2 注入过程中，储层可能发生的变化。

第3章
不同类型下的二氧化碳地质封存机理

学习要点

- 熟悉在地质封存过程中超临界二氧化碳在不同储层中的运移规律。
- 了解超临界二氧化碳与地质储层的相互作用机理，熟悉超临界二氧化碳封存对深部储层物理性质的影响。
- 熟悉煤炭地下气化机理，了解影响煤炭地下气化的影响因素和工艺流程。
- 掌握二氧化碳驱替甲烷的机理，了解二氧化碳驱替煤层甲烷的运移过程及影响二氧化碳驱替效果的因素。

在技术层面上，科学家为温室气体的减排提出了三个解决方案：提高能源使用效率、发展可再生能源以及采取措施捕集和封存二氧化碳。由于提高能源使用效率、发展可再生能源皆为长期的战略目标，因此，大规模地捕集和封存二氧化碳仍不失为当前最有效的减排途径之一。

二氧化碳地下封存技术可以分为三大类：海洋封存、地质封存和植被封存。其中地质封存技术相对比较成熟。二氧化碳地质封存就是将二氧化碳存放在地下地层中的自然孔隙中，是目前最为经济可靠的实用技术。二氧化碳地质封存相当于造一个地下人工气藏，因此，要实现二氧化碳安全地质封存，首先必须有相互连通的足够空间的地下岩层和能够保存足够时间的不渗透盖层，而地球中油藏、气藏、深部咸水层及煤层等储层都可以为二氧化碳地质封存提供有效场所。二氧化碳地质封存需要根据封存地点的储层地质类型以及作用机理来进行封存潜力计算，并选择适当的封存技术，本章将详细介绍二氧化碳地质封存的储层类型和作用机理，并针对煤炭地下气化耦合二氧化碳封存机理进行深入探讨。

3.1 深部煤层超临界二氧化碳封存机理研究

"双碳"目标下，二氧化碳注入深部煤层中不仅可以通过置换甲烷提高煤层气的采收率，还可以实现碳封存达到碳减排的目的，兼顾了环境意义和经济价值。在深部煤层中（深度>800m），二氧化碳处于高温、高压的超临界状态（压力>7.38MPa，温度>31.1℃）。本节从超临界二氧化碳与深部煤层的相互作用机理和对深部煤层储层物理性质的影响两个方面开展二氧化碳封存机理研究。

3.1.1 超临界二氧化碳在深部煤层中的运移规律

超临界二氧化碳是指二氧化碳在温度高于其临界温度（31.1℃）和压力高于其临界压力（7.38MPa）的状态下的流体（图2-1）。在这种状态下，CO_2的性质介于气体和液体之间，具有高溶解能力、低表面张力、低黏度和高扩散性。

对CO_2在煤体中运移特征的研究结果表明，CO_2在煤体中的渗透率与体积应力、注入压力及CO_2状态均有密切的关系。体积应力的增加会压缩煤体内部的裂隙通道，造成煤体渗透率下降。

超临界CO_2的扩散性能与气态CO_2相仿，但超临界CO_2的黏度和表面张力值较低，密度与液态CO_2相近，导致气态CO_2和超临界CO_2在煤体中的运移规律也有所差异。在不同的围压条件下，当CO_2由气态转变为超临界态时，CO_2渗透率出现明显降低。导致该现象的主要原因：当CO_2由气态转变为超临界态后，在煤体中的吸附性增强，煤基质进一步膨胀，导致渗流通道减小。超临界CO_2吸附引起的煤体膨胀是气态CO_2吸附引起的两倍，导致与煤体初始状态相比，超临界CO_2吸附引起的煤体渗透率降低程度约为气态CO_2的三倍。此外，尽管超临界CO_2具有更低的黏度，理论上更利于流动，但其对煤基质的显著膨胀作用反而降低了渗透率。为比较煤基质膨胀和黏度对渗透率的影响，有学者进行了液态CO_2和超临界CO_2渗透率研究，发现尽管在相同温度或压力条件下，液态CO_2黏度高于超临界CO_2，但由于超临界CO_2吸附引起的煤基质膨胀更大，在相同有效应力条件下，液态CO_2的渗透率约为超临界CO_2两倍。由此可见，煤基质膨胀对渗透率的影响更大，在相同有效应力条件下，超临界CO_2渗透率低于气态和液态CO_2。

超临界CO_2注入煤层后会通过多种方式影响煤基质孔隙结构，与煤体发生作用。对物理作用，首先，CO_2本身作为一种增塑剂在注入井下煤层的过程中，引起煤体性质上的改变；其次，由于CO_2的吸附能力较强，在将超临界CO_2注入煤体后，由于竞争吸附作用，超临界CO_2会具备良好的竞争力，将更多的甲烷置换出来；最后，在不断注入的过程中，注入的CO_2越多，由此形成的分压就会越来越大，在这样的情况下，更多的CO_2会被吸附，而对甲烷的吸附能力则会降低。

超临界CO_2以其特有的高溶解性和扩散性对煤体具有良好的萃取作用，易将煤中的烷烃、烯烃等物质提取出来，从而导致其孔裂隙形态、大小等发生变化。而且由于超临界CO_2同时具有气体和液体的性质，因此，在煤体中进行吸附解吸时，主要发挥气体方面的作用，拥有较强的竞争吸附能力，并随着注入CO_2的持续增加，进一步促进甲烷的解吸。而当超临界CO_2在孔裂隙系统中扩散渗流时，则以气体和液体两相流的状态进行流动，从而使脱附后的甲烷流动速率提高。与此同时超临界CO_2的扩散性极好，在甲烷不断的脱附解吸过程中，更多的CO_2就会被煤体吸收，使得煤体发生溶胀作用。在该过程中，超临界CO_2就会与煤分子之间发生物理作用，如分子之间电荷的相互转移、氢键的断裂合成等，使得煤分子的作用力降低，分子之间的距离越来越大，从而使分子体积增加，表现为煤体发生了溶胀。因此，超临界CO_2与煤体之间发生的吸附、渗流、溶胀等物理作用使得更多的甲烷解吸出来。

就超临界CO_2对煤体的力学特性作用而言，主要表现在煤体的压裂及胀缩变形上。当煤体在高压CO_2作用下发生膨胀后，煤基质中原有的孔裂隙空间就会发生不同程度的缩小，从而阻碍煤体渗透率的增加，但同时由于压力的不断增加，煤体所受到的承受力也越来越大，当大于某一限度时，煤体会被破坏，从而导致甲烷渗出。此外，在该过程中，由于超临界CO_2的流动性比较复杂，并且具有黏度低、密度大、惯性作用明显的特点，超临界CO_2在孔裂隙系统中流动时会呈现出湍流的形式，致使煤体上的裂缝变长、变宽，甚至在这些裂缝周围产生一些新的次生裂缝。

3.1.2 超临界二氧化碳与深部煤的相互作用机理

超临界二氧化碳与煤层的相互作用是一个复杂的过程，由多种物理化学现象组成，主要包括二氧化碳在煤基质中通过竞争吸附取代甲烷和煤基质吸附二氧化碳后的膨胀两个过程，是深部煤层地质封存的关键。

1. 二氧化碳通过竞争吸附取代甲烷（图3-1）

试验数据表明，在特定压力下，煤岩中二氧化碳的吸附量总是高于甲烷。当两种吸附气体竞争吸附位点时，就会发生二元竞争吸附。

（1）煤岩中二氧化碳吸附量高于甲烷的原因

1）大气沸点值较高的吸附剂优先被吸附。二氧化碳的沸点（-78.5℃）比甲烷的沸点（-161.5℃）高，因此吸附能力更强。

2）微观试验测定二氧化碳更易吸附。有研究显示，在孔隙半径小于0.36nm和大于0.46nm情况下，煤岩中二氧化碳的吸附亲和力高于甲烷。这反映了在大多数孔径范围内，二氧化碳的吸附量要高于甲烷。

3）二氧化碳的分子直径（232pm）小于甲烷（414pm）。有利于二氧化碳进入煤岩的微孔，二氧化碳分子渗透并被煤岩的弹性结构吸收。二氧化碳在煤岩中的吸附是物理吸附和化学结合的综合，故测定的二氧化碳吸附量要高于甲烷。

4）吸附量与临界温度呈正比。与甲烷的临界温度（-81.9℃）相比，二氧化碳的临界温度（31.1℃）接近大多数实验室温度。因此，二氧化碳的吸附能力高于甲烷。

综上，在煤层注入二氧化碳会降低甲烷的分压，导致甲烷从煤的内部多孔表面解吸。解吸后的甲烷通过基质中的微小孔隙扩散，并流经过裂缝，而二氧化碳则吸附在煤岩表面。

（2）影响吸附的因素 影响二氧化碳在煤岩中吸附的因素有很多，包括水分、温度和煤岩类型。

1）水分对二氧化碳的吸附具有负面影响。在煤岩中，由于离子电荷分布不平衡，少数吸附点会被极化。水分子会通过氢键附着在这些极性位点上，从而减少二氧化碳的吸附位点。含水量也是温度的函数，温度升高会降低含水量并提高二氧化碳的吸附能力。极性位点主要是含氧官能团，随着煤级的升高而不断减小，因此，水分对煤层中二氧化碳吸附的影响

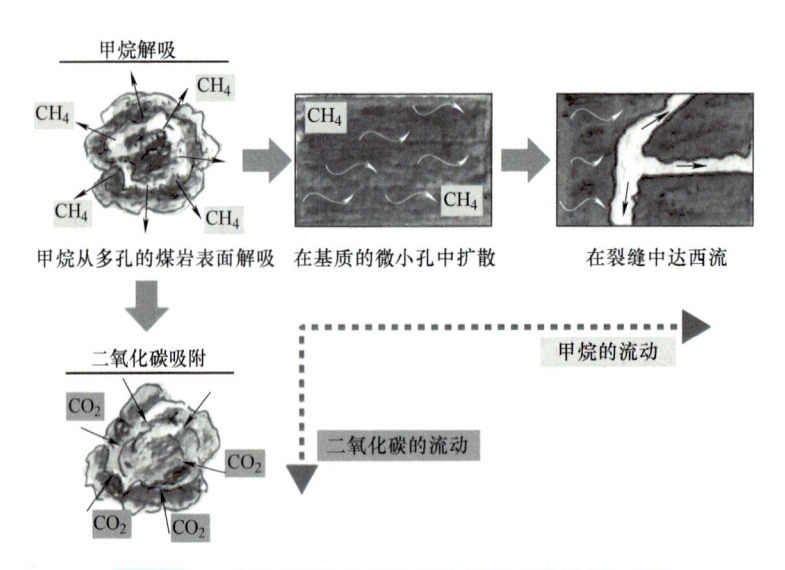

图 3-1　二氧化碳注入与甲烷置换过程中的微观机理图

也会随着煤阶的升高而减小。水分对煤岩中二氧化碳吸附的影响可持续到一定值，超过该值（该值称为临界湿度），水分含量的进一步增加将不再影响吸附过程。临界湿度取决于煤级，低阶煤的临界湿度较高。

2）温度对煤层中二氧化碳的吸附具有负面效应。在特定压力下，吸附气体浓度和表面覆盖率随温度的升高而降低。在煤岩的大孔隙系统中，吸附气体的密度会从孔隙壁向孔隙中心递减。此外，温度会增加气体的动能。与吸附相相比，动能较高的气体更愿意保持在自由相中。因此，在较高的温度下，吸附气体相和自由气体相的密度对比较大，大孔隙中的吸附作用可以忽略不计。

3）煤阶对煤岩吸附能力的影响相对复杂，主要受物质成分和煤岩结构变化共同控制。在煤化作用过程中，煤岩的骨架结构变得更加紧密，导致气体的关键吸附点微孔逐渐减小。特别是在高挥发性烟煤形成过程中，产生的液态烃类分子会堵塞孔隙，进一步降低孔隙率。但在高煤化阶段，充填的碳氢化合物会发生热裂解，从而增加表面积并增强吸附能力。此外，煤岩的吸附能力还受显微组分影响，镜质体和总有机碳含量与煤岩吸附能力呈正相关关系，而煤中灰分对其吸附能力具有负面影响。在低阶煤中，显微组分对其吸附能力的影响很小，但随着煤级的增加，这种影响逐渐变得显著。有研究表明，灰分增加 1%，对二氧化碳的吸附能力就降低 2.0mL/g。有机碳平均增加 15%，对二氧化碳的吸附能力就会增加 40mL/g。

2. 煤基质吸附二氧化碳后膨胀（图 3-2）

试验测试表明，在二氧化碳作用下，高阶煤的最大体积应变为 1.48%，基质膨胀系数为 $1.77\times10^{-4}\text{MPa}^{-1}$。低阶煤的应变为 1.6%，较高，基质膨胀系数为 $8.98\times10^{-4}\text{MPa}^{-1}$。此外，在圣胡安盆地现场实验项目中，注入二氧化碳的前两年内，二氧化碳的注入能力减少了约 50%，而这主要是由于煤基质膨胀导致。煤基质膨胀是由二氧化碳吸附过程引发，因此，发生膨胀的程度与煤中二氧化碳的吸附能力直接相关。研究人员已观察到煤基质膨胀特性与煤中的二氧化碳吸附能力成比例正向变化（图 3-3）。吸附膨胀和二氧化碳吸附能力的函数为

$$V_s = -0.0037 + 0.1596 V_{abs} + 0.0101 V_{abs}^2 \tag{3-1}$$

式中 V_s——体积膨胀分数；

V_{abs}——绝对吸附量。

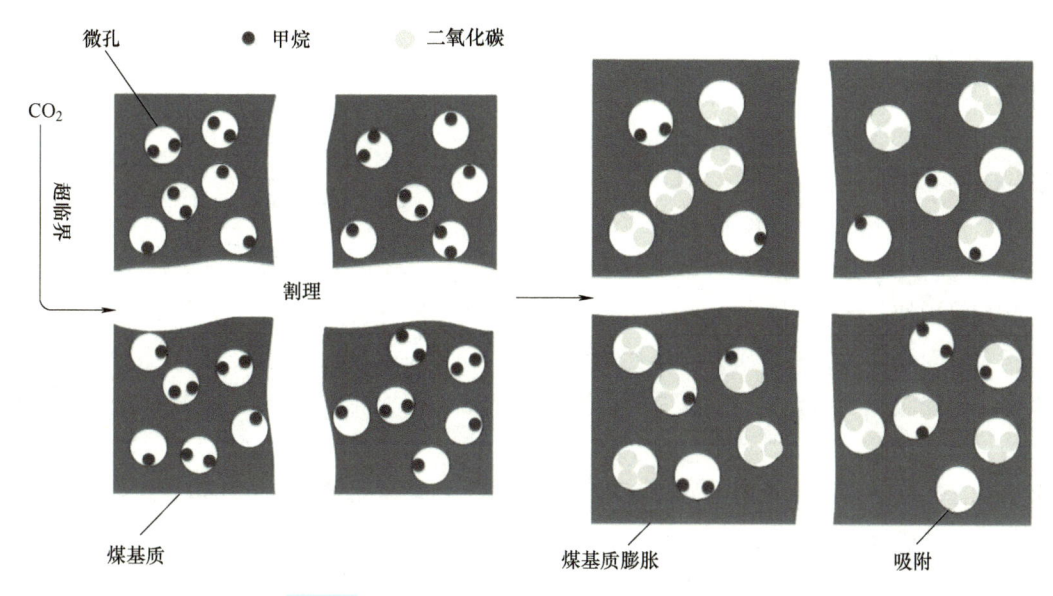

图 3-2 二氧化碳注入煤岩基质吸附膨胀示意图

相关性分析和函数方程都表明体积膨胀和二氧化碳吸附量之间不是线性关系。在高气体吸附量阶段，对吸附膨胀的影响成比例的大于低气体吸附量阶段。另外，体积膨胀分数与绝对吸附量之间的关系也不能简单地通过式（3-1）来预测，其还可能受到如温度、注入压力、注入时间、地应力等因素的影响（图 3-3）。

二氧化碳吸附引起的煤基质膨胀主要取决于煤层的性质和注入二氧化碳的性质。煤层的性质主要包括煤阶、温度和深度。二氧化碳在煤基质的吸附主要发生在天然割理系统中。因此，煤基质的膨胀也主要发生在割理壁上。具有高

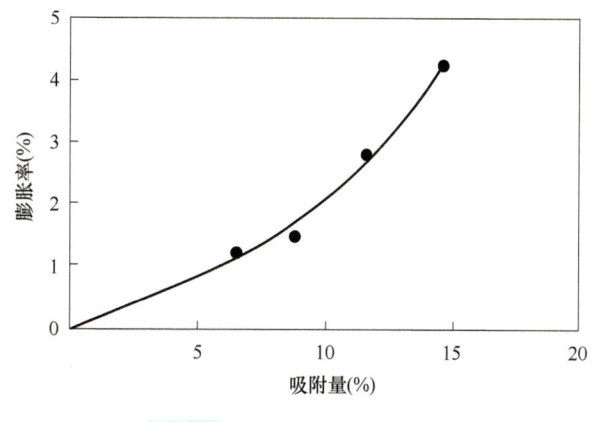

图 3-3 煤基质膨胀率随煤中二氧化碳绝对吸附量的变化

割理密度的煤岩会遭受更大程度的膨胀。煤岩的割理系统是在煤化过程中形成的，随着煤化阶段的演变，割理密度呈现先增大后减小的变化趋势。因此，煤基质的膨胀能力也相应发生变化，烟煤的膨胀能力较高。不同煤阶煤基质膨胀与割理密度变化具有相似的特征。温度升高会导致煤基质中气体吸附能力下降，从而降低高压条件下的膨胀程度。另外，超临界二氧化碳比气态二氧化碳由于温度升高造成的吸附膨胀下降程度更大。深度的增加会导致施加在煤层上的有效应力增加，从而导致煤层孔隙降低，吸附能力减弱。

注入二氧化碳的性质包括气体类型、二氧化碳注入压力和相位。与其他气体（如氮气和甲烷）相比，二氧化碳在煤中的吸附能力更强，也因此会产生更大的膨胀效应。在低孔隙压力条件下（<5MPa），二氧化碳吸附导致的煤基质膨胀是甲烷的5倍以上，是氮气的10倍以上（图3-4）。煤中二氧化碳的吸附能力随注入压力的增加而增加，这是由于煤基质中被波及的相关孔隙空间扩大，潜在吸附面积也相应增加。由于吸附能力与煤基质的膨胀成正比，因此随着注入压力的增加，煤基质的膨胀量也会相应增加。此外，二氧化碳吸附引起的基质膨胀也受到注入二氧化碳相态条件的强烈影响。与亚临界二氧化碳相比，超临界二氧化碳吸附后的膨胀程度明显更大。超临界二氧化碳的高化学反应特性会与煤岩基质产生更大、更强的结合，从而产生更显著的膨胀效应。

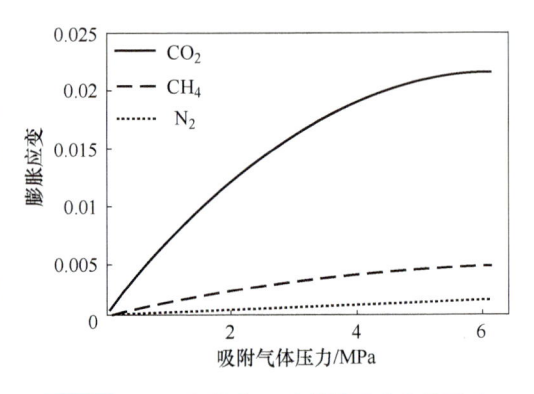

图 3-4　吸附气体类型对煤基质膨胀的影响

二氧化碳注入煤层会在地层水中溶解形成碳酸，可能降低孔隙的pH值，进而导致矿物溶解和离子从矿物表面释放，即

$$CO_2 + H_2O \longleftrightarrow H_2CO_3 \longleftrightarrow H^+ + HCO_3^- \tag{3-2}$$

煤层中主要发育的碳酸盐矿物是方解石和白云石，主要发育的黏土矿物是高岭石和伊利石。这些矿物都可能与二氧化碳相互作用发生溶解化学反应，即

$$方解石 + 6H^+ \longleftrightarrow 2Ca^{2+} + 2HCO_3^- \tag{3-3}$$

$$白云石 + 6H^+ \longleftrightarrow 2Ca^{2+} + Mg^{2+} + 2HCO_3^- \tag{3-4}$$

$$高岭石 + 6H^+ \longleftrightarrow 5H_2O + 2Al^{3+} + 2SiO_2(aq) \tag{3-5}$$

$$伊利石 + 8H^+ \longleftrightarrow 0.6K^+ + 0.25Mg^{2+} + 2.5Al^{3+} + 3.5SiO_2 + 5H_2O \tag{3-6}$$

孔隙和割理中充填矿物的溶解可以显著降低孔隙结构的键能，影响煤体中的颗粒与颗粒的接触，并在原生孔隙内创建次生孔隙（图3-5）。

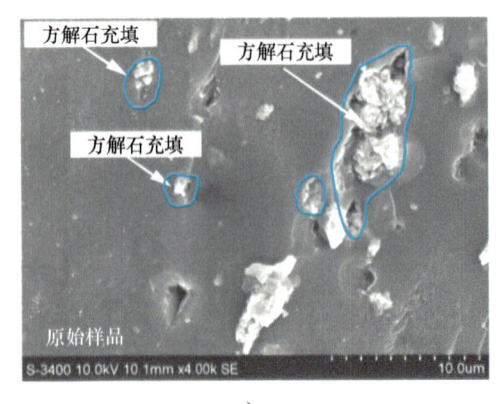

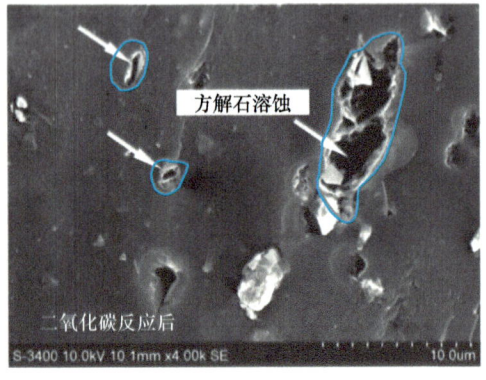

图 3-5　与二氧化碳和水相互作用后煤中孔隙充填方解石的溶解

a）原始样品　b）与超临界二氧化碳反应后的样品

3.1.3　超临界二氧化碳封存对深部煤储层物理性质的影响

在二氧化碳封存项目中，由于二氧化碳注入困难，大多数复杂问题都与注入后的煤岩力学强度和渗透率降低有关。二氧化碳注入对深部煤层后机械性质和渗透率的改变对于地质封存的有效性至关重要。

二氧化碳注入会降低煤岩力学强度。二氧化碳处理后煤岩强度，比空气处理煤岩强度降低了 75%。

二氧化碳注入煤层对煤岩力学性质的影响受围压、煤层特征（如煤阶、割理密度）、多组分气体吸附和水分的影响。随着围压的增加，二氧化碳注入后煤岩力学强度会增大。实验室三轴条件下二氧化碳饱和煤岩强度下降幅度明显小于单轴条件。这一特征表明在高原位地应力条件下，煤岩的力学强度得到强化，二氧化碳对储层的破坏程度减弱。

煤层特征影响二氧化碳注入后的力学强度。注入二氧化碳后煤岩单轴抗压强度随固定碳含量的增加而增加（图 3-6）。通过比较二氧化碳注入不同煤阶煤岩强度变化的影响，可发现：二氧化碳注入后烟煤强度的降低约 43%，大约是褐煤强度降低（降低约 9.6%）的 4.5 倍。这种差异可能部分归因于不同煤阶的不同化学性质及其对表面能的影响。较高煤阶比较低煤阶具有更多的二氧化碳吸附位点，因此，其在吸附二氧化碳时具有更大的膨胀潜力。此外，割理系统也可能是造成差异的原因。注入二氧化碳主要是通过割理系统从井眼进入煤基质并吸附在割理表面，高阶煤种发达的割理系统可能使二氧化碳更容易侵入，从而导致更显著的强度降低。

多组分气体吸附和水分造成煤岩强度差异变化。大多数针对二氧化碳吸附降低煤岩强度的研究都是基于纯二氧化碳饱和的干燥煤进行的分析测试，这可能不是地

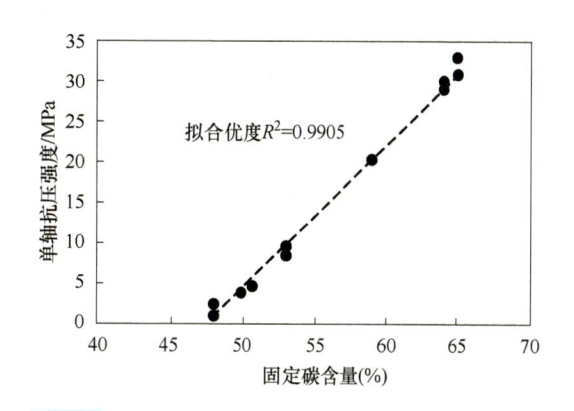

图 3-6　煤岩固定碳含量与单轴抗压强度的相关性

下原位条件的实际情况，深部煤层可能被不同类型流体饱和。与其他气体如甲烷和氮气相比，二氧化碳具有最高的吸附潜力，并在煤层中引起最大的体积膨胀响应。地下的煤层大多数是水饱和的，水分的存在会提高煤中的孔隙压力，进而降低有效应力，导致煤岩强度降低。与天然煤强度相比，二氧化碳饱和、水饱和与水+二氧化碳饱和样品的单轴抗压强度分别降低了 18%、25% 和 28.4%。水饱和可以造成煤岩强度的显著降低。

二氧化碳注入对煤岩渗透性的影响相对复杂。注入后渗透性变化受有效应力、孔隙压力、注入压力、温度、煤岩类型的影响。煤岩的渗透率随有效应力的增加而呈现指数下降，在应力增加的初始阶段，渗透率迅速下降，随后缓慢下降。煤岩在应力增加时的孔渗变化还取决于煤岩类型。对于弹性好、断裂少的煤来说，应力引起的渗透率变化仅仅是由于孔隙和裂隙空间的封闭，但对于脆性煤，孔隙闭合的同时会形成新裂缝。煤层注入二氧化碳后会增加孔隙压力，增加的孔隙压力对渗透率具有两种不同的影响。第一种影响是由于二氧化碳的

注入，增加了煤的体积膨胀，导致孔径减小，渗透率降低。在扫描电镜下可以观察到由于二氧化碳吸附导致的煤基质膨胀使维多利亚褐煤的基质孔隙空间显著减小（图 3-7）。第二种影响是由于孔隙压力增加，导致有效应力减小，渗透率增加。渗透率的变化是孔隙压力和注入压力之间的竞争现象。对于非吸附气体，研究发现，在恒定压力下，渗透率只随孔隙压力的增加而增大。而对于二氧化碳，由于吸附引起的膨胀，渗透率最初会降低。然后，这种降低趋势会发生逆转，达到一定压力之后，渗透性会显著增加。

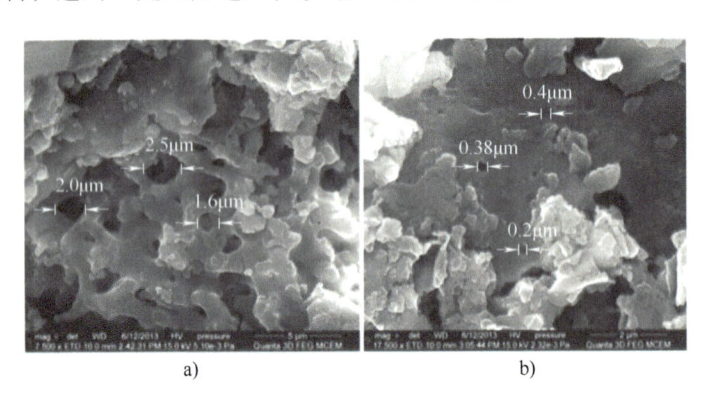

图 3-7 煤岩样品孔隙结构随基质膨胀而收缩

a) 自然样品　b) 超临界 CO_2 饱和样品

温度升高会增加特定应力状态下煤岩渗透性。在温度升高时，吸附及其随之产生的膨胀会减小。膨胀效应的减弱降低了孔隙体积的变化，增加的渗透性。另外，注入二氧化碳与煤层之间的温度差可能对煤岩产生热机械效应。如果温差很大，其所引起的热应力就会大于煤岩的断裂强度。因此，热诱导裂缝也可显著增加渗透率。

3.2 深部油气藏超临界二氧化碳封存机理研究

3.2.1 超临界二氧化碳在深部油气藏中的运移规律

超临界二氧化碳在油气藏中的运移是多维多相，流体运动规律比较复杂。此外，运移过程涉及一系列复杂的物理化学变化，与储层压力、温度及流体性质均有密切关系。CO_2 在埋深 800m 以下以超临界状态存在，这是由于在超临界状态下的黏度比水小，使得注入油藏中的 CO_2 可以在地层中很快流动，这样无需外界辅助自然就可以将 CO_2 注入油气藏中。CO_2 注入地层中随注入过程产生的压力运移，这个过程中整个地层中流体势场发生变化，产生的压力梯度变化指示运移方向。注入的 CO_2 以复杂的多相态流体存在，运移速度也受多相态组分的控制，出现的多个相态可能会降低地层中的渗透率。CO_2 在油藏中的运移与水不同，注入地下的 CO_2 会部分溶解在原油中，使得原油体积膨胀，加快原油运动，提高采收率。二氧化碳进入地层中可以部分溶解在地层水中，此时酸化后原油的黏度会降低而水的黏度会升高，进而提高了原油和水的流度比。此外，强烈的成岩作用对储层的致密化有影响，CO_2 溶于水后显弱酸性，能与油藏的矿物发生化学反应引发一系列的矿物溶解沉淀，改变注入井周围的渗透率和孔隙度。

在超临界状态下，CO_2 密度约是水的 50%~80%，且少部分可以溶解，这使地下封存 CO_2 所需的空间比地面小得多。此外，由于密度小于地层水密度，CO_2 受浮力作用会向上部运移直到盖层，盖层会阻止其继续在垂直方向上运移，从而形成二氧化碳羽状流。二氧化碳通过注入井进入地层，先是以气相在井筒附近呈羽状分布，接着在储层中向上运移直到盖层底部进行横向扩散。受注入压力和向上浮力的同时作用，为了克服储层中不同渗透率地层的毛细管力，二氧化碳会沿着最优势路径运移。二氧化碳羽状流向上运移时可以与地层流体充分反应，使得部分二氧化碳溶解。含二氧化碳的地层流体与原流体间存在浓度差，会造成对流扩散；二氧化碳与地层水再次充分接触溶解，又形成密度差继续产生对流运移。

在两相流动中，根据接触角不同，分为润湿相和非润湿相。对地层中二氧化碳和水（油）两相流动的过程来说，一般水（油）为润湿相，二氧化碳为非润湿相。非润湿相驱替润湿相，使润湿相饱和度逐渐减小的过程称为排驱过程；润湿相驱替非润湿相，使润湿相饱和度逐渐增加的过程称为吸湿过程。毛细压力曲线和相对渗透率曲线是描述多孔介质中的两相驱替过程的重要特征参数。毛细压力表征非润湿相进入毛细通道驱替润湿相难易程度，且对两相与岩石表面的接触角十分敏感。毛细压力越小的意味着非润湿越容易进行驱替，如果封盖岩层对二氧化碳的毛细压力非常小，或者甚至在封盖岩层中二氧化碳为润湿相，则无论岩层多致密都会导致泄漏。因此，研究毛细压力曲线非常重要。除了接触角的影响，多孔介质中毛细压力将随润湿相饱和度变化而变化。图 3-8 所示排驱和吸湿过程中的毛细压力曲线为一般情况下多孔介质中驱水（油）和吸水（油）过程中的毛细压力随饱和度变化曲线。可以看到毛细压力随着非润湿相的饱和度增加而增加，直到达到束缚水（残余油）状态。

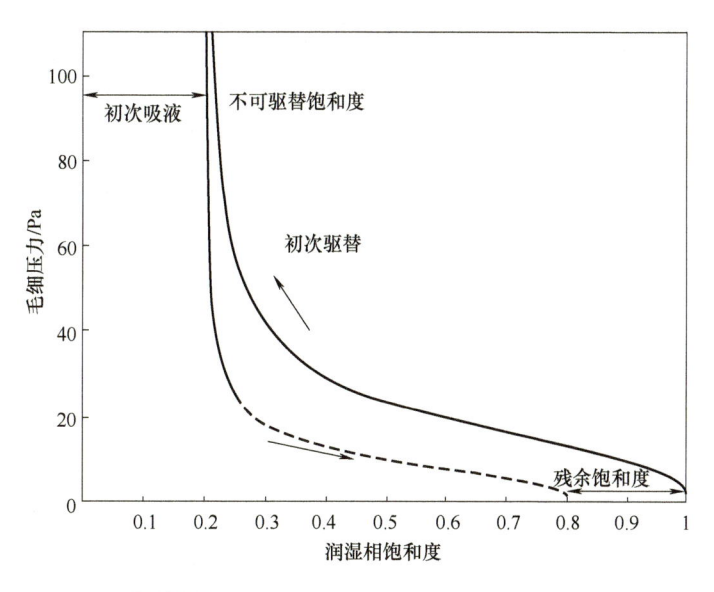

图 3-8 排驱和吸湿过程中的毛细压力曲线

相对渗透率表征两相流动中润湿相和非润湿相的互相竞争关系，不同的润湿相饱和度下两相的流动能力各不相同。图 3-9 所示为一般情况下地层中二氧化碳和水相对渗透率随饱度变化规律，包含了排驱过程和吸湿过程两组曲线。通常，由于饱和历史会影响流体分布，故相同饱和度下，润湿相（水）在吸水过程中的相对渗透率会略要高于驱水过程，而非润湿相（二氧化碳）在吸水过程中的相对渗透率会总是低于驱水过程。该现象称为滞后现象。

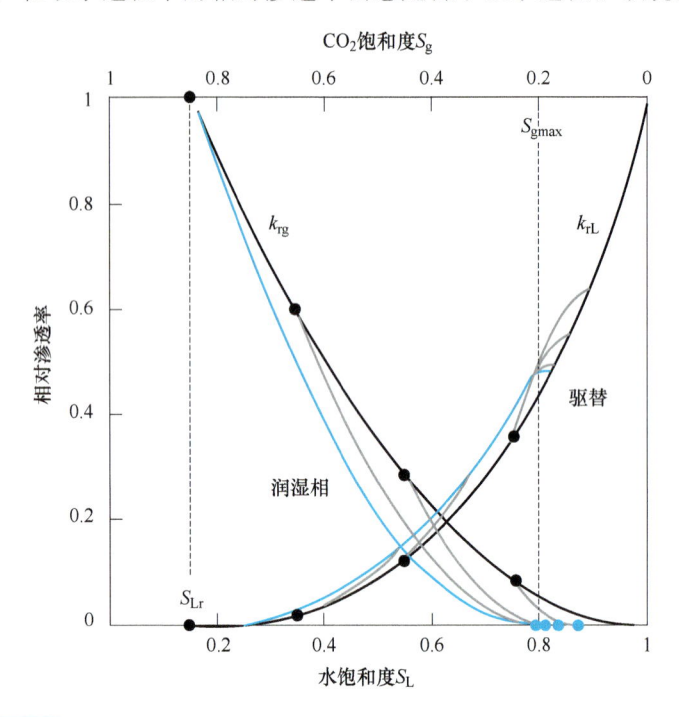

图 3-9　排驱和吸湿过程中相对渗透率随润湿相饱和度变化一般规律

注入油气藏中的 CO_2 以超临界状态存在，部分 CO_2 会逐渐溶解于原油中，并以溶解态的方式通过分子扩散或者对流在储层中进行运移。超临界 CO_2 在油气藏中的迁移过程是一个非常复杂的多相多组分流动过程：一方面，超临界 CO_2 在注入压力梯度的作用下不断地驱替油藏；另一方面，由于超临界 CO_2 的密度比烷烃溶液的要大，CO_2 会在重力的作用下向下运动，形成 CO_2 羽流。此外，当 CO_2 在岩石孔隙中迁移时，毛细管压力会阻碍其向前运动，部分 CO_2 会因此滞留在孔隙中。沿着 CO_2 迁移的路径，部分 CO_2 会溶解于地层水中。短期（几十年）内，溶解量很少，随着时间的推移，最终能够完全地溶解。溶解的 CO_2 能够随着局部地下水一起缓慢地迁移。超临界二氧化碳在地层中的流动性好，溶于原油后能使原油体积膨胀，从而降低其黏度，而且能够降低原油的界面张力，特别是黏度高且密度大的稠油油藏，超临界二氧化碳与其的互溶性较好，能够使原油黏度大幅降低，对驱替稠油十分有利。同时二氧化碳溶于原油后，有溶解气驱的作用，当油层压力下降至低于饱和压力时，二氧化碳会从原油中分离，在原油中产生气泡，推动原油流动，提高驱油效率。

3.2.2　超临界二氧化碳与深部油气藏的相互作用机理

超临界二氧化碳作为一种有效的驱替剂能够提高原油采收率，其关键在于二氧化碳可与原油互溶，从而引起原油性质和油藏性质的变化，这是二氧化碳能够提高原油采收率的原因所在。大量的室内实验和现场试验都已证明超临界 CO_2 具有优良的驱油效果。在混相驱油的过程中，驱油的效果主要取决于原油和注入的流体的混合程度。气混相驱过程根据混合方式可分为一次接触混相驱和多次接触混相驱。实现一次接触混相驱需要注入易于与原油混溶的流体，注入的流体在首次与原油接触时就形成单一的相，通常用富烃气体作为注入流体。但在正常的油藏温度和压力下，二氧化碳和绝大多数的原油不能达到一次接触混相，注入气体和原油必须在地下多次接触，让它们之间逐步实现组分交换，从而实现多次接触混相，最终达到混相的状态。二氧化碳混相驱油通常都是这种多次接触混相驱情况。二氧化碳的驱油机理可总结为以下几点：

（1）膨胀作用 超临界 CO_2 在原油中可以充分溶解，使原油的体积大幅度膨胀，一般可增加 10%～40%。这种膨胀作用对驱油意义主要表现在以下几方面：

1）残余油含量与膨胀程度的关系。当超临界 CO_2 在油层中扩散时，它会溶解进原油中，引起油的膨胀。这种膨胀有助于减少油层中的残余油量，这是由于随着油体积的增加，更多的油被挤出孔隙，从而减少了留在岩石上的油量。

2）油滴的水挤出作用。溶解在油中的 CO_2 会形成微小的油滴，这些油滴在孔隙空间中的运动会将水挤出，从而形成排水而非吸水的过程。即使在高水饱和度的情况下，油也可以通过孔隙空间移动，从而提高了油的流动性。

3）弹性能量的变化。随着原油体积的膨胀，地层的弹性能量也会增加，地层的弹性变形能力增强，有利于 CO_2 在地层中的传播。同时，膨胀后的残余油部分脱离毛管压力的束缚，变成可动油，为油的流动提供了更好的条件。

4）油与岩石之间的作用力减弱。超临界 CO_2 的溶解作用还会减弱原油与岩石之间的相互作用力，使得油更容易从岩石表面脱离，从而降低了油的吸附力，有利于油的开采。

（2）降黏作用 原油黏度是原油在流动过程中分子间作用力和内部摩擦力的反映，也是原油流动性的表征。当原油中的 CO_2 溶解气达到饱和后，组分分子间相互作用力减弱，原油的黏度可大大降低。溶解饱和二氧化碳的原油黏度可降为原有黏度的 1%～10%，而且下降的幅度随着原油黏度的升高而增大。原油黏度的降低，可使原油流动性得到提高，从而提高驱替剂的洗油效率。在地层条件下，压力越高，CO_2 在原油中的溶解度就越大，则原油黏度的降低程度就越显著。当超临界 CO_2 溶于原油后，可使其黏度降至原黏度的 2/5～2/3。一般情况下，原油越黏，其黏度降得越多，即 CO_2 溶解在重质原油中引起的黏度下降幅度比溶解在轻质原油中引起的黏度下降幅度大得多，因此，超临界 CO_2 可以用来开采重质原油。由于溶解 CO_2 的原油黏度下降，流度比得到改善，油相渗透率也会有相应的提高。

（3）改善油水流度比，降低油水界面张力 超临界 CO_2 溶于水后，可使水的黏度增加 20%～30%，水的流度降为原来的 1/3～1/2，同时随着原油流度的增大，油水流度比和油水界面张力进一步减小，使油更易于流动。在一定的温度、压力下，二氧化碳在原油中的溶解度达到饱和后：当温度一定时，随着压力的升高，二氧化碳与原油的界面张力逐渐降低；然而当压力一定时，温度升高，二氧化碳与原油的界面张力逐渐增加，这与二氧化碳的性质有关。当温度一定，压力达到最小混相压力时，二氧化碳与原油的界面张力接近为零。二氧化碳与原油的界面张力越低，表明二氧化碳的溶解度越大，有利于原油的降黏及体积膨胀，有利于原油开采。当界面张力接近于零而达到物理上的混相时，对原油开采最有利，也是二氧化碳采油的最佳状态。

（4）提高注入能力和酸化解堵作用　二氧化碳可与孔隙中的水反应形成弱酸（碳酸），起到部分酸化的作用。这种酸化作用可酸化岩石，从而改善岩石的孔隙结构，增大孔隙渗透率，提高原油的流动性。也可以在一定程度上解除无机垢堵塞，疏通油流通道，从而恢复单井产能。

（5）溶解气驱作用　由于超临界CO_2在原油中的溶解度较大，在注入过程中，一部分CO_2溶于原油，随着注入压力上升，溶解的CO_2越来越多。溶有大量二氧化碳的原油，在向油井方向运移过程中，由于油层压力逐渐下降，部分二氧化碳气化并从原油中分离出来。此过程将对原油的运移产生驱动作用，将原油从地层驱入油井，起到溶解气驱的作用，提高驱油效率。当油藏停止注CO_2时，随着生产的进行，油藏压力降低，油藏原油中的CO_2就会从原油中分离出来，为溶解气驱提供能量，形成类似于天然的溶解气驱。即使停注，油藏中的CO_2气体仍然可以驱替油藏中的原油，而且一部分超临界CO_2像残余气一样被圈闭在油藏中，进一步增加采出油量。此作用在二氧化碳吞吐开采工艺中尤为明显。此外，部分二氧化碳气体在驱替原油过程中，残留于孔隙中并占据了一定的孔隙空间，成为束缚气，被封存于油藏中。此现象既有利于原油的采出，又可实现二氧化碳地质封存。

（6）萃取和汽化原油中的轻质组分　轻质烃与CO_2间具有很好的互溶性，当压力超过一定值（此值与原油性质及温度有关）时，超临界CO_2能萃取和汽化原油中的轻质组分，该现象对轻质原油表现得特别突出。超临界CO_2对原油中轻质组分的萃取和汽化现象是注入CO_2增油的主要机理。

（7）混相效应　二氧化碳混相驱采油关键为液态或超临界状态二氧化碳与原油的相互作用。其必要条件是在一定的温度和条件下，二氧化碳实现对较多的原油轻组分产生明显抽提，液态或超临界状态二氧化碳与原油的界面张力接近零，从而二氧化碳与原油"混相"。二氧化碳将原油中的轻烃组分抽提到气相中，形成富含烃类的气相和溶解二氧化碳气的液相两种状态，从而使原油黏度降低，提高了原油的流动性。超临界CO_2与原油的最小混相压力取决于CO_2的纯度、原油组分和油藏温度。最小混相压力随着油藏温度的增加而提高，也随着原油中C_5以上组分相对分子质量的增大而提高，同时受CO_2纯度（杂质）的影响，如果杂质的临界温度低于CO_2的临界温度，则最小混相压力减小，反之，最小混相压力增大。超临界CO_2与原油混相后不仅能萃取和汽化原油中的轻质组分，而且还能形成超临界CO_2和轻质组分混合的油带。油带移动是最有效的驱油过程，它可以使采收率达到90%以上。

3.2.3　超临界二氧化碳封存对深部油气藏储层物理性质的影响

1. 矿物组成变化

CO_2的低黏度和明显的扩散特性使其能够渗透到岩石的微小缝隙中，与地下的水和岩石成分发生反应，改变储层的物理和化学性质。深层二氧化碳的大规模封存涉及热-水-机械-化学过程，可能会破坏岩层的微观结构，造成相当大的流体压力扰动，改变原位应力，从而增加泄漏风险。因此，了解注入二氧化碳引发的相互作用以及由此引起的储层变化对于二氧化碳封存至关重要。为了表征 CO_2-盐水饱和前后岩石微观结构的变化,扫描电子显微镜(SEM)、核磁共振(NMR)波谱和 X 射线微计算机断层扫描(micro-CT)等技术已被广泛使用。

CO_2 溶解封存示意图如图 3-10 所示。CO_2 注入储层后与水发生化学反应电离出 H^+,反应式见式(3-7)所示,矿物中的钠长石、绿泥石和石英可与 H^+ 发生化学反应,反应式见式(3-8)~式(3-11),矿物类型和含量差异可导致化学反应程度不同。CO_2 与矿物反应前后,钠长石的含量小幅度增加,增加了 3.2%,伊利石矿物增加了 2.32%。由于钠长石与伊利石具有化学上的"兼容性",钠长石在一定条件下可以直接蚀变为伊利石,该过程的反应式见式(3-12)。在超临界二氧化碳和地下水的作用下,地层中会发生碳酸岩变质作用。在碳酸岩变质过程中,碳酸热液中的溶解离子(如 Na^+、K^+、Ca^{2+} 等)可以与石英和岩屑中的硅酸根离子(SiO_4^-)发生反应,生成溶解度较高的硅酸盐离子。这样,一部分石英会溶解掉,导致石英含量减少。同时,碳酸溶液中的钠离子(Na^+)可以与岩屑中的铝离子(Al^{3+})发生反应,生成钠长石矿物,导致钠长石含量增加。

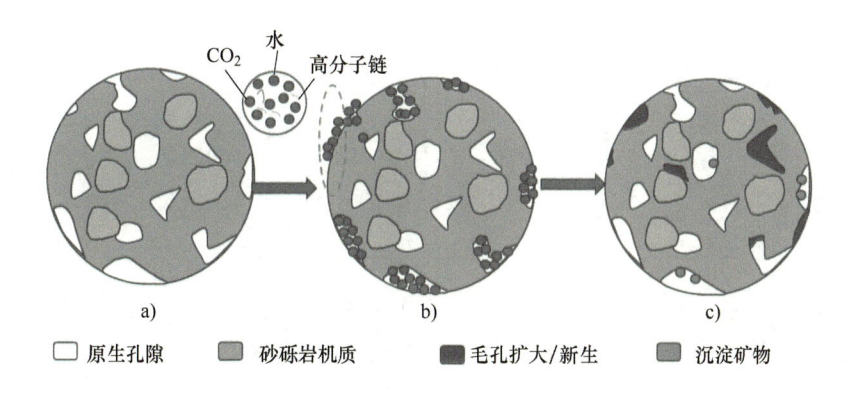

图 3-10 CO_2 封存过程中相互作用示意图
a) 未处理砂砾岩 b) CO_2-水-岩反应过程 c) 反应后的砂砾岩

$$CO_2 + H_2O \longleftrightarrow H_2CO_3 \longleftrightarrow H^+ + HCO_3^- \longleftrightarrow 2H^+ + CO_3^{2-} \quad (3\text{-}7)$$

$$伊利石 + 1.1H^+ \longleftrightarrow 0.77 高岭石 + 0.6K^+ + 0.25Mg^{2+} + 1.2 石英 + 1.35H_2O \quad (3\text{-}8)$$

$$钠长石 + 4H_2O + 4CO_2 \longleftrightarrow 2Na^+ + 2HCO_3^- + Al_2Si_2O_5(OH)_4 \quad (3\text{-}9)$$

$$石英:SiO_2 + 2H_2O \longleftrightarrow H_2SiO_4 \quad (3\text{-}10)$$

$$SiO_2 + 2OH^- \longrightarrow SiO_3^{2-} + H_2O \quad (3\text{-}11)$$

$$3NaAlSi_3O_8 + K^+ + 2H^+ + H_2O \rightleftharpoons KAl_3Si_3O_{10}(OH)_2 + 3Na^+ + 6SiO_2 + H_2O \quad (3\text{-}12)$$

2. 孔隙结构损伤

根据图 3-11a、b,可发现 CO_2 对岩石中的长石结构具有明显的溶蚀作用,长石矿物的粒缘缝增加,长石内部裂缝沿着解理方向拓展。浸泡后长石表面孔隙率由 10.89% 增加到 14.23%,表面分形维数由 1.406 增加到 1.533。这种现象是由于碳酸溶液中的 H^+ 与长石表面的阴离子发生反应,导致长石表面的溶解,并且这种溶解会使长石颗粒的边缘变得不规则,增加了颗粒之间的间隙。黏土的微结构的变化特征如图 3-11c、d 所示。相对光滑的试件表面因孔隙流体作用而粗糙，且右上方黏土矿物被明显溶蚀，裂缝宽度明显增加（图 3-11d）。统计发现黏土矿物表面孔隙率增加了 7.67%，分形维数增加了 0.06，说明孔隙流体作用能显著改变黏土矿物的微观结构。一方面 CO_2 可以在水中溶解形成碳酸，会与黏土中的矿物质发生反应，导致黏土矿物质的溶解和溶解产物的生成。这些溶解产物的生成会导致黏土矿物膨胀和间隙填充，进而增加黏土与长石交接位置的裂缝。另一方面黏土中的某些矿物质（如云母）在酸性条件下容易发生溶解，导致黏土与长石交接位置的裂缝宽度加大。浸泡后的石英孔隙率增加了 3.22%，分形维数增加了 0.478。如图 3-11e、f 所示，CO_2 浸泡后石英结构表面产生明显孔隙，但矿物成分没有发生改变。相较于长石和黏土，CO_2 对砂砾岩中的石英结构的溶蚀作用较弱。这主要是因为石英的化学稳定性和表面特性使得 CO_2 分子难以进入石英的内部结构进行溶蚀作用。一方面，石英的化学组成为 SiO_2，其中的硅氧键非常强大，使得石英在常温常压下对大多数溶剂具有较高的稳定性。另一方面，石英的表面通常没有明显的裂缝和孔隙，并且石英的晶体结构是由硅氧四面体构成的，这些四面体通过共享氧原子形成三维网络，CO_2 分子难以进入。尽管如此，长时间的 CO_2 作用仍然可能对石英产生一定的影响，尤其是在高温高压或者长期暴露的情况。

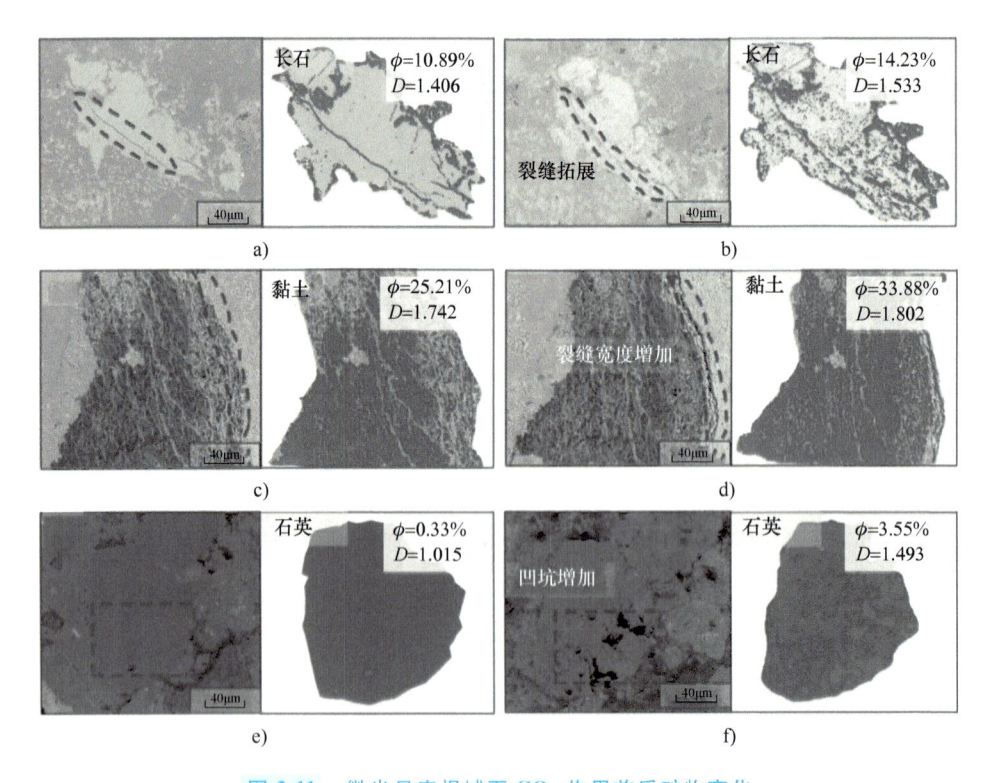

图 3-11　微米尺度视域下 CO_2 作用前后矿物变化

a）长石　b）与 CO_2 作用后的长石　c）黏土
d）与 CO_2 作用后的黏土　e）石英　f）与 CO_2 作用后的石英

3. 岩石力学性质软化

CO_2 影响岩石力学参数的过程是应力-温度-流体-化学耦合作用的复杂过程。当超临界

CO_2、水等孔隙流体注入储层后，孔隙流体分子首先吸附在岩石表面，导致部分矿物膨胀，减小岩石整体孔隙度。同时，物理吸附作用可降低岩石表面能，使得结构发生破坏所需的外部能量减少。随着作用时间的增长，CO_2 对岩石颗粒间胶结物的损伤现象逐渐显现，颗粒间的胶结性变弱，岩石的抗拉强度、抗压强度、弹性模量和断裂韧性等力学参数减小。尽管二氧化碳溶蚀效应会提高储层渗透率、孔隙度，但是岩石力学性质的软化也会导致岩石骨架结构支撑能力下降，诱发渗透率、孔隙度下降，因此，在工程问题中，需要综合考虑两个方面的影响。

3.3 深部咸水层超临界二氧化碳封存机理研究

咸水层中 CO_2 地质封存的俘获机理较为复杂，其封存能力及效率由物理和地球化学俘获机理共同决定。CO_2 首先被储层结构上方盖层的物理俘获机理所阻挡，然后在地质岩石和地层水中发生一系列地球化学反应。基于储层的水动力学和物理化学性质，封存机理可以分为两大类：物理封存机理和化学封存机理。物理封存主要包括构造地层封存机理、水动力封存机理以及束缚气封存（毛细残余封存）机理三类，本节第一部分会讨论超临界 CO_2 在深部咸水层中物理封存的运移机理。化学封存主要包括溶解封存机理和矿化封存两类，本节第二部分会讨论超临界 CO_2 化学封存过程中与深部咸水的相互作用机理。

当 CO_2 刚注入深部咸水层时，构造地层封存与水动力封存起主导作用。构造地层封存通过盖层的物理屏障阻挡 CO_2 的上升，而水动力封存则通过地层内的水流动态保持 CO_2 在储层中的位置。随着封存时间的延长，各种封存机理的贡献比例确实会发生变化，毛细残余封存逐渐占据主导地位。流体压力平衡后，主要封存机制就变成了 CO_2 地层水界面处缓慢而持久的 CO_2 扩散及溶解过程。与此同时，随着矿物的溶解，地层水离子类型发生变化，开始进行矿物封存（图 2-23）。

3.3.1 超临界 CO_2 在深部咸水层中的运移机理

1. 构造地层封存机理

CO_2 的构造地质封存与石油、天然气保存在地层圈闭中的机制非常相似。刚注入储层的 CO_2 在温度和压力作用下以气体或超临界流体的形式存在，由于超临界状态 CO_2 的密度小于水，因此，会产生驱动 CO_2 向上的浮力，而隔水层的存在阻挡了其横向和侧向的运移，使其滞留在隔水层下方，形成构造地层封存。储层构造上方的不渗透或低渗透度的岩层阻碍了 CO_2 由于浮力进行的横向和侧向运移，使其滞留在隔水层下方，该隔水层被称为"盖岩"或"冠岩"。构造地层封存由不同岩石形成方式导致地质岩石类型改变引起。发生此类封存的地质构造包括背斜、断块、地层尖灭等（图 3-12）。在 CO_2 地质封存过程中，不能使构造地层承受过大压力，以避免"盖岩"断裂或断块重新活动。

2. 水动力封存机理

水动力封存的作用条件与构造、地层、岩性圈闭不同，是靠水动力封闭而成的。这种封存机理与构造地层圈闭一样，在注入二氧化碳后立即开始作用，区别在于二氧化碳在水动力圈闭中的侧向运移没有受到阻挡。

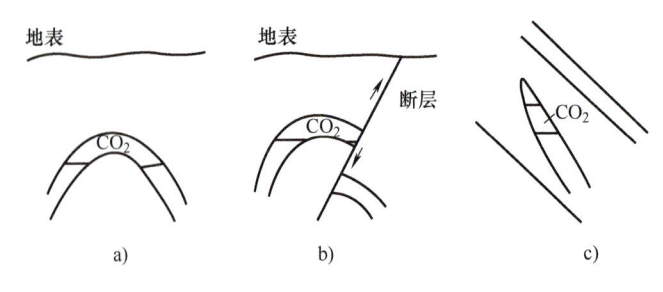

图 3-12　构造地层封存机理示意图
a）背斜封存　b）断块封存　c）地层尖灭封存

当渗流过程中地下水的流动压力与二氧化碳运移的浮力方向相反且大小大致相等时，便可阻挡和聚集二氧化碳，形成水动力圈闭（图 3-13）。当二氧化碳注入位于封闭地层下的深部咸水层时，水动力圈闭就会发生。深部咸水层中的地层水在一个区域或盆地级别的流动系统中以较长时间尺度流动。在此类系统中，流体的流动速度以"cm/a"为单位计算，运移的距离则以"数十千米"和"数百千米"为单位计算。

如果二氧化碳注入此类系统中，尽管没有像构造地层圈闭那样有具体的隔挡层来阻挡二氧化碳的侧向运移，二

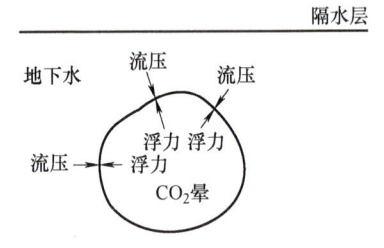

图 3-13　水动力封存机理示意图

氧化碳还是可以在浮力的作用下以非常缓慢的速度沿着地层的倾角运移。这些二氧化碳需要经过几万年甚至几百万年才能运移到排放区的浅层。在此过程中，其他封存机理如束缚气封存、溶解封存、矿化封存将会同时起作用，最终导致没有自由二氧化碳到达浅地层。此外，在二氧化碳的运移过程中也有可能遇到构造地层圈闭而被圈闭下来。

3. 毛细残余封存机理

在各种封存机理中，毛细残余封存对 CO_2 含水层封存具有非常重要的意义。停止注气后，由于气体的扩散作用，注气井附近的 CO_2 饱和度开始降低，地层水回流，占据之前 CO_2 气体所在的岩石空隙空间。CO_2 在空隙中由之前连续的存在状态开始变得分散。分散的 CO_2 气体受岩石空隙毛细力作用以球滴状束缚在岩石空隙中（图3-14），通过残余气的形式封存，这即是毛细残余封存机理。

在 CO_2 注入的最初阶段，毛细残余封存对总的 CO_2 封存量贡献不大，主要起作用的

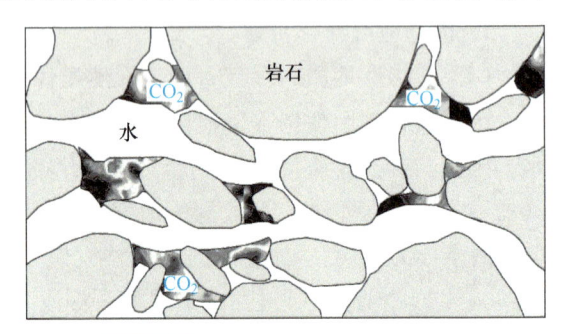

图 3-14　毛细残余封存机理示意图

是地层构造封存和水动力封存。但随着封存时间的增长，各种封存机理的贡献比例开始发生变化，毛细残余封存逐渐占据主导地位。从封存安全性角度，地层构造封存和水动力封存要求含水层顶部具有连续的不渗透层，如果不渗透层发生地层尖灭或被断层错断，注入的 CO_2

极易发生泄漏。毛细残余封存主要依靠岩石空隙毛细力的作用,对含水层和不渗透层的完整性要求不高,从而增加了CO_2封存的安全性。

毛细残余封存机理对CO_2气体的扩散迁移和晕的分布影响巨大。CO_2注入地下后会在浮力的作用下上升,同时部分气体会被岩石毛细力作用束缚在空隙之中。未被束缚的CO_2气体继续上升,当遇到不渗透层时,便会积聚在不渗透层之下。如果没有毛细残余封存,注入的CO_2气体会全部聚积在不渗透层之下。因此,毛细残余封存扩大了CO_2气体晕的分布范围,增加了封存量的同时还减轻了由于气体压力过大而突破不渗透层产生泄漏的风险。

此外,毛细残余封存机理还会影响其他封存机理的作用。例如,溶解封存和矿化封存,这两种机理的作用需要CO_2气体、水、岩石之间有较长的接触时间和较大的接触面积。被岩石毛细力束缚的CO_2气体可以长时间停留在岩石空隙中,增大了接触时间和接触面积,促进了溶解和化学反应的进行。

3.3.2 超临界CO_2与深部咸水的相互作用机理

1. 溶解封存机理

溶解封存是指注入的CO_2与咸水层中的地层水接触后,通过扩散、对流等作用发生溶解反应,从而以溶解状态封存于咸水层。这是一个连续的、依赖于时间的过程。CO_2以水相成分溶解于咸水层中,即$CO_2(aq)$、H_2CO_3、HCO_3^-、CO_3^{2-}。CO_2在水中的溶解包含物理溶解和化学溶解两个过程。物理溶解即CO_2以分子形式溶于水中,其分子结构不发生变化,溶解度在一定温压条件下服从亨利定律;化学溶解即CO_2与水反应生成碳酸(H_2CO_3),并电离产生HCO_3^-和H^+。与物理溶解量相比,化学溶解量相对较小。

溶解封存的最大优点是注入的CO_2溶解于水后不再以单相存在,因此,引起CO_2羽向上迁移的浮力消除。在CO_2和水的两相流动过程中,部分二氧化碳在到达地层顶部前被盐水溶解,同时,产生的混合物因密度大于盐水而下沉,而新鲜的盐水会上浮以填补压力空缺,从而形成对流。该过程增加了与二氧化碳接触的新鲜盐水的量,进一步增加了溶解量,也扩大了与二氧化碳接触的盐水区域。时间及地层水中CO_2的饱和度决定了其溶解程度,而其在地层流体中的溶解量与溶解速度主要取决于地层水的化学成分和CO_2与未饱和地层水的接触率,接触率越高,溶解速度越快。随着时间的增加,当二氧化碳饱和流体的密度比周围未饱和流体的密度高约1%时,二氧化碳饱和流体会因重力作用向下运动,即指进现象(图3-15)。因此,与地质构造中的浮力封存机制相比,这种封存方

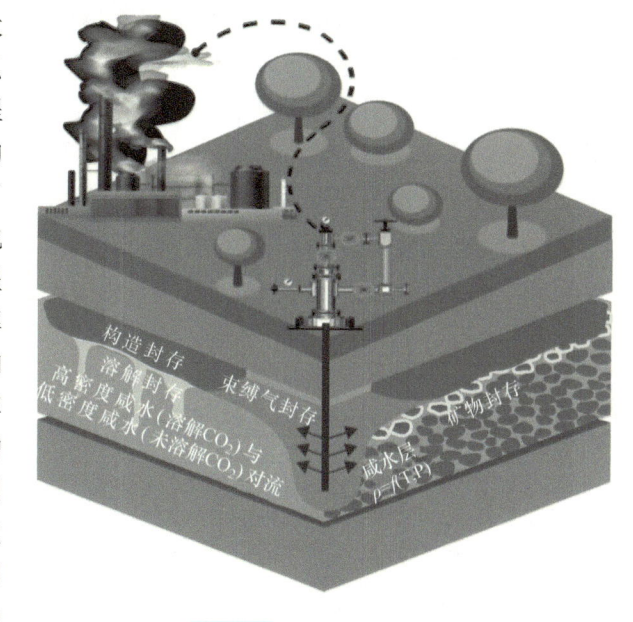

图3-15 溶解封存示意图

式更有效，封存潜力更大。溶解程度主要取决于是否存在高渗透厚层地层，特别是高垂向渗透率地层。溶解封存时间可达 100～1000 年。

2. 矿化封存机理

CO_2 溶解到地层水后将分解成 CO_3^{2-}，并与盐水中自然存在的多种不同的金属阳离子（如 Ca^{2+} 和 Mg^{2+}）反应，从而转化为坚固的碳酸盐矿物质。该反应过程被称为矿化封存，是 CO_2 地质封存机制中最永久的封存过程。而地球化学反应过程是在咸水层中封存 CO_2 的主要封存机制。注入系统的 CO_2 与咸水层中的金属阳离子反应生成碳酸盐矿物质沉淀的地球化学反应方程式，即

$$CO_2(g) \longrightarrow CO_2(aq) \tag{3-13}$$

$$CO_2(aq) + H_2O \longrightarrow H_2CO_3 \tag{3-14}$$

$$H_2CO_3 \longrightarrow H^+ + HCO_3^- \tag{3-15}$$

$$HCO_3^- \longrightarrow H^+ + CO_3^{2-} \tag{3-16}$$

$$Ca^{2+} + CO_3^{2-} \longrightarrow CaCO_3(s) \tag{3-17}$$

$$Mg^{2+} + CO_3^{2-} \longrightarrow MgCO_3(s) \tag{3-18}$$

$$Ca^{2+} + Mg^{2+} + 2CO_3^{2-} \longrightarrow CaMg(CO_3)_2(s) \tag{3-19}$$

CO_2 在咸水层中的地球化学反应首先为式（3-13），注入系统的 CO_2 溶解于咸水层，这时系统环境的 pH 会因为在式（3-14）中碳酸的生成而降低。其次在式（3-15）中，碳酸又分解形成 HCO_3^-，HCO_3^- 在式（3-16）中又进一步分解成 CO_3^{2-}。随后在式（3-17）～式（3-19）中，咸水层中的金属阳离子与之前形成的 CO_3^{2-} 反应生成碳酸盐矿物沉淀，如方解石 $CaCO_3$、菱镁矿 $MgCO_3$ 和白云岩 $CaMg(CO_3)_2$。

矿化封存的反应速率取决于地层水和岩石基质的化学成分、温度、压力、矿物颗粒与含 CO_2 地层水之间的接触面积以及流体在岩石界面上的流速。界面的大小取决于矿物颗粒大小，流速取决于岩石渗透率、水力梯度和水的黏度，而水的黏度则取决于水温、矿化度和压力。CO_2 矿化封存作用因岩石类型和矿物成分的不同而有很大差异。若储层为碳酸盐类（主要由方解石和白云岩组成），则地化反应速率很快；若储层为砂岩且岩性以稳定的石英颗粒为主，则一般不发生反应或反应时间很长。

在系统 pH 值低于 4.0 时，H_2CO_3 是此系列地球化学反应的主要产物；当系统 pH 值处于中间值（约 6.0）时，HCO_3^- 则在整个系统中占主导地位；而当 pH 值较高（≥9.0）时，HCO_3^- 是整个系统中最主要的阴离子。碳酸盐矿物沉淀的形成主要取决于咸水的 pH 值，pH 值在 9.0 以上时有利于矿化封存过程。但是，一旦向咸水中注入 CO_2，pH 值就会下降。因此，在咸水层封存过程中，有必要提高咸水的 pH 值并保持其稳定。

3.3.3　超临界 CO_2 封存对深部咸水层物理性质的影响

在将超临界 CO_2 注入深部咸水层后，超临界 CO_2 会与盐水、储层或盖层岩石发生相互作用。但是，距离注入井位置的不同会导致储层或盖层岩石所处流体的介质饱和程度有所不同。研究表明，饱和区域可细分为以下三种：全 CO_2 饱和区域、盐水与 CO_2 共同饱和区域

以及全盐水饱和区域（图3-16）。在这些不同的饱和区域中，储层或盖层岩石与盐水、超临界CO_2相互作用后，发生一系列的物理和化学反应，从而影响咸水层的物理性质（主要为力学性质变化、孔隙结构以及渗透率变化等）。本部分超临界CO_2封存对深部咸水层物理性质的影响内容，主要根据深部盐水环境下砂岩变形破坏特性及CO_2渗透演化规律研究中的物理试验进行具体讨论。

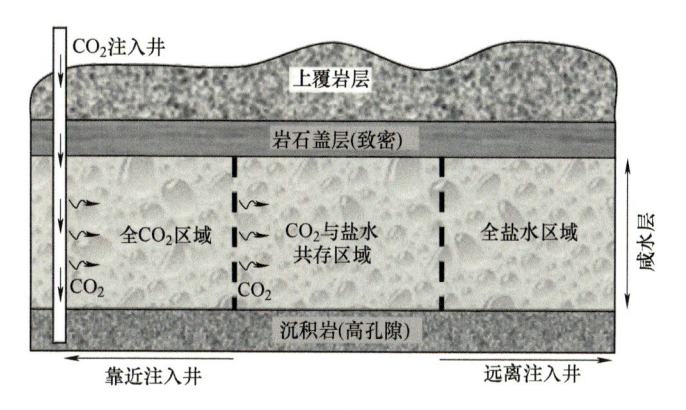

图 3-16 二氧化碳注入过程中不同饱和区间的形成

1. 超临界 CO_2 对咸水层力学性质影响

（1）应力-应变曲线　经历盐水-超临界CO_2饱和后，砂岩试样的应力-应变曲线与仅经历盐溶液单独饱和的砂岩试样相比，存在显著差异（图3-17）。这些差异主要体现在峰值应力和应力-应变曲线的斜率上。此外，盐水-超临界CO_2饱和后的砂岩试样在初始压密阶段的表现也明显小于仅通过盐溶液饱和的试样，特别是在蒸馏水及低浓度盐水条件下。该试验结果揭示了超临界CO_2对砂岩强度变形特征的显著影响，其作用不可忽视。

（2）强度及弹性模量　随着盐水浓度的提高，其影响效应也会增大，这与盐溶液单独作用时产生的变化趋势是一致的（图3-18）。在相同的CO_2注入条件下，盐水浓度的提高对

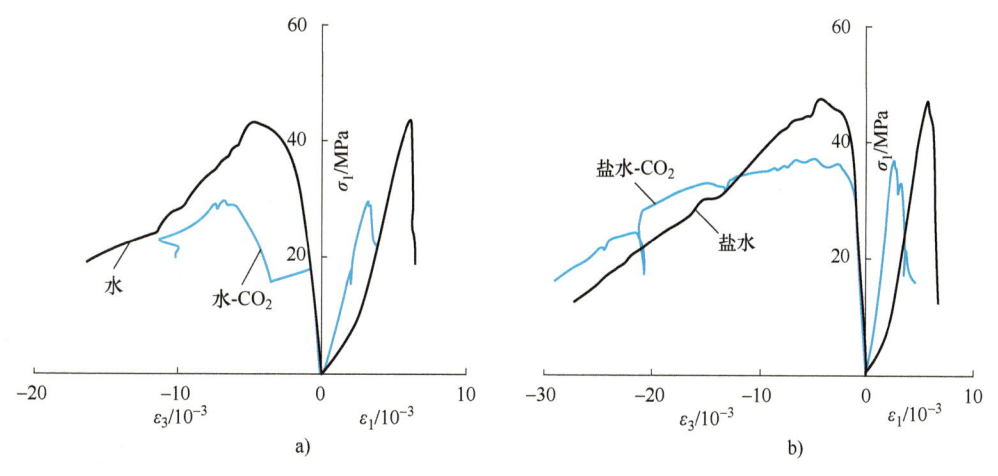

图 3-17 盐水-超临界CO_2饱和砂岩单轴压缩应力-应变曲线

a）蒸馏水　b）10%盐水

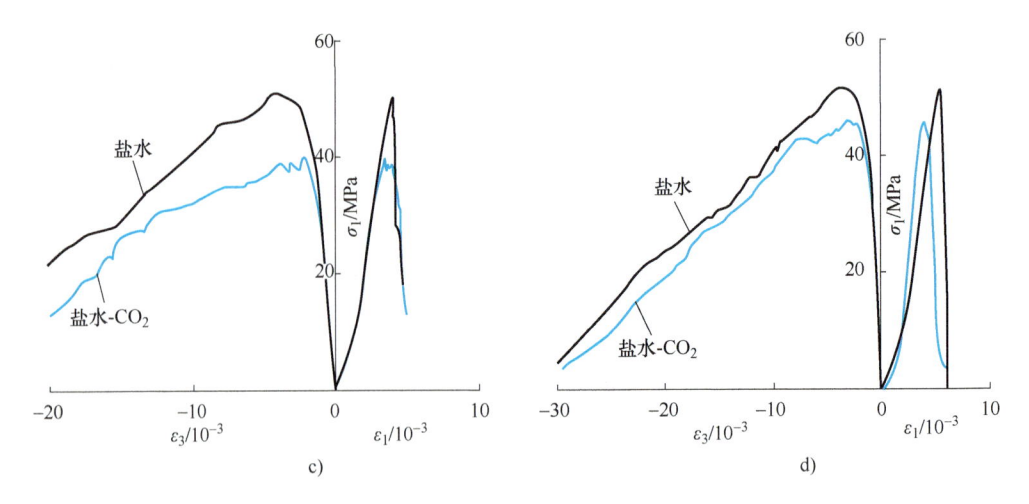

图 3-17 盐水-超临界 CO_2 饱和砂岩单轴压缩应力-应变曲线（续）

c）20%盐水 d）30%盐水

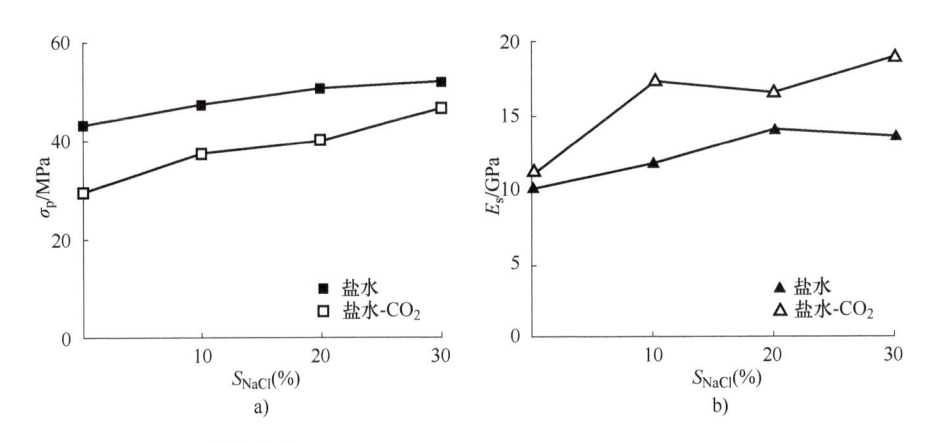

图 3-18 超临界 CO_2 对砂岩单轴力学特性的影响

a）峰值强度 b）弹性模量

砂岩试样的强度具有增强作用。在相同盐水浓度条件下，注入超临界 CO_2 后，砂岩样品的峰值强度出现减小。主要原因：超临界 CO_2 注入盐溶液后，部分溶解于水中，降低了溶液的 pH 值，增加了溶液的酸性，进而引起部分矿物溶解，导致岩石孔隙结构变得疏松，从而降低了岩石的承载能力。

单独在盐溶液作用下，随着盐水浓度的增大，砂岩试样的峰值强度涨幅逐渐减小。但是，在盐水与超临界 CO_2 共同作用下，峰值强度的降幅有所增大。对比盐水单独作用与盐水-超临界 CO_2 共同作用的峰值强度降幅（两者之差占盐溶液单独作用下强度的百分比），分别为 31.3%、21.0%、21.0% 和 10.5%。这表明，在蒸馏水条件下，超临界 CO_2 引起的砂岩试样强度衰减显著；而在高浓度盐水条件下，超临界 CO_2 的负面影响有所减弱。其中，最主要的原因：CO_2 在蒸馏水中的溶解程度要高于盐溶液，并且随着盐水浓度的增大，CO_2 的溶解度会逐渐降低。

2. 超临界 CO_2 对咸水层孔隙度和渗透率影响

在二氧化碳地质封存的四种封存机理中，溶解封存和矿化封存是影响地层封存极为重要的两个因素。当二氧化碳注入地层后，随着不断的迁移和扩散，会发生大面积的溶解。地层压力波动对二氧化碳溶解、析出过程本身以及对地层渗透性能会产生影响。除此之外，二氧化碳的溶解与析出还会影响地层水的pH值，进而引发一系列化学反应，特别是碳酸盐的溶解和析出反应。这些反应又会进一步影响地层的孔隙率、渗透率。

随着二氧化碳水溶液的注入，岩石中的各组分，特别是碳酸钙，将不断溶解，导致岩心中的孔喉尺寸逐渐增大，因此，孔隙度是增加的。随着二氧化碳水溶液的注入，试验段进出口压差减小（图3-19），

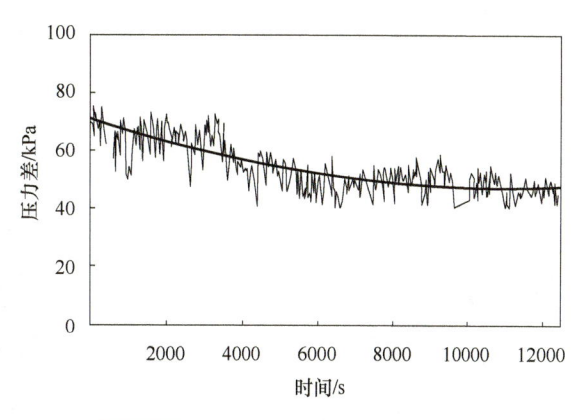

图3-19　矿化反应过程中压差变化图

即渗透率增加。而该过程在约3.3h后趋于平稳，压差不再下降，可认为反应完成。发生矿化反应前后，试样的渗透率由试验前的 $0.02409\mu m^2$ 增加到 $0.03926\mu m^2$。

3.4　煤炭地下气化耦合二氧化碳封存

3.4.1　煤炭地下气化机理

煤炭地下气化（Underground Coal Gasification，简称为UCG）是指通过在地下煤层中创造煤气化反应条件，使地下煤炭与注入的气化剂进行可控的燃烧、气化反应，将地下原煤转化为含有 CH_4、H_2、CO 等可燃组分的合成气并输送至地面加工利用。UCG是一种利用可控的燃烧技术，将煤炭在地下直接通过不完全燃烧而转化为合成煤气的化学开采方法。煤炭地下气化开采将建井、采煤、气化三大工艺合为一个系统，将传统的机械化采煤变为无人化采气，从根本上避免人身伤害和各种矿井事故的发生，反应后的灰渣残留地下避免了大量地面固体废弃物的堆积，可以提高煤炭利用价值，带动电力、化工等传统产业发展，是煤炭清洁高效开发利用的重要方向。UGG在现阶段优先适用于不可采煤层、低品位煤层及深部煤层的原位开采与转化。"富煤、贫油、少气"是我国的基本能源禀赋特点，决定了我国在较长一段时间内能源消费仍以煤为主。UCG能够充分发挥我国的能源禀赋，将富裕的煤炭资源清洁高效地转化为战略或缺的燃气资源，提高天然气自产量，减少从外进口量，保障国家能源战略安全，提高资源利用率，助力"双碳"目标实现。

以一个气化单元为例，煤炭地下气化的工艺过程可以描述如下：

首先从地面向煤层钻进，构建垂直钻孔或定向钻孔，并使钻孔在煤层内部沟通，形成气化通道。基本的气化单元（又称为气化炉）由一口注入井、一口生产井以及位于煤层内的气化通道组成。然后，在通道一侧的煤层内点火，从钻孔的一端注入含氧气化剂，包括空

气、氧气、蒸汽等，气化剂与煤发生化学反应生成以 H_2、CO、CH_4 为含能组分的可燃气体，即煤气，生成的煤气从生产井排出。如图 3-20 所示。

根据气化炉内煤层发生的化学反应及对应的温度不同，反应区可以划分为氧化区、还原区和干馏干燥区（图 3-21）。在氧化区，主要是发生煤与氧气的非均相燃烧反应，燃烧反应放出大量的热，为后续反应提供了热量的来源。在还原区，炽热的煤焦与燃烧生成的 CO_2 及地下水蒸发后形成的蒸汽发生还原反应，生成 CO 和 H_2。这两个反应是煤气生成的主要反应，为吸热反应。高温温度场在煤层内沿气化通道的径向和轴向不断扩展，当温度降低至 600℃ 以下时，在热作用下，煤层主要发生热分解，释放出热解煤气，该区域称为干馏干燥区。此外，还会发生少量的水煤气变换反应及甲烷化反应。

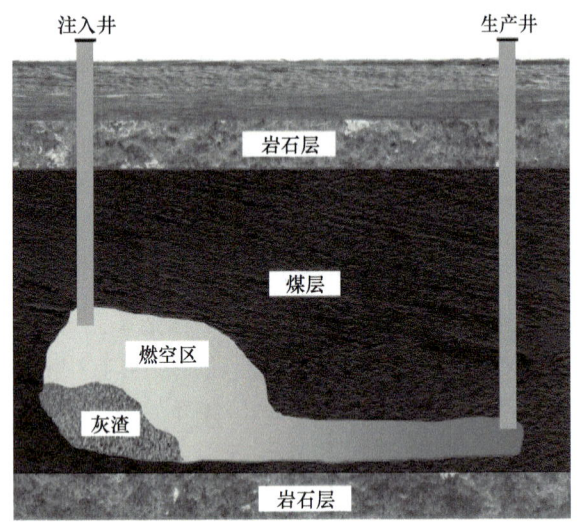

图 3-20　气化采煤原理示意图

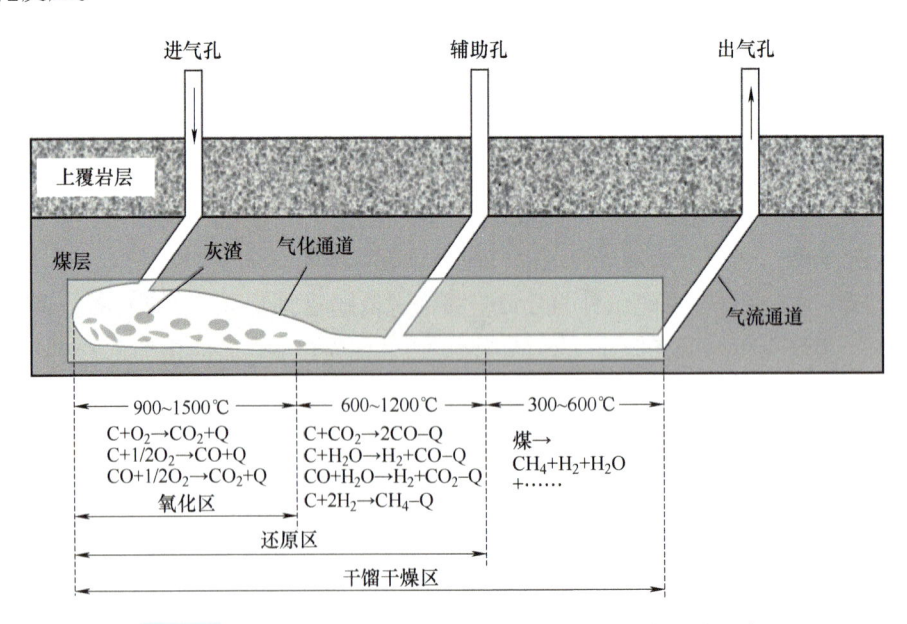

图 3-21　煤炭地下气化燃烧区示意图（图中温度为反应温度）

（1）氧化区　气化剂中的 O_2 通过注入井注入后，在点火处经点火后遇煤燃烧产生 CO_2，并释放大量的反应热，形成面状燃烧空间即气化面，燃烧区称为氧化区。当注入气化剂中 O_2 浓度接近于零时，不再发生燃烧反应，氧化区结束。氧化区反应均为放热反应，反应温度为 800～1200℃。

（2）还原区　氧化区产生的反应热使还原区煤层处于炽热状态，氧化区生成的 CO_2 与炽热的炭发生还原反应生成 CO，蒸汽与炽热的炭发生还原反应生成 CO、H_2 等。由于还原反应是吸热反应，随着反应的进行煤层和气流温度逐渐降低，当温度降低使还原反应程度较弱时，还原区结束。还原区反应温度为 600~900℃。

（3）干馏干燥区　还原区结束后，气流温度仍然很高，对紧邻的干馏干燥区煤层进行加热，释放出热解可燃气，同时产生甲烷化反应。干馏干燥区反应温度为 300~600℃。

从化学反应角度来讲，3 个区域没有严格的界限，氧化区、还原区也有煤的热解反应，3 个区域的划分仅指示气化通道中氧化、还原、热解反应的相对强弱。经过这 3 个反应区以后，生成了可燃组分主要为 H_2、CO、CH_4 的合成气。随着气化反应过程的不断进行，气化反应区逐渐向生产井移动。

可燃气体主要来源于 3 种反应：煤的燃烧热解、CO_2 的还原和蒸汽的分解。反应区温度和反应比表面积控制这 3 个反应的强度，同时也决定了合成气的组分和热值。受不同煤阶及煤岩煤质的影响，通常 1t 煤经地下气化可生产合成气 1490~2470m^3，热值为 4187~7117J/m^3。

在煤炭气化过程中，煤气的析出与产生在煤层内沿气化通道轴向及径向同时发展，从而对煤层实现最大化气化开采。图 3-22 和图 3-23 展示了沿气化通道轴向的煤炭气化过程以及沿气化通道径向煤壁内的煤气析出过程。

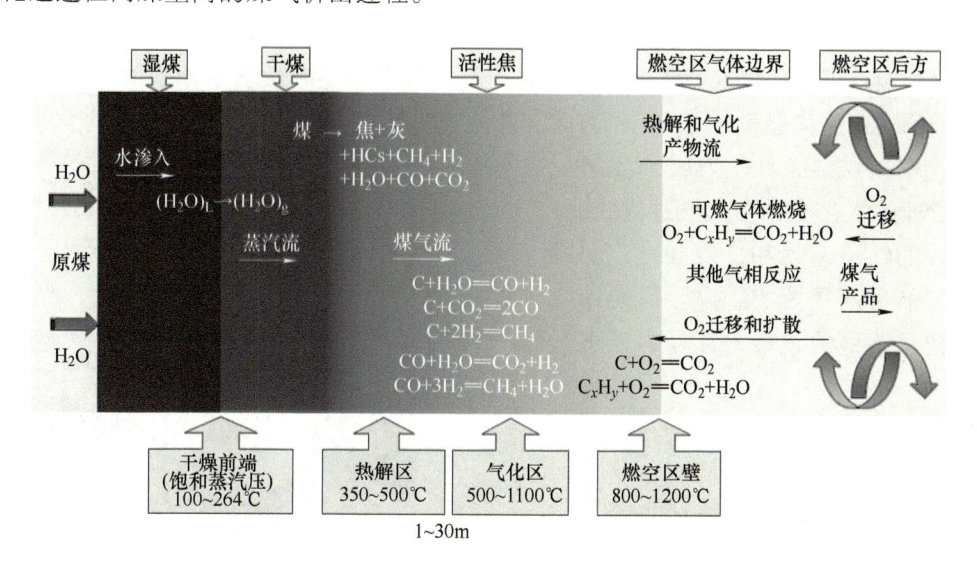

图 3-22　气化通道径向煤壁内的反应过程

1. 煤炭地下气化技术类型

煤炭地下气化通常可分为矿井式地下气化和钻井式地下气化两种技术类型，其分类依据是气化通道的开拓方式。矿井式地下气化是我国针对煤矿遗弃资源回收开发的技术体系，其气化通道是由人工掘进巷道方式建立的，实现过程非常依赖于煤层本身的地理位置和赋存特征。因可以人工操作，矿井式地下气化在后续的点火、布管和检修等过程中操作更方便。钻井式地下气化是采用先进的钻井技术建立气化通道，比较依赖于钻井技术的发展水平，如地下定位、导斜技术等。钻井式地下气化对于煤层赋存条件要求较少，适用性强，在相对薄的

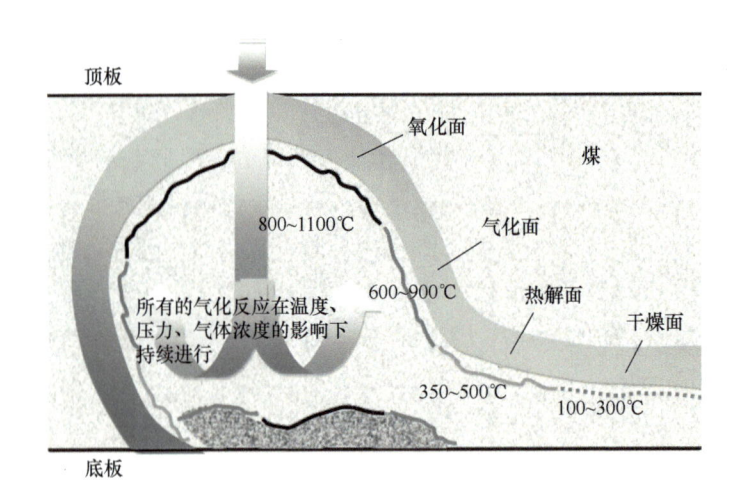

图 3-23　沿气化通道轴向的"三带"分布及反应

煤层中也可以很好地应用。此外，钻井式地下气化炉体建设周期短，可以根据煤层特征灵活多变地设计气化炉型。但钻井式地下气化煤层通道残留水的含量很高，受地下水影响显著，点火难度加大，与矿井式地下气化相比，当点火工作遇到困难时，不方便于人工介入。

2. 煤炭地下气化开采技术路线

纵观煤炭地下气化技术 100 多年的发展历程，国内外先后试验了不同的气化井连通方式、不同的气化炉构型和气化炉运行方式。煤层原位气化开采的核心是选择正确的进气和排气系统，根据煤层条件、煤层地质条件选择合理的气化工作面及推进方式，创造有效的气流运动和反应强度，实现最大的能量利用效率。按照煤炭地下气化技术路线的进展，可分为以下两类：

（1）联通直井气化工艺及应用　联通直井气化的基本单元包括两口钻入煤层的直井——注气井（也称为注入井）和生产井。气化剂注入和煤气排出均采用垂直钻孔，注气点位于垂直注气井的底部（图3-24）。

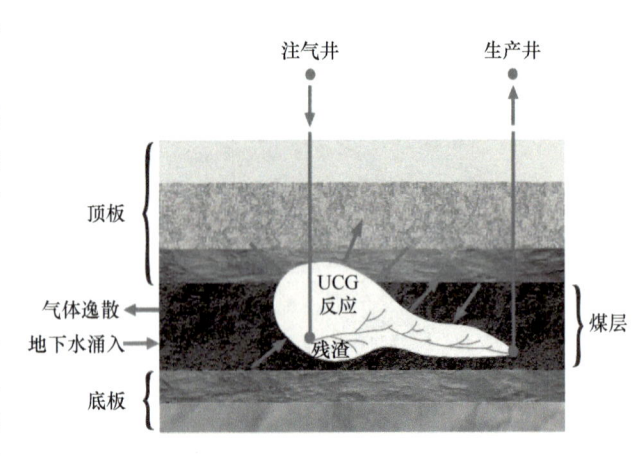

图 3-24　联通直井气化单元示意图

垂直注气井的连通主要通过增强煤层自然渗透率来实现，常用的方法有爆炸压裂、反向燃烧、电力贯通和水力压裂。其中，反向燃烧连通实践应用的成功率较高。由于煤层渗透率的空间变化，反向燃烧连通往往会在煤层中形成多条不规则的通道，有利于气化面的径向扩展。在正常生产前，需要首先完成垂直注气井的连通，因此，该工艺适用于高渗透性煤层，且垂直钻孔的距离受限（不超过30m）。由于采用垂直钻孔进行注气，随着燃空区的增大和煤层内注气点位置的提高，氧气与煤层的接触条件变差，燃烧及气化强度不断下降，调控手段就显得十分有限。该工艺主要针对浅部煤层,目前完成的试验煤层深度均小于 300m。实际生产过程中,通常由垂直进气孔和出气孔组合,构成气化炉群。这种工艺特别适用于较大倾角的煤层,通常煤层倾角需大于 60°。煤层低点连通注气井,煤层高点连通生产井,气化过程可以实现煤层边气化边冒落,形成类似地面填充床的煤气化模式,气化剂与煤接触比较充分,有利于气化过程的稳定运行。

该炉型发展后期也采用造斜井(即定向钻井的基本形式)连通注气井和生产井,即形成开放的连通通道(图 3-25)。采用这种结构能够增大注气井和生产井的距离,从而使得单个气化炉转化为更多的煤炭,同时有利于控制注气点处于煤层底部,提高气化开采率,便于多个气化炉同时运行。

联通直井气化工艺路线由苏联开发,并在美国的早期煤炭地下气化试验中应用,也曾在澳大利亚林克能源公司的钦奇拉项目中进行实践。苏联从 1933 开始,先后建设了大大小小数十座地下气化站,主要生产空气煤气,累计煤气产量为 $3.9×10^{10} m^3$,平均热值为 $3.81MJ/m^3$。代表案例为

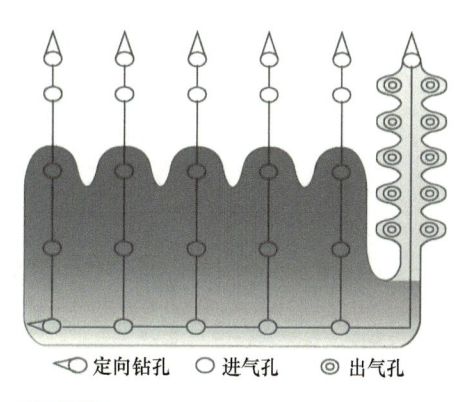

图 3-25 引入水平通道的联通直井气化炉

乌兹别克斯坦安格林气化站,该气化站于 1961 年开始运行至今。该气化站的气化原料为褐煤,煤层厚度从 1.6m 到 22m,埋藏深度为 110~200m,属缓倾斜煤层。煤的灰分为 16%,热值为 15.29MJ/kg,煤层顶板岩石为高岭土。该气化站年产气量为 $3.6~3.8×10^8 m^3$,煤气热值 $3.35~4.18MJ/m^3$(标态),主要用于掺混重油燃烧发电。

美国于 20 世纪 70 年代中期至 80 年代末,在学习苏联气化经验的基础上进行了多次联通直井现场试验。1976 年,美国在 Hoe Creek 进行的联通直井现场试验,目标煤层为低灰高水分次烟煤,平均煤层厚度为 7.5m,埋深为 100m,发热量为 18.93MJ/kg。该试验首先采用爆破压裂、反向燃烧等技术建立气化通道。其中,运用爆破压裂方式未能使目标煤层达到适宜的渗透率,而且气化过程难以控制,未达到预期效果。而反向燃烧方式通常形成多条不规则通道,易造成目标煤层后期气化不完全,煤炭资源浪费较为严重。Hoe Creek 的气化站后期采用定向钻井顺利连通注入和生产直井,进行了采用不同垂直井实现移动注气的试验以及煤层二次点火试验,为 CRIP 工艺创新奠定了基础。同时首次注入氧气-蒸汽作为气化剂生产合成气,合成气热值最大达 $9.78MJ/m^3$。

1997 年,澳大利亚林克能源公司开展钦奇拉煤炭地下气化项目,前期分别在 1、2 号气化炉上采用联通直井气化工艺,反向燃烧连通注气井和生产井,采用空气作气化剂,1999 年 12 月首次产出空气煤气。

(2) 可控后退注入点(Controlled Retraction Injection Point,简称为 CRIP)气化工艺及应用 该工艺的基本单元由煤层水平钻孔和垂直钻孔构成,注气井为煤层水平井,生产井为垂直井或水平井,注气井沿煤层底部钻进并与生产直井对接连通。注气井内下放注气管,气化过程采用注入点可控后退,即在水平钻孔内集成点火装置,当气化空腔扩大到无法维持化

学反应条件，引起煤气质量下降时，一个气化周期完成，然后将注气点后撤，重新在新鲜煤层中点火形成新的气化过程（图 3-26）。气化周期不断重复进行，沿煤层水平形成多个气化空穴。注入点沿注气井的一次受控后退就是一个 CRIP 气化工艺操作。

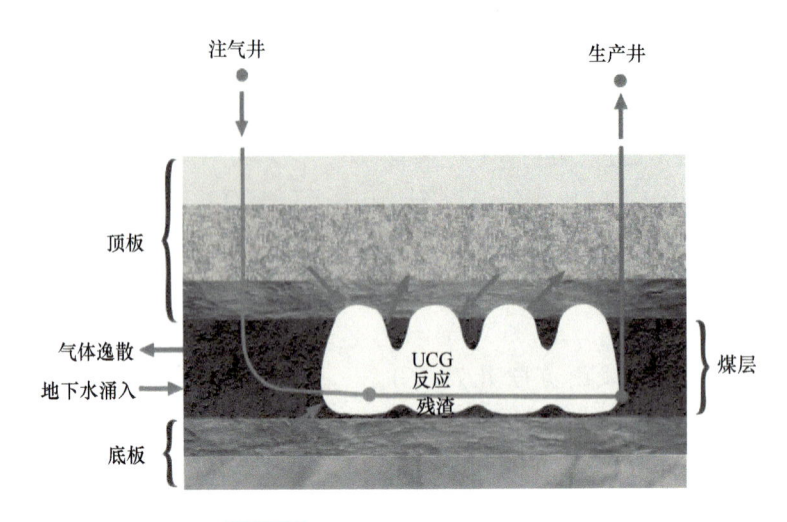

图 3-26　CRIP 地下气化工艺示意图

CRIP 气化工艺的核心在于通过水平移动注气，解决了垂直钻孔注气后期由于氧气向通道壁面扩散速率下降以及煤气与通道内自由氧燃烧引起的煤气质量下降问题。CRIP 气化工艺运用的水平定向钻井技术比使用垂直井技术更有优势，该工艺通过增加煤层内水平段长度，提高气化单元的煤炭覆盖量。此外，相对于联通直井气化工艺，水平井可以将气化剂如氧气的注入控制在煤层底部，从而有效提高了煤炭资源利用率。

该工艺的典型案例为美国洛基山 1 号地下气化试验。该气化站于 1986 年开始钻井和地面建设，1987 年 11 月经点火启动进入稳定运行，之后进行了注入氧气-蒸汽的气化试验。试验持续 93 天稳定气化，生产了出高品质合成气，煤炭气化效率、煤气热值及连续稳定气化时间均优于联通直井气化工艺。该试验先后进行了 3 次 CRIP 操作，形成 4 个气化空腔。

CRIP 气化工艺将顶板岩层对气化效率的影响降低到最小。气化初期，注入点附近被周围煤层包围。随着气化的进行，燃空区开始向上和向前发展，顶板煤层和围岩暴露出来。暴露出来的顶板引起能量损耗，导致煤气质量下降。当煤气质量下降到一定值后，开始执行 CRIP 气化工艺的后退操作并进入下一个注气点。在新的注气点，点火器烧熔注气套管，与暴露出来的新鲜煤层进行反应，随着注入氧气在煤层壁面与燃空区的分布量保持相对恒定，一个相对稳定的运行过程将持续进行。每一个气化周期，随着时间的推移，气化区空腔的体积增长率急剧下降，大约 70%的空腔体积在气化炉运行的前 10 天形成。假定空腔体积增长是由对流热量传递机理形成，随着通道截面逐渐变大，煤气流量降低，空腔增长变得相当缓慢。与联通直井气化工艺相比，CRIP 气化工艺的显热损失显著减小，同时其他的热损失（包括气态产物的地层逸散）也明显降低。CRIP 气化工艺同时能够解决推进式气化造成的通道及钻孔焦油堵塞等工程问题。

CRIP 气化工艺的提出及成功试验，为现代煤炭地下气化工艺奠定了技术基础。

3. 现代煤炭地下气化工艺流程及关键开发技术

现代煤炭地下气化工艺路线是在 CRIP 气化工艺路线的基础上，集成了现代钻井技术、先进的石油装备及井下测量技术而形成的（图 3-27）。该工艺提高了煤层水平段长度（可达 1000m 以上）和气化炉的服务期，适用于深部煤层（1000m 以上）的原位开发。该工艺的气化炉主要由长距离定向钻井构成，通过地面可控移动多介质集成注入装备及探测装备，可以实现煤层长距离水平井中火区的精准控制，以及气化参数的实时调控。该工艺能够强化气化过程，实现煤气稳定、高品质产出，满足下游化工应用需求，达到现代工业化生产水平。

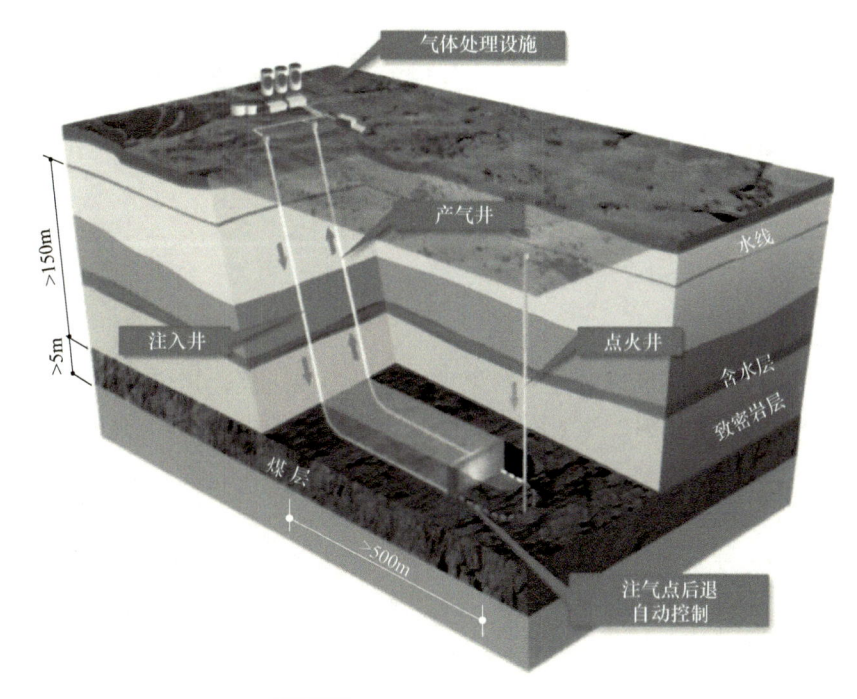

图 3-27 现代煤炭地下气化工艺示意图

煤炭地下气化流程可大致分为 6 个主要阶段，包含 8 大系列 25 项主要技术，如图 3-28 所示。

首先是气化炉的选址。UCG 项目的技术和经济可行性依赖于诸多地质和非地质因素，科学选址能够最大程度降低风险。地质评价过程要充分考虑煤岩煤质、渗透性、含水量以及顶板强度、坍塌规律等诸多影响因素的相互作用及其对气化过程的影响，为工程设计与后期平稳运行提供依据和保障。

然后是在优选的有利区建造气化炉，即建炉。一般采用煤层气开发钻井技术，需要重点考虑的问题之一是在注气井和生产井之间建立通道，即定向井贯通技术。现场试验结果表明，在电力贯通、爆炸压裂、水力压裂和反向燃烧 4 种连通方法中，只有反向燃烧是可行的。

建炉之后是点火运行。与稠油热采点火类似，使用点火化合物，然后向井筒内投入热焦炭，注入富氧空气，在压力作用下使煤自燃。煤燃烧后根据需要优化日产量等系列开发参

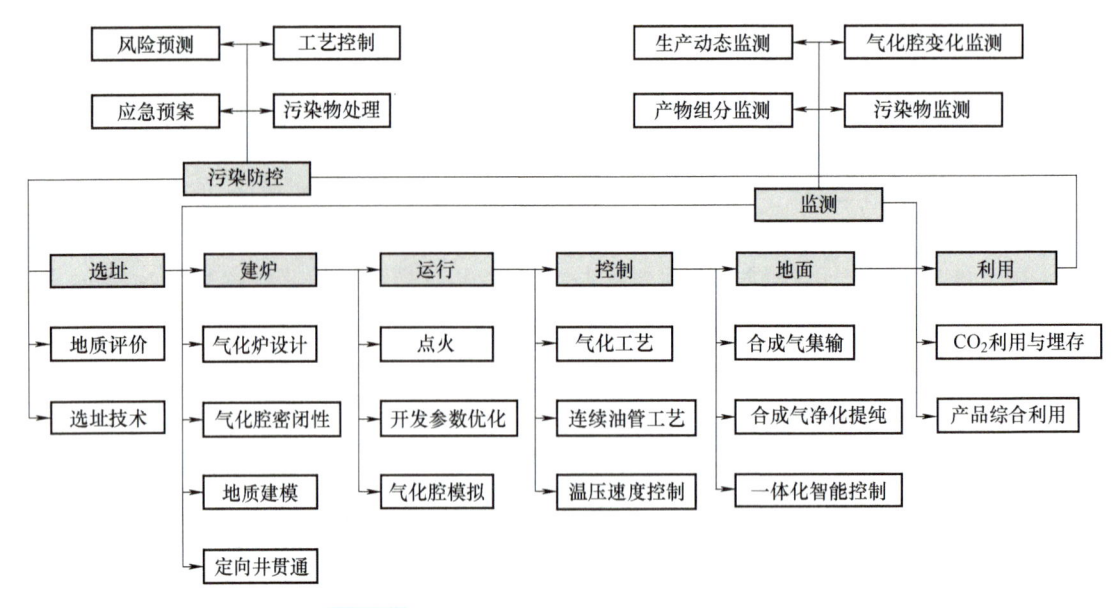

图 3-28　煤炭地下气化流程及相关技术汇总图

数，确保系统在最理想状态运行。

控制是地下气化核心环节。煤炭地下气化是热化学反应过程，其核心是燃烧的可控制性。控制气化燃烧过程的主要因素除了地质条件、煤岩煤质等内部因素，还有气化剂配比、气化反应温度和压力、生产压差等外部因素。UCG 过程直接可控参数主要包括气化剂注入压力、注入速率、注入组分、注入温度、线性 CRIP（受控注入点后退气化）结构中注入点位置和生产井口压力。注入压力控制合成气的可燃气体组分，压力越高，CH_4 占比越高，CO 和 H_2 占比越低，根据西班牙的现场试验经验，压力为 5MPa 时，可燃组分占比为 55%。

产出气经井下降温后进入地面处理环节。合成气是 CO、CH_4、H_2、CO_2 和其他杂质的混合物，主要杂质是颗粒、焦油以及含硫化合物等，利用前需要净化提纯。

经地面处理的合成气可实现综合利用，包括 CO_2 的利用与封存，以及可燃气体的综合利用，如用于气轮机发电、用作化学原料生产甲醇或其他化工产品等。

在煤炭地下气化过程中，污染物防控贯穿始终，需在不同的工艺阶段做好预测、控制和处理。监测资料为控制提供依据，监测与建炉、运行、控制和地面过程同步，UCG 运行过程中必要的监测包括生产动态监测、气化腔变化监测、产物组分监测、污染物监测等。

4. 煤炭地下气化模式

通常，地下气化过程包含非均相和均相两种类型的反应，前者是气化剂或气态反应产物与固体煤或煤焦的反应，后者是气态反应产物之间的相互作用或与气化剂的反应。煤炭地下气化过程的实质是煤中的固相炭与气相中的 O_2、蒸汽、CO_2、H_2 等之间的相互热化学平衡。影响该化学平衡的主要因素包括气化介质、接触方式、工艺条件等。

根据不同条件下煤炭地下气化主要反应过程及产物组分的差别，大致将煤炭地下气化按深度分为 3 个层段，小于 500m 的浅层（气化反应压力一般小于 4.0MPa，气化反应温度大于 1000℃)、500~2200m 的中深层(气化反应压力一般大于或等于 4.0MPa,小于 22.1MPa,气化反应温度大于 1000℃)和大于 2200m 的深层(气化反应压力一般大于或等于 22.1MPa,温度大于 1000℃),对应深度范围内煤炭地下气化有 3 种开发模式(图 3-29):

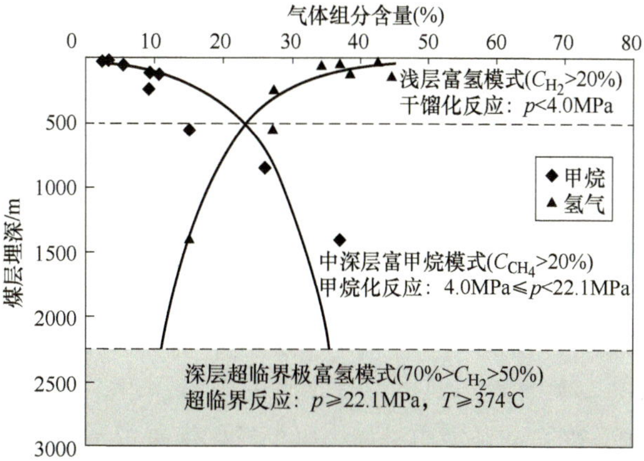

(1)浅层富氢模式 低压下气化剂经过 3 个反应区与煤反应生成合成气,以干馏反应、产物富含氢为特征,如波兰巴巴拉现场试验选用埋深 20m 的煤层,产出气中 CH_4 体积占比为 2.5%,H_2 占 36%,CO 占 32%,CO_2 占 15%,N_2 占 13%。

(2)中深层富甲烷模式 随着压力的升高,反应向气体体积减小方向进行直至达到平衡。由于 CO 和 CO_2 的甲烷化反应都是体积缩小的反应,此时 CH_4 产率随着压力提高迅速增加。这一过程以甲烷化反应占主导,产物以富含甲烷为特征,如加拿大天鹅山现场试验项目选取埋深 1400m 的煤层,产出物中 CH_4 占 37%,H_2 占 15%,CO 占 5%,CO_2 占 41%。

(3)深层超临界极富氢模式 当压力持续增加至 22.1MPa 以后,气化剂中的蒸汽进入超临界状态(374.3℃,22.1MPa),此时化学反应超出上述的一般非均相和均相反应的范畴,转为以超临界水作为气化反应介质发生超临界气化,煤的热解、气化、净化、变换和分离同时进行。此过程以水的超临界反应、产物极富氢为特征。地面超临界水煤气化试验结果显示,产出气中 CH_4 占 3%~4%,H_2 占 55%~62%,CO 占 1%,CO_2 占 32%~39%。

图 3-29 煤炭地下气化的 3 种开发模式
C_{H_2}—H_2 含量　C_{CH_4}—CH_4 含量

5. 可气化煤层地质选址评价

科学选址是地下气化项目规划、规模化稳定生产及地下污染防治的先决条件和重要前提。科学选址有赖于诸多地质因素,均关系到气化区的选址和气化炉的建立,同时也是影响地下气化工艺选择及稳定性控制的重要因素。煤炭地下气化的反应空间在很大程度上取决于煤层赋存条件,其反应过程会受到顶板岩层冒落及地下水涌入的影响,复杂的地质条件还会严重影响气化生产过程,甚至中断气化过程。因此,必须充分掌握煤层的地质构造、断层的展布状态、煤层厚度的变化以及气化区的水文地质条件,以便对煤炭地下气化可行性进行科学决策。

国内外公开发表的相关报告或文章阐述了 UCG 的地质选区标准,但尚未形成统一的评价标准。这是由于煤炭地下气化技术一直处于不断发展中,认知水平和评价标准也在不断变化。其次地质条件复杂多变,很难量化,多属定性描述。地质选址的主要任务是调查气化区域内的煤层地质条件及水文地质条件,包括煤田储量、煤层赋存条件、地质构造、煤层厚度、煤层间距、煤质、对目标区域的勘探程度、气化区域及气化煤床地下水的赋存情况、地下水的水流特征、水化学特征等等。此外,还应当了解地下气化炉建炉、稳定运行和污染防控的原则。对地质选址决策的基本原则如下：

（1）目标区煤炭储量　煤炭储量应该满足煤炭地下气化企业的设计生产年限，以保障其经济效益。依据现有的设备及技术条件，煤炭地下气化工程的服务年限至少为10~15年，由于气化炉的布置与煤田地质条件紧密相关，这个储量不能简单采用常规地质勘探提供的煤炭储量，而是指可气化煤炭资源储量。需要在常规地质钻孔勘探的基础上，结合先进的地球物理探测手段，识别区域内3m以上的断层，通过精细反演获得煤层的分布特征，进行气化区规划，从而预测可气化煤炭储量。

（2）煤层条件　煤层条件是可气化煤层地质选址的重要指标，适宜的气化煤层应当具备以下条件：

1）深度。煤层要有足够的埋藏深度，以确保气化煤层与淡水资源具有足够的安全距离，潜在的环境污染最小化。气化煤层位于咸水区域最佳。全世界煤炭地下气化的实践绝大部分都是在浅部煤层中进行的。浅部煤层气化对地下淡水资源具有潜在的污染风险，因此，深部煤层气化是煤炭地下气化的发展趋势。深部煤层气化形成的空穴无需回填，并有望用来大规模封存二氧化碳。优质的气化空穴还能够以极低成本建设天然气储气库。

2）结构和厚度。煤层结构应该简单且达到一定厚度。苏联联通直井气化炉气化工艺要求，对于褐煤其厚度应至少为2m，烟煤以上则至少为0.8~1.0m。而现代化煤炭地下气化技术的实践表明，对小于2m的煤层进行气化是极不稳定和不经济的。适宜气化的煤层厚度应该在4m以上。

3）起伏。急倾斜煤层地下气化，煤层倾角应大于60°。而长距离定向钻井气化炉主要采用煤层水平钻井进行建炉，煤层倾角以小于7°为宜。如果煤层构造的褶皱起伏较大，超过煤层厚度的一半，则会对煤层水平钻井及气化过程产生不利影响。

4）夹矸。煤层中矸石层厚度不应超过净煤层厚度的50%，单层矸石层的允许厚度最大不应超过0.5m。

（3）地质构造　断裂构造影响地下气化过程的稳定性，气化煤层中发育的断层和裂隙带可能成为气化产物泄漏的途径。因此，断层和裂隙带的发育情况及其对气化区的影响是地质选址评价的重要内容。地下气化炉的布置要求煤层连续，单个地下气化炉内不宜有断距大于1/2平均煤层厚度的断层，并且限制气化炉与断层之间的距离，以保证地下气化安全、有效地运行。气化炉应与断距大于煤层厚度的断层保持50~250m的安全距离，并在气化炉周围留有足够的隔离煤柱，防止气化炉产生气体泄漏。如果避开构造后仍然无法设计一个单元炉，那么该煤炭资源不适合进行煤炭地下气化。此外，如果不能防止气化产物向邻近煤炭企业的矿井发生泄漏，那也不适合采用地下气化技术开采这部分煤炭资源。

（4）水文地质条件　水文地质条件要求目标气化煤层与顶板含水层和底板含水层都有隔水层隔开，顶板隔水层的厚度要足够厚，顶板塌陷后也不破坏隔水层的隔水功能，底板隔水层的厚度应保障底板含水层不会被加热。气化煤层底部有承压含水层存在时，应当评价煤层底板隔水层的安全性，底板隔水层能承受的水头值应大于承压含水层水头值。另外，煤层顶、底板应为弱透水及以下低渗透性岩层，即煤层顶、底板岩层对水的渗透系数小于10^{-4}cm/s，且透水率小于10Lu。煤层顶、底板直接充水的煤层不能进行地下气化。

（5）安全　气化煤层顶板岩层和底板岩层的物理力学性质及气化开采过程中的稳定性，决定了气化炉的密闭性，并影响到气化过程的稳定性。通常，气化区内煤层与顶、底板岩层的气测渗透率之比大于 10，减少气体向围岩的逸散。应依据实际的地质条件，补充研究热作用下气化煤层的覆岩发育规律，预测煤层顶板冒落带、导水裂隙带、弯曲变形带的发育高度，为井下安全评价及地下水污染风险评价提供科学依据。通常，煤层顶板隔水层厚度应大于等于煤层顶板裂隙带发育高度的 1.5 倍。此外，为控制煤层覆岩三带发育高度，气化炉或气化单元之间应预留煤柱，保证气化单元的独立运行。预留煤柱不低于 5m，需依据气化压力来确定。

（6）煤种与煤质　煤炭地下气化宜采用无黏结性或弱黏结性（黏结指数 GR.I≤65）的煤作为原料煤，黏结指数大于 65 的煤种需根据 GB/T 220—2018《煤对二氧化碳化学反应性的测定方法》进行二氧化碳气化反应性评价。褐煤及长焰煤具有高的气化活性，优先选择。煤中的水分在气化中可以充分利用，含量基本不受影响。煤中干燥基的平均灰分应不超过 50%。

现代化煤炭地下气化技术的地质选址，要求开展三维地震探测工作，进行地层信息精细反演，获得详尽的地质信息（包括煤层展布及构造分布、岩性、富水性等），同时有针对性进行地质勘查，与地震反演结果相互印证，为煤炭地下气化的选址决策提供科学依据。

6. 煤层气化开采过程管理与控制

（1）气化过程的控制与强化　煤层高效气化的关键是在煤层中建立理想的高温温度场条件，并能精确控制气体的注入与煤气流的排出，使得含氧气化剂与煤的表面进行足够时间的强烈接触与反应。向煤层中注入气化剂，气流的运动及火焰工作面的移动将引起一系列的复杂现象，氧化区、还原区、干馏干燥区的长度及其加热情况也都在时刻变化着，同时受到燃空区状态变化和煤层顶板垮落的影响，因此，煤层气化的技术管理与控制相当复杂。

氧气的精准注入和合适的注氧量是控制煤层气化反应温度和反应条件的核心操作参数。在现代煤炭地下气化方法中，采用移动控制装备可以在目标煤层内实现氧气的精准可控注入，并根据气化面的扩展动态调整注入参数，维持产品气的品质与产量。此外，注入蒸汽或水，可以控制气化炉内的水煤气反应，提高煤气中 H_2 和 CO 的含量。提高气化压力，可以增加气化强度，同时控制煤层气化区的干燥程度，调节地下气化工作面的涌水量，但气化压力的调节受到煤层静水压的限制。

（2）气化反应空间管理　在 U 形气化生产盘区，随着气化过程进行，火焰工作面沿煤层倾斜向上推进，气化空间只留下残余的灰分及熔渣，这时会有部分氧气或空气沿空腔流向排气钻孔的附近并引起煤气燃烧，这在降低煤气发热量的同时，提高了煤气出口的温度。与此同时，产生的燃空区范围不断扩大，煤层顶板在热作用下发生移动并冒落。适当的冒落会使垮落的岩石充填燃空区，压实松散的灰分，促使氧气与煤体保持接触。不稳定的顶板岩石层冒落（如泥岩）能够在短时间内恢复气化过程并进行有效的气化。而当顶板岩层裂隙充分发育时，气化反应空间增大，会破坏气化工作面的密闭性，造成气体的漏失以及在围岩中的热损，而且，大面积的垮落会发生局部通道堵塞。如果产生导水裂隙带，导通邻近含水层，会造成气化炉涌水，对气化炉温度及煤气组成造成影响，甚至中断气化过程。

控制煤层顶板垮落是煤层气化开采的一项关键技术，需要研究高温气化条件下煤岩受热破碎特征，岩层在气化区高温作用的力学性质变化，建立气化煤层顶板岩层运移模型，获得煤炭地下气化过程气化区顶板垮落规律，形成气化区顶板管理技术，保障煤炭地下气化的连续稳定运行。

（3）气化工作面探测技术　气化工作面探测可以为工艺控制和气化炉布置提供决策依据。三维地震、微地震、井间电阻等物探方法，可以用于气化工作面的四维综合探测，形成气化工作面多维度探测方法。以探测数据为基础可以对气化腔进行综合解译及形态重构，从而为煤层气化过程的有效管理与调控提供科学依据。

（4）地下水污染防治与控制　污染控制与防治是煤炭地下气化全流程的保障技术。由于煤的化学转化过程在地下进行，而该过程不可避免地要产生有机及无机污染物，包括苯、酚、多环芳烃、重金属等。如果这些污染物通过热作用形成的裂隙通道迁移并扩散至邻近含水层，将会对地下水造成污染和破坏。煤炭地下气化对地下水的污染风险，一方面，取决于污染物从反应区向含水层迁移的通道赋存与发育程度，如高温作用下围岩裂隙发育的变化和导通性、围岩的渗透性、气化盘区的水文地质条件和地质构造等；另一方面，则取决于污染物的析出特性、污染物和围岩的物理化学反应，以及污染物在煤层及围岩裂隙中的迁移扩散特性。中国矿业大学（北京）研究团队跟踪现场试验全流程，在查明污染物的产生与迁移规律基础上，针对污染源及污染途径，初步建立了贯穿于气化全流程，包括选址、建炉、运行、闭炉的地下水污染防治技术流程，形成了地下水污染预测方法，将污染源控制及消除在源头，保障煤炭地下气化的环境友好与可持续发展。当急倾斜煤层气化炉跨越的含水层较多时，如何保障气化炉的闭密性，控制污染物的逸散是地下水污染防治与控制的难点。

7. 深部煤炭气化开采发展前景

"双碳"目标背景下，煤炭在我国一次能源结构中仍然占据主导地位。根据第3次全国煤炭资源预测结果，我国埋深2000m以内煤炭资源总量约5.57×10^{12}t，其中埋深超过1000m的煤炭资源量约为2.86×10^{12}t，占总量的51.34%。然而深部复杂地质环境因素，给深部煤炭开采带来一系列技术难题，如煤与瓦斯突出问题、水灾防治问题、矿井热害防治问题等。而气化开采有望成为深部煤炭开采的一种选择。

深部煤炭气化开采具有以下显著优势：

1）我国深部煤炭资源量巨大，煤质适应性广，气化开采可节省煤炭井工开采成本。
2）煤气中甲烷含量高，直接经济效益好。
3）可用地层盐水进行气化，淡水消耗很少，基本不受水资源限制。
4）不破坏、不污染浅层地下水，环境友好。
5）气化形成的煤穴空间无须回填，并有望用来大规模封存二氧化碳，优质煤穴还可以极低成本建设天然气储气库，具有库容大、运行成本低廉的优势。

因此，在对深部煤层资源进行综合地质条件评价、环境影响评价、煤炭地下气化适用性评价的基础上，采用煤炭地下气化技术开采深部煤炭资源，具有良好的发展前景，有望作为我国煤制气的重要补充，对于保障我国能源战略安全具有重大意义。

煤炭地下气化是一门多学科交叉技术，涉及地质、水文、钻井、化工、测量、控制、环境等多个学科，因此，对于深部煤层地下气化，理论、工艺、技术集成与优化有待深入与完善，需要获得多炉联合、长周期运行的实践与经验，以及资源回收率、地下水影响、生态环境长期影响等相关数据。

3.4.2 CO_2 驱替甲烷机理

煤层是由裂隙网络和煤基质构成的双重介质体，煤体中 80%~90% 的 CH_4 以吸附态存在与煤基质中，其余 CH_4 以游离态赋存于煤体裂隙网络中。液态 CO_2 侵入煤层后，与煤体热交换发生相变，在煤层裂隙和基质内形成液相渗流、气液两相渗流、气相渗流扩散的传递过程。其大致物理过程：液态 CO_2 压注结束后，钻孔内的压力逐渐减小，温度逐渐升高，CO_2 的相态发生转变，由液相转化为气相，CO_2 在煤层裂隙与基质内由液相渗流扩散转变为气相渗流扩散。总体来看，注入煤层的液态 CO_2 在温度梯度、压力梯度和浓度梯度三重作用下，通过"相变-渗流-扩散-吸附"过程运移至煤体表面，而煤体表面吸附态 CH_4 在浓度梯度和压力梯度作用下，通过"解吸-扩散-渗流"过程逐渐从煤层中逸出流向抽采钻孔。

CO_2 驱替煤体 CH_4 运移过程如图 3-30 所示：向饱和吸附 CH_4 的煤体中注入一定压力的液态 CO_2 时，CO_2 在压力梯度作用下经"相变-渗流-扩散-吸附"的运移演化进程从煤体空隙、裂隙，一直渗流、扩散到煤基质孔隙中，在煤基质大孔、中孔、微孔孔隙中相继作扩散运动。煤体对 CO_2 气体分子的吸附能力比 CH_4 气体分子强，在煤体基质内表面两种气体发生竞争吸附作用，最终 CO_2 气体吸附在煤的孔隙内表面，置换出煤体孔隙内表面的吸附态 CH_4，使吸附态 CH_4 发生解吸转变为游离态。游离态 CH_4 在浓度梯度作用下经"解吸-扩散-渗流"的运移演化进程，从煤体孔隙、煤体裂隙，扩散、渗流到煤体表面，从煤体表面流出。

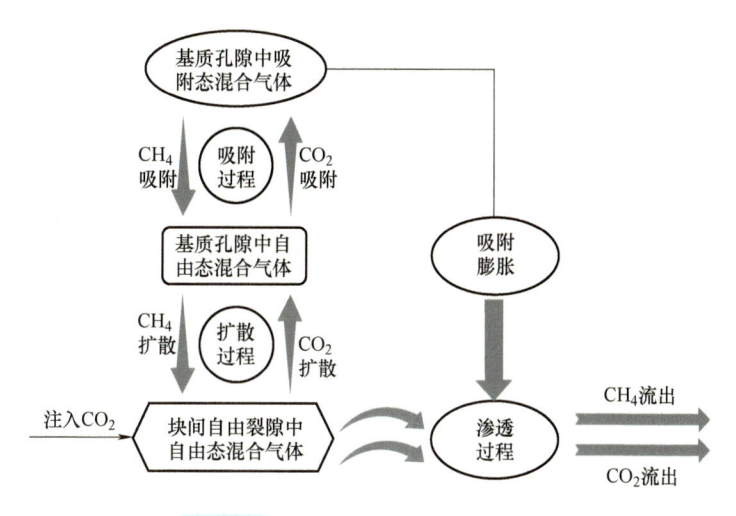

图 3-30 CO_2 驱替煤体 CH_4 运移过程

注入二氧化碳驱替煤层甲烷过程也是一个渗透、扩散、吸附解吸的过程。在注入二氧化碳时，二氧化碳气体分子不能与所有孔隙、裂隙的表面接触，因此，在煤层中形成了一定的二氧化碳浓度梯度和压力梯度。在尺寸较大的裂隙、孔隙系统内，压力梯度引起的气体渗流服从达西定律。之后二氧化碳气体向煤体深部进行渗透-扩散运移的同时,与接触到的煤体孔隙、裂隙表面发生吸附作用。

对于煤层中的甲烷运移规律:①在边注边采的驱替过程中,初期流出的甲烷主要是煤层裂缝内的游离甲烷,此时基质块内的甲烷来不及扩散到裂缝;②受到注气影响的基质块中甲烷扩散涌出至裂隙通道,裂缝内甲烷流出后逐渐形成由内到外的浓度差,甲烷便在这种浓度差作用下,从基质块向裂缝扩散,基质块内的甲烷因扩散而浓度降低;③甲烷已从基质块扩散运移至裂隙中,受到二氧化碳的置换作用,吸附于基质块微孔表面的甲烷解吸,解吸出的甲烷经扩散作用运移到裂缝,流出煤体。因此,整个注二氧化碳驱替甲烷过程,是渗透-扩散、吸附-脱附的综合过程。

压注 CO_2 驱替煤层 CH_4 过程中,除了煤体含水量、煤体变质程度等内在属性外,压力、温度以及流量等外在因素同样影响煤层 CH_4 的驱替效果。CO_2 驱替煤层 CH_4 时效特性的衡量指标主要包括 CH_4 浓度、累积 CH_4 驱替量以及驱替置换比。

煤分子对甲烷和二氧化碳分子的作用力存在差异,这使得煤体对甲烷和二氧化碳的吸附能力有所不同。这种作用力由相同压力下气体沸点决定,沸点越高则吸附性能越强。因为二氧化碳气体的沸点高于甲烷气体,所以煤体对二氧化碳的吸附能力超过甲烷(表 3-1)。有学者从量子化学的角度对不同气体在煤表面的吸附能力进行研究,通过对两种气体吸附势阱的计算,发现二氧化碳的吸附势阱远超过甲烷。这些都证明了在煤体中二氧化碳对甲烷气体有很强的驱替能力。相比于甲烷气体,煤对二氧化碳气体的吸附性更强,故向吸附了甲烷的煤层中注入吸附性更强的二氧化碳气体后,二氧化碳就会与原本吸附的甲烷发生竞争吸附作用。该过程中不同气体的吸附是同时发生的,这就导致两种气体对煤体内相同的吸附位产生竞争关系,而煤体对二氧化碳的吸附性能高于甲烷,二氧化碳与甲烷竞争置换甲烷得到吸附位,使得原本甲烷的吸附平衡破坏,甲烷解吸并被排挤出来。

表 3-1 CH_4、CO_2 的吸附能力与物理参数的关系

物理参数	CH_4	CO_2
沸点 t_b/℃	−161.49	−78.48
临界温度 t_c/℃	−82.01	31.04
临界压力 p_c/MPa	4.6407	7.386
吸附能力	小	大

煤的多孔特殊结构产生了较高的剩余表面自由能,这种剩余表面自由能会在孔隙表面产生一定的表面张力。直径较小的孔隙产生的表面张力相对较小,但是其引力场对外部气体仍会产生一定大小的吸附力,当气体直径较大不能进入这类孔隙之内时,这种吸附力会保持而吸附空位一直存在。二氧化碳是直线型分子,其分子直径小于甲烷,注入的二氧化碳气体分子直径较小,可以进入上述孔隙之中,吸附空位就会得到补充使得孔隙的表面张力降低。孔隙内对外部气体的吸附力消失,导致煤分子对周围其他气体分子的吸附能力降低,从而引起气体的解吸。人们将煤基质这种对不同直径气体分子进行"过滤"的作用称为筛滤吸附置换。因此,不论煤对气体分子吸附能力如何,只要在煤层吸附了多组分的混合气体达到平衡

后，在相同分压下混合气体中单一组分气体的吸附量都小于单独吸附某一纯气体的吸附量。

当煤层中的气体处于吸附平衡时注入二氧化碳，由于二氧化碳的强吸附性，其竞争吸附和筛滤作用将会影响原有稳定状态，引起煤层甲烷解吸扩散的速率增加，从而实现了注气驱替以提高煤层甲烷产出率的目的。

思 考 题

1. 超临界二氧化碳具备哪些独特性质？以及其在储层中封存时具有哪些优越性？
2. 超临界二氧化碳在不同储层中的运移规律有哪些异同点？
3. 煤炭地下气化的影响因素有哪些？它们是如何影响煤炭气化的？
4. 请查阅资料，分析二氧化碳还有哪些地质封存的方式？并分析其封存机理。

第4章 二氧化碳地质封存数值模拟

学习要点

- 了解咸水层二氧化碳地质封存数值模拟的构建流程，明确二氧化碳封存数值模型的地质体、变量和控制方程。
- 了解二氧化碳地质封存多物理场耦合的数学模型及数值模拟的过程。
- 了解二氧化碳地质封存多物理场耦合的数值模拟的影响因素及其应用形式。

数值模拟作为一种强大的工具，能够将理论模型与实际地质条件相结合，因此，成为二氧化碳地质封存工程中 CO_2 运移规律预测的重要技术手段。在二氧化碳地质封存工程开展前，通过数值模拟技术可对工程井组进行地质封存过程的动态评价，科学评估二氧化碳封存潜力和封存风险，为二氧化碳运移监测提供依据。此外，数值模拟的结果可以为 CCS 技术的研发提供反馈，帮助研究者识别技术瓶颈，推动新技术的开发。随着计算机技术的进步，数值模拟方法也在不断更新和完善，为 CCS 技术的发展提供了强有力的支持。本章以煤层、油气藏及咸水层封存为例，结合地质体、变量和控制方程展示了二氧化碳数值模型的构建流程，随后结合多相多场耦合理论构建了数值模型，并结合实际应用分析了影响因素。

4.1 注二氧化碳提高煤层气采收率数值模拟

煤储层有机质、无机矿物及其接触区域均发育有孔隙及裂隙，且气体的吸附、解吸过程主要发生于孔隙内，运移、渗流过程主要发生于裂隙内。CO_2-ECBM 是指将 CO_2 注入煤层中提高煤层气采收率。CO_2-ECBM 过程包含气-水混合物二元流体传输过程，煤体变形过程及煤储层与流体间的热传导、热对流过程，其数学模型的构建基于以下基本假设：

1）煤储层抽象为由基质系统及裂隙系统组成的单渗透双孔隙弹性介质体，且各介质是各向同质的。

2）CH_4 与 CO_2 同时存在并运移于基质孔隙与裂隙内，且干燥气体遵循理想气体状态方程，溶解气体遵循亨利定律。

3）水相只存在于裂隙中并在裂隙内运移，且气体混合物中的蒸汽运移均满足 Kelvin-Laplace 定律。

4）裂隙系统均被二元混合气体及水相所饱和。

5）气体的吸附、解吸及扩散行为主要发生于基质系统中，且遵循 Fick 定律。

6）气体的渗流主要发生于裂隙系统中，且遵循达西定律。

7）煤体的变形符合小变形假设，气体吸附、解吸及压力变化会使煤储层体积应变发生变化。

在 CO_2 驱替 CH_4 的数值模拟过程中，储层吸附场方程、储层渗流场方程、储层温度场方程、储层应力场方程、储层化学场方程以及孔渗耦合方程共同构成了理解这一多相流动与反应体系的基础框架。储层吸附场方程描绘了 CO_2 与 CH_4 在岩石表面的吸附与解吸动态，而储层渗流场方程则揭示了流体在孔隙网络中的流动规律，二者结合考虑了流体性质、孔隙结构及压力梯度的影响。储层应力场方程考虑了流体注入引起的孔隙压力变化对储层力学稳定性的影响，以及储层变形对流体流动的反馈作用，涉及应力、应变和位移的关系，能够模拟由于压力变化引起的储层岩石的压缩、拉伸和剪切变形。储层温度场方程深入分析了 CO_2 注入过程中的热力学变化，以及温度对气体存储能力和驱替效率的作用，同时储层化学场方程探讨了 CO_2 与储层流体及岩石间的化学反应，如酸碱平衡、矿物溶解和沉淀，这些反应不仅影响气体的存储，还可能改变储层的物理性质。孔渗耦合方程则通过将孔隙率、渗透率与流体流动及岩石应力状态耦合，展示了孔隙流体压力变化对储层机械稳定性的影响，以及储层变形对流体流动的反馈机制。综合上述方程，构建全面的模型，用于预测和优化 CO_2-ECBM 过程中的多场耦合效应，以实现高效、安全的碳捕获、存储和利用。

1. 储层吸附场方程

CH_4 和 CO_2 在煤储层基质内的吸附，可用扩展 Langmuir 方程进行表示：

$$V_{Ti} = \frac{V_{Li} P_{mi}}{P_{Li} \left(1 + \sum_{i=1}^{2} \frac{P_{mi}}{P_{Li}}\right)} \exp\left[-\frac{d_2(T-T_0)}{1+d_1 P_m}\right] \tag{4-1}$$

式中 i——气体组分，$i=1$ 代表 CH_4，$i=2$ 代表 CO_2；

V_{Ti}——煤基质对气体组分 i 的吸附量（m^3/t）；

V_{Li}——气体组分 i 的 Langmuir 吸附体积（m^3/t）；

P_{Li}——气体组分 i 的 Langmuir 吸附压力（MPa）；

P_{mi}——气体组分 i 在煤基质内的分压（MPa）；

T——煤储层温度（K）；

T_0——煤储层初始温度（K）；

d_1——压力系数（MPa^{-1}）；

d_2——温度系数（K^{-1}）；

P_m——煤基质内气体总压力（MPa），$P_m = P_{m1} + P_{m2}$。

煤基质内气体吸附质量 m_i 可定义为

$$m_i = c_{\text{STP},i} V_{Ti} \rho_s \tag{4-2}$$

式中　ρ_s——煤岩骨架密度（kg/m^3）；

　　　$c_{\text{STP},i}$——标准状况下煤基质内气体组分 i 的密度（kg/m^3），可以表示为

$$c_{\text{STP},i} = \frac{M_{gi} P_{\text{STP}}}{R T_{\text{STP}}} \tag{4-3}$$

　　　M_{gi}——气体组分 i 的摩尔质量（kg/mol）；

　　　P_{STP}——标准状况下自由气体压力（kPa）$P_{\text{STP}} = 101.325 \text{kPa}$；

　　　R——气体常数，取 8.314510J/（mol·K）；

　　　T_{STP}——标准状况下自由气体温度（K），$T_{\text{STP}} = 273.15\text{K}$。

气体以扩散方式由煤基质进入储层裂隙内，扩散方式符合 Fick 第一定律，气体的扩散速度与气体浓度梯度呈正比，可以表示为

$$q_i = -\sigma D_{Ti}(c_i - c_{fi}) \tag{4-4}$$

式中　c_i——煤基质内气体组分 i 的浓度（密度）（kg/m^3）；

　　　c_{fi}——煤储层裂隙内气体组分 i 的浓度（密度）（kg/m^3）；

　　　D_{Ti}——气体组分 i 在煤基质中的扩散系数（m^2/s）；

　　　σ——煤基质形状因子。

σD_{Ti} 可定义为

$$\begin{cases} \sigma D_{Ti} = \dfrac{1}{\tau_{Ti}} \\ \sigma D_{T_0 i} = \dfrac{1}{\tau_{T_0 i}} \end{cases} \tag{4-5}$$

式中　τ_{Ti}——气体组分 i 的吸附时间（d）；

　　　$\tau_{T_0 i}$——气体组分 i 的吸附时间常数（d）。

扩散系数与环境温度密切相关，其计算公式为

$$D_{Ti} = D_{0i} \exp\left(-\frac{Q_i}{RT}\right) \tag{4-6}$$

式中　Q_i——气体组分 i 的扩散活化能（J/mol）。

煤基质内吸附气体的浓度变化等于基质与裂隙之间的气体运移质量，即

$$\frac{\partial m_i}{\partial t} = q_i \tag{4-7}$$

2. 储层渗流场方程

CO_2、CH_4 和水在煤储层裂隙内运移时遵循质量守恒定律。根据 CO_2、CH_4 在裂隙内的赋存状态（如游离于裂隙中与溶解于裂隙水中）以及水在裂隙内的赋存状态，可以定义气体和水在煤储层裂隙内的运移方程为

$$\begin{cases} \dfrac{\partial(\rho_{gi}S_g\varphi)}{\partial t} + \nabla \cdot (\rho_{gi}\boldsymbol{v}_{gi}) + \dfrac{\partial(\rho_{dgi}S_w\varphi)}{\partial t} + \nabla \cdot (\rho_{dgi}\boldsymbol{v}_w - \tau\varphi S_w D_{dgi}\nabla\rho_{dgi}) = Q_{gi} \\ \dfrac{\partial(\rho_w S_w\varphi)}{\partial t} + \nabla \cdot (\rho_w\boldsymbol{v}_w) = Q_w \end{cases}$$
(4-8)

式中　下角 g 和 w——气体和水；

ρ——储层裂隙内流体的密度（kg/m³）；

v——储层裂隙内流体运移的速度（m/s）；

S——储层裂隙内流体的饱和度；

φ——储层裂隙孔隙度；

τ——储层裂隙的迂曲度，$\tau = \varphi^{1/3}S_w^{7/3}$；

ρ_{dgi}——溶解于水中的气体组分 i 的密度（kg/m³）；

D_{dgi}——溶解于水中的气体组分 i 的扩散系数（m²/s）；

Q——源-汇相[kg/(m³·s)]。

流体在储层裂隙内的运移遵循达西定律，同时气体的运移还受气体滑脱效应影响，考虑到气体和水在运移过程中存在饱和度动态变化情况，引入相对渗透率，储层裂隙内气体和水运移速度分别为

$$\begin{cases} v_{gi} = -\dfrac{kk_{rg}}{\mu_{gi}}\left(1 + \dfrac{b_k}{P_{fi}}\right)\nabla P_{fi} \\ v_w = -\dfrac{kk_{rw}}{\mu_w}\nabla P_w \end{cases}$$
(4-9)

式中　k——煤储层裂隙的绝对渗透率；

k_r——流体的相对渗透率；

μ——流体的动力黏度（Pa·s）；

b_k——气体滑脱因子（MPa）；

P_{fi}——裂隙内游离气体组分 i 的压力（MPa）；

P_w——裂隙内水的压力（MPa）。

气体和水在裂隙内通过毛细管压力进行耦合，并根据饱和度确定气体和水的相对渗透率的变化，即

$$\begin{cases} P_w = P_{f1} + P_{f2} - P_c \\ P_c = P_e\left(\dfrac{S_w - S_{wr}}{1 - S_{gr} - S_{wr}}\right)^{-1/\lambda} \\ k_{rg} = \left(\dfrac{S_g - S_{gr}}{1 - S_{gr} - S_{wr}}\right)^2\left[1 - \left(1 - \dfrac{S_g - S_{gr}}{1 - S_{gr} - S_{wr}}\right)^{\frac{2+\lambda}{\lambda}}\right] \\ k_{rw} = \left(\dfrac{S_w - S_{wr}}{1 - S_{gr} - S_{wr}}\right)^{\frac{2+3d}{\lambda}} \end{cases}$$
(4-10)

式中　P_c——毛细管压力（MPa）；

P_e——排驱压力（MPa）；

S_{wr}和S_{gr}——裂隙内的残余气和束缚水饱和度；

λ——孔径分布指数。

溶解于水中的气体密度和扩散系数分别定义为

$$\begin{cases} \rho_{dgi} = c_0 P_{fi} K_{dgi} M_{gi} / P_{STP} \\ D_{dgi} = \exp\left(c_{Ti} - \dfrac{T_{ki}}{T}\right) \end{cases} \tag{4-11}$$

式中　K_{dgi}——气体在水中内的溶解系数，$K_{dgi} = 10^{h_{i1} + h_{i2}T + h_{i3}/T + h_{i4}\lg T + h_{i5}/T^2}$；

　　　h_i——与气体组分i有关的常数；

　　　c_{Ti}——气体组分i的指数常数；

　　　T_{ki}——气体组分i的温度常数（K）。

3. 储层温度场方程

CO_2-ECBM过程中，伴随着流体在煤储层内的吸附/解吸、扩散、渗流等过程，煤储层及内部流体温度呈动态变化。引起煤储层和流体温度变化的主要因素有煤基质内气体吸附/解吸、煤岩弹性变形、热量传导、热量对流以及气体溶于水后释放的热量和方解石溶解释放的热量。根据能量守恒定律，煤储层及内部流体的热量传递控制方程为

$$\dfrac{\partial[(\rho c_P)_{eff} T]}{\partial t} + \eta_{eff} \nabla T - \nabla \cdot (\lambda_{eff} \nabla T) = K\alpha_T T \dfrac{\partial \varepsilon_v}{\partial t} + \sum_{i=1}^{2} q_{sti} \dfrac{\rho_s \rho_{gi}}{M_{gi}} \dfrac{\partial V_{Ti}}{\partial t} + \sum_{i=1}^{2} \dfrac{e_{gi} \rho_{dgi}}{M_{gi}} + \dfrac{k_m}{(1-\varphi)} \dfrac{\partial \epsilon_m}{\partial t} \tag{4-12}$$

式中　$(\rho c_P)_{eff}$——包含流体的煤储层有效比热容[J/(m³·K)]；

　　　η_{eff}——有效热对流系数[J/(m²·s)]；

　　　λ_{eff}——有效热导率，为煤基质体积应变；

　　　K——体积模量；

　　　α_T——热膨胀系数；

　　　ε_v——体积应变；

　　　q_{sti}——气体组分i的吸附热（J/mol）；

　　　e_{gi}——气体组分i溶于水的溶解热（J/mol）；

　　　k_m——方解石反应热（J/mol）；

　　　ϵ_m——方解石在储层固体部分的含量（mol/m³$_{solid}$）。

有效比热容、热对流系数和热导率为

$$\begin{cases} (\rho c_P)_{eff} = (1-\varphi)\rho_s c_s + \sum_{i=1}^{2} \varphi S_g \rho_{gi} c_{gi} + \varphi S_w \rho_w c_w \\ \eta_{eff} = -\sum_{i=1}^{2} \dfrac{\rho_{gi} c_{gi} k k_{rg}}{\mu_{gi}} \left(1 + \dfrac{b_k}{P_{fi}}\right)(\nabla P_{fi} - \rho_{gi} g) - \rho_w c_w \dfrac{k k_{rw}}{\mu_w} \nabla P_w (\nabla P_w - \rho_{gi} g) \\ \lambda_{eff} = (1-\varphi)\lambda_s + \varphi(S_g \lambda_g + S_w \lambda_w) \end{cases} \tag{4-13}$$

式中　c_s、c_{gi}、c_w——煤骨架、气体组分i和水的比热容[J/(kg·K)]；

　　　λ_s、λ_w、λ_g——煤骨架、水、混合气体的热传导系数[W/(m·K)]。

4. 储层应力场方程

受有效应力和储层温度变化、煤基质吸附/解吸气体等因素的影响，煤岩在CO_2-ECBM过程中会产生一定形变。基于多孔介质弹性理论，含流体煤储层应力-应变方程可表示为

$$\sigma_{kl} = 2G\varepsilon_{kl} + \frac{2G\nu}{1-2\nu}\varepsilon_{cc}\delta_{kl} - \alpha P_f \delta_{kl} - K\alpha_T T\delta_{kl} - K\varepsilon_s \delta_{kl} - K\varepsilon_c \delta_{kl} \qquad (4\text{-}14)$$

其中，

$$\begin{cases} P_f = S_w P_w + \sum_{i=1}^{2} S_g P_{fi} \\ \varepsilon_s = \sum_{i=1}^{2} \alpha_s V_{Ti} \\ \varepsilon_c = \dfrac{\varepsilon_v M_{vm}}{1-\varphi} \end{cases} \qquad (4\text{-}15)$$

式中　σ_{kl}——总应力（MPa），k、$l = x$、y、z；

ε_{kl}——第 k 方向和第 l 方向上的应变分量；

δ_{kl}——Kroonecker 符号；

ε_{cc}——体积应变分量；

ε_c——方解石的体积应变；

ε_s——煤骨架的体积应变；

ν——基质泊松比；

G、K——煤岩剪切模量和体积模量（MPa），$G = E/(2+2\nu)$ 和 $K = E/(3-6\nu)$；

α——储层裂隙 Boit 有效应力系数，$\alpha = 1 - K/K_s$；

α_s——溶解气体的热膨胀系数（℃$^{-1}$）；

ε_v——孔隙体积应变；

M_{vm}——方解石摩尔体积（m³/mol）。

煤储层处于动态平衡状态，应力平衡方程及应变-位移方程可表示为

$$\begin{cases} \sigma_{kl,l} + F_k = 0 \\ \varepsilon_{kl} = \dfrac{1}{2}(u_{kl} + u_{lk}) \end{cases} \qquad (4\text{-}16)$$

式中　$\sigma_{kl,l}$——l 方向总应力（MPa）；

F_k——k 方向体积力分量（MPa）；

ε_{kl}——k 方向体积应变；

u_{kl}——k 方向位移分量；

u_{lk}——l 方向位移分量。

CO_2-ECBM 过程中表征煤储层应力场的 Navier-Stokes 方程可表示为

$$u_{k,ll} + \frac{G}{1-2\nu}u_{l,lk} + F_k = \alpha\left(S_w P_{w,k} + \sum_{i=1}^{2} S_g P_{fi,k}\right) + K\alpha_r T_k + K\left(\sum_{i=1}^{2}\alpha_s V_{ri}\right)_k + K\frac{\varepsilon_m M_{vm}}{1-\varphi_k} \qquad (4\text{-}17)$$

式中　$u_{k,ll}$——u_{kl} 在 l 方向坐标的二阶偏导数；

$u_{l,lk}$——u_{lk} 在 k 方向坐标的二阶偏导数；

K——煤骨架体积模量；

α_r——煤骨架热膨胀系数；

T_k——k 处煤体温度；

V_{ri}——煤体吸附 i 组分气体量；

φ_k——总孔隙度；

ε_m——由化学反应引起的体积应变。

5. 储层化学场方程

在 CO_2-ECBM 过程中，CO_2 溶于煤储层裂隙水中形成溶解态 CO_2（H_2CO_3）。裂隙内的溶解态 CO_2、水以及方解石可以发生以下化学反应，即

$$\begin{cases} H_2CO_3 \rightleftharpoons H^+ + HCO_3^- \\ HCO_3^- \rightleftharpoons H^+ + CO_3^{2-} \\ H_2O \rightleftharpoons H^+ + OH^- \\ CaCO_3(\text{方解石}) \rightleftharpoons CO_3^{2-} + Ca^{2+} \end{cases} \quad (4\text{-}18)$$

根据质量守恒定律，离子在裂隙水中运移可以表示为

$$\frac{\partial(c_j s_w \varphi)}{\partial t} + \nabla \cdot (c_j v_w - \tau \varphi S_w D_j \nabla c_j) = Q_j \quad (4\text{-}19)$$

式中　j——水中离子组分，j = 1，2，3，4，5 分别表示 H^+、HCO_3^-、CO_3^{2-}、OH^- 和 Ca^{2+}；

　　　c_j——离子组分 j 的浓度（mol/L）；

　　　D_j——离子组分 j 在水中的扩散系数（m^2/s）；

　　　Q_j——反应的源-汇相，等于地球化学反应过程中离子组分 j 的生成速度与消耗速度之差 [mol/(L·s)]。

根据质量作用定律，化学离子间的反应引起的物质消耗速度 r 可以表示为

$$r = k_c \left(\prod_{j \in \text{react}} c_j^{-v_j} - \prod_{j \in \text{prod}} c_j^{v_j} \right) \quad (4\text{-}20)$$

式中　k_c——化学反应速度 [mol/(L·s)]；

　　　v_j——离子强度。

此外，方解石在水中的溶解速率等于其在煤储层中的摩尔体积变化。裂隙内的溶解态 CO_2、水以及方解石的化学反应速度可以分别表示为

$$\begin{cases} r_{H_2CO_3} = k_c \left(\prod_{j=1}^{2} \frac{c_j}{c_0} - \frac{K_{dg2} P_{f2}}{K_{H_2CO_3} P_{STP}} \right) \\ r_{HCO_3^-} = k_c \left(\frac{c_1 c_3}{c_0 c_2} - K_{HCO_3^-} \right) \\ r_{H_2O} = k_c \left(\frac{c_1 c_4}{c_0^2} - K_{H_2O} \right) \\ r_{CaCO_3} = \frac{\partial}{\partial t} \left(\frac{\varepsilon_m}{1-\varphi} \right) \end{cases} \quad (4\text{-}21)$$

式中　K——反应平衡常数，取 $K = 10^{h_1 + h_2 T + h_3/T + h_4 \lg T + h_5/T^2}$；

　　　h_1、h_2、h_3、h_4 和 h_5——与具体地球化学反应相关的系数。

根据化学反应动力学，煤储层中方解石含量 ε_m 的变化可定义为

$$\frac{\partial \varepsilon_m}{\partial t} - k_{rm} A |1 - \Omega^\theta|^\eta \text{sgn} |(1 - \Omega^\theta)(1-\varphi)^{-1} = 0$$

其中，
$$\begin{cases} k_{rm} = k_{298.15}^n \exp\left[-\frac{E_n}{R}\left(\frac{1}{T}-\frac{1}{298.15}\right)\right] + k_{298.15}^a \exp\left[-\frac{E_a}{R}\left(\frac{1}{T}-\frac{1}{298.15}\right)\right] a_H^n + k_s \\ \Omega = \frac{c_3 c_5}{K_{CaCO_3}} \\ A = A_m \rho_m \varepsilon_m M_{vm}(1-\varphi) \end{cases} \quad (4\text{-}22)$$

式中 k_{rm}——地球化学反应速度常数[mol/(m²·s)]；

n 和 a——煤储层裂隙水的中性和酸性环境；

$k_{298.15}$——298.15K 时的化学反应速度常数[mol/(m²·s)]；

E——反应活化能；

k_s——由于其他反应机制引起的化学反应速度常数[mol/(m²·s)]；

K_{CaCO_3}——方解石溶解反应平衡常数，即为方解石的溶度积；

θ 和 η——经验常数；

a_H^n——方解石酸性环境下的活度系数；

A_m——方解石的比表面积（m²/kg）。

6. 孔渗耦合方程

煤储层为多孔介质，CO_2、CH_4 和水在储层内赋存与运移时，储层孔隙度与渗透率呈动态变化。随着气体在煤基质内吸附/解吸、储层压力动态变化、储层波动以及方解石溶解和沉淀，煤岩孔隙体积也发生动态变化。煤储层孔隙度和渗透率耦合方程具体可以表示为

$$\varphi = \frac{1}{1+s}\left[(1+S_0)\varphi_0 + \alpha(S-S_0)\right] \quad (4\text{-}23)$$

其中，
$$\begin{cases} S_0 = \frac{P_{f0}}{K_s} - \varepsilon_{s0} - \alpha_T T_0 - \frac{\epsilon_{m0} M_{vm}}{1-\varphi_0} \\ S = \varepsilon_v + \frac{P_f}{K_s} - \varepsilon_s - \alpha_T T - \frac{\epsilon_m M_{vm}}{1-\varphi} \end{cases}$$

式中 φ_0——煤储层初始孔隙度；

S_0——煤储层初始渗透率；

ε_{s0}——由气体吸附引起的煤基质初始应变；

ϵ_{m0}——煤储层方解石初始含量[mol/m³(固)]。

CO_2 在储层岩体中的封存过程较为复杂，受到地层特性和地球化学反应等影响，涉及温度场-渗流场-应力场-化学场（T-H-M-C）的耦合作用。CO_2 注入地层后会导致较大的流体压力积聚，导致有效应力场发生变化，应力场的改变会影响岩体孔隙度、渗透率和毛管压力等，从而影响 CO_2 的注入和流动。注入的 CO_2 为超临界态时，温度要明显低于周围地层温度，二者的温度差导致局部区域内的温度场发生变化，从而改变 CO_2 流体的密度、黏度和溶解度等，影响其渗流特性。温度变化引起的热应力也会直接改变岩体的应力状态。CO_2 易溶于水，进而与周围岩石矿物发生化学反应，溶解岩石或钙化沉淀，并可能与盖层有机质发生反应，导致盖层渗透率和孔隙度等性质发生变化。在多孔介质中的化学反应速率又受到温度、压力、渗流速度和 CO_2 扩散速率等因素的影响。由此可见，CO_2 地质封存是一个复杂的

温度-渗流-力学-化学多场相互作用的过程，该过程包含了热量的转移、多相流体的渗流、力学响应、化学物质的反应和运输等（图4-1）。

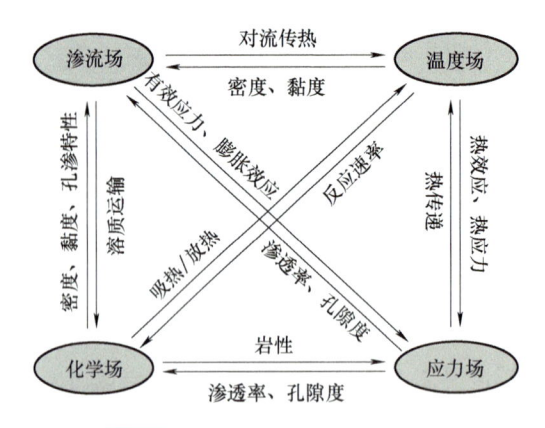

图4-1 CO_2 地质封存多场耦合原理

4.2 注二氧化碳提高石油采收率数值模拟

油气藏封存 CO_2 过程中，CO_2 的持续注入会引起储层岩石孔隙压力升高，进而导致岩石所处的应力状态发生改变，并产生岩石变形，岩石的孔隙空间发生变化，渗流流体的存储空间和渗流路径发生改变。这些改变不仅会影响储层岩石物理特性，导致岩石损伤破坏，形成 CO_2 窜漏的高渗通道，也有可能导致盖层岩石的受力和变形过大，发生破裂，并最终导致 CO_2 封存项目的失败。储层中流体的流动和岩石的应力-应变是一个相互影响的耦合过程，同时，CO_2 的存在对岩石力学性质和稳定性的影响不可忽视，因此，针对 CO_2 封存过程中的渗流-应力-损伤耦合机理的研究极为重要。本节在深入分析三者相互作用关系的基础上，建立了能够表征废弃油层封存 CO_2 过程中渗流-应力-损伤耦合机理的数学模型，其中包括表征多相流流动规律的渗流方程、表征岩石应力-应变关系的本构方程，流固耦合方程及渗流-应力-损伤耦合方程等。

1. 渗流-应力-损伤耦合作用机理

CO_2 封存过程中的渗流-应力-损伤耦合作用的研究涉及流体力学、弹塑性力学、损伤力学、物理化学等众多学科，其主体为岩体骨架和流动的流体之间的耦合作用，但应力场、渗流场、化学场之间的相互作用使耦合机理变得复杂。控制方程中必须有能够表征各场之间相互作用关系的耦合项，并且当其中任一场发生改变时，其他场的本构关系和控制方程也随之发生相应改变。

储层岩石与流体之间的相互作用，会改变岩体骨架的力学特性及物理化学性质：一方面，岩体会发生泥化和软化，岩体骨架颗粒也会与油藏中的流体反应，发生溶解/沉淀、腐蚀；另一方面，流体通过改变施加在岩体上的有效应力对岩体的力学性质施加影响。各场之间的相互作用如下：

（1）渗流-应力两场相互作用　渗流场对应力场的作用主要体现在流体的流动会改变施

加在岩体骨架上的有效应力，使岩体产生变形，同时，流体的物理化学作用会改变岩体的力学特性。应力场对渗流场的作用主要体现在当岩体骨架发生变形时，岩体中的裂隙会张开或是闭合，流体的流动路径发生改变，从而影响渗透系数。

（2）化学-应力两场相互作用　化学场对应力场的影响主要是通过水化反应使岩体产生溶解/沉淀，从而使岩体的黏聚力、内摩擦角、弹性模量等力学参数发生改变。化学反应与岩体力学参数之间的关系通常是通过相应的化学动力计算获得的。应力场对化学场的影响主要体现在应力场的改变引起岩体变形、损伤及破裂后，流体与岩石的接触面发生改变，影响溶质的运移，进而对化学场产生影响。

（3）化学-渗流两场的相互作用　化学场对渗流场的影响主要体现在：一方面，化学反应溶解的岩石矿物会改变流体的密度和黏度，影响流体的流动特性；另一方面，矿物的溶解会导致岩体的孔隙结构及连通状态发生改变，影响岩体的孔隙度和渗透系数，从而影响流体的运移。渗流场对化学场的影响主要体现在流体的压力、流速以及饱和度会影响固-气溶解以及溶解/沉淀的反应速率。

2. 渗流-应力-损伤耦合控制方程

多场耦合控制方程主要是解决相互作用的多场之间的耦合关系，理清每一个场在其他场作用下的变化规律，既包括本场方程的变化，又包括各中间物理量变化规律的描述。本节所建立的耦合方程主要基于弹塑性力学、损伤力学、渗流力学、水化学等理论，主要的控制方程包括：应力场方程、渗流场方程、辅助方程及固相介质的力学损伤方程。

（1）应力场方程　油藏岩体骨架的应力场方程主要包括以下3个部分：

1）平衡方程。油藏岩体在总应力的作用下，固相介质的力平衡方程为

$$\sigma_{ij,j}+f_i=0 \tag{4-24}$$

式中　$\sigma_{ij,j}$——总应力；

f_i——体积力。

式（4-24）的不变量形式为

$$\nabla\cdot\boldsymbol{\sigma}+\boldsymbol{f}=0 \tag{4-25}$$

储层岩石是一种饱和多相流体的多孔介质，在外荷载作用下，总应力由岩石骨架和孔隙中的流体共同承担，但是只有通过岩体骨架传递的应力才会使岩石产生变形。根据该特征，太沙基（Terzaghi）于1925年提出了有效应力原理，之后许多学者对其进行修正，提出了修正的太沙基原理，其表达式为

$$\sigma'_{ij}=\sigma_{ij}-\alpha\delta_{ij}P_s \tag{4-26}$$

式中　α——Biot系数，取值范围为0~1；

σ_{ij}——Kroneker常数；

P_s——孔隙压力。

对于多相流，孔隙总压力的计算公式为

$$P_s=\sum_{i=1}^{n_i}S_iP_i \tag{4-27}$$

将式（4-26）代入到式（4-25）中，则可得到储层岩石的力平衡微分方程为

$$\nabla \cdot \boldsymbol{\sigma}' + \nabla P_s + f = 0 \tag{4-28}$$

2）几何方程。由经典的线弹性理论可知，应力张量等于位移梯度，几何方程可表示为

$$\varepsilon_{ij} = u_{(i,j)} \tag{4-29}$$

式中　$u_{(i,j)}$——$u(i,j) = \frac{1}{2}(u_{i,j} + u_{j,i})$。

3）本构方程。在建立岩体的应力-应变关系时，考虑塑性变形的不可恢复性，采用增量形式的本构关系。增量形式的弹塑性方程为

$$\{d\sigma'_{ij}\} = [D]\{d\varepsilon_{ij}\} \tag{4-30}$$

屈服准则采用 D-P 准则，其表达式为

$$f = aI_1 + \sqrt{I_2} - K = 0 \tag{4-31}$$

式中　I_1——应力张量第一不变量，$I_1 = \sigma_1 + \sigma_2 + \sigma_3$；

　　　I_2——应力张量第二不变量，$I_2 = \frac{1}{6}[(\sigma_1-\sigma_2)^2 + (\sigma_2-\sigma_3)^2 + (\sigma_3-\sigma_1)^2]$；

　　　a, K——反映材料摩擦性质和内聚力性质的常数。

当岩石受损后，其屈服条件可改写为

$$f^D = \alpha I_1 + \sqrt{I_2} - (1-D)K = 0 \tag{4-32}$$

式中　D——损伤变量。

（2）渗流场方程　为了保障封存的安全性，通常选取圈闭条件好、渗透率不高的油气藏，因此，在建立废弃油气藏封存 CO_2 过程中的渗流方程时，需要考虑油气藏多相流动过程以及低速非线性渗流特征。本节所研究的区域平均渗透率为 $0.0183\mu m^2$，部分区域的渗透率低于 $0.01\mu m^2$，属于低渗透储层，因此，选择考虑启动压力梯度的低渗透非线性渗流方程来表征流体在储层多孔介质中的流动，即非线性达西公式，其表达式为

$$v = -\frac{k}{\mu}\left(\frac{\partial P}{\partial x} - \lambda\right) \tag{4-33}$$

式中　v——渗流速度；

　　　k——渗透率；

　　　μ——流体黏度；

　　　λ——启动压力梯度。

连续性方程是流体质量守恒的数学表达式，通过研究直角坐标系中的一个小控制体，可以得到流体渗流的数学方程。假定控制体的边长为 Δx、Δy、Δz（其边分别平行于 x、y、z 坐标轴）。流体在 x、y、z 轴方向上的质量通量分别为 ρv_x、ρv_y、ρv_z，流体质量守恒的定义：在单位时间 Δt 内，控制体内流入和流出的流体的质量差应等于控制体内的流体质量的变化，即

$$\frac{\partial(\rho v_x)}{\partial x} + \frac{\partial(\rho v_y)}{\partial y} + \frac{\partial(\rho v_z)}{\partial z} = \frac{\partial(\rho\varphi)}{\partial t} \tag{4-34}$$

式中　φ——孔隙度。

对于变形介质，式（4-34）可写为

$$\frac{\partial(\rho v_x)}{\partial x}+\frac{\partial(\rho v_y)}{\partial y}+\frac{\partial(\rho v_z)}{\partial z}+\varphi\frac{\partial \rho}{\partial t}+\rho\frac{\partial \varphi}{\partial t}=0 \tag{4-35}$$

由于岩体孔隙中的流体是可压缩的，当不考虑温度对流体密度的影响时，流体的密度 ρ 是压力 P 的函数，即

$$\rho=\rho_0[1+C_f(P-P_0)] \tag{4-36}$$

式中 C_f——流体的压缩系数，其表达式为

$$C_f=-\frac{1}{\rho}\left(\frac{\partial \rho}{\partial P}\right)_T \tag{4-37}$$

故

$$\varphi\frac{\partial \rho}{\partial t}=\varphi\rho_0 C_f \frac{\partial P}{\partial t} \tag{4-38}$$

储层中固态岩石骨架的质量守恒方程可表示为

$$\frac{\partial}{\partial t}(1-\varphi)\rho_s+\nabla\cdot(1-\varphi)\rho_s v_s=0 \tag{4-39}$$

式中 ρ_s——岩石的密度；

v_s——固体骨架的移动速度。

假定岩石骨架颗粒不可压缩，储层岩石的变形是由骨架颗粒的重新排列引起，则储层中岩石的密度为定值，此时式（4-39）可写为

$$\frac{\partial}{\partial t}(1-\varphi)+v_s\cdot\nabla(1-\varphi)+(1-\varphi)\nabla\cdot v_s=0 \tag{4-40}$$

岩石孔隙度 φ 与体积变形 ε_V 之间的关系表达式为

$$\varphi=1-(1-\varphi_0)e^{-\varepsilon_V} \tag{4-41}$$

由式（4-41）可得

$$\frac{\partial \varphi}{\partial t}=(1-\varphi_0)e^{-\varepsilon_V}\frac{\partial \varepsilon_V}{\partial t} \tag{4-42}$$

将式（4-33）、式（4-38）、式（4-42）代入式（4-35），假设单位体积注入（采出）的质量流量为 q，则变形介质中单相流体渗流的数学模型为

$$\nabla\cdot\left[\frac{\rho k}{\mu}(\nabla P-\lambda)\right]+\varphi\rho_0 C_f\frac{\partial P}{\partial t}+(1-\varphi_0)e^{-\varepsilon_V}\frac{\partial \varepsilon_V}{\partial t}+q=0 \tag{4-43}$$

针对废弃油层中 CO_2 的运移和封存特征，为建立多相渗流方程，特引入以下假设：
1）油藏中的渗流是等温渗流。
2）每一相的渗流均符非线性的达西定律。
3）油藏流体为油、水两相，注入的 CO_2 相为气相。
4）CO_2 可溶于油相和水相。
5）储层岩石微可压缩，各向同性。

在均质和各向同性的油藏中，油、水、气三相的运动方程分别为：

$$v_o=-\frac{kk_{ro}}{\mu_o}(\nabla P_o-\lambda_o) \tag{4-44}$$

$$v_w = -\frac{kk_{rw}}{\mu_w}(\nabla P_w - \lambda_w) \quad (4\text{-}45)$$

$$v_g = -\frac{kk_{rg}}{\mu_g}(\nabla P_g - \lambda_g) \quad (4\text{-}46)$$

式中　　k——岩石的绝对渗透率；

k_{ro}、k_{rw}、k_{rg}——油相、水相和气相的相对渗透率；

μ_o、μ_w、μ_g——油、水、气的动力黏滞系数；

P_o、P_w、P_g——油相、水相、气相的孔隙压力；

λ_o、λ_w、λ_g——油相、水相、气相的启动压力梯度。

将式（4-44）、式（4-45）、式（4-46）代入式（4-43）中，可得油、水、气三相流的渗流方程：

① 油相：

$$\nabla \cdot \left[\frac{\rho_o kk_{ro}}{\mu_o}(\nabla P_o - \lambda_o)\right] + \varphi S_o \rho_o C_f \frac{\partial P}{\partial t} + S_o(1-\varphi_0)\mathrm{e}^{-\varepsilon_V}\frac{\partial \varepsilon_V}{\partial t} + q_o = 0 \quad (4\text{-}47)$$

② 水相：

$$\nabla \cdot \left[\frac{\rho_w kk_w}{\mu_w}(\nabla P_w - \lambda_w)\right] + \varphi S_w \rho_w C_f \frac{\partial P}{\partial t} + S_w(1-\varphi_0)\mathrm{e}^{-\varepsilon_V}\frac{\partial \varepsilon_V}{\partial t} + q_w = 0 \quad (4\text{-}48)$$

③ 气相：

$$\nabla \cdot \left[\frac{\rho_g kk_{rg}}{\mu_g}(\nabla P_g - \lambda_g)\right] + \varphi S_g \rho_g C_f \frac{\partial P}{\partial t} + S_g(1-\varphi_0)\mathrm{e}^{-\varepsilon_V}\frac{\partial \varepsilon_V}{\partial t} + q_g = 0 \quad (4\text{-}49)$$

式中　　q_o，q_w，q_g——油相、水相、气相的注入项，即源/汇项；

S_o，S_w，S_g——油相、水相、气相饱和度。

（3）辅助方程　求解时，除了以上基本方程外，还需要以下辅助方程：

1）饱和度约束方程为

$$S_o + S_w + S_g = 1 \quad (4\text{-}50)$$

2）毛管压力方程为

$$P_{cgo} = P_g - P_o \quad (4\text{-}51)$$

$$P_{cgw} = P_g - P_w \quad (4\text{-}52)$$

3）相对渗透率方程。在油、水、气三相系统中，气相为非润湿相，因此，气相的相对渗透率只是含气饱和度的函数。假定水相相对渗透率只受含水饱和度的影响且忽略滞后效应的影响，则水相和气相的渗透率方程可由式（4-53）和式（4-54）给出，油相作为中间润湿相，其相对渗透率可由式（4-55）给出。

$$k_{rw} = k_{rw}(S_w) \quad (4\text{-}53)$$

$$k_{rg} = k_{rg}(S_g) \quad (4\text{-}54)$$

$$k_{ro} = \frac{(S_w - S_{wc})k_{row} + (S_g - S_{gr})k_{rog}}{(S_w - S_{wc}) + (S_g - S_{gr})} \quad (4\text{-}55)$$

式中　　S_{wc}——束缚水饱和度；

S_{gr}——残余气饱和度;

k_{row}——油、水两相时油相的相对渗透率;

k_{rog}——油、气两相时油相的相对渗透率。

(4) 固相介质的力学损伤方程 在废弃油层封存 CO_2 的过程中,通常伴随着油气资源的开采,注采过程可以认为是对岩石的加载和卸载过程,在该过程中岩土体中原有的开性结构面和微裂隙会逐渐张开或是闭合,内部结构发生改变,并伴随有能量的转换和耗散。研究表明,能量耗散会引起岩土体的劣化和强度的丧失,是导致岩土体损伤和破裂的内在因素。因此,本节从能量耗散的角度定义岩石的损伤,建立损伤本构理论,岩石的损伤演化方程可表示为

$$D_s = 1 - \exp[1-\beta(U^d - U_0^d)]^{1/\kappa} \tag{4-56}$$

式中 U^d——岩土体在循环加卸载时的耗散能;

U_0^d——初始耗散能;

β 和 κ——材料参数。

其中,耗散能 U^d 的大小除了与 σ-ε 曲线相关外,还受加卸载的上下限应力的影响,其大小等于相对应的滞回环的面积,可由式 (4-56) 计算得到,即

$$U^d = \int_{\varepsilon_1}^{\varepsilon_2} (\sigma_2 - \sigma_1) d\varepsilon \tag{4-57}$$

式中 σ_1, σ_2——一个循环加卸载过程中的上、下限应力。

4.3 咸水层二氧化碳地质封存数值模拟

1. 地质体与变量

为了准确描述水-CO_2 两相流在可变形多孔介质中的等温流动过程,在整个地质体中考虑的组分包括:超临界 CO_2、盐水和固体骨架、空气、CO_2、水和非水相液体。

混合理论是建立复杂多孔介质模型的基本方法之一,由于混合理论不包含任何关于材料微观结构的信息,因此该理论应用了体积分数的概念。封存储层被认为是固体骨架和孔隙流体的混合物,根据多孔介质理论进行以下假设:

1) 单相流在多孔介质中流动(单相气体或液体)。

2) 多相流在多孔介质中流动(气体和液体不互溶流体混合物)。

3) 多相多组分在多孔介质中流动(可混溶流体混合物,存在由于蒸发、凝结、沉淀引起的相变)。

用 γ 表示流体组分,γ=盐水、CO_2,存在两种流体组分;α 表示相态,α=L(液相)、g(气相)、s(固相),存在三种相态。在体积分数概念的框架内,定义体积分数和饱和度等标量变量,以宏观的方式描述多孔介质的显微结构,忽略孔隙的真实拓扑和分布。体积分数 n^α 为组分 ϕ_α 所占体积 dV^α 与总体积 dV 的比值。因此,控制域总体积可以表示为

$$V = \int_\Omega dV \tag{4-58}$$

式中 Ω——整个地质空间

单个组分所占体积为

$$V^\alpha = \int_\Omega dV^\alpha \tag{4-59}$$

组分体积与总体积关系为

$$V = \sum^\alpha V^\alpha \tag{4-60}$$

因此,体积分数可以表示为

$$n^\alpha = \frac{dV^\alpha}{dV} \tag{4-61}$$

单个组分体积表示为

$$V^\alpha = \int_\Omega dV^\alpha = \int_\Omega n^\alpha dV \tag{4-62}$$

孔隙度 n 是封存地质体重要的物性参数之一,也是流体体积分数的总和,即

$$n = \sum^\gamma n^\gamma = 1 - n^s \tag{4-63}$$

从总体上看,封存地质体内是完全饱和的,即

$$\sum^\alpha n^\alpha = 1 \tag{4-64}$$

当多孔介质内为多相流时,使用流体饱和度 S^γ 比体积分数更方便说明问题。饱和度函数定义为

$$S^\gamma = \frac{dV^\gamma}{dV - dV^s} = \frac{n^\gamma}{n} \tag{4-65}$$

孔隙饱和条件可以表示为

$$\sum^\gamma S^\gamma = 1 \tag{4-66}$$

通常,在解决实际物理问题中增加约束条件是为了简化复杂的数学及数值模型。在体积分数概念体系中,存在两种与多孔介质成分有关的质量密度公式,组分 ϕ_α 中的质量分数 dm^α 与它的体积分数的比值为有效密度 $\rho^{\alpha R}$。

$$\rho^{\alpha R} = \frac{dm^\alpha}{dV^\alpha} \tag{4-67}$$

相对地,局部密度是由组分的质量分数与总的体积分数的比值给出的,即

$$\rho^\alpha = \frac{dm^\alpha}{dV} \tag{4-68}$$

上述公式和关系的成立都是基于多相介质所有成分的质量分数同时存在,并在整个控制域中分布一致的假设。在连续体力学框架内描述多孔介质成分的运移和变形时,假定所考虑的控制域的固体骨架为实心骨架,流体在孔隙中流动时流经骨架表面。在模拟多孔介质中复杂的、耦合的物理过程,特别是在固体骨架变形可观察到的情况下,这一假设是必要的。

为了最大限度地利用孔隙空间,CO_2 应以超临界状态被注入咸水层中,在该情况下,它的流体属性类似于气体,密度类似于液体。CO_2 溶解到盐水是一个非常缓慢的过程,在后述

的模型中忽略其溶解和其他相变过程。

2. 控制方程

研究由 CO_2 注入咸水层引起固体骨架变形的过程采用的是变形多孔介质中两相流模型，模型中流体成分为 CO_2 和原生孔隙流体盐水。

（1）封存地质体本构方程　在岩土问题中，与流体和骨架运动的相互作用条件相比，内部流体摩擦力是可以忽略的。总柯西应力张量 $\boldsymbol{\sigma}$ 指的是总骨架的局部载荷状态，由各组分的所有局部应力之和构成，即

$$\boldsymbol{\sigma} = \boldsymbol{\sigma}_E^s - \alpha p \boldsymbol{I} \tag{4-69}$$

其中，

$$p = \sum^{\gamma} S^{\gamma} p^{\gamma} \tag{4-70}$$

式中　$\boldsymbol{\sigma}_E^s$——固体有效应力（N）；

α——Biot 系数，$\alpha \in (0,1]$，是表征岩石孔隙的参数；

$\boldsymbol{I}$——等同张量，孔压 p 类比道尔顿定律；

p^{γ}——流体 γ 的压力（N）。

综合式（4-69）、式（4-70），得到的有效应力表达式为

$$\boldsymbol{\sigma} = \boldsymbol{\sigma}_E^s - \alpha \left(\sum^{\gamma} S^{\gamma} p^{\gamma} \right) \boldsymbol{I} \tag{4-71}$$

因此，咸水层的应力场受整体局部动量平衡关系的制约，整体力平衡方程式为

$$\nabla \cdot \left[\boldsymbol{\sigma}_E^s - \alpha \left(\sum^{\gamma} S^{\gamma} p^{\gamma} \right) \boldsymbol{I} \right] + \rho g = 0 \tag{4-72}$$

（2）流体渗流方程　忽略由相变（没有溶解和吸附过程）引起的质量变化，多孔介质单个组分的质量平衡方程式为

$$\frac{d\rho^{\alpha}}{dt} = \rho^{\alpha} \nabla \cdot v^{\alpha} = \frac{\partial \rho^{\alpha}}{\partial t} + \nabla \cdot (\rho^{\alpha} v^{\alpha}) = 0 \tag{4-73}$$

式中　v^{α}——流体流速；

∇——散度算子。

固体骨架的速度位移关系可表示为

$$v^s = \dot{u}^s \tag{4-74}$$

式中　$\dot{u}^s$——固体位移（m）。

任意变量 a 的物质时间导数为

$$\frac{da}{dt} = \frac{\partial a}{\partial t} + v^{\alpha} \cdot \nabla a \tag{4-75}$$

式中考虑了它由局部扩散部分和与速度相关的对流部分组成的组分 ϕ_{α} 质点的运动。

多孔介质流体成分的运移过程与固体骨架运动是密切相关的。因此，物质时间导数与固体骨架及单个流体组分 ϕ^{γ} 的关系对于不同过程的统一数值表征是至关重要的。

$$\frac{d_{\gamma} a}{dt} = \frac{d_s a}{dt} + v^{\gamma s} \cdot \nabla \alpha \tag{4-76}$$

式中　$v^{\gamma s}$——渗流速度（m/d），$v^{\gamma s} = v^{\gamma} - u^s$ 描述流体相对于固体骨架的运动。

由式（4-73）和式（4-63），得到固体骨架质量守恒方程为

$$\frac{d_s[(1-n)\rho^{sR}]}{dt}+(1-n)\rho^{sR}\nabla\cdot\dot{u}^s=0 \tag{4-77}$$

同样的，由式（4-65）和式（4-76），流体 ϕ^γ，$\gamma=CO_2$，液相，可得考虑固相运动的质量守恒方程式为

$$\frac{d_s(nS^\gamma\rho^{sR})}{dt}+\nabla\cdot(nS^\gamma\rho^{\gamma R}v^{\gamma s})+S^\gamma\rho^{\gamma R}\nabla\cdot\dot{u}^s=0 \tag{4-78}$$

假设固体是不可压缩的，即 $d_s\rho^{sR}/dt=0$，代入固体骨架质量守恒方程式（4-77），方程变形可得到

$$nS^r\frac{d_s\rho^{\gamma R}}{dt}+n\rho^{\gamma R}\frac{d_sS^\gamma}{dt}+\nabla\cdot(\rho^{\gamma R}\omega^{\gamma s})+S^\gamma\rho^{\gamma R}\nabla\cdot\dot{u}^s=0 \tag{4-79}$$

式中　$\omega^{\gamma s}$——孔隙流体 ϕ^γ 的渗流速度（m/d），$\omega^{\gamma s}=nS^\gamma v^{\gamma s}$。

流体动量平衡由扩展的两相达西定律表示，即

$$\omega^{\gamma s}=-\frac{k^\gamma_{rel}}{\mu^\gamma}k\cdot(\nabla p^\gamma-\rho^{\gamma R}g) \tag{4-80}$$

式中　k^γ_{rel}——流体 γ 的相对渗透率，无量纲；

μ^γ——流体的黏度（Pa·s）；

k——岩石的绝对渗透率（m^2）；

g——重力加速度（m/s^2）。

（3）辅助方程　除上述本构方程和耦合的渗流方程外，还需要一些辅助方程才能完成整个数值模拟工作，主要包括：

1）毛细管压为非润湿相压力与润湿相压力的差值为

$$p^c=p^{CO_2}-P^L \tag{4-81}$$

2）毛细管压和流体饱和度之间的关系式为

$$p^c=p_{entry}S_{eff}^{-(1/\lambda)} \quad (p^c\geqslant p_{entry}) \tag{4-82}$$

式中　p_{entry}——毛细管入口压力（N）；

λ——孔隙分布系数；

S_{eff}——有效润湿流体饱和度，S_{eff} 可以表示为

$$S_{eff}=\frac{S^L-S^L_{res}}{1-S^L_{res}-S^{CO_2}_{res}} \tag{4-83}$$

式中　S^L_{res}——为残余盐水饱和度（%）；

$S^{CO_2}_{res}$——为残余气饱和度（%）。

3）相对渗透率与饱和度关系表示为

$$k^L_{res}=S_{eff}^{(2+3\lambda)/\lambda} \tag{4-84}$$

$$k^{CO_2}_{res}=(1-S_{eff})^2[1-S_{eff}^{(2+\lambda)/\lambda}] \tag{4-85}$$

上述各式中，λ、S^L_{res}、$S^{CO_2}_{res}$ 均由试验测得。

储层岩石变形假定为线弹性，应变张量定义为

$$\boldsymbol{\varepsilon}^s(\boldsymbol{u}^s) = \frac{1}{2}\left[\nabla \boldsymbol{u}^s + (\nabla \boldsymbol{u}^s)^T\right] \tag{4-86}$$

对地质封存体中一点作应力分析，如图 4-2 所示，作用在单元体六个面上的应力分量分别为 σ_x、σ_y、σ_z、τ_{xy}、τ_{yx}、τ_{xz}、τ_{zx}、τ_{yz}、τ_{zy}，在均质情况下，固体有效应力由广义胡克定律给出。

$$\sigma_E^s = 2\mu^s \boldsymbol{\varepsilon}^s + \lambda^s S_p \boldsymbol{\varepsilon}^s \boldsymbol{I} \tag{4-87}$$

式中　S_p——孔隙流体压力对固体骨架应变的影响系数，通常为 -1，表示流体压力增加会导致固体骨架体积减小；

　　　$\boldsymbol{\varepsilon}^s$——固体骨架应变；

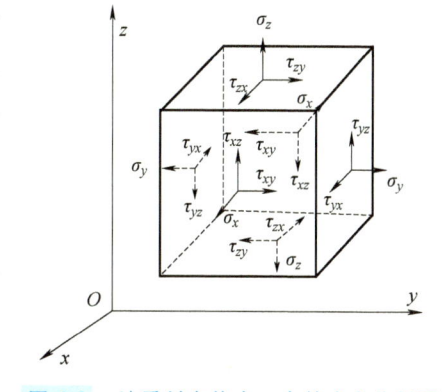

　　　μ^s 和 λ^s——多孔材料的 Lame 常数，可由杨氏模量 E，泊松率 ν 和剪切模量 G 表示，而这些参数是由试验测得的，可分别表示为

$$\mu^s = \frac{E}{2(1+\nu)} = G \tag{4-88}$$

$$\lambda^s = \frac{E\nu}{(1+\nu)(1-2\nu)} = \frac{2G\nu}{1-2\nu} \tag{4-89}$$

图 4-2　地质封存体中一点的应力分析图

4.4　多孔介质多相渗流仿真的建模与应用

CO_2 在储层内的地质封存是一个复杂的过程，受到储层结构、地球化学反应等多方面因素的影响，在这个过程中，温度场、渗流场、力学场和化学场之间相互耦合。首先，CO_2 注入后会改变地层的温度分布，影响 CO_2 及其他组分的相态变化。其次，CO_2 的注入会改变储层流体的渗流场分布特征；同时，CO_2 的注入还会引起地层的应力变化，影响储层岩石的力学性质。此外，CO_2 与地下水和岩石发生化学反应，形成碳酸盐岩等矿物。因此，T-H-M-C 之间的耦合作用在 CO_2 地质封存过程中起着至关重要的作用。

4.4.1　CO_2 地质封存多物理场耦合数学模型

一个全面的溶质运移模型应当包括质量守恒、动量守恒和能量守恒方程以及储层矿物的化学反应法则，需要考虑的因素包括流体流动、CO_2 溶解、相变、水中的溶质种类、储层矿物溶解速率、化学反应速率等因素。数值模拟的目的在于对所封存 CO_2 的长时期演化行为做出估计，了解 CO_2 的封存特征，充分考虑泄漏的风险，以此为封存地点选取和注入井的数量和分布提供依据。

1. 质量守恒方程

对于多相流体在多孔介质中的流动，每个相的质量守恒方程可以表示为

$$\frac{\partial(\varphi S_\alpha \rho_\alpha)}{\partial t} + \nabla \cdot (\rho_\alpha u_\alpha) = Q_\alpha \tag{4-90}$$

式中　α——相（如 CO_2 相或者水相）；

　　　S_α——α 相的饱和度（%）；

　　　ρ_α——α 相的密度（kg/m^3）；

　　　u_α——α 相的流速（m/s）；

　　　Q_α——α 相的源项或汇项[$kg/(m^3 \cdot s)$]。

2. 能量守恒方程

能量守恒方程与质量守恒方程具有相同的形式，在多孔介质中多相流体会发生热传导和对流现象。每个相的能量守恒方程可以表示为

$$\frac{\partial(\varphi S_\alpha \rho_\alpha c_{p,\alpha} T)}{\partial t} + \nabla \cdot (\rho_\alpha u_\alpha c_{p,\alpha} T) = \nabla \cdot (k_\alpha \nabla T) + Q_\alpha \tag{4-91}$$

式中　φ——多孔介质的孔隙度（%）；

　　　S_α——α 相的饱和度（%）；

　　　ρ_α——α 相的密度（kg/m^3）；

　　　$c_{p,\alpha}$——α 相的比热容[$J/(kg \cdot K)$]；

　　　u_α——α 相的流速（m/s）；

　　　k_α——α 相的热导率[$W/(m \cdot K)$]；

　　　Q_α——α 相的热源项（W/m^3）。

3. 化学反应方程

在 CO_2 地质封存过程中，化学反应与质量守恒方程结合，用于描述 CO_2 与地下水和岩石之间的复杂化学反应过程，即

$$\frac{\partial(\varphi S_\alpha \rho_\alpha c_{i,\alpha})}{\partial t} + \nabla \cdot (\rho_\alpha u_\alpha c_{i,\alpha} T) = \nabla \cdot (D_\alpha \nabla c_{i,\alpha}) + R_{i,\alpha} \tag{4-92}$$

式中　φ——多孔介质的孔隙度（%）；

　　　S_α——α 相的饱和度（%）；

　　　ρ_α——α 相的密度（kg/m^3）；

　　　$c_{i,\alpha}$——组分 i 在 α 相的浓度（mol/m^3）；

　　　u_α——α 相的流速（m/s）；

　　　D_α——α 相中的扩散系数（m^2/s）；

　　　$R_{i,\alpha}$——组分 i 在 α 相中的反应速率[$mol/(m^3 \cdot s)$]。

当 CO_2 溶解于水中时，相关的方程可以表示为

$$\begin{aligned} CO_2(SC/g) &\rightleftharpoons CO_2(aq) \\ H_2O + CO_2(aq) &\rightleftharpoons H^+ + HCO_3^- \\ H_2O + CO_2(aq) &\rightleftharpoons 2H^+ + CO_3^{2-} \end{aligned} \tag{4-93}$$

CO_2 溶解于水后形成的碳酸、碳酸根离子和碳酸氢根离子会导致方解石等矿物溶解，进而生成碳酸盐矿物。这些碳酸盐矿物沉淀后可以封存 CO_2，实现长期稳定的地质封存。

$$CaCO_3(方解石)+H^+ \rightleftharpoons Ca^{2+}+HCO_3^-$$
$$CaCO_3(方解石)+H_2CO_3 \rightleftharpoons Ca^{2+}+2HCO_3^- \quad (4\text{-}94)$$
$$CaCO_3(方解石) \rightleftharpoons Ca^{2+}+HCO_3^-$$

矿物溶解和矿化反应的化学反应速率计算公式为

$$R = Ak_R\left(1-\frac{Q}{K_{eq}}\right) \quad (4\text{-}95)$$

式中　A——反应接触面积（m^2）；
　　　k_R——速率常数；
　　　Q——化学亲和性；
　　　K_{eq}——平衡常数；
　　　R——化学反应速率，若为正，表示矿化沉淀；若为负，表示矿物溶解。

4. 应力方程

在 CO_2 地质封存过程中，多孔介质系统的应力平衡方程可以表示为

$$\frac{3(1-\nu)}{1+\nu}\nabla^2\tau_m - \frac{2(1-2\nu)}{1+\nu}(\alpha\nabla^2 P + 3\beta K\nabla^2 T) + \nabla\cdot\overline{F} = 0 \quad (4\text{-}96)$$

式中　ν——泊松比；
　　　τ_m——法向平均应力（MPa）；
　　　α——Biot 系数；
　　　P——孔隙压力（MPa）；
　　　β——线性热膨胀系数；
　　　K——体模量；
　　　$\overline{F}$——体应力（MPa）；
　　　T——温度（℃）。

5. 状态方程

在储层条件下，多组分系统的相态平衡是 CO_2 地质封存数值模拟的关键问题之一。为确定系统内多组分的相平衡状态，通常利用 Peng-Robinson（简称为 PR）方程，对多组分的逸度进行计算。该方程考虑了多组分之间的相互作用，通过结合单组分方程和二元相互作用系数来计算多组分混合物，以提高计算结果的准确性。

$$P = \frac{RT}{V-b} - \frac{a(T)}{V(V-b)+b(V-b)} \quad (4\text{-}97)$$

式中　P——地层压力（MPa）；
　　　R——气体常数[J/(mol·K)]；
　　　T——地层温度（K）；
　　　V——单个气体分子平均占有的空间大小（L）；
　　　$a(T)$——与温度有关的比例系数。

4.4.2　CO_2 地质封存多物理场耦合数值模拟

基于上述建立的热传导方程、流体流动方程（达西定律和连续性方程）、力学方程（平

衡方程和本构关系)、化学反应方程,通过数值算法实现 CO_2 地质封存的 THMC (热-水-力-化学) 耦合数值模拟。图 4-3 为 THMC 模型的实现流程示意图。

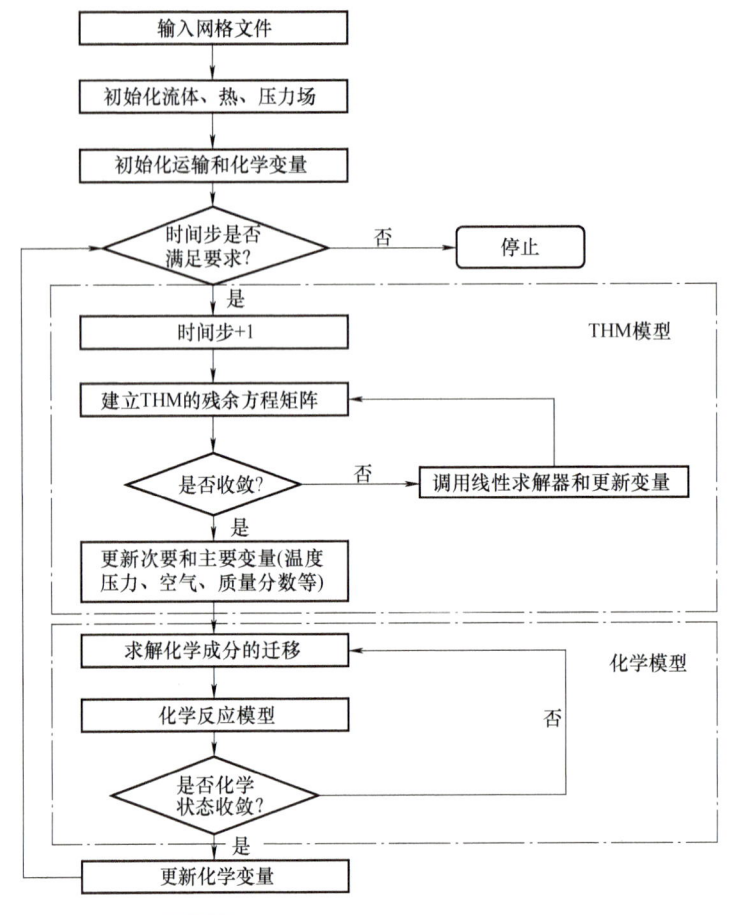

图 4-3 THMC 模型的实现流程示意图

通过选择不同的数值方法进行离散化。选择适合的数值方法进行空间和时间离散化。空间离散化包括有限差分法、有限元法或有限体积法。时间离散化包括显式、隐式或隐显混合方法。此外,根据问题规模和特性选择合适的线性和非线性求解器(如迭代法、直接法)。

1. 数值模型的实现过程

数值模型的实现过程如下:

(1) 网格划分　通过网格划分对研究区域进行网格离散,确定离散节点和单元。选择合适的网格密度,保证计算精度和效率。

(2) 边界条件　包括设置初始条件与边界条件:初始条件包括设置初始温度、压力、应力和化学组分分布,边界条件包括设置边界温度、压力、流量和应力条件。

(3) 耦合策略　弱耦合为对各子物理场分别求解,每一步时间步长后进行数据交换。强耦合为同时求解所有物理场的方程组,考虑各物理场之间的相互影响。

2. 耦合方法的确定

在 CO_2 地质封存 THMC 模型中，耦合策略是核心部分，它决定了各个物理过程（如热、流体流动、力学、化学）如何相互影响并共同作用。

弱耦合策略将各个物理过程分开求解，每一步时间步长后交换数据并更新状态变量。这种方法在实现上相对简单，但需要注意各物理场之间的数据交换和更新的顺序。数据交换和更新，是指各物理场之间交换数据，更新状态变量。温度场影响流体密度和黏度，压力场影响应力场，应力场影响孔隙度和渗透率，化学反应影响矿物含量和孔隙度等。

强耦合策略同时求解所有物理过程的方程组，考虑各物理场之间的相互影响。这种方法可以更准确地模拟物理过程的耦合效应，但实现和计算复杂度较高。其将热传导方程、流体流动方程、力学方程和化学反应方程耦合在一个方程组中。

耦合方法一般通过以下条件选定：

（1）计算效率　弱耦合策略通常比强耦合策略效率高，因为各子物理过程分别求解。强耦合策略需要同时求解所有方程，计算量大，时间开销高。

（2）准确性　强耦合策略可以更准确地模拟各物理过程的相互影响，适用于需要高精度模拟的复杂问题。弱耦合策略在各物理过程之间的交互影响较弱时适用，但可能引入较大误差。

（3）实现复杂度　弱耦合策略实现相对简单，各子物理过程可以分别编码和求解。强耦合策略实现复杂，需要构建和求解大型耦合方程组，要求较高的编程和数值求解技巧。

在实际应用中，选择何种耦合策略取决于具体问题的需求和计算资源。弱耦合策略适用于对计算效率要求较高、耦合效应相对较弱的问题，如初步分析和大型区域模拟。强耦合策略适用于对模拟精度要求较高、耦合效应显著的问题，如局部细节分析和精细模拟。通过对耦合策略的合理选择和实现，可以有效模拟 CO_2 地质封存过程中的多物理场耦合行为，为科学研究和工程应用提供有力支持。

3. 数值求解过程

数值求解过程如下：

（1）初始化　根据初始条件和边界条件初始化模型。

（2）时间步进　设置时间步长，进行时间步进，在每个时间步长内，按顺序或同时求解热、流体、力学和化学方程。

（3）方程求解　热传导方程，使用适当的数值方法求解温度场分布。流体流动方程，使用达西定律和连续性方程求解压力场和流速场。力学方程，使用平衡方程和本构关系求解应力和变形。化学反应方程，求解化学组分的变化和反应产物分布。

（4）数据交换与更新　在弱耦合方法中，每个时间步长结束后，将各子物理场的结果相互交换，更新状态变量。在强耦合方法中，所有方程组同时求解，每个时间步长内不断更新状态变量。

具体实现工具与软件，实现 CO_2 地质封存 THMC 模型的数值模拟，可以选择以下工具和软件：

1）数值模拟软件。TOUGHREAC，适用于流体流动、热传导和化学反应的耦合模拟；COMSOL Multiphysics，适用于多物理场耦合模拟，支持自定义方程和耦合；FLAC 3D，适用于地质力学模拟,可与流体流动耦合;PFLOTRAN 专注于多相流动和反应传输过程的模拟。

2)编程语言。Python,用于前后处理和简单的耦合模拟;MATLAB,适用于数值计算和可视化。Fortran/C++用于高效的数值计算核心实现。

4.4.3 CO_2 地质封存多场耦合数值模拟的应用

本节描述了 THMC 模型对超临界二氧化碳注入地下的二氧化碳地质封存过程的模拟。通过案例讲述大型储层在不同区域的 THMC 过程,并定量分析非均质性对 CO_2 输运、地质力学和化学反应的影响。目标地层纵断面剖面图如图 4-4 所示。有 4 个不同岩石性质的区域组成,分别是上盖层、中盖层、目标咸水层和下基岩。靠近地表的上盖层渗透率较高,中盖层和下部基岩原始孔隙度和渗透率较低,可封闭潜在的咸水层,封存 CO_2。目标咸水层位于概念模型的中间,渗透率较大,孔隙度较大,可以产生较大的孔隙体积,以便在咸水层中封存大量的超临界 CO_2 气体。注二氧化碳井靠近概念模型的中心和目标咸水层的底部。在概念模型内部,设置了非均质储层,在所有模拟域中都分配了一个广义的岩石矿物组成。概念模型中选择的岩石矿物在北美潜在的咸水层中常见。主要化学物质的初始浓度与咸水层中的岩石矿物处于平衡状态,其中方解石反应速度快,处于局部平衡状态,其他矿物的溶解和沉淀均处于动力学条件下。

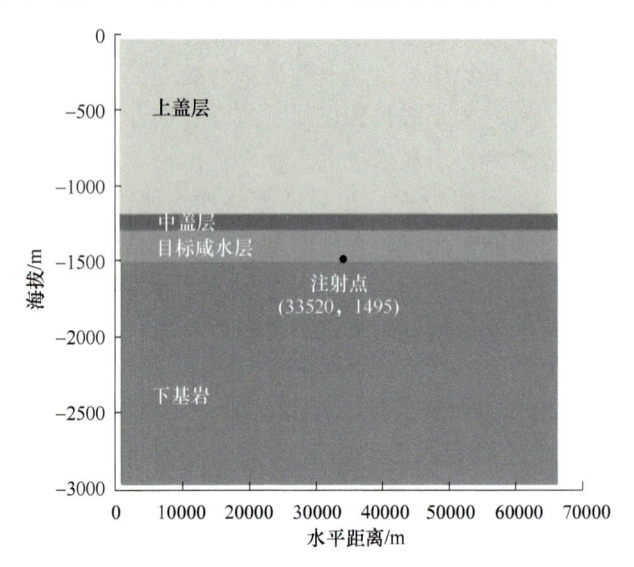

图 4-4 目标地层纵断面剖面图

1. 储层中 CO_2 的流动和地层应力分布

图 4-5a~c 为注 CO_2 1 年、10 年、30 年超临界 CO_2 气体饱和度等值线图。超临界 CO_2 气体在注入 1 年后开始从注入向盖层底部运移,其扩散水平距离为 400m。在该时期,超临界 CO_2 羽流还没有形成。咸水层中超临界 CO_2 气相的形状像点燃的蜡烛的灯芯。超临界 CO_2 气体饱和度由内向外逐渐降低。目标咸水层中 CO_2 注入点附近的饱和度最大。3 年后,超临界 CO_2 气体羽流逐渐形成,由于渗透率较低,大部分超临界 CO_2 倾向于聚集在中盖层底部以下。概念模型中盖层的渗透率较大,超临界 CO_2 可能渗透到中盖层中。经过 3 年的 CO_2 注入,超临界 CO_2 渗入中部盖层约 20m。在目标咸水层注入点处,超临界 CO_2 气饱和度最大约为 0.6,CO_2 羽流直径从咸水层底部向顶部逐渐增大。超临界 CO_2 有快速向上运移的趋势,这是由于 CO_2 的低密度和低黏度导致了强的浮力流动。然后,羽流在 CO_2 注入后的 5 年内继续扩大。中盖层底缘下含气饱和度约为 0.6,说明大部分 CO_2 气体聚集在中盖层下。经过 5 年的注入,超临界 CO_2 气体渗入中部盖层约 40m。经过 10 年时,CO_2 羽流在中部盖层下方扩散范围超过 4600m(水平方向),并渗入盖层约 80m。目标咸水层注入点附近的最大

饱和度约为 0.85。中盖层底缘下超临界 CO_2 气饱和度趋于 0.65 左右，说明大部分 CO_2 气聚集在中盖层下，超临界 CO_2 继续向上运移进入中盖层域。此外，超临界 CO_2 持续注入 20 年，超临界 CO_2 已扩散至中部盖层下 8400m（水平方向），穿透盖层，并在逸出至上部盖层域 10m 左右。目标咸水层注入点附近 CO_2 饱和度最大值约为 1.0，中盖层底缘下超临界 CO_2 气饱和度趋于 0.75 左右。经过 30 年的时间，CO_2 在中盖层下扩散了 12400m（水平方向），形成了一个大蘑菇，向上运移到上盖层 50m。目标咸水层注入点附近 CO_2 饱和度最大值约为 1.0，中盖层底边下超临界 CO_2 气饱和度趋于 0.8 左右。

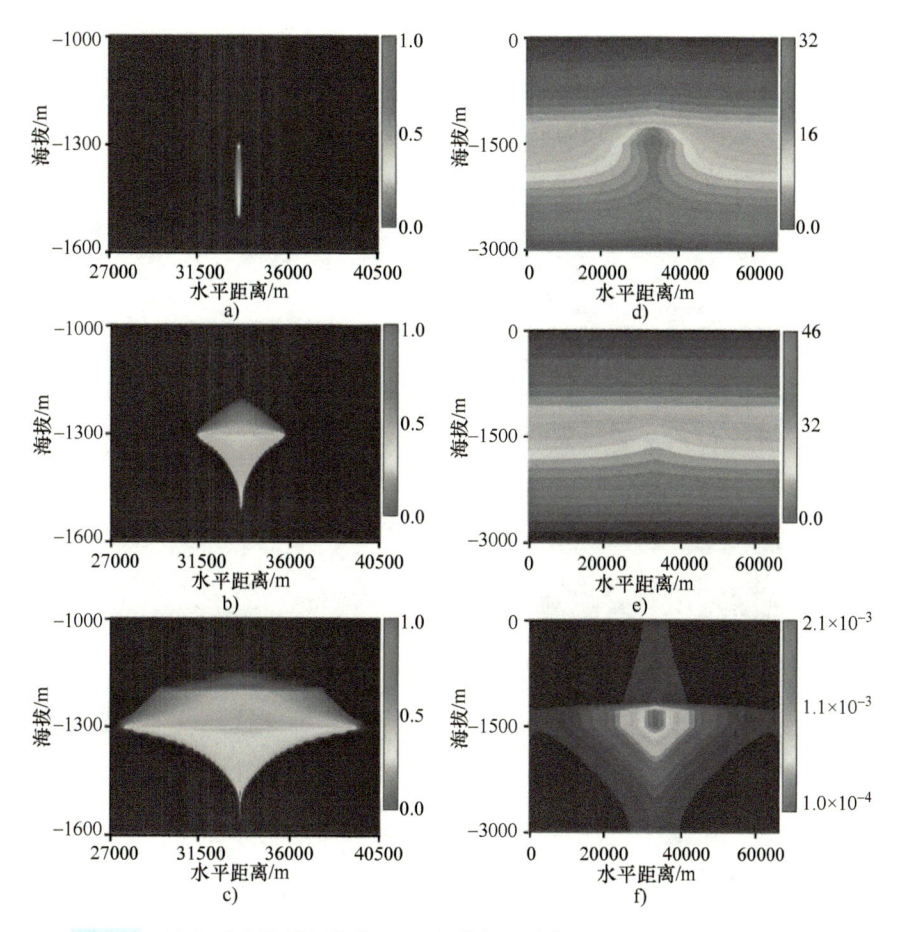

图 4-5 注入咸水层的超临界 CO_2 气体饱和度等值线剖面和地层应力分布

a) 注入 1 年的 CO_2 气体饱和度等值线剖面 b) 注入 10 年的 CO_2 气体饱和度等值线剖面
c) 注入 30 年的 CO_2 气体饱和度等值线剖面 d) 注入 10 年后的垂向孔隙压力等值线
e) 注入 10 年后的平均应力等值线 f) 注入 10 年后的体应变等值线

图 4-5d~f 为概念模型在第 10 年的垂向孔隙压力、平均应力和体应变的等值线图。根据等压、等应力曲线，可以计算出平均有效应力。模拟结果表明，孔隙压力的显著增大导致盖层和含水层的平均有效应力减小。有效应力的最大变化发生在盖层底部和基岩顶部。在注入点，经过 10 年的 CO_2 注入，平均有效应力降低了 5.6MPa。由于 CO_2 注入增加了平均应力，有效应力的变化小于孔隙压力的变化。压力主要沿盖层底部传播，压力、平均应力和体积应

变在注入点处达到峰值,并向周围扩散,但在 10 年之前没有突破盖层。此后,压力、平均应力、体积应变随着 CO_2 的持续注入,开始从中盖层向上盖层突破,直至 30 年。层状地层中平均应力的变化导致岩石的垂直膨胀。孔隙压力的增大会引起平均应力和体积应变的变化,该模型计算出了地层的体积应变变化。地层膨胀发生在含水层中,在注入 CO_2 30 年后的最大隆升量约为 1.2m。

2. 孔隙度和渗透率的影响

图 4-6 所示为在 30 年 CO_2 注入期间的压力诱导渗透率和孔隙度变化情况。地层渗透率的变化与压力和应力的增加成正比,孔隙度的变化与渗透率的变化成正比。渗透率变化最大的是含水层的顶边界。渗透率比为压力诱导渗透率与内在渗透率之比,孔隙度比为压力诱导孔隙度与原始孔隙度之比。在含水层顶边界附近,渗透率增加了约 3.3 倍。相应的,在含水层顶边界附近孔隙度增加了约 1.06 倍。渗透率与有效平均应力成正比。

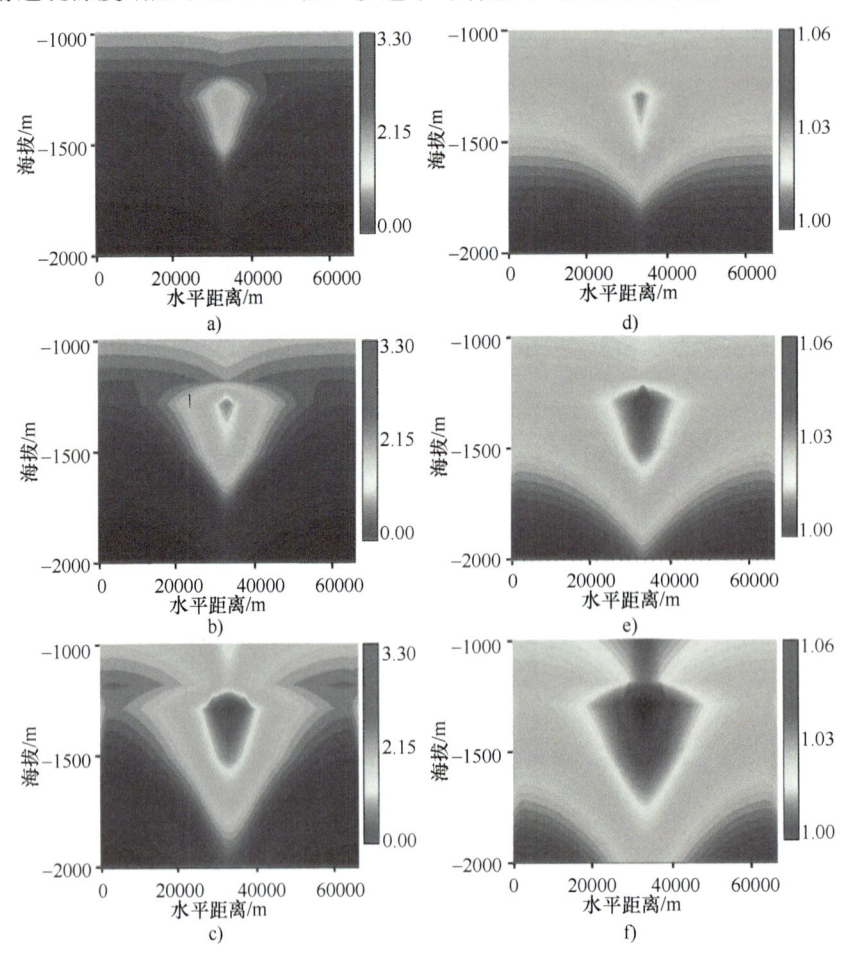

图 4-6 二氧化碳封存中渗透率和孔隙度的变化
a) 注入咸水层 3 年后的渗透率 b) 注入咸水层 10 年后的渗透率
c) 注入咸水层 30 年后的渗透率 d) 注入咸水层 3 年后的孔隙度
e) 注入咸水层 10 年后的孔隙度 f) 注入咸水层 30 年后的孔隙度

3. 相平衡与化学平衡

在长期封存时间内，水相中溶解的 CO_2 被含水层的水与岩石矿物的地球化学反应所消耗，尤其是碳酸盐矿物的溶解/沉淀。水中溶解的 CO_2 继续在水相中消耗，超临界 CO_2 继续溶解在水相中。在两相混合区域，CO_2 饱和度继续降低。靠近井筒的区域被两相混合物占据。图 4-7a~c 所示为 1 万年封存期 CO_2 含气饱和度的空间分布。可见，大部分 CO_2 聚集在中盖层下方。5000 年后，大部分超临界 CO_2 脱离盖层的屏障，渗透到上盖层中。此外，CO_2 的数量开始减少，同时一些 CO_2 继续向上移动。一万年后，由于化学反应，CO_2 气体饱和度降低到 0.1。

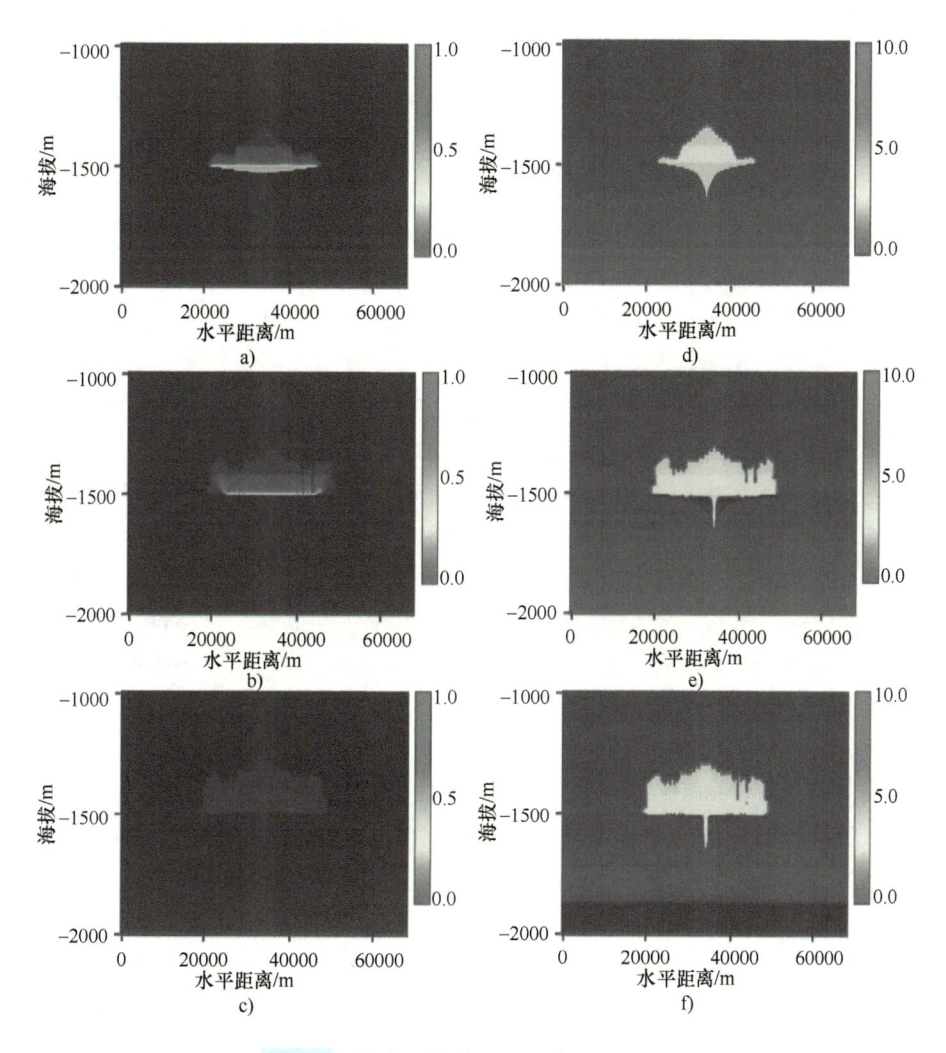

图 4-7 化学反应对二氧化碳封存的影响
a) 注入咸水层 500 年后的 CO_2 饱和度 b) 注入咸水层 5000 年后的 CO_2 饱和度
c) 注入咸水层 10000 年后的 CO_2 饱和度 d) 注入咸水层 500 年后的 pH 值变化
e) 注入咸水层 5000 年后的 pH 值变化 f) 注入咸水层 10000 年后的 pH 值变化

含水层水中游离相 CO_2 的溶解是由水与 CO_2 的地球化学反应引起的，该化学反应被认为是最快的反应，并被设定为平衡条件。它在水中生成 H^+、H_2CO_3、HCO_3^-、和 CO_3^{2-} 等化学物质。化学物质 H^+ 使水环境酸化，降低含盐含水层的 pH 值。自由相 CO_2 溶解后，两相混合物区域成为酸化区，pH 值小于 7.0。图 4-7d~f 所示为 1 万年 CO_2 封存期 pH 值的空间分布。经过 30 年的 CO_2 注入后，CO_2 气体羽流中的 pH 值为 4.8。在 CO_2 封存期间，CO_2 溶解酸化区域继续扩大，CO_2 向上移动。5000 年后，中盖层下已经消耗了一部分 CO_2 气体，中盖层下区域的 pH 值在 7.0 以上，并发生了明显的碱化。

4. 矿物溶解和沉淀

数值模型中存在 7 种原生岩石矿物和 6 种次生矿物。地层类型为砂岩，通常由大量石英、少量碳酸盐矿物、斜长石矿物和黏土矿物组成，成分较少。对于该模型中的地球化学组成，考虑了 CO_2 封存中最常见的矿物以方解石代表碳酸盐矿物，低聚石为斜长石矿物，绿泥石代表黏土矿物。结果表明，绿泥石和低晶长石作为原生矿物对 CO_2 在含水层中的永久封存起着重要作用，次生碳酸盐矿物如铁白云石和钠长石直接导致注入 CO_2 的矿物捕获，特别是长期封存。因此，钙镁石和铁白云石是注入 CO_2 捕集最重要的矿物。钙离子、二氧化铝离子和钠离子是二次硅酸盐和碳酸盐矿物捕获超临界 CO_2 的必需化学物质，它们是由低聚长石和绿泥石溶解释放的。

随着时间的延长，矿物封存作用逐渐占主导地位。在该模型中显示了岩石矿物中封存的 CO_2 的质量，以确定层状地层中 CO_2 矿化发生的位置。图 4-8a~f 展示了在咸水层中永久被困在矿物相中的二氧化碳量（即原生和次生碳酸盐矿物的沉淀）。随着时间的增加，酸化区永久困在矿物相的 CO_2 质量不断增加，在含水层和上盖层中，由于次生硅酸盐和碳酸盐矿物如铁白云石、钠长石和钠长石的沉淀，CO_2 质量达到最大值。新沉淀矿物主要存在于目标含水层 CO_2 羽流和上盖层中。与咸水层和上盖层相比，中盖层对 CO_2 的捕集作用不明显。中盖层中仅有少量盐水饱和，孔隙空间中有 CO_2 圈闭。在中盖层中，由于渗透率和孔隙度小，化学反应的可能性降低。此外，在长期封存期间，CO_2 向上盖层运移。上层岩石的矿物组成决定了超临界 CO_2 在地下的长期封存。很明显，CO_2 气体的成矿作用发生在上盖层底部。

图 4-8g 所示为结构封存、溶解封存和矿化封存三种机制封存的 CO_2 质量分数随时间变化。结构封存率在封存期开始时为 81.7%，随着时间的延长，化学反应占主导地位后，结构封存率逐渐降低至 54.96%。溶解封存率在贮存时间开始时达到最大值 18.34%。在 30 年的注入期内，压力迅速上升，水相 CO_2 分压随之增大，促使更多 CO_2 溶解到水相中。当注入停止时，长期封存期开始，压力积聚迅速释放。注入区周围总压开始降低，CO_2 分压随之降低。少量溶解的 CO_2 再次释放到气相中，并且有一定的溶解 CO_2 被矿化消耗，溶解封存的贡献下降到 9.98%，直到 10000 年。最后，矿化封存在长期封存时间中占主导地位。其中，矿化封存的比例在贮藏期的前 100 年缓慢增加，在封存期的前 1 万年急剧增加。在封存时间开始时，各种化学物质释放到水相中，打破了之前建立的化学平衡状态。当这些化学物质在水相中过饱和后，岩石矿物的交替就成为主导。当 CO_2 的供应足以满足酸化区的动力学反应时，达到了一个新的稳定状态，这时矿化封存的比例稳定地增加到 35%。图 4-8b 给出了三种机制贡献的定量视图。黑线下方区域代表矿物圈闭的贡献，黑线与蓝线中间区域代表溶解封存的贡献，顶部区域代表构造和残余封存的贡献。结果表明，在长期封存过程中，化学反应是最主要的封存机制。

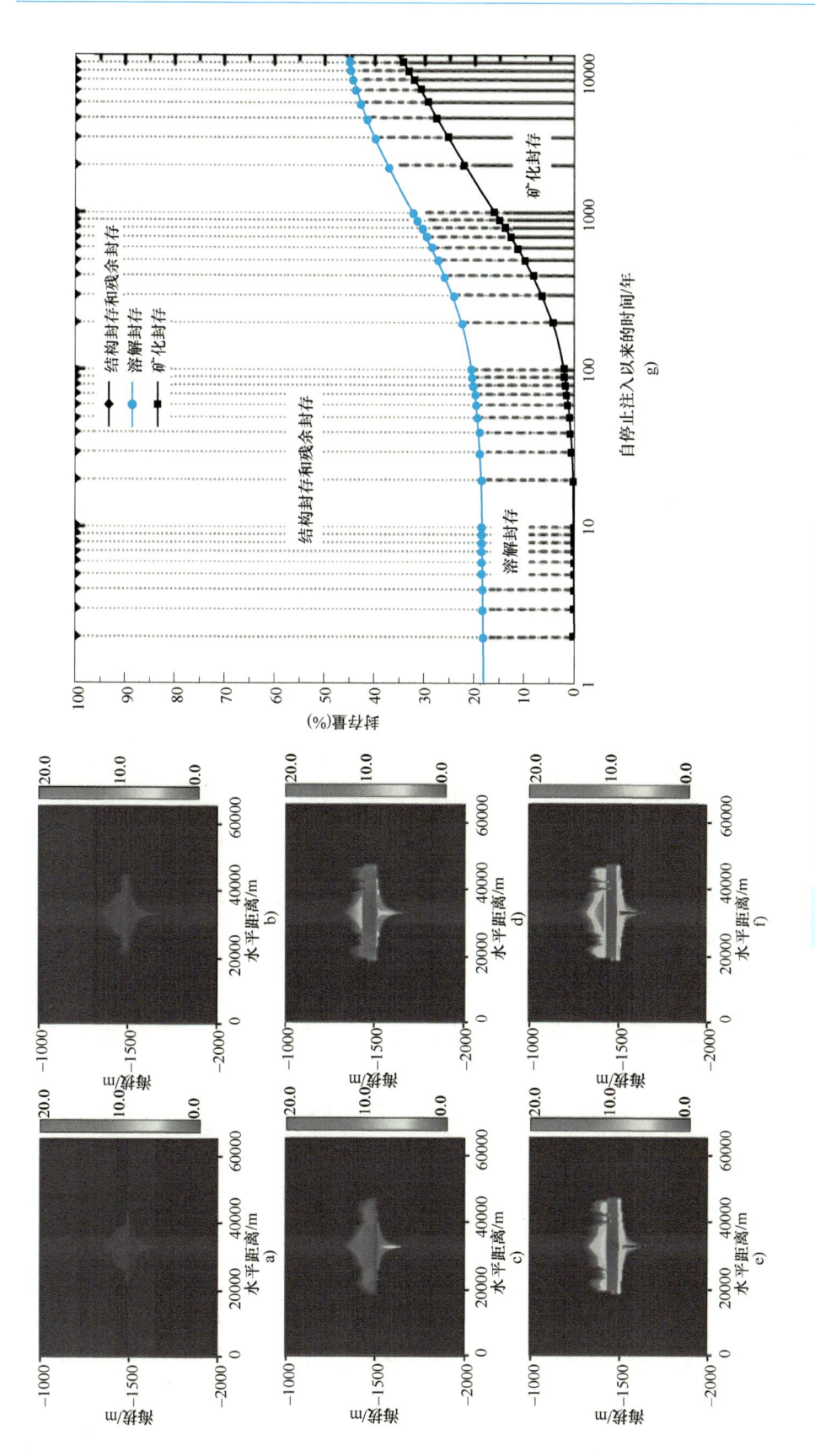

图 4-8 矿物溶解和沉淀对二氧化碳封存的影响

a) 注入咸水层 500 年后固存的 CO_2 b) 注入咸水层 1000 年后固存的 CO_2 c) 注入咸水层 3000 年后固存的 CO_2
d) 注入咸水层 5000 年后固存的 CO_2 e) 注入咸水层 8000 年后固存的 CO_2 f) 注入咸水层 10000 年后固存的 CO_2
g) 10000 年 CO_2 封存期间不同作用机制对 CO_2 封存的贡献

思 考 题

1. 简述二氧化碳地质封存数值模拟的主要作用。
2. 二氧化碳地址封存数值模拟的影响因素主要有哪些？
3. 数值模拟相对于实验具有哪些优点或缺点？
4. 请查阅相关资料，说明能够有效实现二氧化碳地质封存数值模拟的软件有哪些？

第5章 二氧化碳地质封存选址指标体系

> **学习要点**
> - 熟悉二氧化碳分别在不同储层中封存的基本选址原则和选址流程。
> - 掌握二氧化碳封存潜力的计算方法和封存场址的适宜性评价方法。
> - 结合场地的工程地质条件、封存潜力条件、社会经济条件,掌握目标靶区 CO_2 地质封存适宜性评估的方法。

在实现我国"双碳"目标的过程中,构建结构合理、层次分明、适应经济社会低碳发展的 CO_2 地质封存选址指标体系具有重要意义。相较欧美等发达国家已经成熟的 CO_2 地质封存体系,我国的 CO_2 地质封存选址的指标体系尚不完善。本章结合国内外已有研究成果和工程实践,分别从不同尺度考虑了 CO_2 在煤层、油气藏和深部咸水层三种地质封存类型中的封存选址流程、封存选址指标及目标靶区的适宜性评价指标,建立了完备的 CO_2 地质封存选址指标体系,为不同级别、不同尺度及不同类型储层的 CO_2 地质封存选址提供参考,为未来进一步寻找关键指标、优化指标体系以及开展实际应用奠定基础。

5.1 二氧化碳地质封存选址流程

5.1.1 煤层选址流程

煤层 CO_2 地质封存技术是指将一定量的 CO_2 注入煤层中,与煤层孔隙裂隙中的流体混合,经扩散、渗流后,通过竞争吸附、置换驱替煤层中的瓦斯气体,最终取代煤层中的 CH_4 分子,以吸附态、游离态赋存于煤层的孔隙裂隙中。将因能源消耗而产生的 CO_2 注入不可开采煤层中不仅可以减少温室气体的排放量,而且能够促进煤层气的解吸,增加 CH_4 的产量。

在煤系地层中,普遍存在因技术或经济原因而弃采的煤层,这是封存 CO_2 的一个潜在地质场所。煤层通常都伴生 CH_4，因为 CO_2 在煤体表面的被吸附概率约是 CH_4 的 2 倍，所以当 CO_2 被"偏爱"它的煤或有机物丰富的泥页岩吸附后，就开始置换 CH_4 类气体。在这种情况下，只要压力和温度保持稳定，CO_2 将长期处于被捕获状态，最终以吸附态、游离态赋存于煤层中。

图 5-1 为典型煤层 CO_2 封存示意图，主要包含注入和采出两大系统。首先，利用压缩机将捕集到的 CO_2 以超临界状态注入指定煤层并完成封存；然后，CO_2 与 CH_4 分子产生竞争吸附，CH_4 逐渐被 CO_2 驱替脱附；最后通过采出井将煤层气抽出，进行水气分离，从而实现 CO_2 的封存和煤层气的采收。

煤层 CO_2 封存技术相较于油气田封存和深部咸水层封存成本更低、操作环境更简单，同时可提高煤层气采出率，增加经济效益，符合国家绿色发展理念，因此，煤层 CO_2 封存或可成为我国 CO_2 封存的主要途径。煤层

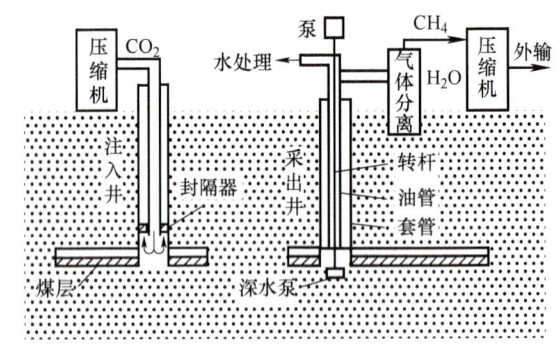

图 5-1 典型煤层 CO_2 封存示意图

CO_2 地质封存选址的核心是分析和评价某一特定区域（小至一口井的影响范围，大至整个盆地）是否适宜煤层 CO_2 地质封存的系统工作。在不同地区、针对不同的勘探对象，采用不同的方法进行评价，分析煤层 CO_2 地质封存的特点、规模和优劣序列等级，为整体封存方案部署、封存工程量测算以及效益分析等提供科学依据。

通常，在注入 CO_2 驱替煤层气的过程中，煤层总压力基本保持不变，但随着灌注 CO_2 的分压不断增大，CH_4 的分压则不断降低，相应灌注的 CO_2 不断被煤层吸附，而 CH_4 相继被 CO_2 置换并被驱替、渗流到采出井段周围，从而产出煤层气。由于注入 CO_2 并不会降低煤层压力，不存在煤层渗流压力下降的问题，从而能够有效地维持煤层的产能，不仅利于 CH_4 的产出，而且令煤层气的开采期得以延长。除温度升高或压力降低外，CO_2 将不会因解吸而重返大气环境。

1. 选址原则

只有将大量的 CO_2 长久封存于不可开采煤层中，并且不出现 CO_2 泄漏等安全和环境风险问题，才能真正起到减少温室气体向大气环境排放的作用。CO_2 泄漏进入到地下水或者土壤中，都会对灌注地区生态环境产生一定的影响。因此，煤层 CO_2 地质封存选址的基本原则就是要确保将 CO_2 大量、长久、安全地封存于不可开采的煤层中，并且尽量实现煤层气开采带来的经济附加值。基于该认识，初步确定煤层 CO_2 地质封存的选址原则主要包括以下几方面：

（1）安全原则　安全原则是煤层 CO_2 地质封存选址的首要原则。CO_2 注入煤层后，由于煤层对 CO_2 和甲烷的吸附能力不同，可能会引起煤层膨胀和多相耦合损伤，导致地质结构不稳定，从而引发 CO_2 泄漏。超临界 CO_2 的注入还可能削弱煤体的力学强度，影响煤层结构的稳定性。地球内部条件的变化、地质活动（如火山爆发、地震）以及人类工程活动也可能导致 CO_2 逸散。因此，在选址阶段，必须通过收集现有资料、综合地质调查、物理

勘探和钻探等手段，评估场地的地质条件，确保没有废弃井、裂缝或活断层等潜在的 CO_2 泄漏路径。

（2）经济原则　经济原则是现阶段煤层 CO_2 地质封存场地选址的基本原则。经济性主要体现在封存场地的 CO_2 封存能力、可获得的经济附加值以及封存成本等方面。封存能力取决于煤储层的质量、厚度、面积、埋深和渗透性等因素。在其他条件相似的情况下，封存能力强的场地单位 CO_2 封存成本较低，工程寿命更长。经济附加值主要指通过封存 CO_2 增加的煤层气产量，这取决于煤层气的储量、渗透率以及市场前景。封存成本与 CO_2 来源的距离、捕集成本、运输方式和场地基础设施等因素有关。选址时应综合考虑这些因素，选择最合适的封存场地。

（3）目标煤层为不可开采原则　不可开采性是煤层 CO_2 地质封存选址的重要原则。煤层 CO_2 地质封存的主要目的是将捕获的 CO_2 长期封存于煤层中，以减少温室气体向大气环境的排放。为避免封存其中的 CO_2 重新逸散到大气环境，要确保封存 CO_2 的煤层必须具有不可开采性。对于不可开采煤层，主要指煤系地层中普遍存在的因技术原因或经济原因而弃采的煤层，煤层有很大的 CO_2 封存潜力，且需要的费用低，能促进煤层气的开采，因此，煤层中封存 CO_2 的重点应放在不具有煤开采能力却具有甲烷开采能力的深煤层中。

2. 选址流程

煤层 CO_2 地质封存选址就是分析和评价某一特定区域的煤层是否适宜 CO_2 地质封存。煤层 CO_2 地质封存选址流程可按照从大到小、从粗到细的原则，分为盆地级选址、目标区级选址、场地级选址 3 个阶段，选址流程如图 5-2 所示。由于各阶段选址的评价规模、对象不同，评价的内容、要求和方法也有区别。在选址评价过程中，首先应针对有潜力的盆地开展有利区块的筛选，而后对优选区块进行封存场地选址。通过地质条件评价、封存量计算、安全与环境风险分析和经济分析等环节来完成。

煤层 CO_2 地质封存盆地级的选址工作首先要进行盆地规模的初选，盆地规模是 CO_2 地质封存潜力的决定性指标。盆地评价的重点是评价活断层间距、地震发生概率等工程地质条件指标，以及盖层封闭性、煤层气潜力和 CO_2 封存潜力等封存潜力条件特征指标。活断层间距越大、盖层封闭性越好、煤层气潜力及 CO_2 封存潜力越大、地震发生概率越小，越有利于 CO_2 封存。

目标区块评价是在盆地评价的基础上，对盆地内适宜 CO_2 地质封存的同一构造带的局部构造区块做进一步评价和分析预测的过程。通过对区块地质特征、分布规律等进一步认识，可以明确潜在的能够封存 CO_2 的不可开采煤层及地表、地下的范围。根据获得的采矿数据和煤岩特征参数（包括工业分析、元素分析和镜质组反射率等）评价适宜 CO_2 封存的煤层范围和标准。根据井下岩心的分析测试，确定煤层含气量、渗透率、等温吸附特征和含气饱和度等参数。如果条件具备，水文地质条件和煤层气历史产气情况也会加以评价。基于上述评价结果，选择储层条件好的煤层作为候选场地。

场地评价是在区块评价的基础上，进一步确定盖层的封闭性、煤层深度、煤层气潜力、CO_2 封存潜力等封存潜力条件特征指标、封存场地与周围 CO_2 源的匹配情况、CO_2 源的供给能力、煤层气资源及市场潜力，以及灌注地区的工程控制程度等社会经济特征指标，通过优

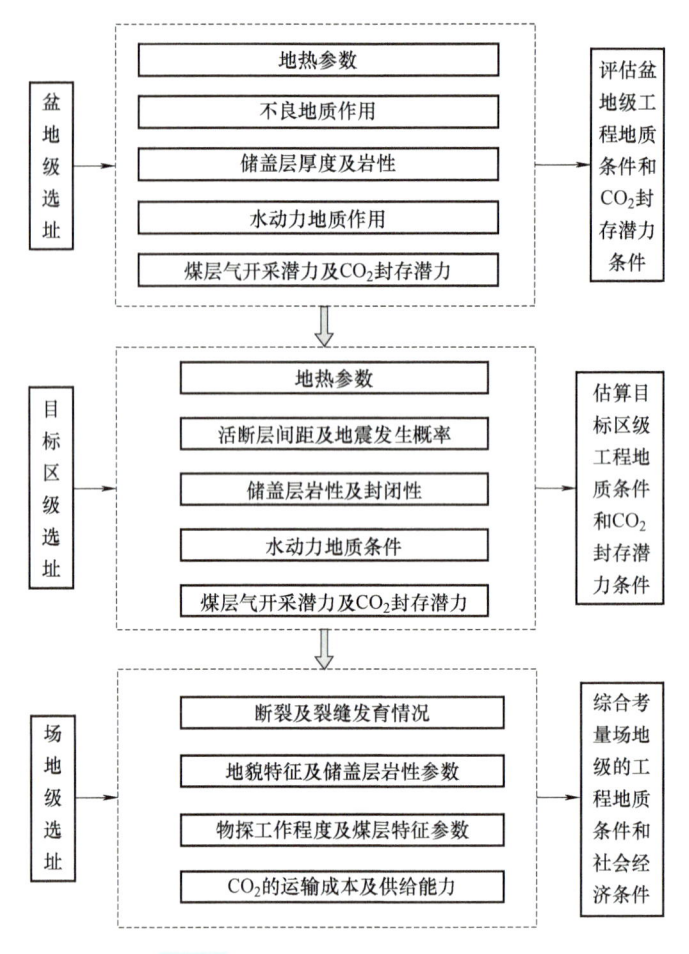

```
┌─────┐    ┌──────────────────────┐         ┌──────┐
│     │    │      地热参数         │         │评估盆 │
│盆   │    ├──────────────────────┤         │地级工 │
│地   │    │     不良地质作用      │         │程地质 │
│级   │───▶├──────────────────────┤────────▶│条件和 │
│选   │    │   储盖层厚度及岩性    │         │$CO_2$│
│址   │    ├──────────────────────┤         │封存潜 │
│     │    │     水动力地质作用    │         │力条件 │
│     │    ├──────────────────────┤         │       │
│     │    │煤层气开采潜力及$CO_2$封存潜力│  │       │
└─────┘    └──────────────────────┘         └──────┘
                       │
                       ▼
┌─────┐    ┌──────────────────────┐         ┌──────┐
│     │    │      地热参数         │         │估算目 │
│目   │    ├──────────────────────┤         │标区级 │
│标   │    │ 活断层间距及地震发生概率│        │工程地 │
│区   │───▶├──────────────────────┤────────▶│质条件 │
│级   │    │   储盖层岩性及封闭性  │         │和$CO_2$│
│选   │    ├──────────────────────┤         │封存潜 │
│址   │    │    水动力地质条件     │         │力条件 │
│     │    ├──────────────────────┤         │       │
│     │    │煤层气开采潜力及$CO_2$封存潜力│  │       │
└─────┘    └──────────────────────┘         └──────┘

┌─────┐    ┌──────────────────────┐         ┌──────┐
│     │    │   断裂及裂缝发育情况  │         │综合考 │
│场   │    ├──────────────────────┤         │量场地 │
│地   │    │ 地貌特征及储盖层岩性参数│       │级的工 │
│级   │───▶├──────────────────────┤────────▶│程地质 │
│选   │    │ 物探工作程度及煤层特征参数│     │条件和 │
│址   │    ├──────────────────────┤         │社会经 │
│     │    │ $CO_2$的运输成本及供给能力│     │济条件 │
└─────┘    └──────────────────────┘         └──────┘
```

图 5-2 煤层二氧化碳封存选址流程

选场地钻探、储盖层岩心采集、测试实验、井中物探、地质模型修正和数值模拟等工作，重点研究场地的可灌注性、实际封存量和封存工程使用年限等问题。

在场地级评价过程中，除考虑活断层间距、地质灾害易发性、储层沉积相、地形地势等工程地质条件特征指标外，还需考虑的封存潜力条件特征指标有盖层封闭性、煤层深度、煤层渗透率、物探程度、煤层气潜力等 CO_2 封存潜力指标等，并且需结合井的生产时间、CO_2 供给能力、CO_2 源的距离、CO_2 捕获成本、CO_2 运输成本、煤层气管线长度、用户需求等社会经济条件特征指标。活断层间距越大，煤层深度越大，盖层封闭性越好，煤层气潜力越大，CO_2 封存潜力越大，煤层渗透率越大，井的生产时间越长，CO_2 供给能力越大，用户需求量越大，CO_2 源的距离越近，CO_2 捕获成本越小，CO_2 运输成本越小，物探程度越高，越有利于 CO_2 封存。

5.1.2 油气藏选址流程

油气成藏的地质条件和历史演化过程决定了油气藏具有良好的地质圈闭和储盖层组合，向地下油气藏注入流体，增加地下流体压力，提高油气采收率的助采技术已经被广泛应用于油气开采行业，CO_2 替代常规注入流体驱替油气的技术提高了油气采收率的同时也降低了 CO_2 地质封存的成本。其基本原理是向油气储层注入 CO_2 来降低油的黏度和界面张力，进而推动地下油气向井口运移。CO_2 的注入可以弥补油气开采造成的储层压力下降，替换孔隙中的油气，在增加油气采收率的同时封存 CO_2。

2021 年，中国石油在 CCUS-EOR 项目中注入的 CO_2 量达 56.7 万 t，产油量达 20 万 t。目前中国石油已启动松辽盆地 300 万 t CCUS 重大示范工程，部署在大庆油田、吉林油田、长庆油田、新疆油田 4 个油田开展"四大工程示范"，在辽河油田、冀东油田、大港油田、华北油田、吐哈油田、南方勘探区开展"六个先导试验"，预计 2025 年注入 CO_2 的量可达 500 万 t，产油量达 150 万 t，为推动实现"双碳"目标做出新的贡献。

然而并不是所有的油气藏都适宜 CO_2 地质封存，以浅层油气藏为例，虽然具有良好的地质圈闭和储盖层组合，但由于油气藏深度不够，不能保证封存的 CO_2 为超临界状态，泄漏风险大，故不适宜作为 CO_2 封存地。同时，某些深部油气藏的地质圈闭和储盖层组合以及油气藏深度均适合 CO_2 地质封存，但不一定适合 CO_2 驱油（如在原油较重，最小混相压较高，CO_2 与油不能混相的情况下），或 CO_2 驱油不是最佳的开发选择（如在油气藏渗透率相对较高，水驱或化学驱也能有效采油的情况下）等。

油气藏是封存 CO_2 的一个极佳选择，是成熟的封存技术之一。根据是否利用 CO_2 提高石油采收率，油气藏封存 CO_2 一般可以分为两种情况。一种为枯竭的油气田封存，是指将 CO_2 以超临界流体的存在形式直接注入油气藏中。油气田长时间封闭油气，一般都具有良好的封闭性，数万年甚至百万年里油气都未泄漏表明油气藏中封存 CO_2 具有很好的安全性与封存潜力。利用原有的油田技术设施也会对降低 CO_2 的封存成本与再建设成本，并不需要再勘探减少了人力成本。另一种为 CO_2 驱油技术（CO_2-EOR 技术）。在提取原油或燃气的过程中，为提高采收率，会将流体注入下层的油气藏中。将 CO_2 变为超临界流体的形式代替其他流体直接注入已开采的油气田中，CO_2 在高压条件下驱动原油的流动，促使原油流向井口，其中 CO_2 封存于未能开采的原油与地下水体中。这种方式不仅提高了油气的采收率，也将 CO_2 封存在了油气田中。这两种 CO_2 封存的方式都称为油气藏封存 CO_2 技术。

CO_2-EOR（图 5-3）是 CCUS 领域里相对成熟、应用较广的技术，主要通过 CO_2 混相驱、CO_2 非混相驱等技术提高石油的采收率。目前油田经历一次、二次采油后仍有 2/3 地质储量的原油以小油滴的形式孤立存在于储层的孔隙中形成"困油"，或以薄膜形式存在于岩石颗粒表面，形成剩余油，由此可见 CO_2-EOR 应用前景广阔。

在一定温度和压力条件下，CO_2 与原油的界面张力接近零时，CO_2 会"溶解"在原油中，与原油混合形成一相。CO_2 与原油混相后，不仅能够萃取原油中的轻质烃，而且能形成 CO_2 和轻质烃混合的油带。在 CO_2 驱油过程中，油带的形成和移动可有效地提高驱油效率，大幅度提高石油采收率。CO_2 混相驱条件下，CO_2 驱提高石油采收率一般能在 7% 以上。

受温度和压力条件的制约，CO_2 与原油的界面张力较大时，虽然部分 CO_2 仍旧可以"溶解"在原油中，但 CO_2 与原油不能混合形成一相，而是作为一个独立的液相或气相，在该条件下，CO_2 驱提高石油采收率一般在 5% 以下。

1. 选址原则

在选择油气藏作为 CO_2 地质封存的地点时，必须首先确保其满足 CO_2 地质封存的基本

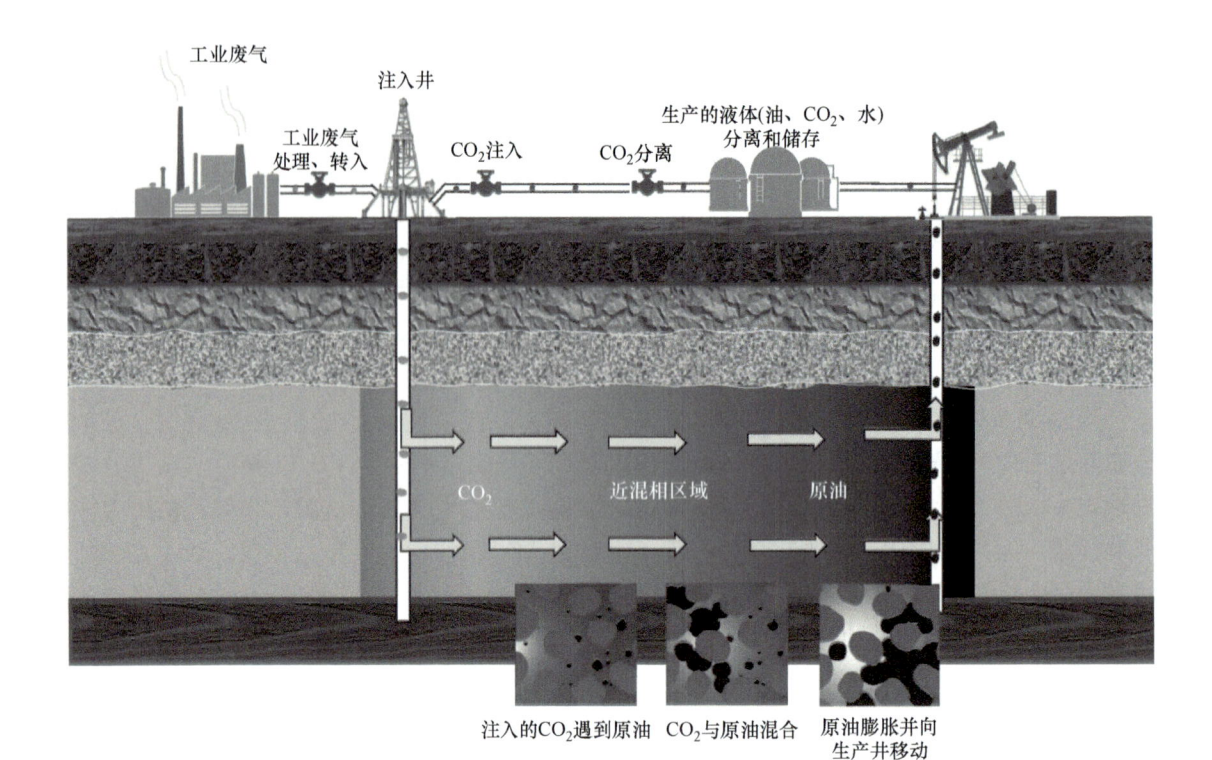

图 5-3　CO_2 混相驱提高石油采收率示意图

条件，包括地质结构稳定、缺乏活动断层、远离地震带和活火山区域。地质体需要具备封闭的地质结构和储盖层组合，以确保 CO_2 的封存。封存储层的深度需超过 800m，以维持 CO_2 的超临界状态。储层的面积、厚度、孔隙度和渗透率等参数，必须能够满足预定的 CO_2 封存量和注入需求。同时，盖层必须稳固、孔隙度低、渗透率低，以防止 CO_2 的渗透和扩散；盖层不应有任何可能导致 CO_2 泄漏的裂缝、断层或废弃井。此外，考虑到石油和天然气作为不可再生资源的稀缺性和不可替代性，以及油气藏开发的特定规律，油气藏 CO_2 地质封存的选址还需要遵循以下原则：

（1）安全性原则　确保油气藏 CO_2 地质封存的长期安全可靠性是选址的首要考虑。此项要求目标油气藏地质结构稳定、地质封闭结构完整连续、远离地震带和活火山区域。同时，油气藏的储盖层组合必须良好且连续，封存区域内不存在任何可能导致 CO_2 泄漏的贯通性断层和裂缝。油气藏在开采和注入 CO_2 后，储盖层的某些性质可能会发生变化，可能导致原有断层重新活化或盖层渗透率增大，增加 CO_2 泄漏的风险。因此，有效防止 CO_2 逸散是确保油气藏 CO_2 安全封存的关键。

（2）经济性原则　经济性是确保油气藏规模化 CO_2 地质封存和长期实施的前提，也是当前 CO_2 地质封存的基本原则。在实现 CO_2 地质封存的同时，能够获得一定的经济回报，是相当经济合理的方式。因此，在选择油气藏进行 CO_2 封存时，应确保目标油气藏的石油采收率高、单位原油采出成本低、CO_2 提高采收率工程可持续实施，从而确保在 CO_2 地质封存的同时获得较佳的经济效益。此外，CO_2 捕集成本、CO_2 源汇匹配和 CO_2 封存运输方式也是影响经济性的重要因素，在选址过程中应综合评估。

(3) CO_2 封存与资源开发统一原则　油藏 CO_2 地质封存与 CO_2 提高采收率之间既有共性也有差异。共性在于两者都需要将 CO_2 注入油藏储层；差异在于两者的目的不同，前者关注 CO_2 的注入量和封存量，后者关注提高油气采收程度。在评估油气藏 CO_2 地质封存的潜力和适宜性时，应同时考虑 CO_2 提高石油采收率的潜力。目标油气藏应具备大的 CO_2 封存潜力、良好的适应性、低的单位 CO_2 地质封存成本和长期的封存工程实施时间。

2. 选址流程

对于油气藏 CO_2 地质封存选址，应首先考虑地质圈闭和储盖层组合等地质因素，按照由大到小、由粗到细循序渐进的原则，针对不同的勘探和评价对象，采用不同的评价技术方案，评选出最佳油气藏 CO_2 地质封存场地。油气藏 CO_2 地质封存选址也是在地质勘探的基础上，按照油气藏 CO_2 地质封存的要求，优选出 CO_2 地质封存场地的过程。因此，应结合地质条件与资源状况、各选址阶段的勘探程度等因素综合评价 CO_2 在油气藏地质封存的适宜性。

油气藏 CO_2 地质封存选址阶段包括：区域勘探评价阶段、圈闭预探评价阶段和油气藏评价阶段，在每个阶段还可划分出若干个亚阶段。各阶段的勘探评价规模、对象不同，评价的内容、要求和方法也有区别。经过区域、盆地、区带、圈闭及油气藏等的逐级勘探评估，分析不同阶段油气藏 CO_2 封存的特点、规模和优劣。同时对 CO_2 封存潜力、适宜性、提高采收率潜力、工程可行性和安全性等进行评估，通过打分排序，从中优选出 CO_2 封存目标油气藏，制定油气藏 CO_2 地质封存工程实施方案（图5-4）。具体油气藏 CO_2 地质封存选址流程展开如下：

(1) 规划地质勘探阶段　规划地质勘探阶段是指从盆地的石油地质调查开始到优选出有利油气区带的全过程。该阶段可划分为两个亚阶段：一是，对一个较大区域的多个盆地进行早期评价和优选的区域勘探亚阶段；二是，对单一盆地（或坳陷、凹陷）进行评价和分析的盆地勘探亚阶段。

以盆地或盆地内次级构造单元（如坳陷、凹陷）等为勘探对象，进行野外石油地质调查和遥感地质调查，选择性地进行非地震物化探和地震概查、普查，开展盆地评价，进行探井钻探，了解区域构造、烃源岩和储盖层组合等基本石油地质情况，优选有利含油气盆地或凹陷，最终圈定出有利含油气区带。

通过区域勘探资料和数据可以确定 CO_2 封存地质构造，评价盆地级 CO_2 地质封存潜力，以及含油气盆地的油气资源总量和提高油气采收率的潜力。

(2) 工程地质勘探阶段　工程地质勘探阶段是指从区域勘探优选出的有利含油气区带进行圈闭准备开始，到圈闭钻探获得工业油气流的全过程。该阶段可划分为两个亚阶段：一是，以发现圈闭为主的区带勘探亚阶段；二是，以发现油气藏为主的圈闭勘探亚阶段。以有利含油气区带等为勘探对象，进行地震普查、详查及其他必要的物化探，查明圈闭及其分布，开展圈闭评价，优选有利的含油气圈闭，进行预探井钻探，基本查明局部构造、储层和盖层等情况，发现油气田，并初步了解油气田的地质特征。

通过本阶段工作，在含油气圈闭评价优选的基础上，确定 CO_2 地质封存的优选油气圈

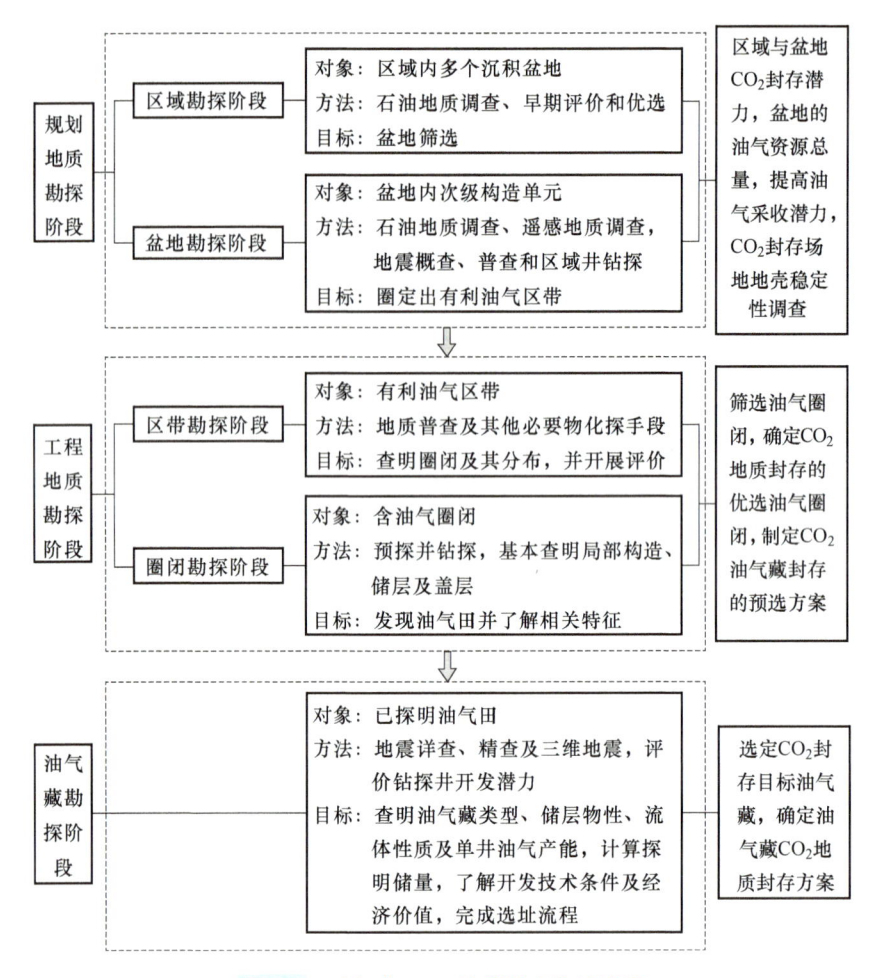

```
┌─────────┬──────────────┬─────────────────────────────────────────┐  ┌──────────────┐
│         │              │ 对象：区域内多个沉积盆地                │  │ 区域与盆地   │
│         │ 区域勘探阶段 │ 方法：石油地质调查、早期评价和优选      │  │ CO₂封存潜    │
│ 规划    │              │ 目标：盆地筛选                          │  │ 力，盆地的   │
│ 地质    ├──────────────┼─────────────────────────────────────────┤  │ 油气资源总   │
│ 勘探    │              │ 对象：盆地内次级构造单元                │  │ 量，提高油   │
│ 阶段    │ 盆地勘探阶段 │ 方法：石油地质调查、遥感地质调查，      │  │ 气采收潜力， │
│         │              │       地震概查、普查和区域井钻探        │  │ CO₂封存场    │
│         │              │ 目标：圈定出有利油气区带                │  │ 地地壳稳定   │
│         │              │                                         │  │ 性调查       │
└─────────┴──────────────┴─────────────────────────────────────────┘  └──────────────┘
                                        ↓
┌─────────┬──────────────┬─────────────────────────────────────────┐  ┌──────────────┐
│         │              │ 对象：有利油气区带                      │  │ 筛选油气圈   │
│         │ 区带勘探阶段 │ 方法：地质普查及其他必要物化探手段      │  │ 闭，确定CO₂  │
│ 工程    │              │ 目标：查明圈闭及其分布，并开展评价      │  │ 地质封存的   │
│ 地质    ├──────────────┼─────────────────────────────────────────┤  │ 优选油气圈   │
│ 勘探    │              │ 对象：含油气圈闭                        │  │ 闭，制定CO₂  │
│ 阶段    │ 圈闭勘探阶段 │ 方法：预探井钻探，基本查明局部构造、    │  │ 油气藏封存   │
│         │              │       储层及盖层                        │  │ 的预选方案   │
│         │              │ 目标：发现油气田并了解相关特征          │  │              │
└─────────┴──────────────┴─────────────────────────────────────────┘  └──────────────┘
                                        ↓
┌─────────┬─────────────────────────────────────────────────────────┐  ┌──────────────┐
│         │ 对象：已探明油田                                        │  │ 选定CO₂封    │
│ 油气    │ 方法：地震详查、精查及三维地震，评                      │  │ 存目标油气   │
│ 藏勘    │       价钻探井开发潜力                                  │  │ 藏，确定油   │
│ 探阶    │ 目标：查明油气藏类型、储层物性、流                      │  │ 气藏CO₂地    │
│ 段      │       体性质及单井油气产能，计算探                      │  │ 质封存方案   │
│         │       明储量，了解开发技术条件及经                      │  │              │
│         │       济价值，完成选址流程                              │  │              │
└─────────┴─────────────────────────────────────────────────────────┘  └──────────────┘
```

图 5-4 油气藏 CO_2 地质封存选址流程

闭，结合预探井钻探对局部构造和油气田特征进行深入研究，制定油气藏 CO_2 地质封存初步方案。

（3）油气藏勘探阶段　油气藏勘探阶段是指从圈闭预探获得工业油气流以后，到探明油气田的全过程。对已发现的油气田等勘探对象，进一步补做必要的地震详查、精查或三维地震勘查，开展油气藏评价，进行评价井钻探，详细查明局部构造、断层、储层和盖层等的形态与变化，进而查明油气藏类型、储层物性、流体性质及单井油气产能，探明并计算储量，了解开采技术条件和开发经济价值，完成油气藏 CO_2 封存选址。

通过油气藏勘探评价阶段工作，油气藏地质构造明确，储盖层组合清晰，油气藏类型、储层物性、流体性质等各项参数及分布可以确定，在确定油气藏储量或提高采收率潜力的同时，可以明确 CO_2 地质封存潜力，确定油气藏 CO_2 地质封存方案。

5.1.3　咸水层选址流程

在地下深部分布有大量的含卤水地层，这些含卤水地层是很好的封存 CO_2 的场所。注入深部地层的 CO_2 在多孔介质中扩散，驱替地层水，在发生一系列物理和化学作用后被封存于地下。咸水层封存是指通过工程技术手段将主要来自于工业领域大型排放源捕集的 CO_2 注入至适宜咸水层中,以实现其与大气长期隔绝的目的。适宜咸水层赋存深度一般在 800m 以下,矿化度一般为 3~50g/L。超临界 CO_2 在浮力作用下聚集在盖层底部,逐步充满整个储层空间,部分溶解在地层水中与离子、矿物等反应最终实现长期封存。

咸水层 CO_2 地质封存机理可以分为包括构造地层静态封存、束缚气封存和水动力封存的物理封存模式和包括溶解封存和矿化封存的化学封存模式。物理封存主要是通过水动力封存实现,当 CO_2 被注入深部储层中,部分 CO_2 将溶解于地层水中,并以溶解态的方式通过分子扩散、分散和对流进行运移,极低的地层水运移速率确保了 CO_2 在地层中的长期(地质时间尺度)封存。化学封存主要通过碳酸盐矿化和碳酸盐岩溶解实现,注入的 CO_2 与储层岩石发生缓慢的化学反应,形成碳酸盐矿物(碎屑岩储层)或 HCO_3^- 离子(碳酸盐岩储层)从而把 CO_2 封存下来。

相较于 CO_2 煤层封存和油气藏封存,深部咸水层分布广、面积大,是更有潜力的 CO_2 地质封存方式。据中国地质调查局统计,我国 CO_2 总封存潜力可达万亿 t 规模,其中咸水层封存量占 98% 以上, CO_2 咸水层封存是实现"负碳化"的关键技术手段。

CO_2 咸水层封存示意如图 5-5 所示。咸水层 CO_2 封存技术充分利用了 CO_2 的超临界性质, CO_2 在超临界状态(即温度不低于 31.1℃,压力不小于 7.38MPa)下会转变为一种超临界的流体,此时的 CO_2 具有像液体一样的高密度(约为大气压下密度的 80~400 倍)和像气体一样的流动性,能够在地层中大量迅速地运移并占据地层的孔隙或裂隙空间。CO_2 的超临界性质使咸水层有少量的孔隙便能封存相当规模的 CO_2,对我国 CCUS 潜力评价有着重要意义。

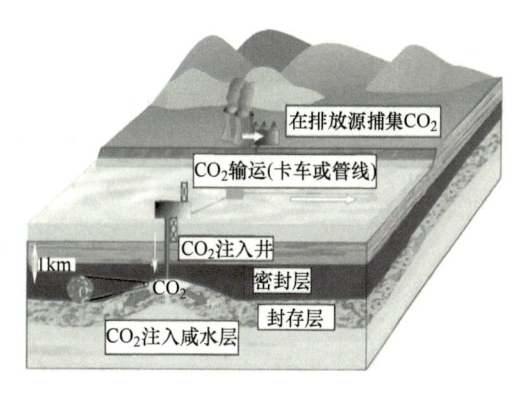

图 5-5 CO_2 咸水层封存示意

1. 选址原则

深部咸水层 CO_2 地质封存的成功实施,关键在于确保 CO_2 以超临界流体状态稳定封存于地下。选择合适的封存地点时,需综合考虑多个因素:封存区域应地质结构稳定,不易发生地质灾害,减少气体泄漏风险;储层需具备高孔隙度和渗透率,以及足够的厚度以满足封存需求;同时,上方应有密封性强的盖层,避免地质缺陷如裂缝、断裂或废弃井等导致 CO_2 泄漏。理想的封存地点应具备良好的 CO_2 灌注能力和稳固的盖层,确保 CO_2 安全封存超过千年,同时地面工程不受地表地质活动影响,源汇匹配合理,成本效益高,并符合当地发展规划、法律法规和环保要求。

(1)安全原则 安全原则是深部咸水层 CO_2 地质封存选址的首要原则。在选址过程中,需要进行全面的地质资料搜集、遥感调查、综合地质勘探、地球物理探测、钻井作业、灌注测试和环境监测,以评估场地的地震历史、断裂活动性、地壳稳定性及盖层密封性能,排查潜在的 CO_2 泄漏路径。此外,还需确认储层上方是否存在可供利用的地下水层,以及与水源补给区、地表水体、居民区和其他敏感区域的相对位置和距离,确保选址不会因地质问题引发局部风险。

（2）经济原则　经济原则是深部咸水层CO_2地质封存选址的基本原则。选址应寻求技术与经济方案的平衡，以较低的投资和资源消耗实现CO_2地质封存。在选址过程中，需详细调查CO_2排放源的位置和规模、基础设施状况、征地和建设成本，以及运输方案，以制定最具经济效益的选址策略。

（3）有效性原则　有效性原则是深部咸水层CO_2地质封存选址的重要原则。咸水层封存通常要求CO_2以超临界状态储存于地下，因为通常情况下到达地表以下800m（依照地表15℃，地温梯度2.5℃/100m、地层压力系数为1.0推算得出）即CO_2的超临界点（即温度不低于31.1℃，压力不小于7.38MPa）时，才能保持CO_2储存的稳定性和安全性。同时，在封存点附近必须有可供进行大规模CO_2封存的优质储层，储层之上必须有稳定的、区域性的盖层（或隔水层），以防止CO_2的直接泄漏。超临界CO_2在浮力作用下聚集在盖层底部，逐步充满整个储层空间，部分溶解在地层水中与离子、矿物等反应最终实现长期封存。

2. 选址流程

深部咸水层CO_2地质封存工程选址基本思路是基于从盆地、圈闭、注入层评价循序渐进开展选址工作。深部咸水层CO_2地质封存选址可划分为规划选址和工程选址两大阶段。规划选址包括区域级、盆地级和目标区级潜力评价阶段；工程选址旨在通过综合地质调查、钻探及灌注试验和选定场地多因子排序综合评价（具体化分情况见表5-1），最终比选出最好的工程场址。咸水层CO_2封存选址流程如图5-6所示。

表5-1　我国CO_2地质封存潜力与适宜性评价工作阶段划分

工作阶段	研究对象	潜力级别	目的、任务
区域级	沉积盆地	预测潜力	评选出适宜CO_2地质封存的盆地
盆地级	盆地一级构造单元	推定潜力	评选出盆地中CO_2地质封存远景区
目标区级	盆地圈闭级构造单元	控制潜力	在圈闭内优选出封存目标靶区
场地级	封存场地	基础封存量	指导灌溉工程的设计
灌注区级	地质封存工程场地	工程封存量	结合监测数据，对场地灌注量和环境风险进行评估

（1）规划选址　区域级预测潜力评价以单个沉积盆地为单元，评价整个盆地CO_2地质封存潜力，即预测潜力。对全国沉积盆地进行CO_2地质封存适宜性评价，淘汰部分不适宜CO_2地质封存的沉积盆地，选择出可供下一阶段继续研究的适宜CO_2地质封存的沉积盆地。

盆地级推定潜力评价以盆地一或二级构造单元为研究和评价对象，计算各盆地一或二级构造单元CO_2地质封存潜力，即推定潜力。对各盆地一或二级构造单元进行CO_2地质封存适宜性评价，评价出CO_2地质封存远景区，为宏观CO_2地质封存的选择提供依据。

目标区级控制潜力评价以圈闭为研究和评价对象，通过圈闭CO_2地质封存适宜性评价，优选出CO_2地质封存目标靶区，计算目标靶区CO_2地质封存潜力，即控制潜力，为CO_2地质封存提供一批目标靶区。

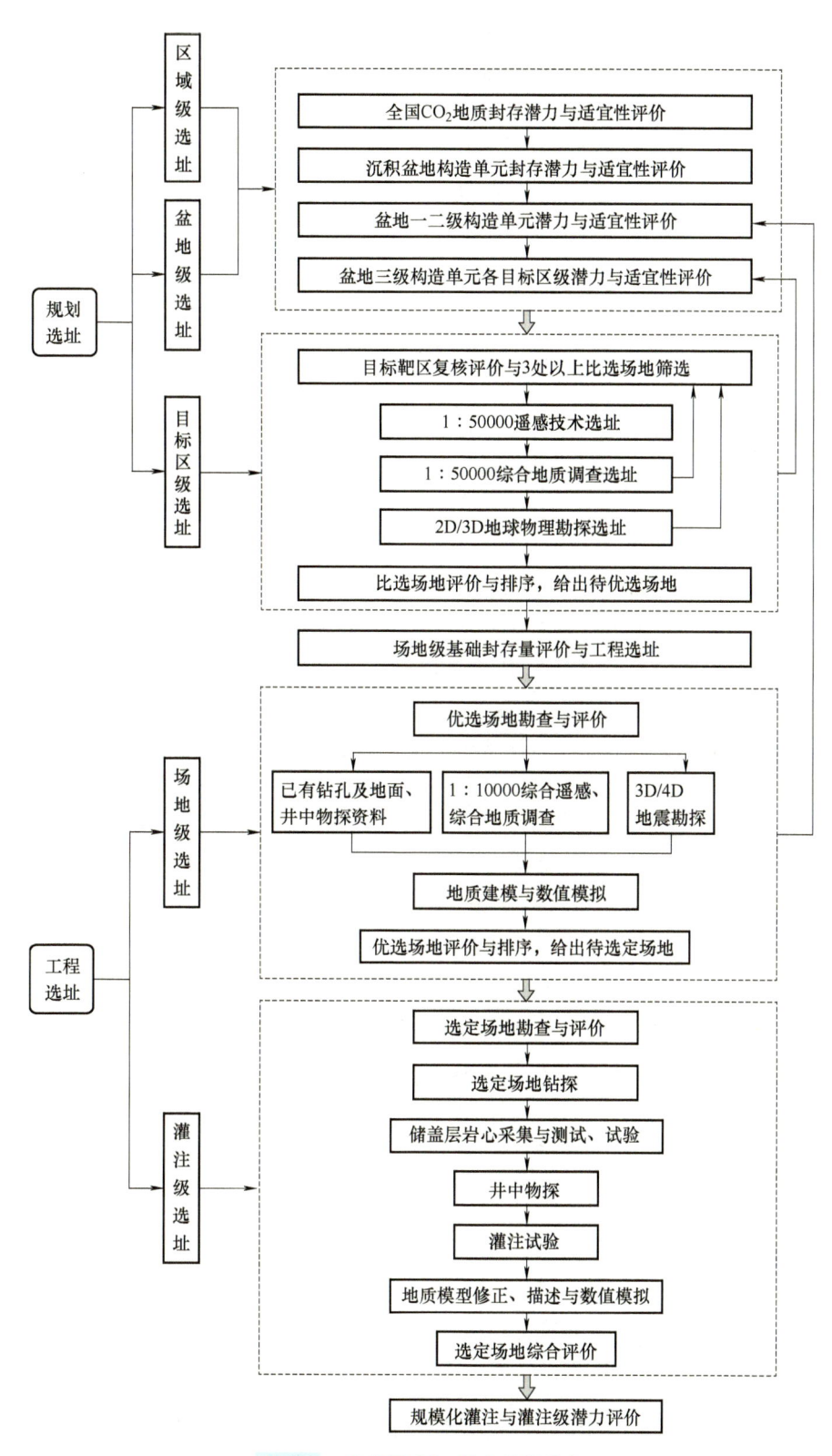

图 5-6 咸水层 CO_2 封存选址流程

然后，对所筛选出的3处以上靶区场地而展开进一步比选。进一步比选阶段地质工作相当于地质矿产和地下水水源地勘查的普查阶段，各比选场地调查面积依封存规模而定，宜大不宜小。

进一步比选阶段地质工作以3处以上靶区场地为研究对象，首先在已有区域地质资料的基础上，通过靶区场地已有钻孔、地球物理、储盖层和流体特征等资料的搜集，重点对800~3500m深度区间各地质时代形成的储盖层进行概化，确定、分析和描述各评价指标。进而按照"先遥感，再地面地质调查，最后物探"的工作程序，依次开展：①1∶5万遥感技术选址；②1∶5万综合地质调查选址；③二维或三维地球物理勘探选址。如果这一过程依次分别得出"可选"的结论，各项选址工作亦依次正常进行。若该过程分别得出了"不可选"的结论，则须对目标靶区进行复核评价，重新确定靶区场地，重复上一过程。最后依据新获得的地质资料对3处以上靶区场地进行综合评价和排序，给出1处以上待优选的场地。如果不能给出待优选的场地，则返回目标靶区确定阶段。因此，沉积盆地内CO_2地质封存目标靶区的确定是至关重要的。

（2）工程选址　根据CO_2地质封存场地选址标准，进一步筛选出最佳CO_2地质封存场地。通过场地综合地质调查、地震地球物理勘探、钻探与灌注试验、动态监测、室内物理模拟与数值模拟，查明场地CO_2地质封存地质条件，计算场地级CO_2地质封存量，即场地级基础封存量，制定合理的CO_2灌注方案，为CO_2灌注工程施工设计提供依据。

1）场地级工程勘探。场地级工程勘探阶段的工作对象是上一阶段确定的1处以上待优选的靶区，相当于地质矿产和地下水水源地勘查的详查阶段，工作精度进一步细化，初步确定待优选场地地质调查控制面积。目的是通过对场地已有资料深入分析，结合遥感、综合地质调查、三维/四维地震地球物理勘探，进一步查明场地地质构造、活动断裂、地壳稳定性、地质灾害、社会经济、气象水文、矿产资源和储盖层岩性及其物性参数等，深入研究待优选靶区CO_2地质封存地质条件，通过地质建模和数值模拟，计算有效封存量，最后将待优选的靶区进行综合评价和排序，确定出目标靶区场地。

2）灌注区级工程勘探。选定场地勘探工作相当于地质矿产和地下水水源地勘查的勘探阶段，工作手段以地球物理勘探、钻探、岩心样品采集与测试试验、CO_2环境背景值监测、CO_2灌注试验、灌注期动态监测和数值模拟为主。通过优选场地钻探、储盖层岩心采集、测试与试验、井中物探、CO_2地质封存灌注试验、地质模型修正及数值模拟等工作，重点考量选定场地的可灌注性、使用年限等关键技术环节。

钻探及灌注试验场结束后，应详细说明选定场地的综合地质条件，评价选定场地CO_2可灌注量、安全及环境影响、经济合理性等。如具备规模化CO_2地质封存条件，则转入工程性实际灌注，选址结束。

5.2　二氧化碳地质封存选址指标

在CO_2封存潜力评价过程中，往往根据不同的技术经济条件，将CO_2地质封存量分为不同的级别，为了表明不同级别封存量之间的关联与差别，建立了如图5-7所示的CO_2地质封存潜力评价金字塔模型。由图 5-7 可知，在该模型中，主要包括理论封存量、有效封存量、实际封存量与匹配封存量 4 种级别。

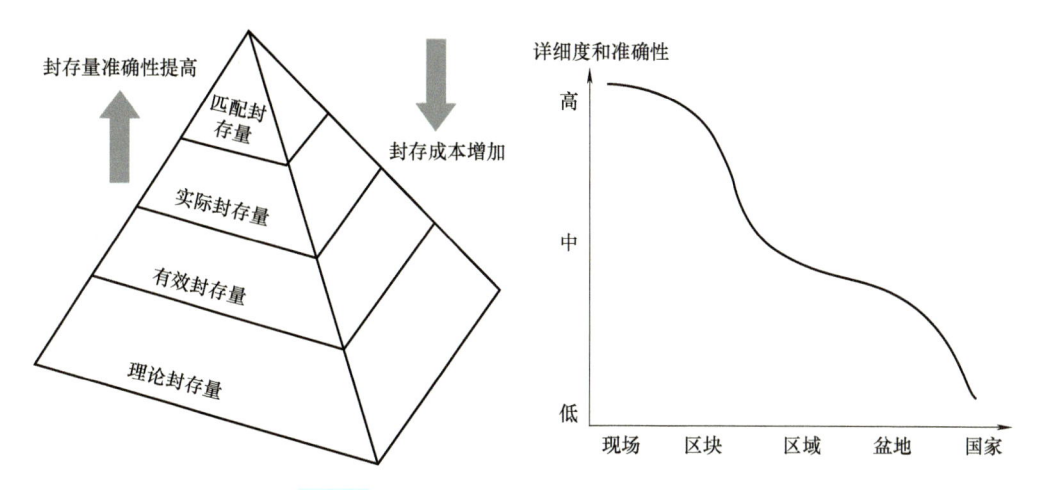

图 5-7　CO_2 地质封存潜力评价金字塔模型

理论封存量是指煤层能封存 CO_2 的极限值，即 CO_2 在煤层中以吸附、游离及溶解等方式的封存量都达到了 100%；有效封存量是指在考虑物理可行性的基础上，在一定的经济、技术及地质条件下，CO_2 能在煤层中达到的封存量；实际封存量考虑了技术经济、法律法规及基础设施等条件的限制，在该条件下可达到的 CO_2 封存量即为实际封存量，该封存量评价会因经济发展、技术进步、法律法规变动等因素而发生改变；匹配封存量考虑了 CO_2 封存地与 CO_2 排放源之间的匹配关系，从封存地址、运输条件及封存能力等方面做了补充调整。金字塔模型从下至上呈子集包含关系，封存成本依次增加，而从下至上的封存量评价准确性依次提升。在工程实践中，注入 CO_2 强化 CH_4 开采的同时封存 CO_2 技术仍不成熟，目前的 CO_2 封存量仍处于评价阶段，研究过程中只需考虑理论封存量和有效封存量。

5.2.1　煤层 CO_2 地质封存选址指标

煤层 CO_2 地质封存选址指标可以分为煤层 CO_2 封存潜力评价指标和煤层 CO_2 封存场址地质适宜性指标两部分，最终结合实际要求选定 CO_2 煤层地质封存场地。

煤层 CO_2 封存地质适宜性指标同样从盆地级、目标区级、场地级和灌注级 4 个角度展开评价，分别考虑各分级的工程地质评价指标、封存潜力评价指标和社会经济评价指标。其中，工程地质条件指标将地热参数、不良地质作用、储盖层岩性、水动力地质作用等作为主要评价指标；封存潜力的评价指标则主要考虑储盖层空间展布及构造、煤层气资源潜力、二氧化碳封存潜力、灌注井工作状况等评价指标；社会经济指标考虑人口密度、土地利用状况、CO_2 供给能力、封存成本及用户需求量等指标。最终综合评价研究区的封存适宜性状态。

1. 煤层 CO_2 理论封存量评估

在 CO_2-ECBM 过程中，CO_2 的封存方式通常有溶解封存、矿化封存、游离封存及吸附封存等4类。溶解封存是指注入煤层的CO_2与地层水不断接触，之后CO_2与水分子相互结合，使CO_2溶于水中形成水溶液的一种封存方式；矿化封存是指CO_2酸性水溶液中的碳酸根阴离子和钙离子或其他矿物成分的阳离子发生反应，并逐渐在煤层内堆积沉淀的一种封存方式。溶解封存与矿化封存的作用形式缓慢，并且这两种封存方式在整体封存量中的占比相对较小，难以量化统计，因此，可以忽略溶解封存与矿化封存在评价CO_2理论封存量中的影响。综上所述，在评价CO_2理论封存量过程中，仅考虑游离封存与吸附封存。

CH_4开采过程包括常规开采与CO_2强化开采两部分，在评价理论封存量时，需要包括常规开采后的CO_2封存量，还要包括CH_4、CO_2吸附竞争后可以吸附的CO_2封存量及游离的CO_2封存量。

对于不可采煤层，有效容积与煤层特有的吸附机制密切相关。US-DOE利用极限吸附空间作为有效容积，提出了不可采煤层CO_2封存潜力的计算方法，即

$$S_{CO_2} = \alpha \rho_{CO_2} \sum_{i=1}^{68} \sum_{j=1}^{10} G_i \frac{C_{ij}}{C_i} RF_{ij} ER_{ij} \tag{5-1}$$

式中 S_{CO_2}——CO_2的封存量（kg）；

α——表征可采煤层气区面积占煤层总分布面积的比例（理论上无论是可采煤层气还是不可采煤层气的煤层均可封存CO_2，因此，该公式在潜力初步评估时将评估深度的煤认为均是可采煤层气的）；

ρ_{CO_2}——标准压力和温度条件下的CO_2密度（kg/m^3），ρ_{CO_2} = 1.977kg/m^3；

G_i——第i评价区内的煤层气资源量（m^3）；

C_i——第i评价区内的煤炭资源量（t）；

C_{ij}——第i评价区内第j种煤阶的煤炭资源量（t）；

RF_{ij}——第i评价区第j种煤阶中利用CO_2-ECBM技术煤层气的可采气系数；

ER_{ij}——第i评论区第j阶煤的CO_2/CH_4置换比例。

利用常规煤层气开采技术，RF在0.4~0.6之间，若采用ECBM技术，理论上可达1。根据我国部分煤层气试井数据，计算得我国煤层气的RF平均值为0.35，变化区间为0.089~0.745。利用CO_2-ECBM技术，RF可达0.77~0.95。RF是煤阶的函数，随煤阶的增加而降低。不同煤阶CO_2-ECBM中煤层气的可开采系数见表5-2。

表5-2 煤阶与煤层气的可开采系数RF和CO_2/CH_4置换比ER的关系

煤阶	j	RF	ER
褐煤	1	1.00	10.0
不黏煤	2	0.67	10.0
弱黏煤	3	1.00	10.0
长焰煤	4	1.00	6.0
气煤	5	0.61	3.0
肥煤	6	0.55	1.5
焦煤	7	0.50	1.0

(续)

煤阶	j	RF	ER
瘦煤	8	0.50	1.0
贫煤	9	0.50	1.0
无烟煤	10	0.50	1.0

在 CO_2/CH_4 置换比研究中，不同学者得出的置换比有所差异，叶建平的研究表明沁水盆地 CO_2/CH_4 置换比约为 1.96。姜凯等在研究中表明，埋深在 1000～1500m 煤层中的 CO_2/CH_4 置换比为 2.4，而埋深在 1500～2000m 煤层中的 CO_2/CH_4 置换比为 2.2。刘延锋认为煤阶与置换比之间呈负相关的关系，置换比随着煤阶的升高从 10 减小到 1，不同煤阶与 CO_2/CH_4 置换比之间的关系见表 5-2。Reeves 认为置换比与煤级间存在函数关系，其通过大量研究将该函数关系表示为

$$\begin{cases} ER = 2.5738 C_R^{-1.5649} \\ R^2 = 0.9766 \end{cases} \tag{5-2}$$

式中　ER——CO_2/CH_4 置换比；

　　　C_R——煤阶，可用反射率表示；

　　　R^2——拟合优度，即回归直线对观测值的拟合程度。

2. 煤层 CO_2 有效封存量评估

CO_2 地质封存量计算是封存潜力评价的主要任务之一，CO_2 地质封存量与封存方式密切相关。地质体中，CO_2 存在多种封存方式，包括吸附封存、构造圈闭封存、溶解封存、矿化封存和残留气封存等。碳封存领导人论坛（Carbon Sequestration Leaders Forum，简称为 CSLF）将 CO_2 地质封存方式分为物理封存和化学封存，其中吸附封存、构造圈闭封存和残留气封存属于物理封存，溶解封存和矿化封存属于化学封存，不同封存地质体中主要封存方式存在差异，CO_2 封存量的计算方法也因此不同。CO_2 在深部煤层气中封存量的计算方法包括以下 4 种：

1）碳封存领导人论坛（CSLF）的计算方法为

$$M_{CO_2} = P_{PGI} \rho_g ER \tag{5-3}$$

式中　M_{CO_2}——CO_2 封存量（kg）；

　　　ρ_g——CO_2 密度（kg/m³）；

　　　P_{PGI}——煤层可产气量（m³），P_{PGI} = 煤储层体积×煤密度×甲烷含量×完成率×可采气系数。

2）美国能源部（DOE）的计算方法为

$$M_{CO_2} = \rho_g A_{coal} h (V_a + V_f) E \tag{5-4}$$

式中　A_{coal}——目标煤层面积（m²）；

　　　h——目标煤层厚度（m）；

　　　V_a——单位体积煤的 CO_2 吸附量（g/kg）；

　　　V_f——单位体积煤中 CO_2 游离量（g/kg）；

E——CO_2 储层的有效因子，包括煤中 CO_2 封存的适用性、吸附能力、浮力特征、运移能力、饱和吸附量等。

3）采用不同封存类型总和的计算方法为

$$M_{CO_2} = M_V + M_W + M_{ads} + M_a \qquad (5\text{-}5)$$

式中　M_V——煤层中游离态 CO_2 质量（kg）；

M_W——煤层中溶解态 CO_2 质量（kg）；

M_{ads}——目标区煤的剩余探明地质储量中总的 CO_2 吸附量（kg）；

M_a——目标区煤的新增探明地质储量中的 CO_2 吸附量（kg）。

4）简化的 CSLF 计算方法为

$$M_{CO_2} = 0.1 \rho_g G RF \cdot ER \qquad (5\text{-}6)$$

式中　G——煤层气资源量（m³）；

RF——煤层气可采气系数。

3. CO_2 煤层地质适宜性评价指标

盆地级工程地质条件指标，宜包括地热流值、地温梯度、地表温度、活动断裂的发育情况、火山发育区、距火山区距离、地震动峰值加速度、历史地震、距地震区距离、盖层岩性、储层岩性、水动力作用、活断层间距、地震发生概率等指标；封存潜力条件指标，宜包括构造单元面积、沉积地层厚度、盖层、储层、勘探程度、数据支持情况、资源潜力、单位面积封存潜力、煤层气潜力、二氧化碳封存潜力等指标。具体指标分级条件参照附录 C 表 C-1。

目标区级工程地质条件指标，宜包括地热流值、地温梯度、地表温度、活动断裂的发育情况、地震动峰值加速度、历史地震、盖层岩性、盖层断裂发育、储层岩性、储层沉积相、水动力作用、地质灾害易发性、不良地质作用、活断层间距等指标；封存潜力条件指标，宜包括盖层、储层、储盖组合数量、封存潜力、单位面积封存潜力、煤层厚度、煤层气潜力、二氧化碳封存潜力等指标。具体指标分级条件可参照附录 C 表 C-2。

场地级工程地质条件指标，宜包括地热流值、地温梯度、地表温度、活动断裂的发育情况、断裂和裂缝的发育情况、地震动峰值加速度、历史地震、地貌类型、地势、地形坡度、盖层岩性、盖层断裂发育、储层岩性、储层沉积相、储层压力系数、水动力作用、与采煤塌陷区距离、主导风向、地质灾害易发性、不良地质作用、活断层间距等指标；封存潜力条件指标，宜包括盖层、储层、储盖组合数量、地层水矿化度、封存潜力、单位面积封存潜力、使用年限、物探工作程度、煤层深度、煤层气潜力、二氧化碳封存潜力、煤层渗透率等指标。具体指标分级条件可参照附录 C 表 C-3。

灌注级工程地质条件指标，宜包括地温梯度、地表温度、地貌类型、地势、地形坡度、盖层岩性、盖层断裂发育、储层岩性、储层沉积相、储层压力系数、主导风向等指标；封存潜力条件指标，宜包括盖层、储层、储盖组合数量、封存潜力、单位面积封存潜力、使用年限、有效封存系数、灌注指数、灌注井作业压力、灌注井灌注量、灌注井灌注速率等指标。具体指标分级条件可参照附录 C 表 C-4。

社会经济条件指标，宜包括人口密度、土地利用现状、碳源密度、与居民点距离、公众认可程度与法规、是否符合城市发展规划、是否在保护区、植被状况（如重点保护区、植被覆盖率）、碳源规模、运输方式、捕获成本、碳源距离、运输成本、供给能力、井的生产时间、煤层气运输管线长度、用户需求量等指标。

5.2.2 油气藏 CO_2 地质封存选址指标

CO_2-EOR 是指将 CO_2 注入油藏，利用其与原油的物理化学作用，使原油和油藏性质发生变化，实现提高原油采收率和封存 CO_2 双重目的的工业过程，是 CCUS 最受瞩目的方向之一。超临界状态的 CO_2 具有较强的溶解性和萃取能力，因此，能够对原油起到降黏、膨胀扩容作用。油田二次开采后，由于毛细作用，原油会部分残留在岩石缝隙间，采用 CO_2 驱替可使原油黏度降低、体积膨胀，从而改善原油流动性，提高原油采收率，增加原油产量。

油气藏 CO_2 地质封存选址指标可以细分为油气藏 CO_2 封存潜力评价指标和油气藏 CO_2 封存场址地质适宜性指标两部分，最终结合实际需求选定 CO_2 油气藏地质封存场地。

油气藏 CO_2 封存潜力评价指标，因地域差异和研究阶段不同，产生以下几种较权威的评价方法：美国能源部（US-DOE）评价方法、碳封存领导人论坛（CSLF）评价方法、美国地质调查局（USGS）评价方法及中国石油勘探开发研究院和中国石油大学（北京）（RIPED&CUP）评价方法等。上述评价方法比较见表 5-3。

表 5-3 US-DOE、CSLF、USGS、RIPED&CUP 评价方法比较

评价方法	理论依据	封存机理	封存效率	优点	缺点
US-DOE	体积平衡理论	地质构造封存、束缚空间封存	基于地层岩性	简单快捷	估算结果波动较大
CSLF	物质平衡理论	地质构造封存、束缚空间封存	基于现场操作或数值模拟	评估结果与资源储备金字塔一致	忽略了溶解封存机理
USGS	体积平衡理论	地质构造封存、束缚空间封存	基于岩石渗透率的分类	技术上可获得的封存量评估效果良好	估算结果波动较大
RIPED&CUP	物质平衡理论	地质构造封存、束缚空间封存、溶解封存	基于现场操作或数值模拟	考虑了采注水问题和 CO_2 在地层中的溶解问题	各阶段原油采收率不易确定

油气藏 CO_2 封存地质适宜性指标同样从盆地级、目标区级、场地级和灌注级 4 个角度展开评价，分别考虑各分级的工程地质评价指标、封存潜力评价指标和社会经济评价指标。其中，工程地质条件指标将不良地质作用、地热参数、储盖层岩性、水动力地质作用等作为封存适宜性主要评价依据；封存潜力评价指标则主要考虑构造盆地背景、储盖层空间分布及构造、油气开采潜力、原油储存性质、二氧化碳封存潜力、灌注井工作概况等评价指标；社会经济指标考虑人口密度、土地利用状况、碳源密度、封存成本、地下水概况及补给距离等指标。最终综合评价研究区的封存适宜性状态。

1. 油气藏 CO_2 封存潜力评估

目前 CO_2 在油气藏中理论封存量的计算方法主要是以物质平衡方程为基础建立起来

的。其假设条件是已采出的油气所让出的空间都可用于 CO_2 的封存。国外学者在大量研究基础上提出了利用 CO_2 驱油的封存量计算公式,该公式包含 CO_2 突破前和突破后两种状态。中国油田大多是采用注水开发且多含水层,国内学者在参考国外的研究基础上结合中国油藏开发特点以及 CO_2 在油藏中的封存机理,提出考虑溶解问题的理论封存量计算方法。

(1) 已衰竭油气藏的理论封存量计算方法 美国能源部(US-DOE)、欧盟(EC)及碳封存领导人论坛等部门和组织中的相关人员对 CO_2 在已衰竭油藏的理论封存潜力计算方法进行了深入探讨。通过比较分析,在基本的假设条件为 CO_2 被注入衰竭油藏中直到储层压力恢复到原始储层压力,即油气的采出所让出的空间都用于 CO_2 的封存,封存量具体计算公式为

$$M_{CO_2} = \rho_{CO_2r}(E_R N B_o - V_{iw} + V_{pw}) \tag{5-7}$$

或

$$M_{CO_2} = \rho_{CO_2r}\left[E_R \frac{Ah\varphi}{10^6} \times (1-S_w) - V_{iw} + V_{pw}\right] \tag{5-8}$$

式中 M_{CO_2}——CO_2 在油藏中的理论封存量(t),取 10^6 t;

ρ_{CO_2r}——CO_2 在油藏条件下的密度(kg/m³);

N——原油的储量(m³),N 取 10^9 m³;

E_R——原油采收率(%);

B_o——原油体积系数(m³/m³);

A——油藏面积(km²);

h——油藏厚度(m);

φ——油藏孔隙度(%);

S_w——油藏束缚水饱和度(%);

V_{iw}——注入油藏的水量(m³),取 10^9 m³;

V_{pw}——从油藏中产出的水量(m³),取 10^9 m³。

考虑 CO_2 在水和原油中的溶解问题,则有

$$M_{CO_2} = \rho_{CO_2r}\left\{E_R \frac{Ah\varphi}{10^6}(1-S_w) - V_{iw} + V_{pw} + C_{ws}\left[\frac{Ah\varphi}{10^6}(1-S_w) - V_{iw} + V_{pw}\right] + \left[C_{os}(1-E_R)\frac{Ah\varphi}{10^6}(1-S_w)\right]\right\} \tag{5-9}$$

式中 C_{ws}——CO_2 在水中的溶解系数;

C_{os}——CO_2 在原油中的溶解系数。

(2) 注入 CO_2 提高石油采收率油气藏的理论封存量计算方法 理论封存量假设是 CO_2 注入使得地层压力恢复到原始压力状态,CO_2 完全占据了采出原油的空间,并且部分溶解于地层水以及原油之中。美国多年 CO_2 驱采油经验表明,注入的 CO_2 约40%被采出,因此,基于以上情况,建立 CO_2 突破前后封存量的计算公式。

1）美国能源部（US-DOE）评价方法。美国能源部方法是基于体积平衡理论对 CO_2 封存潜力进行估算，计算公式为

$$M_{CO_2} = \rho_{CO_2r} \times Ah\varphi(1-S_{wi}) \times BE \tag{5-10}$$

式中　M_{CO_2}——油藏中 CO_2 的理论封存量（t），取 10^6 t；

　　　ρ_{CO_2r}——CO_2 在油藏条件下的密度（kg/m³）；

　　　A——油藏面积（m²）；

　　　h——油藏厚度（m）；

　　　φ——油藏孔隙度（%）；

　　　S_{wi}——油藏束缚水饱和度（%）；

　　　B——储层流体体积系数；

　　　E——CO_2 封存效率因子。

应用式（5-10）进行 CO_2 封存潜力估算的关键是 CO_2 封存效率因子 E 的确定，其反映了已从中产生石油并可由 CO_2 填充的总储层孔隙体积的比例，包括原始石油储量和采收率，可根据经验或数值模拟得出。此外，式（5-10）未考虑 CO_2 在石油中的混溶性、CO_2 在采出水和注入水中的溶解、原油开采和 CO_2 注入过程中的滞后效应等因素影响。

2）碳封存领导人论坛（CSLF）评价方法。以物质平衡理论为基础，对不同油藏的 CO_2 封存能力进行评价，该方法中 CO_2 理论封存量为

$$M_{CO_2} = \rho_{CO_2r}\left(R_f \frac{OOIP}{B} - V_{iw} + V_{pw}\right) \tag{5-11}$$

若基于油藏数据库中给出的储层几何形状（面积范围和厚度）进行计算，则上式可变化为

$$M_{CO_2} = \rho_{CO_2r}\left[R_f Ah\varphi(1-S_{wi}) - V_{iw} + V_{pw}\right] \tag{5-12}$$

式中　OOIP——原始石油地质储量（m³）；

　　　R_f——原油采收率；

　　　V_{iw}——注入水体积（m³）；

　　　V_{pw}——采出水体积（m³）。

考虑到储层特征，如浮力、重力超覆、流动性、非均质性、含水饱和度及地下含水层强度等因素影响时，CO_2 实际封存量会减少，式（5-12）可进一步通过封存系数（$C<1$）表示为

$$M_{CO_2e} = C_m C_b C_h C_w C_a M_{CO_2} = C_e M_{CO_2} \tag{5-13}$$

式中　M_{CO_2e}——油藏中 CO_2 有效封存量（t），取 10^6 t；

　　　C_m——流度造成影响的封存系数；

　　　C_b——浮力造成影响的封存系数；

　　　C_h——非均质性造成影响的封存系数；

　　　C_w——含水饱和度造成影响的封存系数；

　　　C_a——地下含水层强度造成影响的封存系数；

　　　C_e——各因素综合影响的有效封存系数。

3）美国地质勘探局（USGS）评价方法。USGS 方法是基于蒙托卡洛法的概率评价方法，也是依靠体积平衡理论对 CO_2 封存潜力进行估算。该方法估算技术上可获得的封存量，即可以封存在油藏储层孔隙体积中的 CO_2 质量，主要考虑地质构造封存和束缚空间封存 2 种机理，其计算公式为

$$TA_{SR} = (R_{SV} + B_{SV})\rho_r(CO_2)$$

其中，

$$\begin{cases} SF_{PV} = A_{SF}T_{PI}\varphi_{PI} \\ B_{SV} = B_{PV}B_{SE} \\ R_{SV} = (SF_{PV} - B_{PV})R_{SE} \end{cases} \quad (5\text{-}14)$$

式中　SF_{PV}——储层孔隙体积（m^3）；

　　　A_{SF}——储层平均面积（m^2）；

　　　T_{PI}——孔隙层（孔隙度为 8% 或更高的储层）厚度（m）；

　　　φ_{PI}——孔隙层的平均孔隙度（%）；

　　　B_{SV}——通过地质构造封存机理封存的 CO_2 体积（m^3）；

　　　B_{PV}——可用于地质构造封存的孔隙体积（m^3）；

　　　B_{SE}——地质构造封存效率；

　　　R_{SV}——通过束缚空间封存机理封存的 CO_2 体积（m^3）；

　　　R_{SE}——束缚空间封存效率；

　　　TA_{SR}——技术上可获得的 CO_2 封存量（t），取 10^6 t。

可以看到，地质构造封存和束缚空间封存所得 CO_2 封存量是分开计算的，这是受地质不确定性和封存效率的影响。一般情况下，地质构造封存效率为 10%~60%，束缚空间封存基于岩石类别，介于 1%~15%。

4）中国石油勘探开发研究院和中国石油大学（北京）（RIPED&CUP）评价方法。前述方法均未考虑溶解封存机理对 CO_2 封存量的影响，但我国油藏大多数为高含水油藏，溶解封存机理不可忽略。因此，RIPED&CUP 评价方法在 CSLF 评价方法基础上考虑了注采水问题和 CO_2 在地层流体中的溶解问题，使其更适合于国家级、盆地级、区域级、目标区级、封存地点级的封存潜力计算。

潜力计算公式如下：

二氧化碳突破前

$$M_{CO_2} = \frac{\rho_{CO_2r}}{10^9} \cdot [R_{fb}Ah\varphi(1-S_{wi}) - V_{iw} + V_{pw} + C_{ws}(Ah\varphi S_{wi} + V_{iw} - V_{pw}) + C_{os}(1-R_{fb})Ah\varphi(1-S_{wi})] \quad (5\text{-}15)$$

二氧化碳突破后

$$M_{CO_2} = \frac{\rho_{CO_2r}}{10^9}[(0.4R_{fb} + 0.6R_{fh})Ah\varphi(1-S_{wi}) - V_{iw} + V_{pw} + C_{ws}(Ah\varphi S_{wi} + V_{iw} - V_{pw}) + C_{os}(1-0.4R_{fb} - 0.6R_{fh})Ah\varphi(1-S_{wi})] \quad (5\text{-}16)$$

式中　M_{CO_2}——油藏中 CO_2 理论封存量（t），取 10^6t；
　　　ρ_{CO_2r}——CO_2 在油藏条件下的密度（kg/m³）；
　　　A——油藏面积（m²）；
　　　h——油藏厚度（m）；
　　　φ——油藏孔隙度（%）；
　　　S_{wi}——油藏束缚水饱和度（%）；
　　　R_{fb}——CO_2 突破前的原油采收率；
　　　R_{fh}——CO_2 突破后的原油采收率；
　　　C_{ws}——CO_2 在水中的溶解系数；
　　　C_{os}——CO_2 在油中的溶解系数。

RIPED&CUP 评价方法只对 CSLF 评价方法中的理论封存量做了修正，有效封存量仍按照原方法计算。RIPED&CUP 评价方法在 CSLF 评价方法的基础上考虑了 CO_2 在地层流体中的溶解问题，修正后的公式更贴近我国油田的实际状况。在利用以上公式计算时，确定原油采收率是关键步骤，一般通过现场经验或数值模拟获得。

2. CO_2 油气藏地质适宜性评价指标

盆地级工程地质条件指标，宜包括构造背景、断裂和裂缝发育、断裂封闭性、是否地震带、水文地质条件、地热流值、地表温度、活动断裂的发育情况、火山发育区、距火山区距离、地震动峰值加速度、历史地震、距地震区距离、盖层岩性、储层岩性、水动力作用等指标；封存潜力条件指标，宜包括盆地面积、盆地深度、油气开采潜力、油气提高采收率、二氧化碳封存能力、构造单元面积、沉积地层厚度、盖层、储层、勘探程度、数据支持情况、油气资源潜力、封存潜力、单位面积封存潜力等指标。具体指标分级条件可参照附录 C 表 C-5。

目标区级工程地质条件指标，宜包括储层沉积环境、储层压力系数、地热流值、地温梯度、地表温度、活动断裂的发育情况、地震动峰值加速度、历史地震、盖层岩性、盖层断裂发育、储层岩性、储层沉积相、水动力作用、地质灾害易发性、不良地质作用等指标；封存潜力条件指标，宜包括盖层、储层、储盖组合数量、封存潜力、单位面积封存潜力等指标。具体指标分级条件可参照附录 C 表 C-6。

场地级工程地质条件指标，宜包括盖层岩性、储层沉积环境、地热流值、地温梯度、地表温度、活动断裂的发育情况、断裂和裂缝的发育情况、地震动峰值加速度、历史地震、地貌类型、地势、地形坡度、盖层断裂发育、储层岩性、储层沉积相、储层压力系数、水动力作用、与采煤塌陷区距离、与节理裂隙区距离、地质灾害易发性、不良地质作用等指标；封存潜力条件指标，宜包括盖层、储层、原油密度、原油黏度、原油饱和度、油气藏深度、油气藏温度、油气藏压力、油气藏倾度、油湿指数、孔隙度、渗透率、渗透率变异系数、地层水矿化度、封存潜力、单位面积封存潜力、使用年限等指标。具体指标分级条件可参照附录 C 表 C-7。

灌注级工程地质条件指标，宜包括地温梯度、地表温度、地貌类型、地势、地形坡度、盖层岩性、盖层断裂发育、储层岩性、储层沉积相、储层压力系数、主导风向等指标；封存潜力条件指标，宜包括盖层、储层、储盖组合数量、封存潜力、单位面积封存潜力、使用年限、有效封存系数、灌注指数、灌注井作业压力、灌注井灌注量、灌注井灌注速率等指标。具体指标分级条件可参照附录 C 表 C-8。

社会经济条件指标，宜包括人口密度、土地利用现状、碳源密度、与居民点距离、公众认可程度与法规、是否符合城市发展规划、是否在保护区、植被状况（如重点保护区、植被覆盖率）、碳源规模、运输方式、碳源距离、基本设施、成本、地下水含水层、地下水补给区、水源的距离。

5.2.3 深部咸水层 CO_2 地质封存选址指标

咸水层 CO_2 地质封存是将从源头分离或大型工业工厂捕获的 CO_2，通过压缩、运输、注入就近适宜封存的地下咸水层中，使其在地下能够长久的保存，达到减少大气中 CO_2、缓解温室效应的作用。咸水层具有十分巨大的封存潜力，不仅是具有大的孔隙空间，而且对于水资源的利用具有一定的帮助。良好的封存 CO_2 的咸水层的上部必须有低渗透的岩层。

咸水层 CO_2 地质封存选址指标可以细分为咸水层 CO_2 地质封存潜力评价指标和咸水层 CO_2 地质封存场址地质适宜性评价指标两部分，最终结合实际需求选定 CO_2 咸水层地质封存场地。

经典的咸水层 CO_2 封存潜力评价指标包括欧盟委员会（EC）评价方法、美国能源部（DOE）评价方法以及碳封存领导人论坛（CSFL）评价方法等。将咸水层 CO_2 地质封存潜力进行层级划分，大体上同样可以分为理论上的封存潜力、有效的封存潜力、实际可达到的封存潜力、可匹配的封存潜力 4 个层级。

咸水层 CO_2 封存地质适宜性指标同样从盆地级、目标区级、场地级和灌注级 4 个角度展开评价，分别考虑各分级的工程地质评价指标、封存潜力评价指标和社会经济评价指标。其中，工程地质条件指标将地势地貌、地热参数、不良地质作用、储盖层岩性、水动力地质作用等作为封存适宜性主要评价依据；封存潜力评价指标则主要考虑沉积地层背景、储盖层空间分布及构造特征、二氧化碳封存潜力、灌注井工作概况等评价指标；社会经济指标考虑人口密度、土地利用状况、碳源密度、碳源规模、封存成本、地下水概况及补给距离等指标，最终综合评价研究区的封存适宜性状态。

1. 深部咸水层 CO_2 地质封存潜力评估

根据咸水层的体积和 CO_2 的溶解度，计算出能够封存的 CO_2 量。要计算能够封存的 CO_2 量，首先需要知道咸水层的体积和 CO_2 的溶解度。然后，可以通过下式进行计算：

$$二氧化碳的封存量 = 咸水层体积 \times 二氧化碳溶解度$$

注意：计算二氧化碳咸水层地质封存量，需要考虑到多个因素，包括咸水层的体积、二氧化碳的溶解度、封存压力等。

确定咸水层的体积：可以通过地质勘查和地球物理勘探等方法了解地下岩石的分布、岩性、含水层和隔水层等情况，提供咸水层分布范围、厚度和地下水位等信息，从而计算出咸水层的体积。

确定二氧化碳的溶解度：在计算 CO_2 咸水层地质封存量时，需要考虑到 CO_2 的溶解度。

溶解度越高，能够封存的 CO_2 量就越大。CO_2 在咸水中的溶解度与温度、压力和盐度等因素有关，需要查阅相关资料或进行试验测定。通常，CO_2 在水中的溶解度随着温度的升高而降低，随着压力的升高而升高。在地下封存 CO_2 时，随着封存压力的增加，CO_2 的溶解度也会相应增加。在一定温度和压力下，CO_2 的溶解度与盐度呈负相关，即盐度越高，CO_2 的溶解度越低。

考虑安全系数：在实际应用中，为了确保封存安全可靠，需要对计算结果进行安全系数调整，以考虑各种不确定性和风险因素。

（1）欧盟委员会（EC）评价方法　欧盟委员会于 2005 年做过咸水层 CO_2 封存量的研究，采用的是 Koide 于 1995 年提出的面积法。该方法假设目标咸水层是密闭的，基质及孔隙流体的压缩性作为储层空间来源。对 100m 厚的咸水层的计算范围做如下估计：深部咸水层的覆盖系数（F_{AC}）为 50%，即有 50% 的面积适合于封存 CO_2，每单位面积的封存系数（S_F）是 $200kg/m^2$，则深部咸水层中 CO_2 的有效封存量为

$$M_{构造} = F_{AC} S_F A H \tag{5-17}$$

式中　$M_{构造}$——构造封存的有效封存量（kg）；

F_{AC}——咸水层二氧化碳覆盖系数（%），$F_{AC} = 50\%$；

S_F——二氧化碳封存系数（kg/m^3），$S_F = 200kg/m^3$；

A——咸水层面积（m^2）；

H——咸水层厚度（m）。

（2）美国能源部（DOE）评价方法　美国能源部假设咸水层内所有孔隙均用于碳封存，CO_2 注入咸水层中后将替孔隙所占据的体积，最终得到 CO_2 有效封存量计算公式为

$$M_{构造} = A H \varphi \rho_{CO_2} E \tag{5-18}$$

式中　φ——目标咸水层孔隙度（%）；

ρ_{CO_2}——地层条件下 CO_2 的密度（kg/m^3）；

E——有效封存系数。

式（5-18）中有效封存系数 E 反映的是理想条件下有效封存量与理论封存量之间的比值，用于矫正计算参数与实际参数之间的差距，受储层地质特征、封存机理、地球化学、地层温度、压力等因素的影响，其中地层压力和封存时间影响最大。我国地质背景复杂，各大盆地储层参数差异较大，有必要开展相应数值模拟和实验来研究针对不同区域和场地尺度的相对精准、可靠的封存系数。

（3）碳封存领导人论坛（CSFL）评价方法　该方法假定深部咸水层是一个整体，不存在独立的圈闭。CO_2 在深部咸水层的封存量由地层封存量、溶解封存量、残余气封存量 3 部分组成，当 CO_2 注入咸水层时，一部分被封闭在岩石孔隙中，一部分被溶解在咸水层中，CO_2 在深部咸水层溶解达到饱和时，残余气束缚机理也将起作用。

1）构造地层封存的理论封存量为

$$\begin{aligned} M_{CO_2 ts} &= \rho_{CO_2} V_{trap} \varphi (1-S_w) \\ &= \rho_{CO_2} A H \varphi (1-S_w) \end{aligned} \tag{5-19}$$

式中　$M_{CO_2 ts}$——构造地层封存的理论封存量；

V_{trap}——构造封存圈闭的体积（m^3）；

S_w——残余水饱和度（%）。

2）溶解封存的理论封存量为

$$M_{CO_2d} = AH\varphi(\rho_s X_{sCO_2} - \rho_i X_{iCO_2}) \qquad (5\text{-}20)$$

式中 M_{CO_2d}——CO_2 在深部咸水层中溶解封存的理论封存量（t），$M_{CO_2d} = 10^6 t$；

ρ_s——地层水被 CO_2 饱和时的平均密度（kg/m^3）；

ρ_i——初始的地层水的平均密度（kg/m^3）；

X_{sCO_2}——地层水被 CO_2 饱和时 CO_2 占地层水的平均质量分数（%）；

X_{iCO_2}——原始 CO_2 占地层水的平均质量分数（%）。

$$M_{CO_2d} \approx AH\varphi\rho_i S_{CO_2} M_{CO_2} \qquad (5\text{-}21)$$

式中 S_{CO_2}——CO_2 在地层水中的溶解度（mol/kg）；

M_{CO_2}——CO_2 的摩尔质量（kg/mol），0.044kg/mol。

3）残余气封存的理论封存量为

$$M_{CO_2r} = \Delta V_{trap}\varphi S_{CO_2t} \rho_{CO_2r} \qquad (5\text{-}22)$$

式中 M_{CO_2r}——CO_2 在深部咸水层中残余气封存的理论封存量（t），$M_{CO_2r} = 10^6 t$；

V_{trap}——原先被 CO_2 饱和然后被水浸入的岩石体积，该参数可理解为评价单元内整个深部咸水层的体积（m^3），$V_{trap} = 10^9 m^3$；

S_{CO_2t}——液流逆流后被圈闭的 CO_2 的饱和度（%）。

4）深部咸水层中封存的总潜力如下：

理论封存量

$$M_{CO_2ts} = M_{CO_2s} + M_{CO_2d} + M_{CO_2r} \qquad (5\text{-}23)$$

有效封存量

$$M_{CO_2es} = EM_{CO_2ts} \qquad (5\text{-}24)$$

基于构造封存机理的封存潜力评估方法涉及参数少，计算简便，因此被广泛推广应用。但该方法所计算的封存潜力是一个整体概念，考虑到参数选取过程中所考虑的各种影响因素及影响程度并不相同等方面的因素，所计算的结果存在很大差异。

CO_2 地质封存潜力也会随着技术经济条件的改变而持续不断地变化。利用资源潜力这个概念，碳封存领导人论坛提出将 CO_2 地质封存潜力进行层级划分，可以分为理论封存潜力、有效封存潜力、实际封存潜力、匹配封存潜力 4 个层级，如图 5-7 所示。

欧盟委员会、美国能源部及碳封存领导人论坛提出的 CO_2 在咸水层中封存潜力的计算方法都是基于一定的假设条件而得出的。通过比较分析，碳封存领导人论坛提出的方法其假设更合理，该方法计算得到的结果更符合 CO_2 在咸水层中封存的真实潜力值。

碳封存领导人论坛所提出的深部咸水层构造地层圈闭机理的计算方法与美国能源部所应用的计算方法相似，其提出的有效封存系数仅适合于构造地层圈闭机理计算。美国能源部采用的方法以有效封存系数 E 反映 CO_2 占据整个孔隙体积的比例，在数学模拟过程中所考虑的几个因素，对于其他封存机理有效封存系数的取值也是有借鉴意义。

2. CO_2深部咸水层地质适宜性评价指标

盆地级工程地质条件指标，宜包括地热流值、地温梯度、地表温度、活动断裂发育情况、火山发育区、距火山区距离、地震动峰值加速度、历史地震、距地震区距离、盖层岩性、储层岩性、水动力作用等指标；封存潜力条件指标，宜包括封存潜力、使用年限、构造单元面积、沉积地层厚度、盖层、储层、勘探程度、数据支持情况、资源潜力、单位面积封存潜力等指标。具体指标分级条件可参照附录 C 表 C-9。

目标区级工程地质条件指标，宜包括盖层岩性、沉积环境、地热流值、地温梯度、地表温度、活动断裂发育情况、地震动峰值加速度、历史地震、盖层断裂发育、储层岩性、储层沉积相、水动力作用、地质灾害易发性、不良地质作用等指标；封存潜力条件指标，宜包括盖层、储层、储盖组合数量、封存潜力、单位面积封存潜力等指标。具体指标分级条件可参照附录 C 表 C-10。

场地级工程地质条件指标，宜包括盖层岩性、沉积环境、主导风向、地热流值、地温梯度、地表温度、活动断裂发育情况、断裂和裂缝发育情况、地震动峰值加速度、历史地震、地貌类型、地势、地形坡度、盖层断裂发育、储层岩性、储层沉积相、储层压力系数、水动力作用、与采煤塌陷区距离、地质灾害易发性、不良地质作用等指标；封存潜力条件指标，宜包括盖层、储层、地层水矿化度、封存潜力、单位面积封存潜力、使用年限等指标。具体指标分级条件可参照附录 C 表 C-11。

灌注级工程地质条件指标，宜包括地温梯度、地表温度、地貌类型、地势、地形坡度、盖层岩性、盖层断裂发育、储层岩性、储层沉积相、储层压力系数、主导风向等指标；封存潜力条件指标，宜包括盖层、储层、储盖组合数量、封存潜力、单位面积封存潜力、使用年限、有效封存系数、灌注指数、灌注井作业压力、灌注井灌注量、灌注井灌注速率等指标。具体指标分级条件可参照附录 C 表 C-12。

社会经济条件指标，宜包括人口密度、土地利用现状、碳源密度、与居民点距离、公众认可程度与法规、是否符合城市发展规划、是否在保护区、植被状况（如重点保护区、植被覆盖率）、碳源规模、运输方式等指标。

5.3 目标靶区评价指标体系

地质封存是将 CO_2 封存在地面 800m 的深度以下，依靠盖层以及圈闭构造形成一个地下人工气藏。相关研究表明，经过谨慎选址、精心论证、设计、施工与管理的封存场地，可安全封存 CO_2 达 1000 年以上。目标区级尺度的 CO_2 封存指标可以从工程地质条件、封存潜力条件和社会经济条件三个角度进行描述。

5.3.1 工程地质条件

为明确 CO_2 地质封存场址的地质背景信息，从地质构造、地震活动、地形地貌、地层岩性、水文地质、不良地质作用、水文气象等方面着手构成了 CO_2 地质封存的工程地质条件指标。

1）目标靶区的地热状况由地表温度、地温梯度和大地热流值（表5-4）等参数来定量描述。地表温度、大地热梯度和地热流值三个地热地质参数的值越小，越有利于CO_2地质封存。

表 5-4　目标靶区储层地热地质特征分级评价指标

评价指标	评价等级		
	适宜	一般	不适宜
地表温度/℃	<-2	[-2,10]	>10
地温梯度/(℃/100m)	<2	[2,4]	>4
大地热流值/HFU	<54.5	[54.5,75]	>75

地表温度：即地面的温度。对于一个地区而言，该地区的地表温度主要取决于所在的纬度、海拔、人口的密度、工业发展程度、森林覆盖等，通常取多年平均值。

地温梯度：又称"地热梯度"，表示地球内部温度不均匀分布程度的参数。一般埋深越深温度值越高，以每百米垂直深度上增加的温度（℃）数表示。

大地热流值：地球内部热能传输至地表的一种现象。大地热流的量值称为大地热流量，它是地热场最重要的表征。在一维稳态条件下，热流量（q）是岩石热导率（k）和垂直地温梯度（dT/dz）的乘积，即$q=k(dT/dz)$。热流单位（HFU）被定义为$1HFU = 10^{-6}\mu cal/(cm^2 \cdot s)$。它与国际单位制的单位换算关系为$1HFU = 41.86 mW \cdot m^{-2}$。

2）储层宏观特征包括地形地貌、储层岩性、储层沉积相、储层压力系数等指标（表5-5）。地貌越稳定、地势越高凸、地形越缓越适宜封存；储层岩性为碎屑岩、储层沉积相为河流三角洲、储层压力小于0.9时，更适宜CO_2封存。

表 5-5　储层宏观特征分级评价指标

评价指标		评价等级		
		适宜	一般	不适宜
地形地貌	地貌类型	固定沙丘	基岩沙丘	水域
	地势/m	>1250	[1150,1250]	[900,1150)
	地形坡度/(°)	[0,10]	[10,25]	>25
储层岩性		碎屑岩	碎屑岩与碳酸盐岩的混合	碳酸盐岩
储层沉积相		河流、三角洲	浊流、冲积扇	滩坝、生物礁
储层压力系数		<0.9	[0.9,1.1]	>1.1

地形地貌：地貌类型一般选用固定沙丘或基岩丘陵，地势越高、坡度越小，越有利于CO_2封存，理想的CO_2地质封存条件为地势高于1250m、坡度小于10°的固定沙丘。

储层岩性：储层主要起封存CO_2的作用，而封存能力取决于储层的物理性质。在沉积盆地中最常见的储层岩性有碎屑岩，其次为碳酸盐岩（如泥灰岩、泥质白云岩、致密灰岩、致密白云岩），而岩浆岩、变质岩、盐丘等为特殊岩层。从CO_2封存的角度考虑，碎屑岩最好、碎屑岩与碳酸盐岩的混合次之，其他岩层则不具备很好地封存 CO_2 的条件。

储层沉积相：对陆相沉积盆地而言，砂岩储层沉积环境最好的是大型河流相、三角洲相和扇三角洲相。陆相含油气盆地中河流砂体（包括冲积环境、三角洲平原和三角洲前缘水下分流河道）所占有的储量远大于三角洲河口坝砂体。各沉积环境砂体形成的储层质量好坏排序依次为冲积平原、三角洲平原和三角洲前缘水下分流河道→冲积扇、三角洲前缘、滨浅湖→湖底扇、浅-半深湖及其他。砂厚比依次为 40%~60%→20%~40%→<20%。碳酸盐岩储层最好的是封闭或半封闭的浅水碳酸盐台地中最富含生物的潮间带，其次是潮上带和潮下带。

储层压力系数：储层压力与静液柱压力之比。它是用来反应地层压力的一个主要参数。储层压力系数小于 0.9 时，适宜 CO_2 封存，储层压力系数介于 0.9~1.1 之间时，较适宜 CO_2 的封存，储层压力系数大于 1.1 时，不适宜 CO_2 的封存。

3）盖层宏观特征评价包括盖层岩性和盖层断裂发育等指标（表 5-6）。盖层岩性封闭性越好、盖层断裂发育程度越低越适宜 CO_2 封存。

表 5-6　盖层宏观特征分级评价指标

评价指标	评价等级		
	适宜	一般	不适宜
盖层岩性	蒸发岩类	泥质岩类	页岩和致密灰岩
盖层断裂发育	有限的断层和裂缝	中等断层裂缝	大断层大裂缝

盖层岩性：盖层主要起封闭 CO_2 的作用，而封闭能力取决于盖层的物理性质。在沉积盆地中最常见的盖层岩性有蒸发岩类（如石膏、盐岩）、泥质岩类（如泥岩、泥质砂岩、含砂泥岩）以及页岩和致密灰岩。从 CO_2 封存角度考虑，蒸发岩类最好，泥质岩类次之，而碳酸盐岩因能与溶解在水中的 CO_2 发生化学反应，可能会增加 CO_2 泄漏的风险。

盖层断裂发育：盖层断裂的发育将影响 CO_2 地质封存的安全性。在封存区有大的断层发育，并且断层是开启状态，那么 CO_2 将有可能沿着断层裂缝系统运移到其他的地层，甚至运移到地面。据此，初步认为 CO_2 灌注井 10km 范围内没有大的断层，认为断层不发育；灌注井 5km 没有大的断层，认为断层比较发育，灌注井 2km 范围内没有发现大的断层，认为该区块断层发育一般。

4）水动力地质作用，水文地质条件对 CO_2 地质封存储盖层的作用分为 3 类：水力封闭作用、水力封堵作用和水力运移逸散作用（表 5-7）。其中，前一种作用将导致 CO_2 泄漏，后两种则有利于 CO_2 地质封存。目标靶区的水利封闭作用越强，越适宜 CO_2 的封存。

表 5-7　水动力地质特征分级评指标

评价指标		评价等级		
		适宜	一般	不适宜
水动力地质作用	盖层	地下水高度封闭区	地下水封闭区	地下水半封闭区
	储层	水力封闭作用	水力封堵作用	水力运移逸散作用

水力封闭作用发生于断裂不甚发育的宽缓褶皱或单斜中，而且断裂构造多为不导水断

裂，特别是一些边界断层，具有挤压、逆掩性质，成为隔水边界，储层上部和下部存在良好的隔水层（盖层），CO_2 地质封存储层内咸水体与上覆、下伏含水层无水力联系，区域水文地质条件简单，含水层水动力较弱，地下水径流缓慢甚至停滞，地下水以静水压力、重力驱动方式流动。水力封闭控气作用一般发生在深部，地下水通过压力传递作用，构成水力封闭。

水力封堵作用常发生于不对称向斜或单斜中，在一定压力差条件下，CO_2 从高压力区向低压力区渗流，如果含水层地表接受补给，顺层由浅部向深部运动时形成水力封堵，则 CO_2 向上扩散时将被地下水封堵，从而使 CO_2 得以封存。

水力运移逸散作用常见于导水性强的断层构造发育地区，通过导水断层或裂隙，沟通储层与含水层，水文地质单元的补径排系统完整，含水层富水性与水动力强，储层内水力联系较好，在地下水的运动过程中，地下水可以携带 CO_2 运移而泄漏地表。

根据上述水动力地质作用机理分析，初步确定拟选场地水文地质条件为水力封闭控气作用时，场地为"好"；水文地质条件为水力封堵控气作用时，为"一般"；水文地质条件为水力运移逸散控气作用时，为"差"。

5）可能泄漏的通道评价包括场地及周边是否有钻井及废弃井、断裂和裂缝发育情况、现有技术条件下未被发现的断裂等指标（表 5-8）。评价的理念是可能泄漏的通道越少越适宜 CO_2 的封存。

表 5-8　可能泄漏的通道评价指标

评价指标	评价等级		
	适宜	一般	不适宜
场地及周边是否有钻井及废弃井	无	有，但均做了封固处理	多，且未封固
断裂和裂缝发育情况	有限的裂缝和断层	裂缝和断层中等发育	大裂缝、大断层
现有技术条件下未被发现的断裂	无		可能有

场地及周边是否有钻井及废弃井：废弃井是 CO_2 地质封存主要的泄漏途径之一。随着各类地下勘探开发的深入，废弃井的数量越来越多。这些废弃井多数缺乏封堵处理，将成为 CO_2 人为泄漏通道。因此，在 CO_2 地质封存工程实施前，应对是否存在废弃井进行详细调查，并采取措施避免通过废弃井发生泄漏。

断裂和裂缝发育情况：断裂和裂缝的发育会影响盖层的完整性和连续性，进而影响其封闭能力。一般情况下，断裂作用对盖层的封闭性起着破坏作用，尤其是当断层断距大于盖层厚度以及断裂带呈开启状态时，断裂可使盖层完全丧失封闭能力，对 CO_2 的封存不利。

现有技术条件下未被发现的断裂：场地潜在现有技术条件下未被发现的断裂将有可能成为 CO_2 地质封存后潜在的泄漏通道，是 CO_2 地质封存潜在的风险和不确定因素。

通常 $100km^2$ 的圈闭在石油地质上很少见，国外一般在 $100km^2$ 的目标区内开展深部咸水含水层 CO_2 地质封存场地选址工作。挪威北海的 Sleipner 项目始于 1996 年，截至 2020 年底已封存 CO_2 超 1900 万 t。通过四维地震技术，在 Sleipner 深部咸水含水层中的 CO_2 运移和封存状况得到了成功监测，监测结果表明，由于浮力作用和储层渗透率较低，CO_2 向上发生运移，与此同时在水平方向上也向外扩散，形成的 CO_2 封存面积大约 5km。借鉴上述经验，在 CO_2 地质封存工程实施前，应查明 CO_2 地质封存场地 $100km^2$ 内是否存在废弃井和断裂构造，并采取措施避免通过废弃井发生泄漏。

6）地壳稳定性评价指标包括地震动峰值加速度、场地地震安全性和活动断裂发育情况 3 个指标评价（表 5-9）。评价理念是封存场地越稳定、地震发生的可能性越小，越适宜 CO_2 的封存。

表 5-9 地壳稳定性分级评价指标

评价指标	评价等级		
	适宜	一般	不适宜
地震动峰值加速度/g	<0.1	[0.1,0.2]	>0.2
场地地震安全性	安全	中等	危险
活动断裂发育情况	无		有

地震动峰值加速度：地震动峰值加速度是指与地震动加速度反应谱最大值相应的水平加速度。地震动峰值加速度是确定地震烈度的依据，其值越小越有利于 CO_2 的地质封存。活动断裂的蠕滑可使与活动断裂衔接的裂隙网络系统贯通，进而破坏岩层的连续性，使区域性盖层的封闭性能整体变差，因此，应选址在历史地震围空区域，并且以地震动峰值加速度小于 $0.05g$ 的地区最佳。地震动峰值加速度越大，越不利于 CO_2 地质封存。

场地地震安全性：GB 17741—2005《工程场地地震安全性评价》规定，新建、扩建、改建建设工程及大型厂矿企业、城镇、经济建设开发区的选址必须进行工程场地的地震安全性评价。参照该规定，宜将 CO_2 地质封存场地建设标准归类为Ⅰ级工作，并将 CO_2 地质封存场地地震安全性分为危险、中等和安全 3 个级。

活动断裂发育情况：我国有关核电站的规范要求在距离厂址半径 5km 的范围内不得有能动断层，这一概念是为核动力厂址地壳稳定性评价工作而提出的，与活动断层的区别在于强调地表或近地表可能引起的错动。依据 GB 17741—2005《工程场地地震安全性评价》对Ⅰ级场地地震安全性评价，近场区范围应外延至半径 25km 范围。从 CO_2 地质封存的地震安全性角度考虑，若近场区半径 25km 范围内，存在活动断层则认为 CO_2 地质封存工程场地适宜性差。

另外，地质灾害的易发性对 CO_2 的安全封存有重要影响。一方面，地质灾害如地震、滑坡、地面塌陷等可能导致封存设施的破坏，从而导致 CO_2 逸散到大气中，从而减少封存效果，对环境和生态系统产生负面影响。另一方面，地质灾害可能改变 CO_2 储层的物理和化学特性，从而影响储层的稳定性。例如，地震可能导致储层岩石破裂，使得 CO_2 泄漏的风险增加。此外，地质灾害可能改变储层的渗透性和孔隙结构，影响 CO_2 的注入和封存。因此，在 CO_2 地质封存选址阶段，需委托有资质的单位对场地进行地质灾害危险性评估，再次对场地的地质灾害易发性进行评价。通常根据地质灾害易发性划分为高易发、中易发、低易发和不易发。

5.3.2 封存潜力条件

封存潜力条件指标是指评估一个地区或地质结构在特定条件下能够安全有效地封存多少CO_2的能力,是衡量一个地区或地质结构能否有效地封存CO_2的重要依据。这些指标包括储盖层厚度、埋深、渗透性和孔隙度等多个地质参数。

1)盖层适宜性评价包括盖层的宏观特征与封闭性综合评价两部分。其中,盖层的宏观特征评价主要包括盖层的岩性、厚度、地层组合和砂厚比及分布的连续性,盖层的封闭性综合评价主要通过盖层的封气指数来体现(表5-10)。

表5-10 盖层适宜性评价指标

评价指标	评价等级		
	适宜	一般	不适宜
盖层岩性	蒸发岩类	含砂泥岩、砂质泥岩	页岩和致密灰岩
盖层厚度/m	>100	[50,100]	<50
地层组合和砂厚比	砂泥岩夹层 砂厚比>60%	砂泥岩互层 20%≤砂厚比≤60%	泥岩夹砂岩 砂厚比<20%
盖层分布连续性	分布连续,具区域性	分布基本连续	分布不连续,局限
盖层封气指数 H_g/m	>200	[100,200]	<100
主力盖层之上的二次截留能力	多套、质量好	一套、质量一般	无

盖层岩性:油气地质认为,任何类型的岩石都可以作为盖层,由于封闭能力取决于其物理性质,唯一的条件是构成封闭面的岩石组合所具有的排替压力要大于或等于油气藏中油气的剩余压力。实际上,在油气田中最常见的盖层有泥质岩类(如泥岩、页岩)和蒸发岩类(如石膏、盐岩),其次为碳酸盐岩类(如泥灰岩、泥质白云岩、致密灰岩、致密白云岩)和冰冻成因盖层,局部偶见有燧石层、煤层、致密火山岩及侵入岩盖层。根据 H. P. 克莱姆(1977)对世界334个大油气田统计,泥质岩类盖层占65%,蒸发岩类盖层占33%,致密灰岩盖层占3%。结合CO_2地质封存机理,综合现有盖层岩性评价标准,可给出盖层岩性评价等级。

盖层厚度:厚盖层可保证它在横向上较大范围地展布,并使油气通过盖层的渗滤和扩散速率减慢,从而对油气向上逸散起阻碍作用。国内外已发现的大油(气)藏往往都和厚度较大的盖层相关联,说明盖层厚度与油气藏的规模和高度有一定关系。陈章明等以塔里木盆地的盖层为例,认为可以从单层厚度和累计厚度两个方面来评价盖层厚度对油气的封闭能力。

地层组合和砂厚比:地层组合即地层沉积组合,是指在一定的大地构造环境下形成的沉积岩石共生组合体,对碎屑岩沉积而言,主要指砂岩与泥岩的组合关系;砂厚比,即储层厚度与地层总厚度的百分比。初步确定拟选场地储层地层组合为砂岩夹泥岩,砂厚比>60%的为"好";储层地层组合为砂岩泥岩互层或泥岩夹砂岩,砂厚比20%~60%的为"一般";储层地层组合为泥岩夹砂岩,砂厚比<20%的为"差"。综合现有盖层厚度评价等级划分标

准，考虑到 CO_2 与油气物性的差异，可给出 CO_2 地质封存盖层厚度等级参考划分标准。

盖层分布连续性：一般而言，盖层厚度、面积越大，横向分布连续性越好，具区域性，对 CO_2 地质封存越安全。盖层分布的连续性是盖层风险评价的主要参数之一。

盖层封气指数：盖层封气指数（CRI）既考虑了油气的微观渗滤机理，又概括了盖层可塑性、岩性和欠压实程度等参数对盖层宏观封闭能力的影响，因此能够用于确定盖层的封油气最大临界高度。对于任意未知盖层，在确知其封气指数 CRI_g 的情况下，盖层油气的最大临界高度计算公式为

$$\begin{cases} H_{gm} = 13.17(CRI_g - 13.23)^{0.926} （下限） \\ H_{om} = 62.63(CRI_g - 2.205)^{0.509} （上限） \end{cases} \quad (5-25)$$

式中 H_{gm} ——封闭气的最大临界高度；

H_{om} ——封闭油的最大临界高度。

利用能够封闭气柱的最大高度范围，可对盖层进行等级划分和品质评价。

主力盖层之上的二次截留能力：通常，CO_2 地质封存场地必须有可供进行大规模 CO_2 地质封存的优质目标储层，储层之上必须有良好的区域性盖层，以防止 CO_2 的直接泄漏；同时，还要考虑地表深度 800m 之下、主力盖层之上是否发育有良好的次级储、盖层构成二次截留或二次封闭，以防止 CO_2 突破主力盖层后向上进一步泄漏。因此，主力盖层之上的次级储、盖层质量越好、数量越多，二次截留和封闭能力越强，CO_2 地质封存的安全性就越高。

2）储层宏观特征包括储层埋深、储层厚度、储层物性参数、储层非均质性及储盖组合数量等指标综合评价（表 5-11）。

表 5-11 储层宏观特征评价指标

评价指标		评价等级		
		适宜	一般	不适宜
储层埋深		[800, 3500]	>3500	<800
储层厚度		>80	[30, 80]	<30
储层物性参数	孔隙度(%)	>25	[10, 25]	<10
	渗透率/$10^{-3}\mu m^2$	>50	[1, 50]	<1
储层非均质性	渗透率变异系数	<0.5	[0.5, 0.6]	>0.6
	层间非均质性/m	>2000	[600, 2000]	<600
储盖组合数量		多套	可能存在	无

储层埋深：是指从地表起算，连续稳定的盖层底板或深部咸水含水层顶板的封存深度。根据超临界 CO_2 地质封存的一般深度为 800m 和目前国际公认的 CO_2 地质封存经济深度为 3500m，确定拟选场地储层埋深 800~3500m 的场地为"适宜"，>3500m 的场地为"一般"，<800m 的场地为"不适宜"。

储层厚度：是指深部咸水含水层的平均厚度。根据我国天然 CO_2 气田主力储层最大厚度为 88.5m，一般为 30m，初步确定拟选场地主力储层厚度>80m 的场地为"适宜"，80~

30m为"一般",<30m的场地为"不适宜"。

储层物性参数：储层物性参数主要选择孔隙度（φ）和渗透率（k）两项。①孔隙度（φ）：岩石中孔隙体积（或岩石中未被固体物质充填的空间体积）与岩石总体积的比值，以百分数表示。孔隙度是储层评价的重要参数。②渗透率（k）：单位压力梯度下，动力黏滞系数为1的液体在介质中的渗透速度，是表征土或岩石本身传导液体能力的参数。其大小与孔隙度、液体渗透方向上空隙的几何形状、颗粒大小以及排列方向等因素有关，而与在介质中运动的液体性质无关。渗透率用来表示渗透性的大小。确定渗透率（k）和孔隙度（φ）评价区间值时，考虑到中国特有的以陆相沉积为主的含油气盆地，普遍具有储层物性较差的特点，相应发育了大量丰富的低渗透油气资源，具有很大的勘探开发潜力，在石油天然气行业标准 SY/T 6285—2011《油气储层评价方法》对砂岩和碳酸盐岩含油储层的渗透率和孔隙度评价分类的基础上，采取"就低不就高"的原则。对不同沉积盆地三个以上比选场地进行评价时，宜分别制定，不宜一概而论。

储层非均质性：储层非均质性制约 CO_2 在储层中的流动状况。储层的非均质性越强，CO_2 波及的范围就越小，从而影响 CO_2 的地质封存能力。

对储层的非均质性评价时，选择渗透率变异系数和层间非均质性两个指标评价。

渗透率变异系数（V_k）：渗透率变异系数是表征样品偏离整体平均值的程度，是评价储层宏观非均质性的最重要参数。定量描述单元渗透率的非均质性常用渗透率变异系数来表示，其值越大表示储层的宏观非均质性越严重。

渗透率变异系数计算公式为

$$V_k = \frac{\sqrt{\frac{1}{n}\sum_{i=1}^{n}(k_i - \overline{k})}}{\overline{k}} \tag{5-26}$$

式中 k_i——层内某样品的渗透率值；

$\overline{k}$——层内所有样品渗透率平均值；

n——层内样品的个数。

当 V_k<0.5 时，非均质程度弱；0.5<V_k<0.7 时，非均质程度中等；V_k>0.7 时，非均质程度强。

层间非均质性采用平面非均质性评价。平面非均质性包括砂体的几何形态、砂体展布与连续性、物性的平面变化等方面内容。

储盖组合数量：纵向上主盖层之上最好存在多套或高质量的缓冲盖层。多层盖层可以提供多重保护，即使某一层发生泄漏，其他层仍可以作为备用屏障，降低 CO_2 直接逸散到环境的风险。但是复杂的层状结构可能增加地质结构的不稳定性，如层间滑动、断裂等，这些都可能成为新的泄漏路径。简而言之，多层盖层-储层形式既可能加大泄漏风险，又可能降低泄漏风险；单一盖层-储层形式盖层厚度大，但单一盖层一旦被 CO_2 突破，封存系统将完全失效。

3) 储层封存前景利用 CO_2 封存潜力、单位面积封存潜力、使用年限以及有效封存量等4项指标衡量（表5-12）。评价理念是有效封存量越大、CO_2 地质封存库使用的年限越长越好。

表 5-12　储层封存前景指标

评价指标	评价等级		
	适宜	一般	不适宜
CO_2 封存潜力/($10^8 m^3 \cdot km^{-2}$)	>900	[300,900]	<300
单位面积封存潜力/($10^8 m^3 \cdot km^{-2}$)	>4	[2,4]	<2
使用年限/a	>30	[10,30]	<10
有效封存量/($10^4 m^3 \cdot km^{-2}$)	>900	[300,900]	<300

CO_2 封存潜力：CO_2 封存潜力越大，封存场地封存 CO_2 的量越多，该封存场地的运行时间越长，相应封存成本越低。考虑一般燃煤电厂年均 CO_2 排放量，并按使用 30 年计，确定 CO_2 有效封存量大于 $900 \times 10^8 m^3/km^2$ 的目标盆地为"适宜"；$(300 \sim 900) \times 10^8 m^3/km^2$ 者为"一般"；小于 $300 \times 10^8 m^3/km^2$ 的为"不适宜"。

单位面积封存潜力：为了能更好地反应每个沉积盆地的 CO_2 地质封存潜力，可把单位面积的 CO_2 封存潜力作为评价指标，以 $10^8 m^3/km^2$ 作为单位，把具体评价指标分为适宜、一般、不适宜三类。采用单位面积 CO_2 封存量大于 $4 \times 10^8 m^3/km^2$ 的沉积盆地为"适宜"；$(2 \sim 4) \times 10^8 m^3/km^2$ 的沉积盆地为"一般"；小于 $2 \times 10^8 m^3/km^2$ 的沉积盆地"不适宜"。

使用年限：使用年限是指封存场地 CO_2 灌注达到有效封存量最大值，且没有出现 CO_2 泄漏、诱发地震等环境和安全问题时所使用的时间。根据现代燃煤电厂一般为 30a 的平均使用寿命，确定场地使用年限大于 30a 的，为"适宜"；10～30a 的为"一般"；小于 10a 的为"不适宜"。

有效封存量：表示从技术层面（包括地质和工程因素）上考虑了储层性质（包括渗透率孔隙度和非均质性等）、储层封闭性、储层深度、储层压力系统及孔隙体积等因素影响的封存量，它是理论封存量的子集。这种封存量会随着所收集的资料信息增多或认识程度的加深而发生变化的。考虑一般燃煤电厂年均 CO_2 排放量，并按使用 30a 计，以及国内外在建和运营的 CO_2 地质封存规模，确定比选场 CO_2 有效封存量大于 $900 \times 10^4 m^3/km^2$，为"适宜"；$(300 \sim 900) \times 10^4 m^3/km^2$ 为"一般"；小于 $300 \times 10^4 m^3/km^2$ 为"不适宜"。

4）灌注试验评价指标包括灌注指数和有效封存系数两项指标（表 5-13）。灌注指数和封存系数越大，越适宜 CO_2 的封存。

表 5-13　灌注试验评价指标

评价指标	评价等级		
	适宜	一般	不适宜
灌注指数/m^3	>10^{-14}	[10^{-15},10^{-14}]	<10^{-15}
有效封存系数(%)	>8	[2,8]	<2

灌注指数：灌注指数是指用于表征 CO_2 流体被注入储层难易程度的指标。用储层有效厚度与有效渗透率的乘积大小衡量。

有效封存系数：有效封存系数是指储层孔隙空间中可用于封存CO_2的体积占储层总体积的体积分数。该指标不是储层岩石的固有特征，其受到储层性质（包括渗透率、孔隙度和非均质性等）、储层封闭性、储层深度、储层压力系统及孔隙体积等因素影响。有效封存系数的变化差异较大，通常在4%左右。

5）灌注控制技术通过灌注井作业压力、灌注井注入量等指标进行评价（表5-14）。

表5-14 灌注控制技术指标

评价指标	评价等级		
	适宜	一般	不适宜
灌注井作业压力	小于盖层突破压力和井材质的破坏压力	等于盖层突破压力和井材质的破坏压力	大于盖层突破压力和井材质的破坏压力
灌注井注入量	少于封存量	等于封存量	超过封存量

灌注井作业压力：灌注井作业压力是指CO_2地质封存灌注实验中，既保证CO_2能够注入储层，又要避免引起盖层压力突破或微地震等破坏CO_2地质封存库完整性的注入压力。灌注井作业压力随地点的不同变化非常大，是由盆地应力分布和地震发育历史等综合因素控制的。灌注井作业压力等级划分要充分考虑灌注井盖层突破压力和灌注井材质破坏压力的要求，据此将其划分为3个评价等级。

灌注井注入量：灌注井注入量是指在注入设备工作范围内确保盖层不受破坏时，单位时间内注入CO_2的最大量。灌注井注入量应控制在储层可注入CO_2量的范围内，超过此能力可能引发储盖层被破坏从而发生CO_2泄漏。根据灌注井注入量与CO_2封存量的关系，将其划分为3个评价等级。

5.3.3 社会经济条件

社会经济条件指标体系的构建是为了评估和选择合适的CO_2封存地点，确保封存项目的可行性、安全性以及经济合理性，其通过人口密度、土地利用现状、碳源规模、封存成本等多项指标评估CO_2地质封存社会经济条件的适宜性。

1）与敏感区的关系和安全距离包括人口密度、土地利用现状、与居民点距离和公众认可程度与法规4个指标（表5-15）。评价标准是人口密度越小、土地利用现状、与居民点距离越远、公众认可度越高、相关法规越完善则越适宜CO_2的封存。

表5-15 与敏感区的关系和安全距离指标

评价指标	评价等级		
	适宜	一般	不适宜
人口密度/(人·km^{-2})	<25	[25,100]	>100
土地利用现状	沙漠等未利用土地	牧草地、林地	耕地、林地、交通用地等
与居民点距离/m	>1200	[800,1200]	<800
公众认可程度与法规	公众认可度高，法规完善	工作认可度一般，法规修改	公众排斥

人口密度：人口密度对CO_2地质封存的影响是多方面的，既包括对封存选址的直接影响，也包括对社会经济条件和环境风险的间接影响。人口密度较高的区域通常伴随着较高的社会经济活动，这可能增加了CO_2封存的环境风险，因为封存过程中的潜在泄漏可能会对人口密集区造成更大的影响。在选择CO_2封存地点时，人口密度越低，越适宜CO_2地质封存。

土地利用现状：土地利用程度通过影响陆地碳汇的效能和土壤的碳封存能力，对CO_2的地质封存产生重要影响。在设计和实施CO_2地质封存项目时，需要考虑到土地利用的变化，以确保项目的成功实施和可持续性。土地利用程度越高，越不适宜CO_2地质封存。

与居民点距离：居民点与CO_2封存场的距离越近，潜在的安全风险也就越高。封存过程中的任何意外泄漏都可能导致居民区空气污染，甚至可能引发更严重的事故。因此，安全距离是评估一个封存项目可行性时非常重要的一个考量因素，理想的封存地点应该远离居民区，以减少对居民生活的影响，同时也应考虑到封存效率和地质结构的适宜性。

公众认可程度与法规：公众认可程度与法规是指公众认可度和相应的法律、法规等方面。当CO_2地质封存工程项目施行时，附近的居民选择接受的越多，当地相应法律、法规越支持，就越适宜CO_2地质封存。

2）CO_2供给潜力指标通过CO_2供给能力、运输方式、蕴矿状况、封存成本以及碳源规模、密度和距离等指标来衡量（表5-16）。考虑CO_2供给能力越强、碳源规模越大、碳源距离越近，越适宜CO_2的封存。

表5-16 CO_2供给潜力指标

评价指标	评价等级		
	适宜	一般	不适宜
CO_2供给能力/t	$>5\times10^5$	$[1\times10^5, 5\times10^5]$	$<1\times10^5$
运输方式	管道	公路、铁路	船舶
蕴矿状况	不压覆矿产	—	压覆矿产
封存成本	低	中	高
碳源规模/$(10^4 t \cdot a^{-1})$	>100	$[50,100]$	<50
碳源密度	高	中	低
碳源距离/km	<50	$[50,150]$	>150

CO_2供给能力：是指在特定时间和空间范围内，能够提供足够数量和质量CO_2的能力。这种能力对于CO_2地质封存至关重要，因为它直接关系到封存作业的效率和安全性。

运输方式：目前管道运输CO_2常用的方法，通常将气态CO_2施加8MPa以上的压力进行压缩，从而避免二相流和提升CO_2的密度，便于运输和降低成本。也可将液态CO_2装在船舶、公路或铁路罐车中运输。液态CO_2被装在绝缘罐中，温度远低于环境气温，同时压力也大大降低。在技术上，公路和铁路罐车也是切实可行的方案。这些系统通常在$-20℃$和2MPa的情况下运输CO_2。然而，除小规模运输之外，这类运输系统与管道和船舶相比则不经济。评价理念是运输方式越经济越好。

蕴矿状况：蕴矿状况也称为压覆矿产资源的情况，是指因 CO_2 地质封存工程实施后导致矿产资源不能开发利用的现象。但是建设项目与矿区范围重叠而不影响矿产资源正常开采的，不做压覆处理。矿产资源是指国家规划矿区、对国民经济具有重要价值的矿区和《矿产资源开采登记管理办法》附录中34个矿种的矿床规模在中型以上的矿产资源。评价理念是 CO_2 地质封存场地越不影响矿产资源开发利用，越适宜 CO_2 地质封存。

封存成本：封存成本是指 CO_2 地质封存工程中所涉及的运输费用、封存场地建设和运营费用（主要包括钻井费用、基础设施费用等）。评价理念是 CO_2 地质封存综合成本越低，越适宜 CO_2 地质封存。

碳源规模：CO_2 排放源主要集中在各燃煤电厂，将排放的 CO_2 捕集起来，经过提纯、液化后用于 CO_2 地质封存。评价理念是碳源规模越大越好。

碳源密度：碳源密度是指在特定区域内 CO_2 排放源的数量和分布情况。从选址方面考虑，高碳源密度可能促使封存设施靠近排放源，这样可以减少 CO_2 的运输成本和泄漏风险。然而，这也可能导致封存设施与人口密集区的距离缩短，增加了对公共安全和环境影响的考量。而从经济适宜性角度评价，沉积盆地内碳源密度越高，越有利于 CO_2 地质封存项目的实施。

碳源距离：适宜封存 CO_2 的场地与碳源间存在一定距离，除非合适的地质封存地点就在碳源场址之下，因此需要将捕获的 CO_2 运输到封存地点。碳源距离越近，运输 CO_2 的成本就越低，反之成本越高。评价理念是碳源距离越近越好。

3）工程控制程度通过物探工作程度、基础设施、植被状况、地面稳定性及对作业人员的影响进行评价（表5-17）。

表5-17 工程控制程度指标

评价指标		评价等级		
		适宜	一般	不适宜
物探工作程度		高	中	底
基础设施		完备	较完备	不完备
植被状况		无、低	少，一般	多、高
地面稳定性		稳定	一般	不稳定
对作业人员的影响	地形地貌	高凸开阔地形	开阔—较浅洼地	低洼复杂地形
	主导风向	有	多风向	无

物探工作程度：如果场地内已有地震或者其他地球物理勘探测线，可初步认为有三维地震测线的场地勘探程度高，有二维地震测线的场地勘探程度一般，只有其他地球物理方式勘探或没有地球物理勘探的场地为勘探程度低。

基础设施：气源中心应具备方便的交通运输条件，最好靠近交通枢纽进行布局，如临近港口、交通主干道枢纽、铁路编组站或机场，可以有两种以上运输方式相连接。还要求 CO_2 地质封存场地道路、通信、医院等公共设施齐备，周围要有污水、固体废弃物等的处理能力。

植被状况：植被状况对 CO_2 地质封存有着重要影响。植被通过影响地表的物理性质和生物地球化学循环，间接参与了 CO_2 的封存过程。良好的植被覆盖可以提高土壤的碳吸附能力，而植被的种类和健康状况又直接关系到 CO_2 的固定效率和封存安全性。

地面稳定性：地面稳定性是指各比选场地是否在采矿塌陷区、岩溶塌陷区，是否在地面沉降区，是否在沙漠活动区，是否在火山活动区，是否低于江河湖泊、水库最高水位线或洪泛区等。参照 GB 18598—2019《危险废物填埋污染控制标准》选址规定，CO_2 地质封存选址应处于一个相对稳定的区域，不会因自然或人为的因素而受到破坏；必须位于百年一遇的洪水标高线以上，并在长远规划中的水库等人工蓄水设施淹没区和保护区之外。场地的地质条件应符合以下要求：位于地下水饮用水水源地主要补给区范围之外；地质结构相对简单、稳定，没有断层。场地选择应避开下列区域：破坏性地震及活动构造区；海啸及涌浪影响区；湿地和低洼汇水处；地应力高度集中，地面抬升或沉降速率快的地区；石灰溶洞发育带；废弃矿区或塌陷区；崩塌、岩、滑坡区；山洪、泥石流地区；活动沙丘区；尚未稳定的冲积扇及冲沟地区；高压缩性淤泥、泥炭及软土区，以及其他可能危及填埋场安全的区域。

对作业人员的影响：对作业人员的影响是指 CO_2 灌注场地 CO_2 发生大量泄漏后对作业人员的影响。由于 CO_2 的密度比空气重近 50%，当 CO_2 泄漏地表后，将在重力和大气流的作用下，沿地表在洼地聚集，使局部地区浓度偏高。如果人或动物在此区域活动，危险也随之产生。因此，不宜将 CO_2 灌注场地置于地势低洼，缺乏主导风向的地区。

5.3.4　CO_2 地质封存场地适宜性评价方法

在实施 CO_2 地质封存之前，必须进行严谨的场地适宜性评估和选址研究。我国的 CO_2 地质封存选址过程分为两个主要阶段：规划选址和工程选址。规划选址涉及从区域到盆地再到特定目标区的潜力和适宜性分析；而工程选址则侧重于场地级别的潜力评估和地质勘探，旨在识别出适合进行 CO_2 地质封存的场地。该过程从宏观区域尺度逐步细化到具体的场地尺度，评价的精确度和量化水平也随之提升。在该过程中，运用数学模型对选址进行适宜性评估是至关重要的量化研究环节。

CO_2 地质封存选址的适宜性评估需根据不同评价尺度设定相应的评价指标分级标准。当前的主流方法是对各个尺度下的评价指标进行分级，并采用经验或数学方法确定各指标的权重，然后进行分级评分。由于 CO_2 地质封存适宜性评估涉及多个评价指标，这些指标可能属性不同、量纲不一，甚至包含定性与定量指标的混合，因此，在进行统一化和规范化处理时，需要对场地评价中的多源复杂因素进行分解和重构，从而建立一个多目标综合评价的指标体系和模型。这有助于指导和规范 CO_2 地质封存适宜性评价的内容和流程，属于多准则决策的范畴。多准则决策评价通常聚焦于工程地质条件、封存潜力条件以及社会经济条件等一级指标，并涉及场地地热参数、地质灾害易发性、水文地质条件、储盖层物性特征、储盖组合、碳源规模、成本和距离等关键的二级指标。

多准则决策的核心理念是基于多个标准对一系列备选方案进行评估。该方法通常将指标权重确定方法与评价决策方法相结合，以期发挥各种方法的优势，从而得到一个相对满意的评价结果。

1. 多准则决策的集成思想

基于多准则决策的CO_2地质封存适宜性评价方法通常将指标权重确定方法与评价决策矩阵集成，即将多种评价方法组合成新的评价方法。记第j种评价方法对第i个评价指标的评价结果为$y_{ij}(i=1,2,\cdots,m;j=1,2,\cdots,n)$，用以下加权合成的思想，得到模型，即

$$y_i = f(y_{ij}, \lambda_j) \quad (i=1,2,\cdots,m) \tag{5-27}$$

式中　　λ_j——相对权重；

　　　　f——集成模型；

　　　　y_i——集成评价结果。

多准则决策的集成思想既吸收了所选评价方法的优点，又在一定程度上消除了单一方法的缺点。

2. 指标权重确定方法

在多准则决策的综合评价中，确定指标权重是关键步骤，权重分配的合理性直接关系到评价结果的客观性和合理性。指标权重主要通过主观赋权法、客观赋权法和主客观结合赋权法确定。主观赋权法基于决策者对各项评价指标的主观重视程度来确定权重，常见的方法有专家调查法、专家经验判断法、层次分析法和网络分析法等。客观赋权法则是利用各项实际评价指标值所反映的客观信息来确定权重，如主成分分析法、熵权法和决策与实验室法等。主客观综合赋权法，作为评估与决策领域的创新方法，则巧妙地融合了主观赋权法的灵活性与客观赋权法的严谨性，旨在达到一种平衡而精准的权重分配。该方法通过设定合理的边界，有效约束了主观判断中的不确定性因素，确保了在主客观赋权过程中的公正与中立。在这一框架下，主观因素则在可控范围内，反映了决策者的经验和直觉；而客观指标的权重分配基于数据与事实，体现了公正性。最终，通过这种综合赋权的方式，评估结果不仅全面反映了评估对象的真实情况，而且具备了高度的科学性和可信度，为决策提供了坚实的基础。

在CO_2地质封存的场地适宜性评价中，定性指标较多，因此基于多准则决策方法的研究中，主观评价法在确定指标权重方面应用较为广泛。Bachu、Oldenburg 提出的适宜性评价方法是最典型的基于专家经验主观判断指标权重的方法。专家经验判断法和专家调查法的基本思想都是统计专家对某一指标的主观意见，从而定性确定指标权重。专家选取、评价打分流程等由封存评价小组制定基本程序，例如，确定预测目标、选择被调查的对象、设计评估意见征询表、专家征询和轮间信息反馈（专家调查法通常分为3~4轮征询），最终通过数理统计方法整理专家意见，如取平均值法。层次分析法将复杂问题分解为若干层次，根据决策者的判断对各层次指标进行两两比较，使用 1~9 标度法确定成对指标的相对重要性，建立判断矩阵，计算出各层次元素的权重，并通过一致性检验应用权重。熵权法和决策与实验室法是两种常用的客观赋权法。熵权法通过各指标传递的信息量来确定权重，信息熵反映了信息量的大小、系统的混乱程度和不确定性。某个指标的熵值越大，说明该指标值的变异程度越小，提供的信息量较少，因此，对应的指标权重较小。决策与实验室法通过分析系统中各指标之间的逻辑关系和直接影响矩阵，计算出每个指标对其他指标的影响度和被影响度，进而计算出每个指标的原因度和中心度，作为构建模型的依据，从而确定指标间的因果关系和每个指标在整体中的地位。

3. 评价决策方法

在多准则决策评价的框架下，评价决策方法扮演着关键角色。在封存选址的适宜性评估中，常用的方法包括优劣解距离法、妥协解排序法、灰色关联分析法以及模糊综合评价法等。其中，模糊综合评价法因其能够将涉及安全性和稳定性的定性与定量指标转化为定量的模糊语言，并计算出各指标的隶属度，从而得出场地的评判向量，进而实现对场地的综合评估，因此被广泛应用。隶属度的确定通常使用三角模糊数或梯形模糊数，其中三角模糊数是梯形模糊数的一种特殊形式。优劣解距离法的核心在于寻找最优解和最劣解，通过计算评价场地与这两者之间的距离，来衡量场地与最优解的接近程度，以此作为评价的依据。灰色关联分析法则首先确定最优指标集，然后构建原始矩阵并对指标数据进行标准化处理，以最优指标集为参考，计算评价场地与最优指标之间的灰色关联系数和关联度。妥协解排序法则是先确定正负理想解，然后评估拟选场地的评价值，根据评价值与理想指标值的差距来评估场地的适宜性，其中正理想解代表各评价准则中的最优值，负理想解则代表最差值。

4. 综合评价得分与适宜性等级结果

经过指标权重求取以及评价决策计算后，对所有指标的权重（每个指标因子对应的最终权重由前面多级权重逐级相乘得到）和得分进行逐层计算，再累加即为评价场地的综合评价得分，可以表示为

$$P = \sum_{i=1}^{n} p_i w_i \tag{5-28}$$

式中 P——场地总得分；

p_i——第 i 个指标的评价得分；

w_i——第 i 个指标的权重。

在对封存场地适宜性进行综合评价得分后，需要对其进行等级划分。目前，适宜性评价等级的划分尚未形成统一标准，等级划分过多会导致流程复杂且界限模糊，而等级划分过少则可能无法充分反映场地的适宜性情况。因此，实践中常采用三等级法（即好、一般、差）或五等级法（即好、较好、一般、较差、差）来划分适宜性评价的等级结果。

思 考 题

1. 二氧化碳在不同类型储层中封存的选址条件有何异同点？
2. 从社会经济角度出发，请分析哪种储层更适合二氧化碳封存？为什么？
3. 结合国内外封存概况可以发现，我国二氧化碳封存与商业化尚有一定差距，请从选址角度出发，为我国二氧化碳封存发展提出建议。
4. 根据二氧化碳地质封存的选址指标，请分析适合进行二氧化碳地质封存的厂址。

二氧化碳地质封存选址和指标体系

第6章
二氧化碳地质封存地球物理监测

> **学习要点**
>
> ● 了解 CO_2 地质封存常用的地震、测井及重力等监测方法，掌握 CO_2 地质封存监测方法的基本原理。
>
> ● 了解 CO_2 的注入对地下地层的影响及其产生的地球物理变化。
>
> ● 掌握对 CO_2 地质封存监测数据的处理与解释方法，以及对监测结果的分析及应用。

国内外 CCUS 地质封存项目开展有两种主要形式：利用 CO_2 注入致密砂岩油气地层提高油气采收率与利用 CO_2 注入致密煤层气地层驱替煤层气。开展相关 CCUS 项目，不仅需要将 CO_2 保存在深部岩层中，还要对整体工程系统进行监控，即在 CO_2 注入开始，包括测量、监测和验证（Measurement, Monitoring and Verification，简称为 MMV）的系统必须运行，以确保 CO_2 安全在储层内有效封存。

从地质与地球物理角度出发，CCUS 后期工程主要分为地质利用和地质封存，其中地质利用包括强化石油开采、驱替煤层气、强化天然气开采、增强页岩气开采、增强地热系统、铀矿地浸开采和强化深部咸水开采；地质封存手段主要包括陆上咸水层封存、海底咸水层封存、枯竭油气田封存和枯竭气田封存。全球主要的油气田 CO_2 封存能力约为 3108 亿 t。

地球物理监测技术在保证 CO_2 封存过程长期稳定和预测 CO_2 运移的羽流范围中扮演着重要的角色，CCUS 地球物理监测是指针对 CCUS 项目开发的一系列较为可靠的地球物理监测手段。现有技术项目应用的手段有四维地震勘探（简称为四维 VSP）、测井与岩石物理分析，电磁与重力勘探等，这些技术都是利用 CO_2 注入后对地下地层的影响引起的地球物理变化作为直接依据。

6.1 二氧化碳地质封存地震监测

6.1.1 微地震监测

CCUS 工程微地震监测技术是通过设备感知注入过程中发生的储层变化（图 6-1），其兼具时效性与准确性，并能够节约大量成本，本节将详细阐述微地震监测技术的原理与在 CCUS 中起到的重要作用。

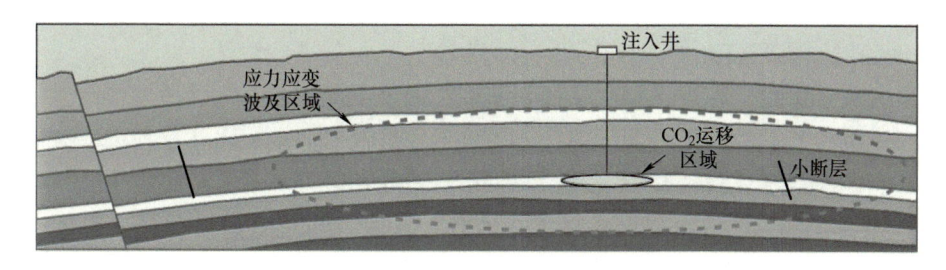

图 6-1 CO_2 注入储层后储层变化示意图

诱发（微）地震活动主要有以下几种触发机制：

1）孔隙压力的演变或注入流体性质对裂缝或断层稳定性的影响。无论是在封存、驱替还是在置换的过程，一旦向目标地层注入 CO_2 就会增加地层的孔隙压力，改变原来地层稳定状态。如果目标地层裂缝较为发育，或是存在有利于封存驱替的小断层与断裂带，目标储层的孔隙压力会更容易受到注入流体的影响，打破原有的应力平衡状态。

2）非等温效应。注入流体通常在低于岩石温度的条件下到达注入地层，导致岩石收缩、热应力降低和冷却区域周围的应力重新分布。注入的 CO_2 通常比围岩温度低，由于 CO_2 在注入过程还没有随着地温梯度达到热平衡，注入井周围储层冷却，热应力降低，会使应力场接近失稳状态。

3）低渗透断层的存在。低渗透断层存在于注入地层时，引起局部应力分布不均，从而降低注入地层的稳定性，可能会导致断层重新激活。每一个（微）地震事件都会在经历剪切滑动的断裂或断层周围引起应力重新分布。

4）应力传递导致的地震或抗震滑移。并非所有发生在裂缝或断层中的剪切滑移都会引发（微）地震事件，剪切滑移可能在发生抗震中。这种抗震滑移可能会诱发远离滑移表面的（微）地震事件。

5）地球化学效应（可能与含碳酸盐的地层尤为相关）。地球化学反应可以改变断层的摩擦强度，当断层被破坏时，会导致断层周围的局部变化，从而影响断层稳定性。

CCUS 地质封存区会由于上述因素触发（微）地震。当地质封存区中存在未被发现的小断层时，这些小断层将会作为注入流体的障碍，成为压力集聚的场所。当外部作用在裂缝或断层面上的剪应力超过其剪切强度时，流体注入地下可能会导致直接接触的岩石发生剪切拉张等活动，随之释放地震能量从而触发微地震事件。CO_2 从目标地质封存体泄漏的三种主要潜在途径：通过因流体注入而破裂的盖层泄漏、沿已存在的亚垂直断层或断裂带运移以及沿着较差胶结套管的井逃逸。原则上，流体压力的增加是微地震发生的唯一机制。注入开始后，注入井附近的稳定性会提高，在远离注入井的位置，流体压力持续上升，因此，压力扩散导致持续注入后的（微）地震事件，这种现象在 EGS 增产后经常观察到。尽管在地质碳封存项目中没有观察到高震级的地震活动，但需要了解其机制避免发生，因此，全空间大覆盖的微地震监测在整个系统中显得尤为必要。相比于环境监测、地表形变监测与时移地震监测技术，微地震监测技术受地表环境制约较小（少量的检波器能完成任务目标），且监测系统在时空上具有及时预警的能力。成熟且智能化的处理解释算法能够快速获得精确的定位结果，分析流体注入过程中发生的微地震事件机制，精确指导工程实施优化，避免泄漏事件发生或扩大。

1. 微地震监测技术概述

微地震监测技术是以地震学和声发射为基础，通过观测和分析生产活动中产生的微弱的地震事件来监测生产活动的影响和储层状态的地球物理技术。地震事件是地下应力条件变化的产物，岩石破裂与地震事件有一一对应的关系，对震源进行分析可量化地下介质破裂的情况。监测微地震事件时可将观测仪器布置在地表、浅地表和井中进行观测，也可以进行井中-地面仪器同时观测。观测仪器得到微地震监测数据后，经过去噪、微地震事件拾取与震相识别、震源定位和震源机制反演等方式对地下震源进行定量刻画。微地震事件是由岩石破裂产生的地震波，例如，与水力压裂、采矿或自然地震相关的地震波。这些事件通常太小而无法在地表感觉到，但可提供有关地下岩石变形和断裂模式的宝贵信息。这些数据可用于绘制地下地层中裂缝的范围和方向，监测与石油和天然气生产相关的诱发地震活动，或监测地壳对自然地震事件的响应。与传统地震勘探不同的是，微地震监测中震源的位置、强度和发生时间等一开始无法获得，获取这些未知参数是微地震监测的首要任务。以地球物理学为基础的微地震监测技术已广泛应用于矿山动力危害预防、油气田水力压裂等领域。

水力压裂井中由于压力的变化，当高压流体注入井底附近产生的压力值超过周围岩石应力和抗张强度之和时，会在围岩中导致张性裂缝，破裂能量沿着这条主裂缝不断地向地层中辐射，进一步诱发主裂缝周围地层的胀裂或错动。这些胀裂和错动在地层中释放弹性波地震能量，其中包括剪切波横波和压缩波纵波。在大部分破裂中，剪切破裂为主要成分，或具有剪切破裂的成分。莫尔-库仑准则表明，水力压裂过程中静态微地震监测的注水压裂致围岩破裂，是诱发地下已有能量的一种释放，并不是简单释放人工施工作业传导的能量。理论上，围岩发生破裂释放足够的辐射强度是可以被监测到，因此，称这一类微地震为诱发微地震。

微地震监测的核心任务是对微地震事件信号反演得到事件发生的空间位置和发震时间，根据事件的坐标以及时间信息推测更多的裂缝参数。尽管反演多解性问题普遍存在，但是目前许多微地震定位方法对某一类微地震信号特征已经具有了较高的适应性。

根据不同的计算方法，微地震定位方法主要分为两类：一类是基于同类型波（P波）与检波器之间的时间差，或基于特殊类型波（P波和S波）的极化分析定位算法。这类算法的主要优势是计算效率高，并且理论上一定存在震源的解析解，但速度模型一般只能采用无分层等效速度模型。另一类是基于离散网格搜索算法。此类算法首先将压裂区域划分为多个网格点，将每个网格中心点视为微地震事件的潜在位置。其优点是可以使用更加复杂的速度模型，通过射线追踪或波动方程来获得每个网格中心点到每个检波器的走时时间。网格搜索法定位精度高，但也存在计算精度和效率失衡的问题。其中，网格搜索法又可分为拾取初至的微地震定位法和绕射振幅叠加微地震定位法。前者的优点是不受波形不一致的影响，适用于处理高信噪比的井下监测或地面监测数据。当信噪比较低时，需要对每个检波器信号采用振幅叠加的方法来抑制噪声。

2. 微地震震源特征

震源的基本类型主要分为三种：剪切源（DC）、爆炸源（ISO）和张列位错源（CLVD）。在震源机制反演研究中常用到两种震源模型，一种是剪切错位模型，另一种是地震矩张量模型。剪切错位模型包含断层面的3个参数（即走向、倾角和滑动角）。地震矩张量为一个3×3的矩阵，描述震源在各方向上的力学分布（图6-2）。

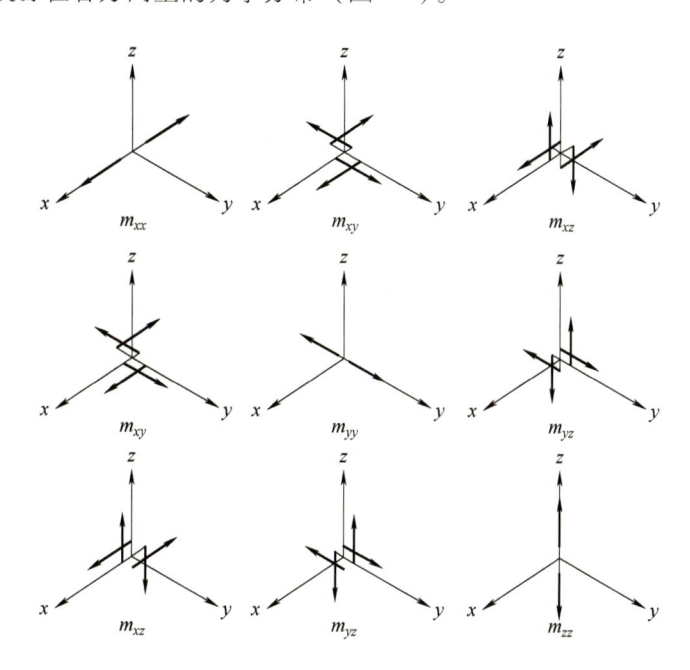

图 6-2 地震矩张量各分量作用示意图

注：m 为各方向地震矩张量的力偶。

三种震源剪切源（DC）、爆炸源（ISO）和张列位错源（CLVD）的矩张量表现形式为

$$\boldsymbol{m}_{DC} = \begin{pmatrix} 1 & 0 & 0 \\ 0 & 0 & 0 \\ 0 & 0 & -1 \end{pmatrix}, \boldsymbol{m}_{ISO} = \begin{pmatrix} 1 & 0 & 0 \\ 0 & 1 & 0 \\ 0 & 0 & 1 \end{pmatrix}, \boldsymbol{m}_{CLVD} = \begin{pmatrix} -1 & 0 & 0 \\ 0 & -1 & 0 \\ 0 & 0 & 2 \end{pmatrix} \tag{6-1}$$

剪切源（DC）作为矩张量的一个特例，其3个参数走向（φ）、倾角（λ）和滑动角（δ）与矩张量的关系为

$$\begin{cases} m_{xx} = -M_0(\sin\delta\cos\lambda\sin2\varphi + \sin2\delta\sin\lambda\sin^2\varphi) \\ m_{yy} = M_0(\sin\delta\cos\lambda\sin2\varphi - \sin2\delta\sin\lambda\cos^2\varphi) \\ m_{zz} = M_0(\sin2\delta\cos\lambda) \\ m_{xy} = M_0(\sin\delta\cos\lambda\cos2\varphi + 0.5\sin2\delta\sin\lambda\sin2\varphi) \\ m_{xz} = -M_0(\cos\delta\cos\lambda\cos\varphi + \cos2\delta\sin\lambda\sin\varphi) \\ m_{yz} = -M_0(\cos\delta\cos\lambda\sin\varphi - \cos2\delta\sin\lambda\cos\varphi) \end{cases} \tag{6-2}$$

矩张量与位移场的关系为

$$d_n(x,t) = G_{ni,j}(x,t;x_0,t_0) M_{ij} \qquad (6-3)$$

式中　　　　　$d_n(x,t)$——在位置 x，事件 t 处 n 方向上的位移；

　　　　　　　M_{ij}——矩张量成分；

格林函数 $G_{ni}(x,t;x_0,t_0)$——震源 x_0 在 t_0 时刻在方向 i 处产生的震源在位置 x 和时刻 t 在方向 n 上引起的位移；

　　　　　　　j——对格林函数在 j 方向上求导。

3. CCUS-微地震监测

CO_2 地质封存工程的微地震监测方法，相比于其他的监测技术手段，在发生泄漏的情况，具有及时预警的特性。与天然地震不同，流体诱发微地震活动具有强烈的时间和空间相关性，并受注入速率与压力控制，能够很好地反映当前储层状态。关于诱发地震的危险性评估，通行的是交通灯系统。CO_2 注入工程应用微地震监测技术也能够感知到天然地震的发生，与当地地震台网比对，有助于筛选是否存在由注入引起的断层滑动的诱发天然地震。定量分析 CCUS 注入工程中微地震事件震级、位置，以及与天然地震相关的时间序列和一定时间内微地震事件发生频次，能够判断注入的 CO_2 是否显著改变地下储层状态。

微地震事件发生以及震级大小与注入压力和岩石性质密切相关，而 CO_2 的注入也会引起岩石物理性质的变化。在评估 CO_2 封存项目诱发（微）地震活动的潜力或地下状态改变时，应考虑相关的耦合过程，其中包括储层岩石物理、流体力学，甚至热力学和化学等因素。这些不仅能够为模型模拟提供准确的参数和变化依据，也能给微震监测数据处理带来有效的模型基础。多技术的选择，时间与空间多尺度多物理系统的耦合与叠加，有利于建立融合性的储层盖层、断层监测与评价体系，为注入后地下稳定性提供更准确判别标准。

6.1.2　井间地震监测

井间地震是一种高效的地球物理勘探技术，常用于油气田勘探和开发设计，通过在两口井之间激发和接收地震波，以获取地下地层的高分辨率地质结构和物性信息。与传统的地面地震勘探相比，井间地震技术因其高分辨率和信噪比，在识别小规模地质目标方面表现出色，尤其在 CO_2 地质封存领域展现出广阔的应用前景。

井间地震基于地震波的传播特性展开。地震波在地下传播时，会受到地层界面的反射、折射和散射作用，从而携带了地下地层的结构和物性信息。通过在两口井中分别激发和接收地震波，可以获取两口井之间的地下地层信息。井间地震常用的激发方式有声波激发和爆炸激发两种，接收方式主要是使用地震检波器。在井间地震施工前，需要应用模型正演数据进行采集参数论证与施工设计，评价能否使用井间地震技术解决工区的地质问题。

1. 井间地震技术的原理

井间地震中一般采用基于炮集的叠前偏移进行成像，再根据入射角对成像数据进行角道集提取。这里根据局部角度域成像公式导出入射角，将叠前共炮点成像数据按照入射角进行排列，形成共成像点道集。具体方法的原理如下：

（1）逆时偏移原理　逆时偏移的主要原理是对地震记录波场从最大接收时刻进行逆时

外推直至零时刻，同时对震源波场从零时刻正向外推至最大接收时刻，从而得到从零时刻到最大接收时刻之间各个时刻的正推波场和逆推波场。再利用入射波到达反射点时间就是反射波产生时间这一关系，对正推波场和逆推波场在成像点处进行互相关，最终叠加得到成像剖面。在井间地震观测系统中，逆时偏移的定解问题可以表示为

$$\begin{cases} \dfrac{1}{v^2}\dfrac{\partial^2 P}{\partial t^2} = \dfrac{\partial^2 P}{\partial x^2} + \dfrac{\partial^2 P}{\partial z^2} \\ P(x,z,t)\big|_{t \geqslant T_{\max}} = 0 \\ P(x,z,t)\big|_{x=X_r} = R(x,z,t) \end{cases} \tag{6-4}$$

式中　　v——介质速度（m/s）；

　　　　P——质点应力波场；

　　　　R——反射波波场；

　　　　x——与震源的横向距离（m）；

　　　　z——与地面的纵向深度（m）；

　　　　t——时间（s）；

　　　　$T_{\max}$——最大接收时间（s）；

　　　　X_r——激发井与接收井之间的横向距离（m）。

在进行波场外推延拓时，需要考虑波场计算的稳定性和频散问题。一般通过差分网格划分时适当减小网格长度来满足稳定性条件；对于频散问题，则通过提高有限差分的阶数来解决。在高阶差分格式中，时间步长可以适当增大，这能够在不影响精度的前提下有效地降低频散现象。综上，要解决频散问题，使用高阶差分、减小网格间距或者对离散的差分算子进行校正都是可行的，这表示在满足稳定性条件的前提下解决频散问题，需要根据实际情况合理地权衡精度与计算效率。

对于井间反射界面上一点(x,z)，用$S(x,z,t)$表示震源外推延拓得到的入射波波场，用$R(x,z,t)$表示检波点接收波场经过外推延拓得到的反射波波场，利用时间一致性原理，即震源激发的入射波波场与检波点接收到的反射波波场在反射界面点(x,z)处时间和空间上都是重合的，可以得到逆时偏移互相关成像条件为

$$I(x,z) = \sum_s \sum_t S(x,z,t) R(x,z,t_{\max}-t) \tag{6-5}$$

（2）角道集计算　基于叠前逆时偏移波场计算入射角度的方法一般分为以下3种：地下局部偏移距法、时移成像条件法、波场分离法。在正演时这里采用标量二阶速度-应力波动方程，因此，在进行角度域共成像点道集的时候可应用地下局部偏移距法求取角度，该方法的优点是只需要增加计算角度的步骤，即可得到角道集。

为了应用地下局部偏移距法提取角道集，需要修改成像条件得到偏移距域共成像点道集。针对井间地震这种特殊的观测系统，检波器的横向位置不变化，变化的是检波器的深度。引入h偏移距参数后的上式成像条件可改写为

$$I(x,z,h) = \sum_s \sum_t S(x-h,z,t) R(x+h,z,t_{\max}-t) \tag{6-6}$$

如图6-3所示，在井间地震观测中炮点与检波点之间的横向距离为定值H，炮点与检波

点不在同一深度上，因此反射点到炮点之间的距离与反射点到检波点之间的距离不相等。在提取局部偏移距域共成像点道集时，对于局部半偏移距 h 的取值范围需要同时考虑反射点横坐标 x 与炮点和检波点之间的距离 H 两个因素。

由图 6-3 可知，对于反射界面上任意一点 (x,z)，其局部偏移距 h 的取值范围为 0 到 x 和 $H-x$ 之间的最小值，由此得到井间观测系统下的局部偏移距域成像条件为

$$\begin{cases} I(x,z,h) = \sum_s \sum_t S(x-h,z,t) R(x+h,z,t_{\max}-t) \\ h = [0, \min(x, H-x)] \end{cases} \quad (6-7)$$

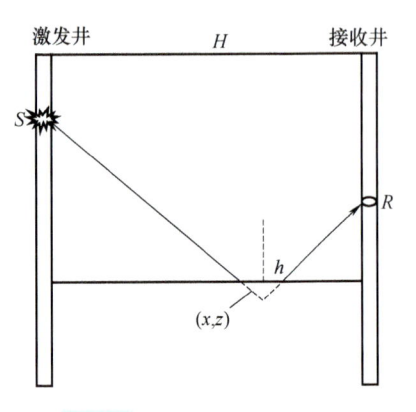

图 6-3 井间地震半偏移距

可见，对于不同横向位置的反射点，所得到的偏移距域共成像点道集范围也是不一样的，反射点越靠近中点位置，偏移距域共成像点道集中所包含的信息也越丰富。

对式（6-7）中得到的结果进行二维傅里叶变换后，可以将其转换到波数域，得到偏移距波数 k_h 和深度波数 k_z。地震波传播角度可以利用波数计算得到，其计算公式为

$$\tan\alpha = -\frac{\partial z}{\partial h}\bigg|_{t,x} = -\frac{|k_h|}{k_z} \quad (6-8)$$

式中 α——所求的入射角。

2. 井间地震技术的应用

井间地震技术是一种将震源和检波器都放置在井中的地震勘探方法，它利用强大的激发系统和宽频带特性，避免了地表低降速带对信号的衰减，从而获得了高信噪比和高分辨率的资料。该技术特别适用于对井间小尺度地质结构进行精细成像，能够精确描述和识别井间构造和储层特征。井间地震资料因其特殊的激发和接收方式，拥有高频率和良好的信噪比，能够有效地解释井间地质现象，特别是在解决薄互层、储层连通性等复杂储层 CO_2 监测问题方面表现出色。井间地震资料与测井数据都是深度域的信息，通过对比分析可以揭示井间横向联系，但要结合地面地震资料的反射特征，通过精细速度模型转换和合成地震记录进行标定，以增强解释并建立时间域的反射特征。

井间地震技术的方法主要包括数据采集、数据处理和地质解释等步骤（图 6-4）。数据采集是指在两口井中分别激发和接收地震波，获取井间地震数据。数据处理是对采集到的地震数据进行去噪、滤波、叠加等处理，提高数据的分辨率和信噪比。地质解释是根据处理后的地震数据，结合地质、地球物理和工程资料，进行地层的地质结构和物性解释，为 CO_2 地质封存提供科学依据。

井间地震的仪器主要包括地震激发源、地震检波器和数据采集系统。地震激发源用于在一口井中产生地震波，常用的激发源有声波激发源和爆炸激发源。声波激发源使用高压气体或水柱驱动声波发生器，产生高频声波；爆炸激发源则使用炸药或其他爆炸物，产生低频地震波。地震检波器用于在另一口井中接收地震波，常用的检波器有速度型检波器和加速度型检波器。数据采集系统用于实时采集和记录地震检波器接收到的地震波信号，通常包括地震数据采集仪、数据存储器和计算机等设备。

第 6 章　二氧化碳地质封存地球物理监测

```
参数论证与施工设计 ──→ 质量监控
        ↓
    数据采集 ──→ 射线路径覆盖次数显示
              正演理论记录显示
        ↓
    数据整理 ──→ 共炮点记录显示
              共检波点记录显示
        ↓
    初至拾取 ──→ 不同道集初至显示
              初至拉平放大显示
        ↓
   三分量旋转 ──→ 水平定向和极化角求取监控
              旋转前后记录对比分析
        ↓
    振幅处理 ──→ 振幅一致性记录显示
              振幅补偿记录显示
        ↓
    去噪处理 ──→ 去噪前后记录对比
              去除的噪声显示
        ↓
    波场分离 ──→ 波场分离前后波场显示
        ↓
    反褶积 ──→ 反褶积前后显示
              反褶积因子显示
        ↓
    速度建模 ──→ 速度模型显示
              速度建模依据显示
        ↓
   反射波成像 ──→ 反射波成像结果显示
              成像与地面地震镶嵌显示
        ↓
   综合反演解释
```

图 6-4　井间地震技术实施流程

6.1.3　时移 VSP 监测

CO_2 运移前缘预测是 CO_2 驱油及封存安全性研究的关键之一。时移地震油藏监测和检测技术把地质学、地球物理学、岩石物理学、油藏工程学综合起来，利用时移地震、油藏描述、油藏模拟、计算机可视化等技术实现了由油藏的静态描述向动态检测和预测的转变。它对搞清地下储层非均质性、地下油气的运移趋势、死油区等问题有独特的优势，被业界认为是一种提高油田采收率较有效的方法。时移地震技术主要包括四维地震技术、时移 VSP 技术等。其中时移 VSP 技术应用井内检波器与地面震源来进行数据采集，以提供井眼附近的相关信息。它减少了表层低速带对地震波高频信号的衰减作用，使得接收的地震信号比地面地震有更高的分辨率。将该技术应用到 CO_2 驱油监测当中，可以获取井眼附近注气前后 CO_2 运移等相关信息，进而为 CO_2 驱油效果评价提供依据。而且与四维地震相比，该技术具有更高的分辨率和更好的经济可行性。我国神华 CCS 示范区、延长杏子川 CCUS 示范区等均利用时移 VSP 成功预测了 CO_2 地下运移范围，展现了时移 VSP 地震勘探技术在 CCUS 项目中的应用潜力。

1. VSP 资料采集

VSP 在地表激发地震波，在井内利用检波器接收地震波，即在垂直方向观测人工场，然后对所观测得到的资料经过校正、叠加、滤波等处理，最终得到垂直地震剖面。

根据 VSP 观测系统的主要特点可以分为以下几类。首先，按井源距不同可以分为固定井源距、移动井源距、多变井源距、井间观测系统；其次，按井下检波器布设间距不同分为等间距、不等间距、大间距观测系统；最后，按震源、检波器和井三者空间位置组合关系分为零井源距（零偏移距）、固定非零井源距（非零偏移距）、变井源距（Walkaway VSP）、环形（Walkaround VSP）观测系统（图 6-5）。

（1）零偏移距 VSP　这是目前最为简单和传统的一种观测系统，一般指将激发点放置在观测井口 150m 以内的一种观测方式。图 6-5a 为零偏移距观测系统示意图，这种观测方式虽然简单，但提供的速度曲线和时深关系等参数却较准确。用零偏移距获得的资料，在纵向上有较高的分辨力，但在横向上仅是一个菲涅尔带的反射。

（2）非零偏移距 VSP　如图 6-5b 所示，是指将炮点布置在离井口稍远的固定位置激发、井中接收的 VSP 技术。该方法的偏移距可以达到数百米，是一种扩大勘探范围的地面激发、井中接收的二维 VSP 观测系统。

非零井源距 VSP 资料主要用于以下两个方面：

1）用非零井源距 VSP 资料研究井孔附近的构造细节。就观测井周围地质情况的水平分辨率而言，VSP 资料要比地面地震资料更高。因为 VSP 观测直接靠近研究对象，对地质现象的观测更细。VSP 资料水平分辨率高的另一个原因是，VSP 震源与检波器布置方式所产生的第一个菲涅尔带，要比地面地震资料采用的震源与检波器布置方式所产生的第一个菲涅尔带要小。由于 VSP 记录的道间距比地面记录的道间距小得多，因此在 VSP 剖面上能发现的地质细节，要比地面地震剖面上多得多。

2）利用 VSP 纵、横波资料求取岩石物性参数。在非零井源距 VSP 勘探中，通过适当的观测系统设计，井中三分量检波器一般都可以接收到较强的转换横波信息，借此可以求取岩石物性参数，如纵横波速度比、泊松比、体积模量、切变模量等。

（3）Walkaway VSP　如图 6-5c 所示，将不同的测线设置在地表，使震源在测线之上进行逐一激发、多级检波器在井中同时接收的一种二维 VSP 观测系统，是一项变井源距井筒物探技术。由于可接收到不同入射角的反射信息，这种观测方式提供了丰富的地震信息，有利于 AVO 的分析并且可以提高地震剖面的分辨率。

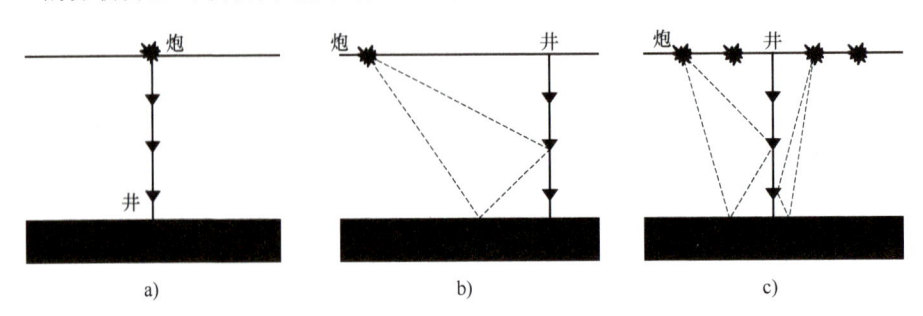

图 6-5　VSP 观测系统示意图

a）零偏移距 VSP　b）非零偏移距 VSP　c）Walkaway VSP

2. VSP 资料处理

（1）零偏移距 VSP 资料处理　零偏移距 VSP 资料处理的目的主要是拾取高精度初至时

间和上、下行 P 波的分离。分离出上行反射 P 波波场并制作走廊叠加，分离出下行 P 波并提取子波，利用初至时间计算准确的地层速度等参数，为地面地震资料反射波组的准确标定和解释提供可靠的依据，为进一步钻前预测提供基础资料。设计合理的处理流程、压制各种干扰，是做好上、下行波波场分离的关键。零偏移距 VSP 资料处理流程如图 6-6 所示。

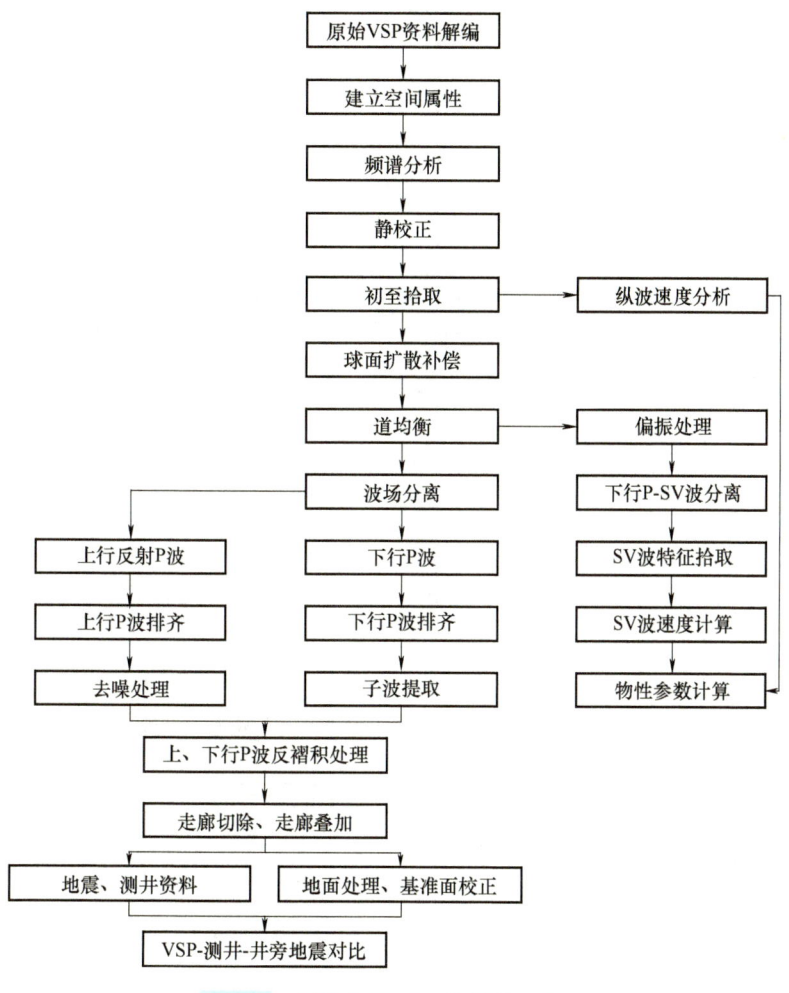

```
原始VSP资料解编
        ↓
   建立空间属性
        ↓
     频谱分析
        ↓
      静校正
        ↓
     初至拾取 ────→ 纵波速度分析
        ↓                  ↑
   球面扩散补偿              │
        ↓                  │
      道均衡 ────→  偏振处理  │
        ↓                  ↓
     波场分离 ────→ 下行P-SV波分离
     ↓    ↓              ↓
  上行反射P波  下行P波    SV波特征拾取
     ↓      ↓            ↓
  上行P波排齐 下行P波排齐  SV波速度计算
     ↓      ↓            ↓
  去噪处理   子波提取    物性参数计算
        ↓
  上、下行P波反褶积处理
        ↓
  走廊切除、走廊叠加
     ↓           ↓
 地震、测井资料  地面处理、基准面校正
        ↓
  VSP-测井-井旁地震对比
```

图 6-6　零偏移距 VSP 资料处理流程

（2）环形 VSP 资料处理　环形 VSP 资料就是多个方位的非零偏 VSP，资料处理流程如图 6-7 所示。

（3）变偏移距 VSP 资料处理　变偏移距 VSP 资料就是不同偏移距的非零偏移距 VSP 资料，变偏移距 VSP 与非零偏移距 VSP 处理类似，处理流程如图 6-8 所示。

（4）VSP 资料处理一致性处理　理想条件下，两次不同时期采集的 VSP 数据（时间、振幅、速度、频率）应保持一致，地震信号的变化是由于 CO_2 运移及封存等储层变化引起。实际生产中，很多因素会导致时移数据的不一致性。VSP 资料中引起不一致性的非储层因素分为采集因素和处理因素，需要通过合理的野外施工安排和室内的一致性分析处理来减少数据的不一致。

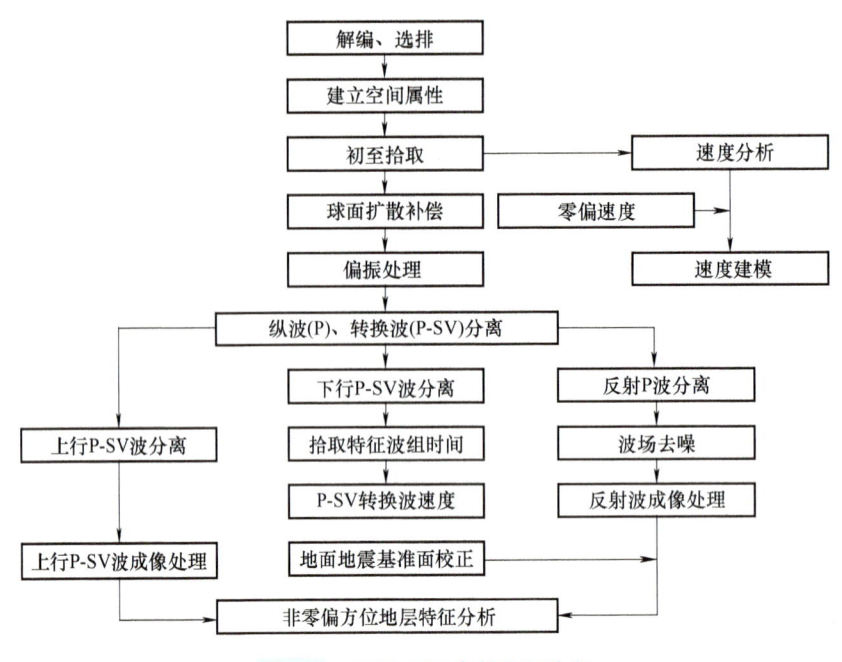

图 6-7 环形 VSP 资料处理流程

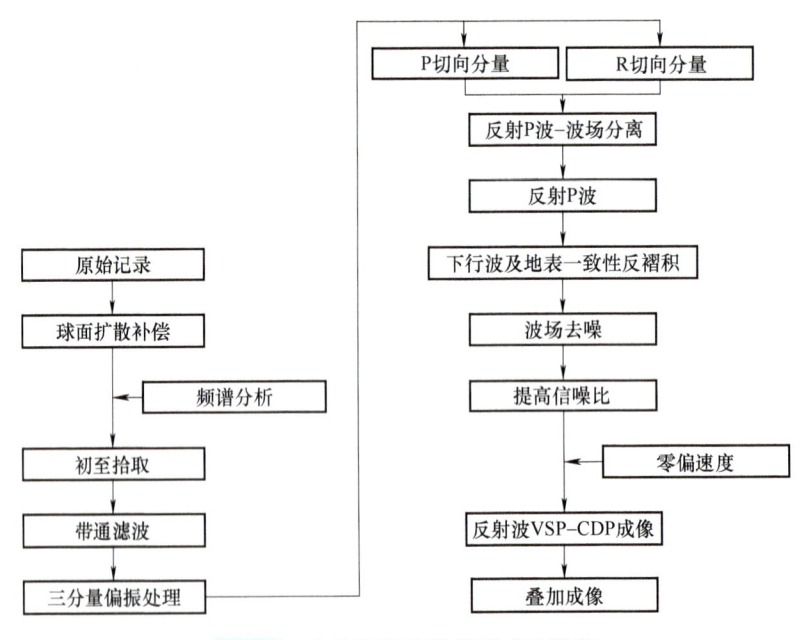

图 6-8 变偏移距 VSP 资料处理流程

在野外施工阶段采取科学合适的方法（包括相同采集设备、施工参数和施工季节等），尽量避免或减小采集阶段带来的不一致性。

时移 VSP 资料一致性处理技术可以消除非储层因素引起的不一致性差异，包括同期和多期之间两部分处理内容。

1) 时移 VSP 资料单炮内一致性校正技术。由于检波器串级数限制，单炮资料是通过上提检波器串并配合三次激发得到,某些单炮资料的三次激发子波之间存在明显的不一致现象,因此,需要对单炮资料的子波进行整形,匹配子波的频率、相位等。利用单炮资料中子波明显不一致的相邻两道(校正直达波时差),采用 Wiener-Levinson 算法提取滤波器算子即

$$\begin{pmatrix} r_{xx}(0) & r_{xx}(1) & \cdots & r_{xx}(m) \\ r_{xx}(1) & r_{xx}(0) & \cdots & r_{xx}(m-1) \\ \vdots & \vdots & & \vdots \\ r_{xx}(m) & r_{xx}(m-1) & \cdots & r_{xx}(0) \end{pmatrix} \begin{pmatrix} h(0) \\ h(1) \\ \vdots \\ h(m) \end{pmatrix} = \begin{pmatrix} r_{dx}(0) \\ r_{dx}(1) \\ \vdots \\ r_{dx}(m) \end{pmatrix} \quad (6-9)$$

式中 r_{xx}——输入道 $x(t)$ 的自相关;

r_{dx}——输出道 $d(t)$ 与 $x(t)$ 的互相关;

$h(t)$——滤波器算子。

最后,通过褶积处理,对单炮内子波的不一致情况进行校正。

2) 多期时移 VSP 资料间一致性校正技术。同一地区在不同时间采集的 VSP 数据,从剖面上看,主要的波组特征形态等基本一致,但仍存在明显差异。这些差异少部分是由于 CO_2 注入引起的,更多的则是由于采集、处理等其他因素引起的,因此必须消除这部分差异,对两个数据体进行归一化。针对不可重复因素导致时移地震信号中的差异,进行一致性分析研究,获得两期(或多期)数据在时间、振幅、相位和频率的差异性,指导后续 VSP 数据的归一化校正处理,获得真正由于注气引起的地震属性差异。

时移 VSP 和地震数据的时间、振幅、频率和相位归一化是时移地震数据处理的主要方面,是时移地震成功与否的关键。以下简要介绍一致性处理方法。

同一地区不同时期地震数据分别为 $G^{Y1}(t)$,$G^{Y2}(t)$,选取归一化算子 P,通过极小化泛函组:$E_{i,j}(t) = \| G_{i,j}^{Y1}(t) - PG_{i,j}^{Y2}(t) \|$,得到算子组 $\{P_{i,j}\}$ 构成的算子 $P = \{P_{i,j}\}$。

为求泛函组极小值,考虑离散化处理方法,求一长度为 L 的匹配滤波器 $\{P(m)\}$,$m = 1$,$2,\cdots,L$,使得

$$E = \sum_k \left[G^{Y1}(t) - \sum_m P(m) G^{Y2}(k-m) \right]^2 = \min \quad (6-10)$$

计算泛函 E 关于 $P(n)$ 的 Frechet 导数 $\dfrac{\partial E}{\partial P(n)}$,$n = 1,2,\cdots,L$。

令 $\dfrac{\partial E}{\partial P(n)} = 0$,则可以获得关于求解匹配滤波器 $\{P(m)\}$ 的 L 个方程的方程组,即

$$\sum_m P(m) \left[\sum_k G^{Y2}(k-m) G^{Y2}(k-n) \right] = \sum_k G^{Y1}(k) G^{Y2}(k-n), \quad n = 1,2,\cdots,L \quad (6-11)$$

求解上述方程组,则可以计算获得的匹配滤波器 $\{P(m)\}$,$m = 1,2,\cdots,L$。用 $G_{\text{nor}}^{Y2}(k) = \sum_{m=1}^{L} P(m) G^{Y2}(k-m)$ 校正相应的地震剖面。

3. 基于时移 VSP 全波形反演的 CO_2 气驱前缘预测

CCS 通过捕获热电厂、化工厂等大量排放的 CO_2,通过压缩液化技术,将其封存在地下构造中。CO_2 作为一种优良的驱替剂,一方面可以改变油藏中原油和岩石的相互作用,降低油藏的黏度和表面张力,从而提高原油的流动性,增加采收率;另一方面能够将大量 CO_2

注入地下油藏中，从而减少 CO_2 排放大气中，减少温室气体的影响，实现碳封存和碳利用的双重效益。目前，加拿大的 Weyburn 油田、挪威的 Sleipner 气田，以及我国的延长油田、吉林油田、胜利油田等，均开展了 CO_2 地质封存的示范项目。在 CO_2 驱油与封存工程中，为确保注入效果、评估封存能力、优化驱油方案并确保注入过程中的环境安全，监测 CO_2 运移前缘具有重要意义。

(1) 全波形反演基本理论　地震全波形反演是地球物理学家获取岩石物性信息的重要方法，随着地震勘探研究的不断深入，这种方法越来越受到重视。全波形反演方法是一种通过迭代优化过程，将观测到的地震波形数据与模拟得到的地震波形数据进行匹配，从而反演地下介质的物理属性（如速度、密度等）的一种反演方法。其基于声波方程或弹性波方程，通过在地下介质中引入参数扰动，将模拟得到的波场与观测到的波场进行比较，计算二者之间的误差，然后利用优化算法（如梯度下降、共轭梯度等）调整参数扰动，使模拟波形逐步逼近观测波形，从而获得地下介质的物理属性。与其他反演方法相比，全波形反演使用全波场信息和更为完整的物理学规律，具有更高的空间分辨率，同时对参数较为敏感、计算成本高。

1) 目标函数。求解反演问题，需要通过目标函数来反映计算数据与观测数据的匹配程度。L2 范数目标函数的数学表达式为数据残差的平方和，即

$$E = \frac{1}{2} \sum_{i=1}^{N} | \Delta d_i^* \Delta d_i | \tag{6-12}$$

L2 范数目标函数常用于平滑性约束，能够反演地下介质中的连续性结构，如层状结构和均匀介质区域，改善反演结果的空间连续性和稳定性。L2 范数目标函数具有产生平滑解的特性，对于噪声干扰较小的数据和光滑结构的反演较为适用，可防止过度拟合，能够提高反演的泛化能力。

2) 梯度计算。目标函数的梯度计算代表着模型的更新方向，是全波形反演的关键部分。计算目标函数的梯度是全波形反演中的计算成本最高的部分。梯度信息可以指示反演算法在参数空间中的搜索方向，从而引导反演过程朝着更接近真实模型的方向进行更新，提高反演的精度和稳定性，从而加速反演过程的收敛速度。合理的梯度计算方法可以提高反演的效率和准确性。

通过二维声波方程可得

$$\frac{1}{v(x)^2} \frac{\partial^2 p(x_r, t; x_s)}{\partial t^2} - \nabla^2 p(x_r, t; x_s) = s(x_r, t; x_s) \tag{6-13}$$

式中　x_r 与 x_s——代表检波器坐标与震源坐标；

$p(x_r, t; x_s)$——波场值；

$s(x_r, t; x_s)$——震源函数。

由式 (6-13) 定义格林函数为

$$\frac{1}{v^2(x)} \frac{\partial^2 G(x, t; x_s, t')}{\partial t^2} - \nabla^2 G(x, t; x_s, t') = \delta(x - x_s) \delta(t - t') \tag{6-14}$$

进而得到接收点波场的表达式为

$$p(x_r,t;x_s) = \int_V \mathrm{d}x G(x,t;x_s,0) \cdot s(x_r,t;x_s) \tag{6-15}$$

在速度上添加一个扰动，令 $v(x) = v(x) + \Delta v(x)$，则波场也会随之产生扰动，即 $p(x_r,t;x_s) = p(x_r,t;x_s) + \Delta p(x_r,t;x_s)$，此时声波方程变为

$$s(x_r,t;x_s) = \frac{1}{[v(x)+\Delta v(x)]^2} \cdot \frac{\partial^2[p(x_r,t;x_s)+\Delta p(x_r,t;x_s)]}{\partial t^2} - \nabla^2[p(x_r,t;x_s)+\Delta p(x_r,t;x_s)] \tag{6-16}$$

根据泰勒级数展开，得

$$\frac{1}{[v(x)+\Delta v(x)]^2} = \frac{1}{v^2(x)} - \frac{2\Delta v(x)}{v^3(x)} + O[\Delta v^3(x)] \tag{6-17}$$

将式（6-17）代入声波方程增加扰动后的变式中，并与声波方程做差，利用一阶波恩近似，忽略高阶项可得到

$$\frac{1}{v^3(x)}\frac{\partial^2 \Delta p(x_r,t;x_s)}{\partial t^2} - \nabla^2 \Delta p(x_r,t;x_s) = \frac{\partial^2 p(x_r,t;x_s)}{\partial t^2} \cdot \frac{2\Delta v(x)}{v^3(x)} \tag{6-18}$$

根据格林公式，式（6-18）中的波场扰动项 $\Delta p(x_r,t;x_s)$ 可以写为

$$\Delta p(x_r,t;x_s) = \int_V \mathrm{d}x G(x,t;x_s,0) \cdot \frac{\partial^2 p(x_r,t;x_s)}{\partial t^2} \cdot \frac{2\Delta v(x)}{v^3(x)} \tag{6-19}$$

根据导数定义，可推导出波场对速度的 Frechet 导数为

$$\frac{\partial p(x_r,t;x_s)}{\partial v(x)} = \frac{\partial \Delta p(x_r,t;x_s)}{\partial \Delta v(x)} = \int_V \mathrm{d}x G(x,t;x_s,0) \cdot \frac{\partial^2 p(x_r,t;x_s)}{\partial t^2} \cdot \frac{2}{v^3(x)} \tag{6-20}$$

根据多元复合函数求导法则 L2 范数目标函数梯度为

$$\nabla E(v) = \sum_{r=1}^{n_g} \sum_{s=1}^{n_s} \int_0^{t_{\max}} \mathrm{d}t \left[\frac{\partial E(v)}{\partial p_{\mathrm{cal}}(x_r,t;x_s)} \cdot \frac{\partial p_{\mathrm{cal}}(x_r,t;x_s)}{\partial v(x)} \right] \tag{6-21}$$

式中 n_s ——震源数；

n_g ——检波器数。

将波场对速度的 Frechet 导数代入到 L2 范数的目标函数梯度中，并定义 $\Delta p(x_r,t;x_s)$ 为计算数据与观测数据的残差，则目标函数的梯度可以表示为

$$\nabla E(v) = \sum_{r=1}^{n_g} \sum_{s=1}^{n_s} \int_0^{t_{\max}} \mathrm{d}t \int_V \mathrm{d}x G(x,t;x_s,0) \cdot \frac{\partial^2 p(x_r,t;x_s)}{\partial t^2} \cdot \frac{2\Delta p(x_r,t;x_s)}{v^3(x)} \tag{6-22}$$

根据褶积性质可以得到

$$\nabla E(v) = \sum_{r=1}^{n_g} \sum_{s=1}^{n_s} \int_0^{t_{\max}} \mathrm{d}t \frac{\partial^2 p(x_r,t;x_s)}{\partial t^2} \cdot \frac{2}{v^3(x)} \int_V \mathrm{d}x G(x_r,-t;x,0) \cdot \Delta p(x_r,t;x_s) \tag{6-23}$$

根据格林函数互易定理，即

$$\nabla E(v) = \sum_{r=1}^{n_g} \sum_{s=1}^{n_s} \int_0^{t_{\max}} \mathrm{d}t \frac{\partial^2 p(x_r,t;x_s)}{\partial t^2} \cdot \frac{2}{v^3(x)} \int_V \mathrm{d}x G(x_r,0;x,t) \cdot \Delta p(x_r,t;x_s) \tag{6-24}$$

可以得到梯度的表达式为

$$\nabla E(v) = \frac{2}{v^3(x)} \sum_{r=1}^{n_g} \sum_{s=1}^{n_s} \int_0^{t_{\max}} \frac{\partial^2 p(x,t;x_s)}{\partial t^2} p_{\mathrm{res}}(x_r,t;x_s) \mathrm{d}t \tag{6-25}$$

式中，$p_{\text{res}}(x_r,t;x_s)$ 为波场残差的反传波场，其满足的方程为

$$\frac{1}{v(x)^2}\frac{\partial^2 p_{\text{res}}(x_r,t;x_s)}{\partial t^2}-\nabla^2 p_{\text{res}}(x_r,t;x_s)=\Delta p(x_r,t;x_s) \quad (6\text{-}26)$$

3）最优化方法。全波形反演本质上是一种局部优化，目前用于全波形反演的局部最优化方法有多种，其中包括牛顿法、拟牛顿法、最速下降法和共轭梯度法等，每种优化算法都有其独特的特点和局限性。

给出增加速度扰动后的目标函数表达式，即

$$E(v_0+\Delta v)=E(v_0)+\sum_{i=1}^{M}\frac{\partial E(v_0)}{\partial v_i}\Delta v_i+\frac{1}{2}\sum_{i=1}^{M}\sum_{j=1}^{M}\frac{\partial^2 E(v_0)}{\partial v_i \partial v_j}\Delta v_i \Delta v_j+O(\|\Delta v\|^3) \quad (6\text{-}27)$$

对速度 v 求导数可以得到

$$\frac{\partial E(v)}{\partial v_i}=\frac{\partial E(v_0)}{\partial v_i}+\sum_{j=1}^{M}\frac{\partial^2 E(v_0)}{\partial v_i \partial v_j}\Delta v_j \quad (6\text{-}28)$$

简化式（6-28），可得到

$$\frac{\partial E(v)}{\partial v}=\frac{\partial E(v_0)}{\partial v}+\frac{\partial^2 E(v_0)}{\partial v^2}\Delta v \quad (6\text{-}29)$$

进而可以得到

$$\Delta v=-\left(\frac{\partial^2 \boldsymbol{E}(v_0)}{\partial v^2}\right)^{-1}\frac{\partial \boldsymbol{E}(v_0)}{\partial v}=-\boldsymbol{H}^{-1}\nabla \boldsymbol{E}_v \quad (6\text{-}30)$$

式中 $\nabla \boldsymbol{E}_v$——梯度，其计算公式为式（6-31）；

$\boldsymbol{H}$——Hessian 矩阵，其计算公式为式（6-32）。

$$\nabla \boldsymbol{E}_v=\frac{\partial \boldsymbol{E}(v_0)}{\partial v}=\left[\frac{\partial E(v_0)}{\partial v_1},\frac{\partial E(v_0)}{\partial v_2},\cdots,\frac{\partial E(v_0)}{\partial v_M}\right]^{\mathrm{T}} \quad (6\text{-}31)$$

$$\boldsymbol{H}=\frac{\partial^2 \boldsymbol{E}(v_0)}{\partial v^2}=\left[\frac{\partial^2 E(v_0)}{\partial v_i \partial v_j}\right]=\begin{bmatrix}\dfrac{\partial^2 E(v_0)}{\partial v_1^2} & \dfrac{\partial^2 E(v_0)}{\partial v_1 v_2} & \cdots & \dfrac{\partial^2 E(v_0)}{\partial v_1 v_M} \\ \dfrac{\partial^2 E(v_0)}{\partial v_2 v_1} & \dfrac{\partial^2 E(v_0)}{\partial v_2^2} & \cdots & \dfrac{\partial^2 E(v_0)}{\partial v_2 v_M} \\ \vdots & \vdots & & \vdots \\ \dfrac{\partial^2 E(v_0)}{\partial v_M v_1} & \dfrac{\partial^2 E(v_0)}{\partial v_M v_2} & \cdots & \dfrac{\partial^2 E(v_0)}{\partial v_M^2}\end{bmatrix} \quad (6\text{-}32)$$

对 L2 范数的目标函数进行求导，得

$$\begin{aligned}\frac{\partial \boldsymbol{E}(v)}{\partial v_i}&=\frac{1}{2}\sum_{r=1}^{n_g}\sum_{s=1}^{n_s}\int \mathrm{d}t\left[\left(\frac{\partial \boldsymbol{p}_{\text{cal}}}{\partial v_i}\right)(\boldsymbol{p}_{\text{cal}}-\boldsymbol{p}_{\text{obs}})^*+\left(\frac{\partial \boldsymbol{p}_{\text{cal}}}{\partial v_i}\right)^*(\boldsymbol{p}_{\text{cal}}-\boldsymbol{p}_{\text{obs}})\right]\\ &=\sum_{r=1}^{n_g}\sum_{s=1}^{n_s}\int \mathrm{d}t\operatorname{Re}\left[\left(\frac{\partial \boldsymbol{p}_{\text{cal}}}{\partial v_i}\right)^*\Delta \boldsymbol{p}\right]\\ &=\operatorname{Re}\left[\left(\frac{\partial \boldsymbol{p}_{\text{cal}}}{\partial v_i}\right)^{\mathrm{T}}\Delta \boldsymbol{p}\right]=\operatorname{Re}\left[\left(\frac{\partial \boldsymbol{f}(m)}{\partial v_i}\right)^{\mathrm{T}}\Delta \boldsymbol{p}\right]\end{aligned} \quad (6\text{-}33)$$

式中 $\boldsymbol{p}_{cal}$——预测值；

$\boldsymbol{p}_{obs}$——实际观测值。

式（6-33）表明

$$\nabla \boldsymbol{E}_v = \nabla \boldsymbol{E}(v) = \frac{\partial \boldsymbol{E}(v)}{\partial v_i} = \text{Re}\left[\left(\frac{\partial \boldsymbol{f}(m)}{\partial v_i}\right)^{\text{T}} \Delta \boldsymbol{p}\right] = \text{Re}[\boldsymbol{J}^{\text{T}} \Delta \boldsymbol{p}] \tag{6-34}$$

式中 Re——实部；

$\boldsymbol{J}$——Jacobian 矩阵，$\boldsymbol{J} = \dfrac{\partial \boldsymbol{p}_{cal}}{\partial v_i} = \dfrac{\partial \boldsymbol{f}(m)}{\partial v_i}$。

上述梯度表达式关于模型参数的微分为 Hessian 矩阵，即

$$\begin{aligned} H_{i,j} &= \frac{\partial^2 \boldsymbol{E}(m)}{\partial m_i \partial m_j} = \frac{\partial}{\partial m_j}\left(\frac{\partial \boldsymbol{E}(m)}{\partial m_i}\right) = \frac{\partial}{\partial m_j}\text{Re}\left[\left(\frac{\partial \boldsymbol{p}_{cal}}{\partial m_i}\right)^{\text{T}} \Delta \boldsymbol{p}\right] \\ &= \frac{\partial}{\partial m_j}\text{Re}\left[\left(\frac{\partial \boldsymbol{p}_{cal}}{\partial m_i}\right)^{\text{T}} \Delta \boldsymbol{p}^*\right] = \text{Re}\left[\frac{\partial}{\partial m_j}\left(\frac{\partial \boldsymbol{p}_{cal}}{\partial m_i}\right)^{\text{T}} \Delta \boldsymbol{p}^*\right] + \text{Re}\left[\frac{\partial \boldsymbol{p}_{cal}^{\text{T}}}{\partial m_i}\frac{\partial \boldsymbol{p}_{cal}}{\partial m_j}\right] \end{aligned} \tag{6-35}$$

式（6-35）可以简化为

$$\boldsymbol{H} = \frac{\partial^2 \boldsymbol{E}(v)}{\partial v^2} = \text{Re}[\boldsymbol{J}^{\text{T}}\boldsymbol{J}] + \text{Re}\left[\frac{\partial \boldsymbol{J}^{\text{T}}}{\partial v^{\text{T}}}(\Delta \boldsymbol{p}^*, \Delta \boldsymbol{p}^*, \cdots, \Delta \boldsymbol{p}^*)\right] \tag{6-36}$$

在许多非线性反演问题中，后面的二阶项被忽略了，采取此方式来获得近似 Hessian 矩阵。式（6-36）将变为波场求导后的自相关。进而可得

$$\Delta v = -\boldsymbol{H}^{-1}\nabla \boldsymbol{E}_v = -\boldsymbol{H}^{-1}\text{Re}[\boldsymbol{J}^{\text{T}}\Delta \boldsymbol{p}] \tag{6-37}$$

求解上述方程的方法被称为 Gauss-Newton 法。为避免奇异性，保证算法稳定，令 $\boldsymbol{H} = \boldsymbol{H}_a + \eta \boldsymbol{I}$，可得

$$\Delta v = -\boldsymbol{H}^{-1}\nabla \boldsymbol{E}_v = -(\boldsymbol{H}_a + \eta \boldsymbol{I})^{-1}\text{Re}[\boldsymbol{J}^{\text{T}}\Delta \boldsymbol{p}] \tag{6-38}$$

在第 k 次循环中，目标函数可用二阶泰勒展开表示，即

$$\begin{aligned} \boldsymbol{E}(m_{k+1}) = \boldsymbol{E}(m_k - \alpha_k \nabla \boldsymbol{E}(m_k)) = \boldsymbol{E}(m_k) - \alpha_k \langle \nabla \boldsymbol{E}(m_k), \nabla \boldsymbol{E}(m_k) \rangle + \\ \frac{1}{2}\alpha_k^2 \nabla \boldsymbol{E}(m_k)^{\text{T}}\boldsymbol{H}_k \nabla \boldsymbol{E}(m_k) \end{aligned} \tag{6-39}$$

牛顿类方法由于具有二阶局部收敛性，能够迅速收敛到最优解，且对目标函数的非线性有较强的适应性。然而，牛顿法在每次迭代中需要计算目标函数的二阶导数信息，计算复杂，尤其在处理大规模地震数据和复杂地下介质模型时将大幅提高计算成本。

共轭梯度法是一种在地震勘探和全波形反演中常用的迭代优化算法。与传统的梯度下降法不同，共轭梯度法利用了目标函数的梯度信息和历史搜索方向的共轭性，从而在搜索空间中以更加高效的方式进行参数更新。这种共轭性是通过计算目标函数的梯度向量和搜索方向向量的点积来保持的，从而保证了迭代过程的高效性。与牛顿法相比，共轭梯度法不需要计算目标函数的二阶导数信息，从而减少了计算量和存储需求。这有利于处理高维数据和复杂模型的问题。

共轭梯度法模型更新公式为

$$v_{k+1} = v_k + \alpha_k \boldsymbol{d}_k \tag{6-40}$$

共轭梯度算法沿共轭梯度方向使目标函数逐渐减小。其中 α_k 表示步长，d_k 表示共轭梯度方向。共轭梯度方向可由式（6-41）进行求取：

$$d_k = \begin{cases} -\nabla E(v_0) & k=0 \\ -\nabla E(v_k) + \beta_k d_{k-1} & k \geq 1 \end{cases} \quad (6\text{-}41)$$

式中，β_k 可有多种方法进行求取，如式（6-42）的 HS 法、FR 法、PRP 法、CD 法、DY 法等。

$$\begin{cases} \beta_k^{HS} = \dfrac{\langle \nabla E(v_k), \nabla E(v_k) - \nabla E(v_{k-1}) \rangle}{\langle d_{k-1}, \nabla E(v_k) - \nabla E(v_{k-1}) \rangle} \\[6pt] \beta_k^{FR} = \dfrac{\langle \nabla E(v_k), \nabla E(v_k) \rangle}{\langle \nabla E(v_{k-1}), -\nabla E(v_{k-1}) \rangle} \\[6pt] \beta_k^{PRP} = \dfrac{\langle \nabla E(v_k), \nabla E(v_k) - \nabla E(v_{k-1}) \rangle}{\langle \nabla E(v_{k-1}), \nabla E(v_{k-1}) \rangle} \\[6pt] \beta_k^{CD} = -\dfrac{\langle \nabla E(v_k), \nabla E(v_k) \rangle}{\langle d_{k-1}, \nabla E(v_{k-1}) \rangle} \\[6pt] \beta_k^{DY} = \dfrac{\langle \nabla E(v_k), \nabla E(v_k) \rangle}{\langle d_{k-1}, \nabla E(v_k) - \nabla E(v_{k-1}) \rangle} \end{cases} \quad (6\text{-}42)$$

为保证全局的收敛性，β_k 的更新采取 HS 法与 DY 法的混合共轭梯度法，即

$$\beta_k = \max[0, \min(\beta_k^{HS}, \beta_k^{DY})] \quad (6\text{-}43)$$

（2）CO_2 运移时移 VSP-FWI 监测方法　　井地联合全波形反演可有效结合 VSP 与常规地面地震的优势，理论上可有效监测 CO_2 气驱前缘。以下根据我国西部某实际 CO_2 气驱油田工区已知的地质资料，开展了基于时移 VSP-FWI 的 CO_2 运移监测研究。

首先根据工区测井零偏 VSP 实际资料的时深关系，针对大套地质层序段进行了大套地质层的层速度计算，即

$$V_N = \frac{H_{i+1} - H_i}{T_{i+1} - T_i} \quad (6\text{-}44)$$

可得到大套地质层层速度，如图 6-9 所示。

根据大套地质层速度建立 CO_2 注入前的模型如下，称该模型为基线模型（图 6-10）。模型采用 300×135 数量网格构建，网格点

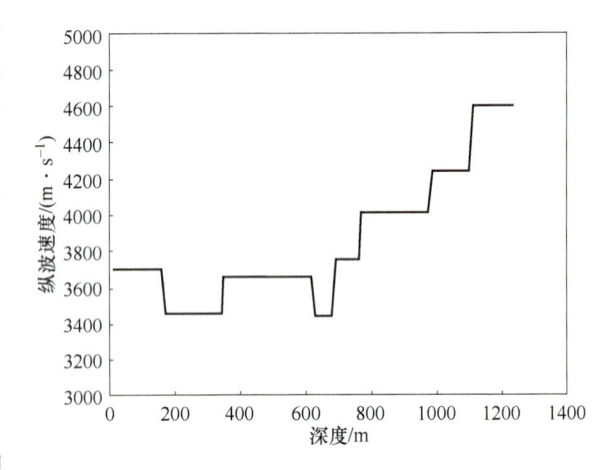

图 6-9　大套地质层层速度

大小为 $dx = dz = 10m$。模型中深度 1100～1240m 为目的层。常规地面地震观测系统共激发 100 炮，炮间距为 $dx = 30m$；自 $x = 0m$ 处开始激发，震源子波 20Hz；100 个地面检波器同时接受，检波器间距 $dx = 30m$，$dz = 0m$。垂直地震剖面共激发 100 炮，炮间距为 $dx = 30m$；自 $x = 0m$ 处开始激发，震源子波 30Hz；共设置 110 个井中检波器同时接收，检波器间距 $dx = 0m$，$dz = 10m$。

使用流体替换方法可以明确理论模型和实际井资料在二氧化碳驱油过程中的岩石物理参数变化和地震响应特征变化。由于目前缺乏对研究区驱油过程中实际二氧化碳相变的模拟和实测数据,因此,首先从理论分析入手。研究发现二氧化碳气体能够驱替岩石孔隙中的液态油,并以超临界状态填充岩石孔隙,因此,常用的流体替代方法包括 Gassmann 方程法、Xu-White 模型法等。

Gassmann 方程是由波动方程推导而来的,用于计算饱和流体孔隙介质的体积模量。该方程分为干岩和流体两个分量。其中,干岩体积模量是岩石骨架的函数,与孔隙流体的特性无关。利用已知的固体基质、骨架和孔隙流体体积模量来计算。无论岩石孔隙中含有油气或是完全水饱和,计算纵波速度 V_p 时 K_dry 和 μ_dry 保持不变。干岩模量和孔隙度相关联,若孔隙度发生变化,则需重新计算 K_dry 和 μ_dry,其计算公式为

$$\rho V_\mathrm{P}^2 = K_\mathrm{dry} + \frac{4}{3}\mu_\mathrm{dry} + \frac{(1-K_\mathrm{dry}/K_\mathrm{ma})^2}{(1-\varphi-K_\mathrm{dry}/K_\mathrm{ma})/K_\mathrm{ma}+\varphi/K_\mathrm{fL}} \tag{6-45}$$

式中 K_dry——干岩体积模量(GPa);

K_ma——岩石基质的体积模量(GPa);

K_fL——流体的岩石体积模量(GPa);

μ_dry——干岩切变模量(GPa);

V_P——纵波速度(m/s);

φ——孔隙度(%)。

Xu-White 模型考虑了泥质砂岩中饱和孔隙流体的存在,假设岩石孔隙主要由泥岩和砂岩孔隙组成。该模型首先使用 Kuster-Toksz 模型确定岩石骨架的弹性模量,然后基于 Gassmann 方程计算了饱和孔隙流体的岩石等效体积模量和剪切模量,并进一步计算了纵波和横波速度。

通过对已知资料的分析,可知观测井附近目的地层属于低孔隙度、低渗透率地层,孔隙度为 7%~12%,平均孔隙度 9.6%。计算得到 CO_2 注入后的模型如图 6-11 所示,为了模拟不同 CO_2 注入时期的情况,设计了两个 CO_2 不同运移范

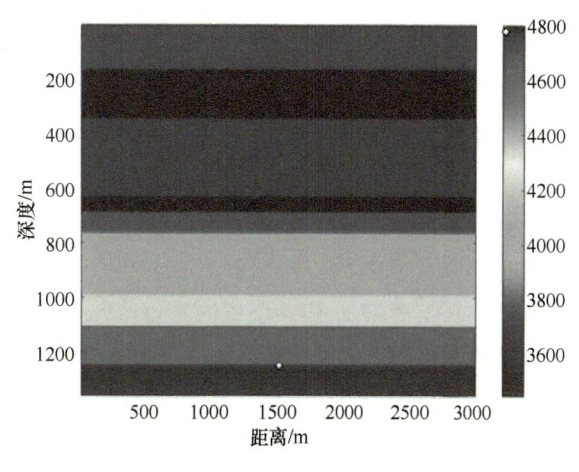

图 6-10 基线模型

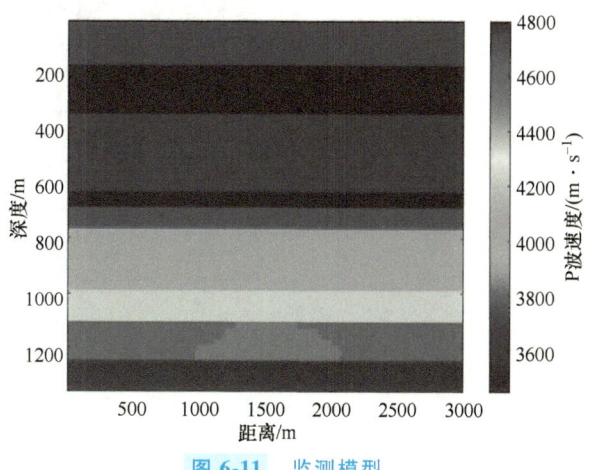

图 6-11 监测模型

围的模型。

常见的时移地震全波形反演策略包括分别反演和连续反演。

分别反演是一种时移地震反演策略，它包括对两个数据体进行两次独立的反演，基础数据和监测数据采用相同的初始模型，对于两次不同时间采集数据体的采集参数没有很严格的要求。但是，由于两次独立反演，很容易引入较多的时移假象。

为了尽量将目标区域的时移差异反演出来并减小目标区域之外的时移假象，需要选择一个较好的初始模型。在反演过程中，大多数的时移差异比较小。因此，上一步反演得到的初始数据结果可以作为一个较好的初始模型，以达到更好的反演效果。相比分别反演，该反演策略的主要区别在于初始模型的选取。

为提高反演效率及反演效果，采用连续反演策略。时移 VSP 全波形反演的结果如图 6-12 所示。对比图 6-10 和图 6-11，差异体数据可以准确显示 CO_2 气驱前缘位置。说明利用时移 VSP 全波形反演，可以反映 CO_2 运移范围。

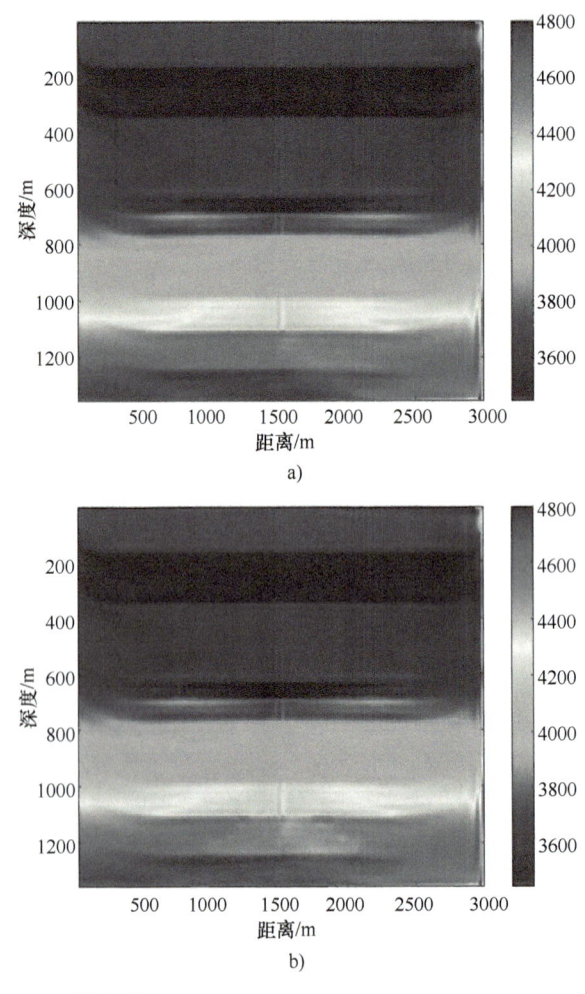

图 6-12　CO_2 气驱模型时移 VSP 反演结果

a) 基线数据 VSP 反演结果　b) 监测数据 VSP 反演结果

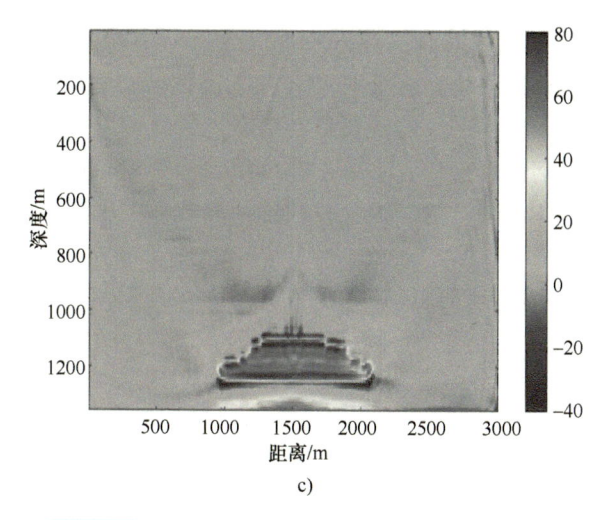

图 6-12 CO_2 气驱模型时移 VSP 反演结果（续）

c）数据之差

6.1.4 四维地震监测

CCS 技术中捕集技术相对成熟，主要存在的问题是如何降低捕集成本。而 CCS 最大的挑战就是如何确保 CO_2 安全地封存于地下，尤其是如何监测地质封存的安全性以及 CO_2 泄漏的风险。即使 CO_2 是用于提高石油采收率（EOR），监测也能够帮助我们通过控制注入过程来最大化提高采收率和 CO_2 封存量。现在正在进行或者已经计划好的 CCS 项目，其在 CO_2 提高采收率（EOR）中还有很大的成长空间。四维地震监测技术能够在安全和环境方面提供一些帮助，例如，注入的 CO_2 是否通过盖层泄漏，是否污染近地表含水层和是否到达地表。CO_2 是否泄漏本质上是一个探测的问题，而四维地震被认为可以通过对地下 CO_2 成像来达到这个目的，是研究这些地质特征最有效的手段。通过注入前后及不同注入阶段观测的四维地震资料振幅差异与旅行时差异的对比，可以确定 CO_2 在地下的分布状态及其 CO_2 驱油效果。

然而在实际情况中，由于四维地震数据是采集和处理是间隔一段时间的，所以两次采集的结果或多或少的会有一些差异。例如，地下水位的季节性变化会导致近地表的地层参数发生变化，采集环境的变化将造成噪声的变化，激发点的位置变化、激发方式变化会造成检波点接收到的能量分布的不一致与初至变化，接收仪器的型号差异也会产生不同的频谱组成和噪声，设计观测系统的差异也会使得两次地震数据重复性降低。采集的这些影响因素可能会导致反演解释结果毫无意义。还有的就是有些四维地震的采集年代相隔比较久远，即本底监测时间较早，随后续复杂油气田对参数的更高要求以及技术的革新，会使得地震参数不可能完全一致。这就要求必须在采集和处理上做到更好，从而将地震差异中的非储层变化因素降到最低。

1. 四维地震数据采集

四维地震勘探是通过重复多次三维地震观测进行的，与常规三维地震勘探相比，增加了时间维，即第四维，因此，观测得到的数据能体现地层随时间的变化规律。四维地震勘探的主要目的在于分析研究CO_2注入或油气开采中地层变化所引起的地震响应变化,并由地震响应变化反推岩层结构特性的变化,从而对CO_2注入进行动态监测与管理。

四维地震监测要求不同时间采集的地震资料要有一致性或可重复性。不一致或不重复的部分应当是由地质因素引起的真变化,不是由非地质因素影响导致的假象。但实际上不同时间采集要保证完全一致是非常困难的,因此,四维地震数据采集要将各种非地质因素引起的不一致降到低限度。

环境因素和采集方法是影响四维地震数据采集的主要因素,具体展开如下:

(1)环境因素 环境因素主要来自地面环境和环境噪声,如施工场地的建筑物、植被、风吹草动、人车行走、井场机器振动、工业电干扰等,它们可能是随机的,也可能是系统的。近地表环境如近地表的低速带和潜水面会随着时间和季节的变化发生变化,近地表的干燥或潮湿、潜水面的深浅会引起低速带的速度和厚度的变化,因此,近地表环境的变化会给不同时期的地震观测带来影响。在不同时期进行地震观测,要分析各种环境因素对数据可能造成的影响。

(2)采集方法 地震数据采集会因为仪器参数和采集参数的不同,导致地震信号出现差异,如信号振幅、能量分布和相位出现不一致性等。因此,不同时期进行观测,要求所采用的地震记录仪器、检波器以及激发震源等保持不变,同时要求测量定位精度、震源检波器组合方式、观测系统、激发井深、药量等采集参数要具有一致性,以避免采集方法不同对地震数据的影响。

四维地震涉及多次采集,多次采集之间是否具有可重复性是关键因素之一。因此,在采集时要确保采集环境、采集设备、采集参数等具有可重复性。

2. 四维地震资料数据处理

(1)三维地震数据处理 我国大部分CO_2封存地区的地表地震地质条件较复杂,一般存在如下问题和处理难点:

1)静校正问题。工区的浅层风化层和低降速给野外地震采集带来了一定难度,从而影响了野外原始资料的质量,存在一定的静校正问题。能否准确地计算低速带模型,进而求取精确的野外静校正量,是影响处理质量的关键。

2)高保真去噪问题。部分地震记录低频成分丰富,信噪比较低,资料反射波组较浅且品质较差。面波、线性噪声与有效反射波相互干涉,严重影响了反射波的品质,增加了地震成像的难度。

3)成像精度问题。获取准确的速度,选取偏移方法和提高偏移成像精度,是处理的主要目的之一。应结合地区的地质、解释成果,并且根据地震叠加剖面不断试验,不断修改速度模型,采用合理成像技术,解决好偏移归位问题。

要达到"提高信噪比、准确成像"的处理目标,做好以下几方面工作:①选择合适的噪声压制方法,采用叠前多域逐级压噪技术和浅层折射压噪技术,做到既能压制各种噪声,又能在保真的基础上加强目的层的有效波能量;②做好初至拾取、基准面静校正、剩余静校正与叠加速度分析迭代等基础工作,消除地表等因素对反射波时距曲线的影响;③精细建立偏移速度场,确保地质构造能准确成像。

为了达到"三高一准"的数据处理目标,设计三维地震资料的处理流程如图6-13所示。

第 6 章 二氧化碳地质封存地球物理监测

第一阶段
叠前道集处理

- 预处理及观测系统检测
- 噪声压制
- 地表一致性振幅补偿
- 噪声压制
- 地表一致性反褶积
- 噪声压制
- 速度分析和切除
- 地表一致性剩余静校正
- 噪声压制

（迭代）

第二阶段
叠前时间偏移处理

- 时间偏移速度建模
- 偏移参数选择
- 叠前时间偏移
- PSTM最终成果

图 6-13 三维地震资料的处理流程

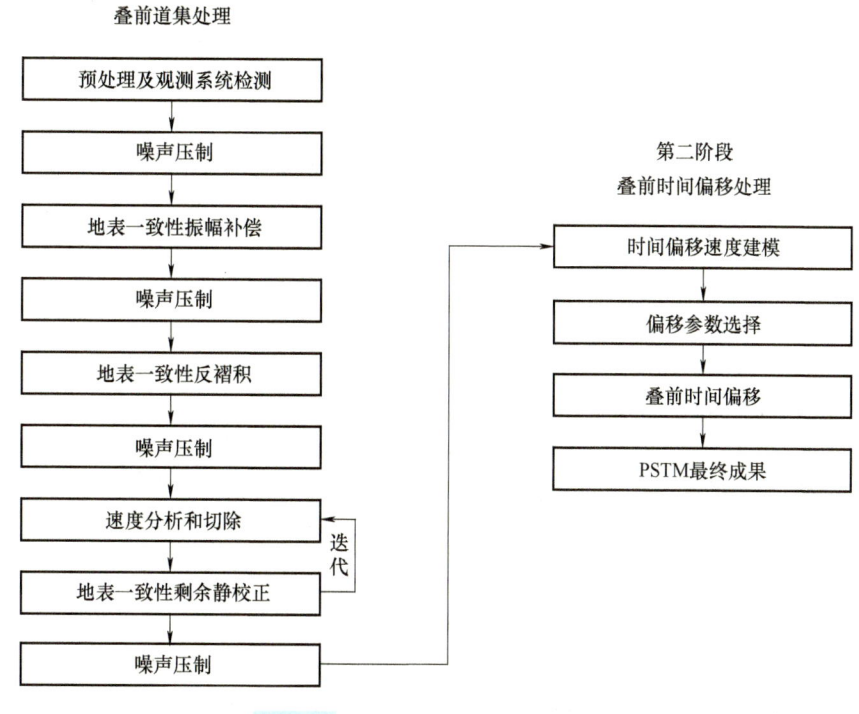

（2）四维地震数据的一致性处理 四维地震是三维地震技术在时间上的延伸，是在适当的时间间隔对同一地层进行多次地震观测。为了研究地下地层变化所引起的时移地震资料的差异，四维地震资料要求不同时间采集和处理的地震资料要有一致性或可重复性。不一致或不重复的部分应当是由煤层采动引起的真变化，不是采集处理制造出来的假象。因此，四维地震资料处理总的要求是相对振幅保持处理、高信噪比处理和一致性处理，其中一致性处理的难度最大，也最关键。

1) 面元一致性处理。面元一致性处理即对每个 CMP 面元，根据一定的准则对基础数据和监测数据进行匹配，留下符合要求的地震道，删除不符合要求的，使得同一个面元地震道的道数、方位角或偏移距信息尽量一致。

2) 互均衡处理。互均衡处理的目的是消除非油藏因素引起的地震差异，使源数据与目标数据的时间、振幅、相位、频带宽度尽量达到一致。

采用匹配滤波对不同资料间的差异进行校正，在两地震道之间进行局部匹配，两测线之间进行整体匹配。匹配滤波可以使不同时期采集的地震数据体中与油气藏物性变化无关的部分达到最佳拟合，消去子波与剩余静校正量所引起的差异。

匹配滤波需要输入信噪比较高的记录道，这样计算的匹配滤波算子相对比较准确。针对不同时期的地震记录，假设第一组用 $x_i(t)$ ($i=1,2,\cdots,N$) 表示，第二组为 $z_i(t)$ ($i=1,2,\cdots,N$)，其中 i 为道号，N 为组内的道数。$x_i(t)$ 和 $z_i(t)$ 表示不同震源在相同排列接收的两组地震道。

设计一个匹配滤波算子 $m_i(t)$ 作用于地震道 $x_i(t)$，使 $x_i(t)$ 经匹配滤波后接近地震道 $z_i(t)$。假设匹配滤波的实际输出 $x_i(t) \times m_i(t)$ 与期望输出的误差为 $e_i(t)$，则有

$$e_i(t) = x_i(t) \times m_i(t) - z_i(t) \qquad (6\text{-}46)$$

若用 E 表示总误差能量，则有

$$E = \sum e_i^2(t) = \sum [x_i(t) \times m_i(t) - z_i(t)]^2 \qquad (6\text{-}47)$$

应用最小二乘法原理，使得总误差能量 E 对 $m_i(t)$ 的偏导数为零，即

$$\frac{\partial E}{\partial m_i} = \frac{\partial}{\partial m_i} \sum [x_i(t) \times m_i(t) - z_i(t)]^2 = 0 \qquad (6\text{-}48)$$

可以得到求解匹配滤波算子的托普里兹矩阵方程，即

$$\boldsymbol{R}_{xx} \times \boldsymbol{M} = \boldsymbol{R}_{zx} \qquad (6\text{-}49)$$

式中　$\boldsymbol{R}_{xx}$——输入道 $x_i(t)$ 的自相关函数矩阵；

　　　$\boldsymbol{R}_{zx}$——期望输出道 $z_i(t)$ 与输入道 $x_i(t)$ 的互相关函数向量；

　　　$\boldsymbol{M}$——匹配滤波算子向量。

求解该方程，可以得到第 i 道匹配滤波算子 $m_i(t)$。

根据匹配算法，就可以求出需要匹配的第一组中每一道的匹配滤波算子。选择信噪比高、相关性好的 N 个算子取平均值，就得到了合适的匹配滤波算子。将该算子运用于需要匹配处理的所有地震道，完成匹配滤波处理。

一般算子长度与拟合数据体的子波长度近似相等是比较合适的。算子长度太长会消除数据体中因油气藏物性变化而引起的地震响应差异，算子太短会导致与油气藏物性无关的地震响应差异不能被完全消除。选取的算子设计时窗内的数据尽可能不包括与油气藏物性变化有关的部分，否则在匹配滤波后的差值剖面上反映油气藏物性发生变化的异常会受到削弱。

（3）基于四维地震的 CO_2 气驱前缘预测　四维地震监测通过对比 CO_2 注入前后的地震数据差异实现气驱前缘预测。二氧化碳与围岩的物理性质不同，注入地层后会产生物理性质的变化，从而为研究二氧化碳封存和泄漏提供依据。一种比较有效的预测方法是对注入前后地震速度模型进行分析。传统的速度体通过速度分析或层析成像得到，而近年来全波形反演（FWI）的研究表明其获得的速度模型具有更高的精度和更高的分辨率。图 6-14 所示为 Volve 油田 CO_2 四维地震监测测试结果。图中展示了 CO_2 注入前后的纵波速度及差异。图 6-14c 中的星型和上部虚线为炮点和检波点位置。从差异速度可见 CO_2 注入地层的地震波速度减少了约 6%。

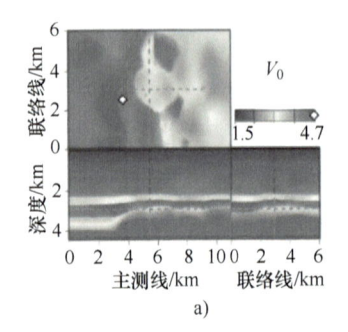

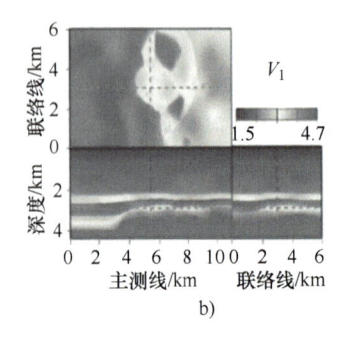

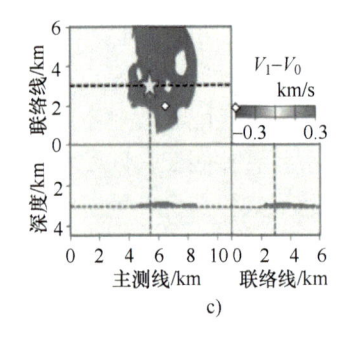

图 6-14　Volve 油田 CO_2 四维地震监测测试结果

a）CO_2 注入前的纵波速度　b）CO_2 注入后的纵波速度　c）CO_2 注入前后的纵波速度差

6.2 二氧化碳地质封存测井监测

测井技术通过记录钻井中电阻率、介电常数、自然电位等电性参数，传播时间和幅度衰减等声学参数，以及γ能谱、光电吸收指数及含氢指数等核物理参数，研究钻孔中弹性波、电磁和核物理场的空间变化，实现提取 CO_2 地质封存场地地层属性参数的目的。测井资料具有分辨率高、投资小，可用于各个时段的监测，但同时有效范围有限的特点。

CO_2 地质封存场地地球物理测井工作一般伴随新开钻孔的钻进过程实施，其测量结果用于辅助场地地层描述或作为 CO_2 地质封存监测的背景资料。对于场区附近的已有钻孔，一般依靠收集获得测井资料，在技术等条件允许的情况下，需要针对这些钻孔开展附加的测井工作，检测钻孔可能存在的缺陷，早期预警和排除可能泄漏的隐患。在实际应用中，一般采用常规测井观测全井段，关键部位采用较新的测井技术重点观测。新旧方法并存的格局短时间内不会打破，实际工作中建议在经费允许的情况下尽可能采用更先进的测井方法，并采用比较优化的组合模式。CO_2 地质封存工程测井方法选择和工作开展需要充分考虑 CO_2 地质封存工程的特点及需求，并与其他勘查技术（特别是其他钻孔类勘查技术）相互配合实施。

6.2.1 电阻率测井监测

从理论考虑，当 CO_2 气体呈气相或超临界相单独存在时，并不具有导电性。然而当地层中有水存在时，CO_2 可部分溶于水，使得储层的电阻率测井值降低。通过对地层水电阻率进行评价，可监测 CO_2 的封存情况。

1. 电阻率-孔隙度组合法求地层电阻率

电阻率-孔隙度组合法是利用 Archie 方程的推导变形求取地层水电阻率，这是计算地层水电阻率常用的方法。但利用电阻率-孔隙度组合法求取地层水电阻率时解释层段必须选用层厚大、含水率为100%，并且具有较大的孔隙度的标准含水层。解释层段还应是纯砂岩地层，当地层内存在泥质岩时会造成导电能力增加，加大计算误差。

通常利用 Archie 方程反演可以将纯砂岩的实际电阻率与其孔隙度和咸水层饱和度联系起来：

$$R_w = \frac{S_w^n \varphi^m R_t}{ab} \tag{6-50}$$

式中　R_w——咸水电阻率（$\Omega \cdot m$）；
　　　R_t——岩石的复合电阻率（$\Omega \cdot m$）；
　　　S_w——咸水饱和度（%）；
　　　φ——岩石的孔隙率（%）；
　　　m——岩石胶结因子；
　　　n——饱和指数；
　　　a、b——岩性系数。

通过 Archie 方程重新排列可以估计咸水层的饱和度 CO_2 的饱和度：

$$S_w = \left(\frac{ab \cdot R_w}{\varphi^m \cdot R_t} \right)^{1/n} \tag{6-51}$$

$$S_{CO_2} = 1 - S_w = 1 - \left(\frac{ab \cdot R_w}{\varphi^m \cdot R_t}\right)^{1/n} \tag{6-52}$$

式中 S_w——咸水层饱和度（%）；

S_{CO_2}——CO_2 饱和度（%）。

胶结因子 m 是根据经验确定的，即

$$m = \frac{\lg[R_w/(a \cdot R_t)]}{\lg\varphi} \tag{6-53}$$

均质砂岩的 CO_2 饱和度中，控制 Archie 方程的参数在整个岩石样本中保持相对恒定。然而，在存在复杂矿物成分的情况下，控制 Archie 方程的参数在同一块岩石中可能会有很大的变化，这使得选择正确的体积参数变得困难并且增加了计算 CO_2 饱和度的多解性。因此需要考虑其他替代方案，以避免对 CO_2 饱和度的错误估计。

将沉积岩的原位电阻率与其咸水饱和度联系起来的另一种有用且简单的方法是使用电阻率指数，其定义为

$$RI = \frac{R}{R_0} = (S_w)^{-n} \tag{6-54}$$

式中 R——咸水部分饱和的岩石的电阻率（$\Omega \cdot m$）；

R_0——咸水完全饱和的岩石电阻率（$\Omega \cdot m$）；

n——饱和指数。

咸水部分饱和岩石的电阻率指数与 Archie 第二定律密切相关。在 CO_2 驱替的情况下，利用式（6-54），根据含咸水的完全饱和岩石的初始电阻率（在 CO_2 注入之前）和部分饱和岩石咸水的电阻率（在 CO_2 注入期间）来估算 CO_2 饱和度，即

$$S_{CO_2} = 1 - \left(\frac{1}{RI}\right)^{1/n} \tag{6-55}$$

只需要确定饱和指数，就能够推测 CO_2 饱和度，这在估算储层中的 CO_2 饱和度时具有很大的优势。通常，电阻率变化可以解释为储层中咸水和 CO_2 之间位移的结果。

2. 自然电位法求地层水电阻率

自然电位的产生是由正负离子的扩散形成，因此，可以利用自然电位测井资料计算地层水矿化度。

在储层即砂岩中，黏土矿物较少导致几乎没有离子双电层。测井过程中当原状地层水含盐浓度（c_w）大于冲洗带钻井液滤液含盐浓度（c_{mf}）时，两种溶液的接触面可视为由无数细小的孔隙组成的半透膜，由于浓度差会发生离子扩散并且正负离子扩散速度不同，最终导致在钻井液滤液一侧形成负电，原状地层水一侧形成正电，即形成扩散电动势，其计算公式为

$$E_d = K_d \lg\left(\frac{c_w}{c_{mf}}\right) = K_d \lg\left(\frac{R_{mf}}{R_w}\right) \tag{6-56}$$

式中 E_d——扩散电动势（mV）；

R_{mf}——钻井液滤液电阻率（$\Omega \cdot m$）；

R_w——地层水电阻率（$\Omega \cdot m$）；

K_d——扩散电动势系数，与正负离子迁移率和温度有关，当温度溶液类型固定时为常数。

在砂泥岩剖面井内，由于含有黏土矿物，会产生离子双电层，双电层扩散层中阳离子发生扩散，由扩散过程形成的电位差称为扩散吸附电动势，其计算公式为

$$E_{da} = K_{da} \lg\left(\frac{c_w}{c_{mf}}\right) = K_{da} \lg\left(\frac{R_{mf}}{R_w}\right) \tag{6-57}$$

式中　E_{da}——扩散吸附电动势（mV）；

K_{da}——扩散吸附电位系数，与正负离子迁移率和温度有关。

自然电位法基于自然电位的异常幅度间接计算地层水电阻率与矿化度含量之间的关系，理论比较完善，但计算烦琐。完全含水岩石的静自然电位计算公式为

$$SSP = -k \lg \frac{R_{mf}}{R_w} \tag{6-58}$$

其中，

$$k = 70.7 \times (273+T)/298 \tag{6-59}$$

式中　SSP——自然电位（mV）；

k——自然电位系数；

R_{mf}——钻井液滤液电阻率（$\Omega \cdot m$）；

R_w——地层水电阻率（$\Omega \cdot m$）；

T——地层温度（℃）。

由式（6-58）得到钻井液滤液等效电阻率为

$$\frac{R_{mf}}{R_w} = 10^{-(SSP/k)} \tag{6-60}$$

由式（6-60）得到地层水等效电阻率为

$$R_w = \frac{R_{mf}}{10^{-(SSP/k)}} \tag{6-61}$$

自然电位方法的理论较为完善，但是计算复杂并且容易受到钻井液、围岩以及过滤电位的影响。

3. 中子俘获自然伽马能谱预测地层水电阻率

Cl 含量是衡量地层水矿化度的一个关键指标。Cl 和其他地层元素的特征自然伽马射线在俘获自然伽马能谱上重叠。利用加权最小二乘法，求解特定能量范围的俘获谱，就能得到与 Cl 有关的自然伽马计数，然后用热中子计数比计算地层孔隙度。结合与 Cl 有关的自然伽马计数、热中子计数和孔隙度，即可导出水的盐度。同时，自然伽马射线时间谱的地层电导率信息可作为地层水矿化度结果的参考参数。

在中子俘获自然伽马能谱测井过程中，脉冲中子源（D-T 发生器）发射的中子与工具周围的核素相互作用，中子能量将衰减到热中子阶段（0.025eV）。通过非弹性散射和热中子俘获诱导自然伽马射线。在热中子俘获反应中，接近平衡温度的中子被目标核（如 Cl、H、Si 等）吸收，并释放出一组不同的特征自然伽马射线能量。与地层矿化度密切相关的 Cl 元素与常见的地层元素（如 Si、Ca、Fe、Na）相比具有较高的热中子俘获截面，因此，地层水矿化度可以通过 Cl 发出的自然伽马射线计数确定。

但地层水中 Cl 元素的含量低于地层基质中 Si、Ca、Fe 元素的含量，能谱中的 Cl 特征自

然伽马射线峰也会受到其他元素的影响，特别是在低能量范围（康普顿散射平台重叠）。因此，采用最小二乘法进行能谱分析，选择能量范围 5.2~7.8MeV 进行 Cl 特征自然伽马射线产率计算。将模拟 5.2~7.8MeV 的单元素自然伽马能谱设为矩阵 A。矩阵数据的每一列表示单元素在不同能量仓中的自然伽马射线计数。将检测到的光谱设为向量 X，则不同元素（包括 Cl 元素）的特征自然伽马射线计数（向量 Y）为

$$Y = (A^T A)^{-1} A^T X \tag{6-62}$$

理论上，计算得到 Cl 的自然伽马射线数（Y_{Cl}）由 Cl 的含量和热中子通量决定。计算地层水矿化度需要考虑井眼水矿化度（c_{w0}）和地层孔隙度（φ）。通过试井作业和井眼测试结果可以确定井眼水矿化度。地层孔隙度可以通过密度、中子孔隙度或声波孔隙度计算。因此，地层水矿化度计算公式为

$$\mathrm{SAL} = K_1 \frac{Y_{Cl}}{N_{th} \varphi} - K_2 c_{w0} \tag{6-63}$$

式中　SAL——地层水矿化度（mg/L）；

K_1、K_2——由已知矿化度和孔隙度的试验井标定；

N_{th}——热中子通量。

图 6-15 为斯伦贝谢公司制作的地层水电阻率、矿化度、温度的关系图版。已知电阻率、矿化度和温度之中的任意两个量，由图版可求出另外一个量，由此即可估算出电阻率的取值。

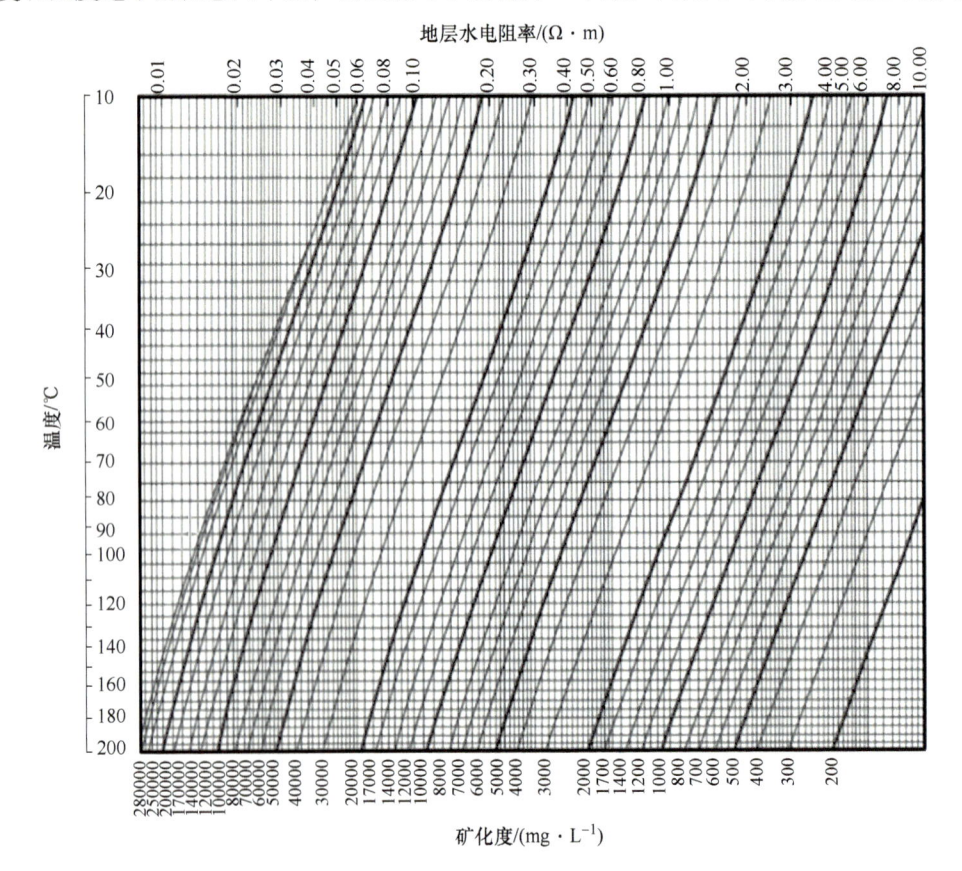

图 6-15　地层水电阻率、矿化度、温度的关系图版

利用该方法计算地层水矿化度不受油基钻井液或水基钻井液的影响，应用范围较广但其受到岩性、孔隙度和井眼流体盐度效应的影响，需要利用特定方法进行校正。

6.2.2 声波测井监测

地层声波速度与地层的岩性、孔隙度以及孔隙中所填充的流体性质等因素有关，因此，根据声波在地层中的传播速度或传播时间，可以确定多孔岩石的孔隙度、渗透率及孔隙流体性质。在 CO_2 地质封存过程中，由于水和 CO_2 的声波速度差异显著，随着 CO_2 的注入，地层的声波速度会发生变化，因此，可用声波测井方法评估 CO_2 羽流流过井筒时引起井壁地层声波速度的改变。声波测井可以转换为合成地震记录，能有效地将场地具体井筒信息与地震测线相结合，从而将数据进行转换，进而监测地层中 CO_2 的分布与封存状况。

将发射器在上部和发射器在下部两种情况测得的曲线进行对比可发现，发射器放在接收器下方时，井径变化处出现的异常刚好和发射器放在接收器上面时的异常反向。如果在同一个井段用这两个仪器进行测量，然后对两次测得的时差 Δt 取平均值，则可将井径造成的异常消除掉（图 6-16）。

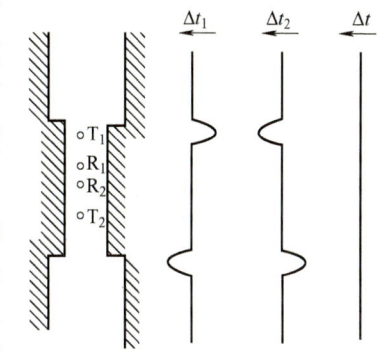

图 6-16 井径变化影响的声波时差补偿示意图

双发双收声波速度测井仪（图 6-17）的井下仪器中装有上下对称的两个发射器，发射器之间则是两个接收器，在上发射器发射声波信号时，接收器 R_1 和 R_2 接收由上向下经地层传来的声波，其传播路径即声波传至 R_1 的路径为 $ABCE$，至 R_2 的路径为 $ABCDF$，由此得到的时差用 $\Delta T_上$ 表示。接着下发射器发射声波。此时，接收器 R_1 和 R_2 接收由下向上传来的声波，其传播路径由 $A'B'C'E'$ 至 R_2，由 $A'B'C'D'F'$ 至 R_1，由此得到的时差用 $\Delta T_下$ 表示。显然有

$$\Delta T_上 = \left(\frac{\overline{AB}}{v_1} + \frac{\overline{BC}}{v_2} + \frac{\overline{CD}}{v_2} + \frac{\overline{DF}}{v_1}\right) - \left(\frac{\overline{AB}}{v_1} + \frac{\overline{BC}}{v_2} + \frac{\overline{CE}}{v_1}\right)$$

$$= \frac{\overline{CD}}{v_2} + \frac{\overline{DF}}{v_1} - \frac{\overline{CE}}{v_1} \tag{6-64}$$

同理可得

$$\Delta T_下 = \left(\frac{\overline{A'B'}}{v_1} + \frac{\overline{B'C'}}{v_2} + \frac{\overline{C'D'}}{v_2} + \frac{\overline{D'F'}}{v_1}\right) - \left(\frac{\overline{A'B'}}{v_1} + \frac{\overline{B'C'}}{v_2} + \frac{\overline{C'E'}}{v_1}\right)$$

$$= \frac{\overline{C'D'}}{v_2} + \frac{\overline{D'F'}}{v_1} - \frac{\overline{C'E'}}{v_1} \tag{6-65}$$

对 $\Delta T_上$ 和 $\Delta T_下$ 取平均值，得

$$\Delta t = \frac{\Delta T_上 + \Delta T_下}{2} = \frac{1}{2}\left(\frac{\overline{CD}}{v_2} + \frac{\overline{DF}}{v_1} - \frac{\overline{CE}}{v_1} + \frac{\overline{C'D'}}{v_2} + \frac{\overline{D'F'}}{v_1} - \frac{\overline{C'E'}}{v_1}\right) \tag{6-66}$$

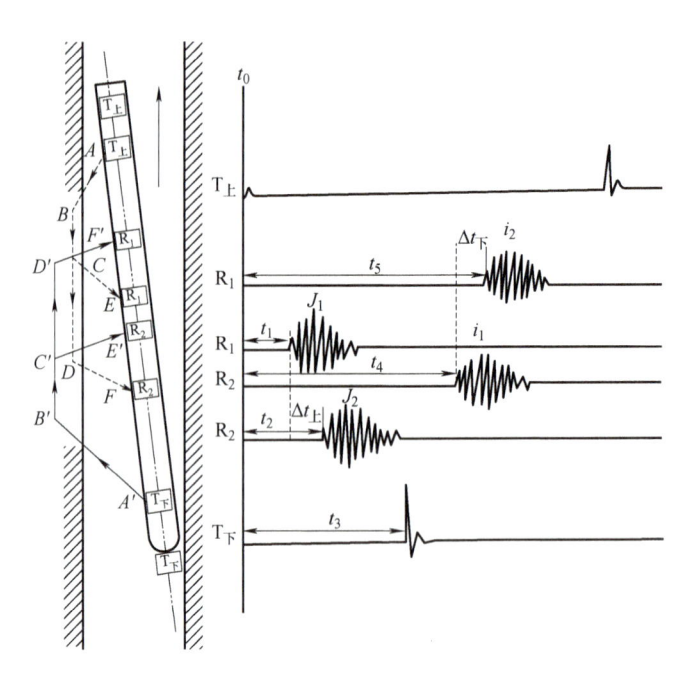

图 6-17　井径变化时双发双收声波测井补偿原理图

当在上、下两次发射之间的时间内仪器移动距离很小时，则有：$\overline{CE}=\overline{D'F'}$，$\overline{DF}=\overline{C'E'}$，$\overline{CD}=\overline{C'D'}$，则有

$$\Delta t = \frac{1}{2} \times \frac{2\overline{CD}}{v_2} = \frac{L}{v_2} \quad (6\text{-}67)$$

两个接收器接收到的声波时间差与地层岩石声速有关。因间距固定，所以可直接用时差 Δt 倒数表示地层岩石的声速。测井图上的声速测井结果都用单位长度的时间差表示，在井径变化之处或仪器略微倾斜时，若上发射工作期间接收器 R_1 和 R_1 之间的时差 $\Delta T_上$ 增大，但紧接着下发射工作期间 R_2 和 R_1 的时差 $\Delta T_下$ 却又会减小，这两者平均的结果，就能保持测得的时差 Δt 保持不变，从而达到了井眼补偿以及消除仪器倾斜影响的作用。当然这种补偿也只能是相对的，因为仪器具有一定的提升速度，使得上发射和下发射时声波通过的井孔和地层段不可能完全相同，即在 $\overline{CE} \neq \overline{D'F'}$，$\overline{DF} \neq \overline{C'E'}$，而且 $\overline{CD} \neq \overline{C'D'}$ 段内的地层速度也可能不相等。尽管通过适当调整仪器的发射频率和降低提升速度可以使它们近似相等，但仍不能实现绝对补偿。

双发双收声波测井原理，虽然还不能实现绝对补偿作用，但与单发射双接收声波速度测井相比能有效地克服井径变化以及仪器在井中倾斜所造成的影响，可以较大提高测量精度。

6.2.3　监测实例

用于 CO_2 封存项目的陆上含水层位于 Nagaoka 附近。在周边地区已发现并开发了多个油气田，根据 40 多年来勘探和生产活动中收集的地质信息，选择了试验场地和目标层。该项目是在 South Nagaoka 气田上方 1100m 深处的咸水层进行注入，储层厚度约 60m，上方是

130~150m 厚的泥岩盖层。为了监测储层中的 CO_2 扩散和捕获行为，结合井间地震层析成像搭建了一套延时测井（声速、感应和中子）监测系统。2000 年钻了一口注入井，在含水层和盖层内钻了 5 个井段（共 45m）取心。2001 年，钻了 OB-2 和 OB-3 两口观测井，并在 OB-2 进行了两个层段（共 18m）取心。最终在 2002 年，钻出了第三口观测井 OB-4。目标层段岩性为砂泥岩互层，钙质砂岩夹层。通过试井、岩心分析、测井和井间对比，在含水层内确定了 8 个子层段（1 区、2a 区、2b 区、3a 区、3b 区、4 区、5a 区和 5b 区）。

声学和电阻率方法的结合使用适用于 CO_2 饱和度变化的估计，因为这两种技术在对 CO_2 饱和度具有非常不同的敏感性方面是互补的。P 波速度在低于 20%的水平下对 CO_2 饱和度非常敏感，但该方法在较大的饱和度下变得相对不敏感。反之，电阻率方法在较高的 CO_2 饱和度上具有几乎恒定的灵敏度，尤其对于大于 20%的 CO_2 饱和度水平，电阻率方法比 P 波速度更敏感。因此，将这两种方法相结合，可以比单独使用地震方法更有效地解决 CO_2 饱和度问题。此外，感应测井的另一个优点是，它可以监测游离（超临界）CO_2 和溶解 CO_2 的状态。

该项目于 2003 年 7 月开始正式注入，到 2005 年 1 月，总共注入了约 1.04 万 t CO_2，平均注入速率 20~40t/d。注入期间，井口压力 7~11MPa，井底压力最大达到 19MPa，井口温度维持在 32℃，井底温度 48℃。重复测井持续了 6 年多，直到 2011 年。这些测井主要由观测井的中子测井、感应测井和声波测井组成，用于监测注入 CO_2 的突破并监测井附近的 CO_2 行为。图 6-18 为井间对比。该图确定 8 个层的地层（图 6-18a）和注水井 IW-1 和观测井 OB-2-4 的位置，并给出了监测方案（图 6-18b）。

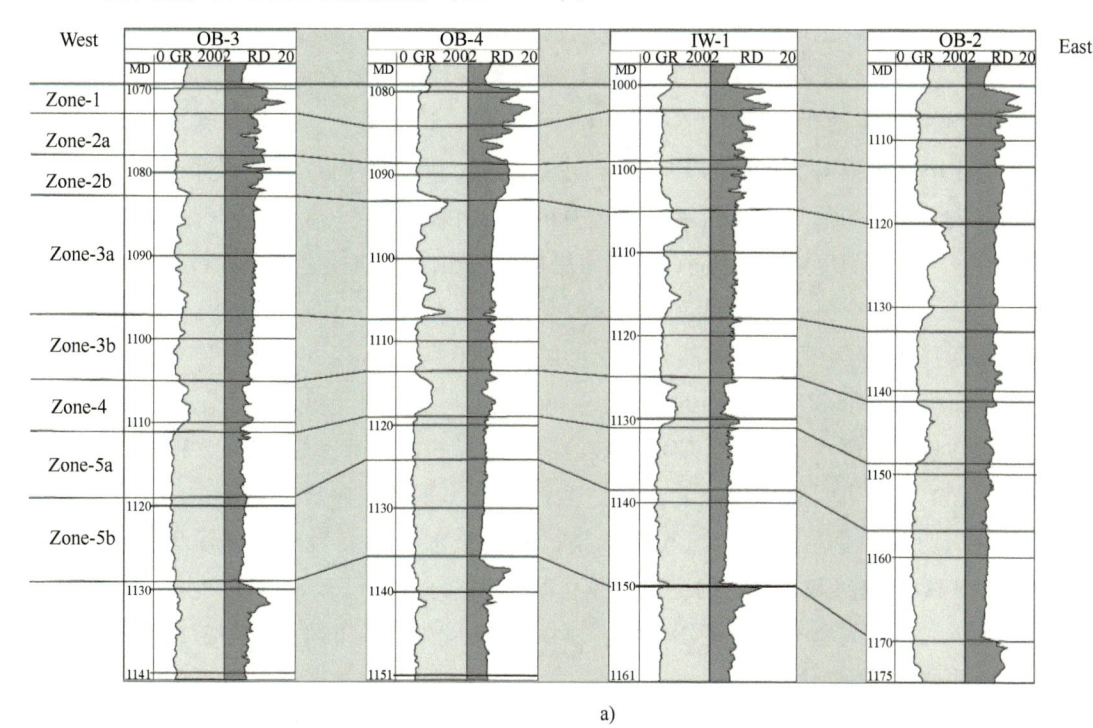

图 6-18 井间对比

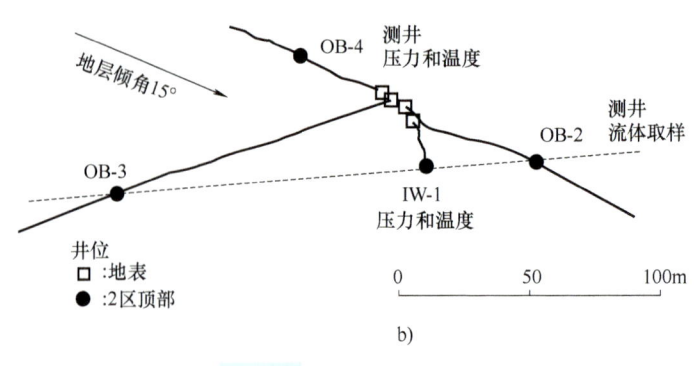

图 6-18 井间对比（续）

OB-2 观测井位于距 IW-1 井下探方向 40m 处，OB-3 观测井位于距 IW-1 井上探方向 120m 处。OB-2 和 OB-3 的定位使得这两口井之间的井间层析成像覆盖了注水井 IW-1。观测井 OB-4 位于上倾方向 60m 处。在这些观察井中下入了一套电缆测井工具。为了更好地测量感应测井，在目标砂岩地层和盖层上铺设玻璃钢套管，以便进行感应测井。为了连续测量压力和温度，分别在 IW-1 和 OB-4 中设置了油管输送和套管输送压力表。

物理测井从 2003 年 7 月 25 日开始，共进行了 54 次，每次间隔两周，所测试的项目有自然伽马电位、热中子衰减等。测试结果显示，注入井中部层位阻抗增加了 $0.6 \sim 0.7\Omega \cdot m$，深部阻抗增加了 $0.3 \sim 0.4\Omega \cdot m$，中子衰减了 0.3%，P-wave 速率降低了 0.6km/s，而 S-wave 没有变化。上述声波测井结果表明由于 CO_2 的注入，导致 P-wave 速度变化明显，而 S-wave 速度却并未受到影响。上述测录井监测中获得的数据和分析结果与历史进行拟合，反馈给模拟研究，为后续的注入工作和修正 CO_2 运移轨迹预测提供了有效参考。

图 6-19 为 CO_2 穿透后 OB-2 的感应和中子孔隙度的对数图，以及与基线的差异。一方面，感应电阻率由于导电性较低的 CO_2 驱替水而增加；另一方面，中子测井产生的孔隙度数据主要取决于存在的氢气量，而氢气量本身与地层中的水量基本相关，因此，当 CO_2 置换地层水时，中子孔隙度降低。Nagaoka 的储层被认为在注入 CO_2 之前已经被地层水完全饱和，因此，基线和每个测井之间的孔隙度变化率可以被认为等于 CO_2 饱和度。

电阻率测井和中子孔隙率测井的时间变化如图 6-20 所示，a、b 两个分图中的纵轴表示储层深度，而横轴表示 CO_2 注入后的天数。图 6-20 说明了相对于基线发生的变化和关于信噪比的信息，其中噪声水平是根据 CO_2 突破前测井结果的标准偏差估计的。由图 6-20 可见，没有发现明确的证据表明储层和无 CO_2 层之间的噪声水平存在差异。鉴于这一结果，使用根据 CO_2 突破前的数据估计的恒定噪声水平，假设该水平在突破事件前后保持不变。在图 6-20 中，相对于基线和信噪比的变化分别由水平和垂直色标表示，其中轮廓中的最大或最小点以及它们各自的色条值由菱形表示。由图 6-20 可见，中子测井的等值线具有比电阻率测井更小的信噪比。

根据监测结果（图 6-21），在 1114.0m 和 1116.0m 左右可以区分出两次主要的增加，在 1112.5m 和 1118.0m 左右可以区别出两次减少。早期的地层水取样表明，显示增加的间隔

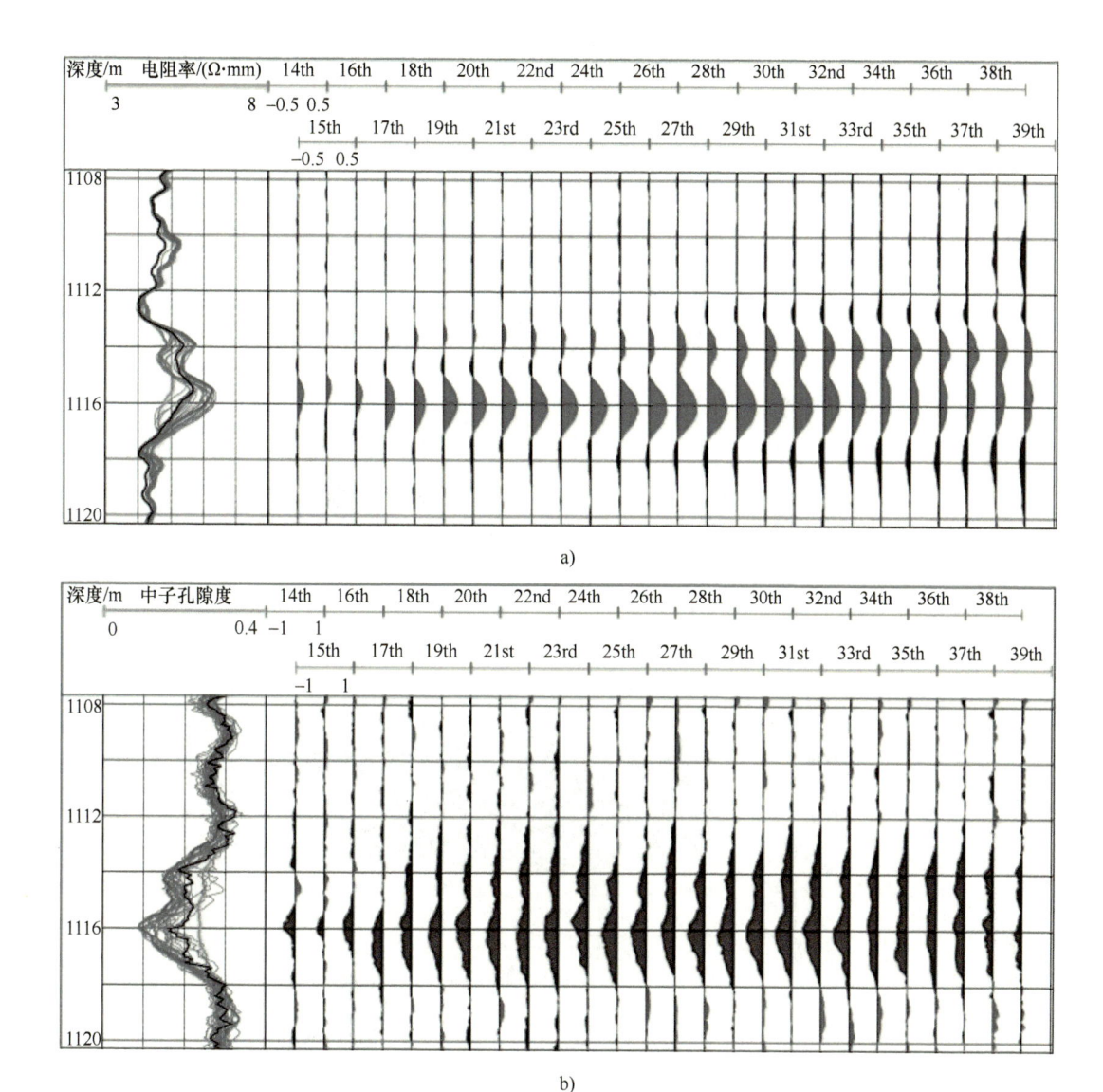

图 6-19 CO_2 穿透后 OB-2 的测井数据
a) 电阻率　b) 中子孔隙度

对应超临界 CO_2 的存在，而显示减少的间隔对应着溶解 CO_2 的存在。值得注意：电阻率的两次增加与中子测井中的 CO_2 减少有关。图 6-21a~c 分别显示了 CO_2 注入前的自由流体体积（FFV）、超临界 CO_2 体积（Gas V）和有效孔隙空间中流体体积（RFV）。超临界 CO_2 体积是 CO_2 饱和度和孔隙度的乘积，并在 1116.0m 处达到最大值。超临界 CO_2 容积与自由流体容积的比较表明，在约 1116.0m 处的几乎所有自由地层水都被注入的 CO_2 置换，而在约 1114.0m 处的自由地层水没有被完全置换。在第 32 次测井后，储层中的剩余流体开始恢复，表明自吸作用开始。

在基准深度 1049m 处，原始地层压力约为 11.1MPa，地层温度为 48℃，表明 CO_2 处于超临界状态。为了确认井的注入能力，在 IW-1 进行了注水测试，结果表明该井受到严重破

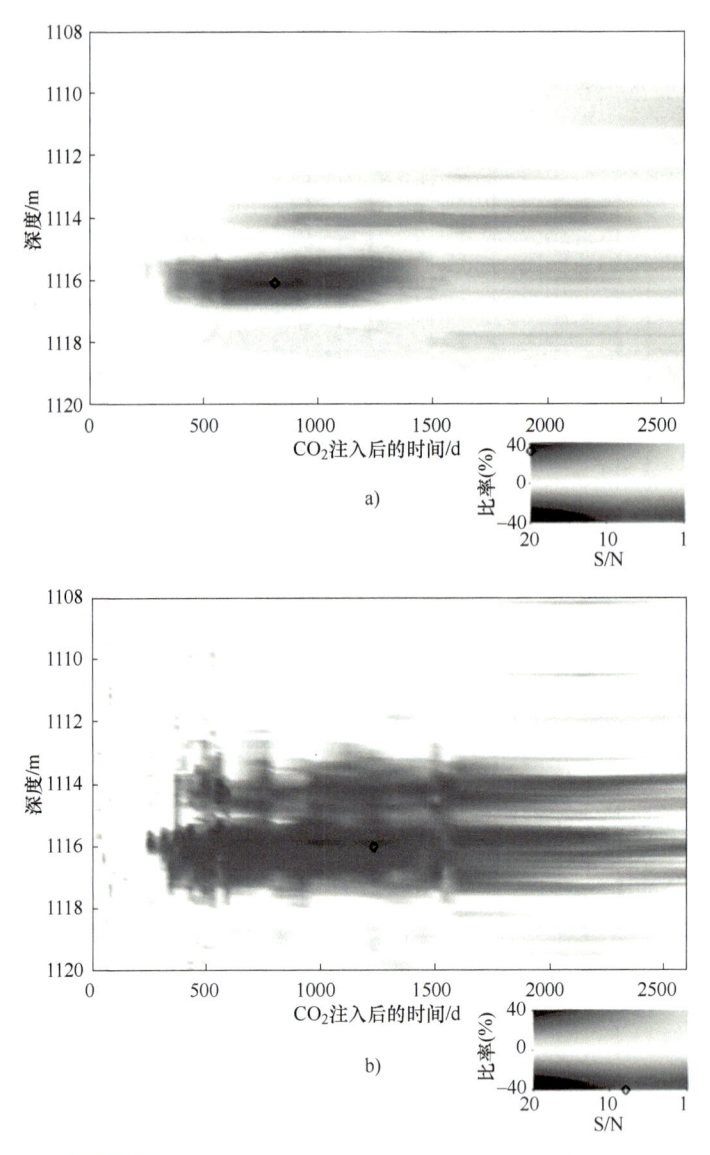

图 6-20　电阻率和中子孔隙率与基线值的变化等值线图

a) 电阻率与基线值的变化　b) 中子孔隙率与基线值的变化

坏，表皮系数为 6.9。通过去除机械表皮来提高注入性，对地层进行了氢氟酸增产。操作成功，表皮系数降至 -2.9，注入量增加了两倍。8 个子层段中，厚度为 6m 的 2a 区和 2b 区孔隙度最高（孔隙度为 22.5%），渗透率最高（平均渗透率为 $6.7\times10^{-3}\mu m^2$），为缩短注入的 CO_2 到达观测井的时间，将 IW-1 区的 CO_2 注入限制在这两个层段。

在确定了 Nagaoka 测井数据的模型参数后，利用电阻率测井估计 CO_2 饱和度值。图 6-22 显示了由模型/电阻率测井和中子测井数据得出的 CO_2 饱和度等值线图。从图 6-22 中可以看出，两幅图在 CO_2 饱和度的时空变化上大致相似，然而，电阻率推导的等值线图比中子孔隙度数据得到的等值线图更平滑。这可能是由于电阻率测井的可重复性优于中子测井，而中子测井也反映了更广泛的地层特征信息。两幅等高线图边缘的一些区域不太相关。这些差异

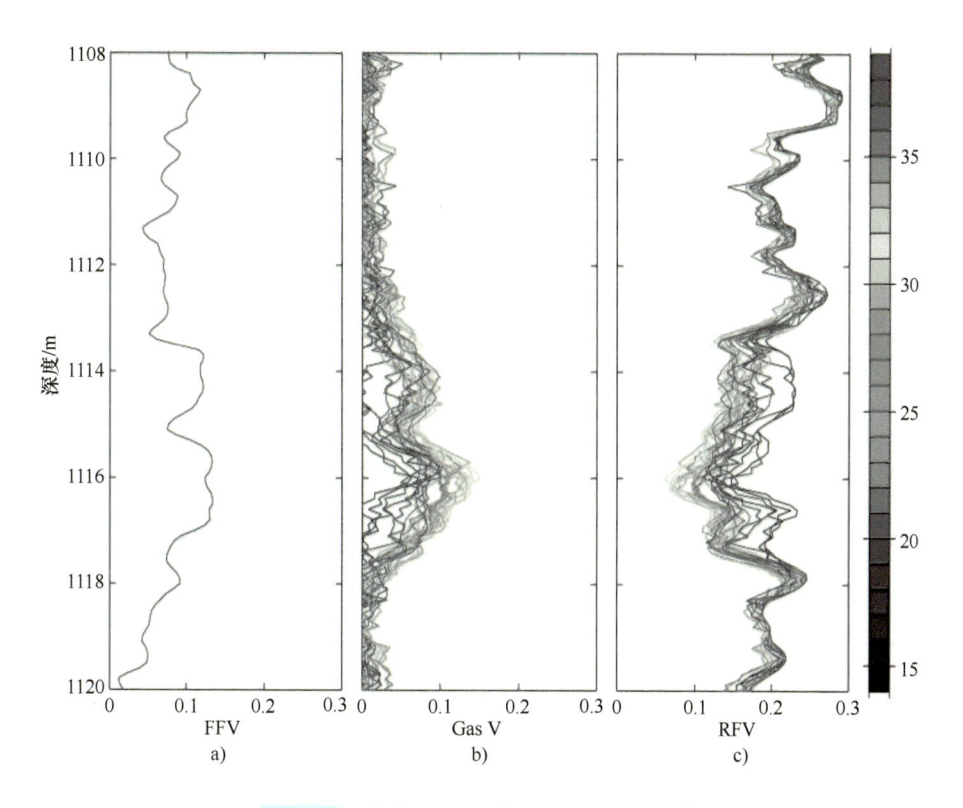

图 6-21 超临界 CO_2 体积和剩余水的估算

a）CMR 测井获得的自由流体体积　b）CO_2 突破后每次测井时的超临界 CO_2 体积
c）地层有效孔隙空间中的自由水

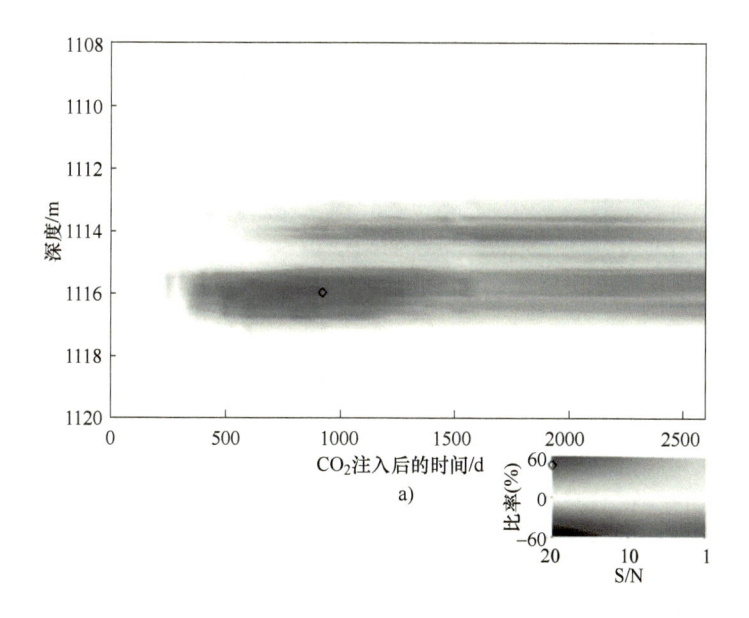

图 6-22 CO_2 饱和度等值线

a）使用电阻率测井数据和电阻率模型获得的结果

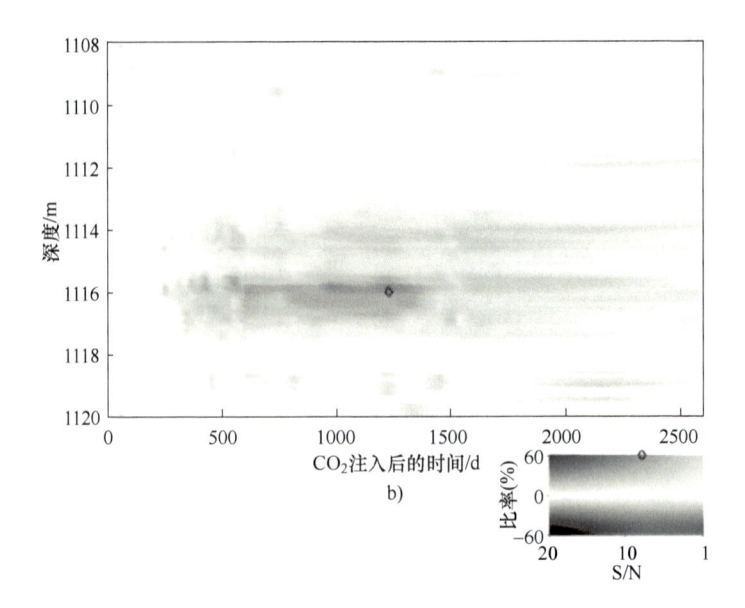

图 6-22　CO_2 饱和度等值线（续）

b) 通过中子测井获得的结果

可能是由于考虑溶解 CO_2 影响的电阻率模型不完整。尽管建模存在这些不足，但借助电阻率模型能够充分表示 Nagaoka 地区电阻率测井曲线与 CO_2 饱和度之间的平均关系。

如果考虑到由溶解 CO_2 的存在而导致的电阻率降低，那么肯定发生了 CO_2 饱和度的降低和 CO_2 被地层水取代的情况。定量估算表明，注后阶段 CO_2 饱和度在储层深处呈下降趋势，表明 Nagaoka 地区残余气封存逐渐发生。根据注入后 7 年的观测，Nagaoka 的 CO_2 饱和度接近残余气饱和度，持续监测应提供对储层中不动 CO_2 体积的估计。而观察到的电阻率降低可能是由地层中发现的 HCO_3^- 和其他矿物离子的增加而引起的。电阻率的降低也表明注入的 CO_2 与地层水之间的反应（溶解封存）和碳酸盐与质子之间的反应（矿化封存的早期阶段）都在进行中。

6.3　二氧化碳地质封存电磁监测

电磁监测方法包括电阻率法、激发极化法、自然电场法、瞬变电磁法等监测方法。电磁测量结果的分辨率比同等条件下的地震方法低，但电磁测量的测量费用一般比地震监测方法更经济，为满足 CO_2 地质封存长期监测需求的低成本地球物理监测技术提供一种可能。CO_2 地质封存场地勘查一般可采用高精度面积测量和剖面测量方法。

电磁方法的应用条件：

1）被探测的地质体与围岩的电阻率等电性参数存在一定的差异。

2）被探测的地质体有足够大的规模和有利的埋藏条件。

3）电磁干扰水平低。

电磁勘探完成以下任务：

1) 了解工作区的电性结构。
2) 确定工作区地质构造。
3) 识别目的层位的岩性。
4) 估算地层水矿化度等地层参数。

对于目前的 CO_2 场地勘察而言，勘察深度需要达到 800~3000m，大地电磁测深法可以满足此深度勘察要求，但其空间分辨率不高。若勘察深度小于 2000m，一般应用音频大地电磁法、瞬变电磁法及电阻率层析成像法等电磁方法。

CO_2 地质封存监测是通过监测 CO_2 地质封存场地电磁场的时间-空间变化，间接实现监测地下 CO_2 运移过程和揭示地下 CO_2 空间分布规律的目的。CO_2 注入地下储层后，将置换储层原有孔隙流体，若二者导电性质存在差异，则 CO_2 灌注前后饱和流体储层的电导率将发生变化，导致其对应天然或人工电磁场发生改变，若该差异足以为电磁监测方法分辨，则通过电磁场异常的监测可以实现对 CO_2 地质封存过程的监测。电磁监测的效果与封存场地系统电性背景、储层条件下 CO_2 的状态（游离/溶解态）及空间分布密切相关，储层流体与 CO_2 的电性差异越大，越有利于电磁法监测。

6.3.1 瞬变电磁法监测

1. 原理

瞬变电磁法（Transient Electromagnetic Methods，简称为 TEM）是利用脉冲电流产生一次磁场，在一次脉冲场间隙观测地下介质感应的瞬变二次电磁场的一种时域电磁法。其观测为纯二次场信息，具有受地形影响小，异常响应强，形态简单，分辨能力强等优点。近年，中联煤层气有限责任公司在沁水盆地开展煤层中 CO_2 注入以提高煤层气的采收率试验，取得了一定的成果。

在煤层气开发中，煤层受 CO_2 注入的压裂作用，结构和构造发生变化，煤层的泊松比等弹性力学参数发生变化，煤层与围岩之间的波阻抗差异更加明显。同时，CO_2 注入煤层后，煤层中 CO_2 的饱和度发生变化，其电阻率在 CO_2 注入前后有明显的差异。

利用瞬变电磁法研究煤层中 CO_2 注入前后电阻率等物性参数的变化，能够识别煤层中 CO_2 注入后的运移范围。根据阿尔奇经验关系式进行模拟计算，可获得 CO_2 流体注入煤层后的电阻率变化。多孔岩石电阻率、流体饱和度以及该导电流体电阻率之间的关系为

$$\rho = \alpha \rho_w \varphi^{-m} S_w^{-n} \tag{6-68}$$

式中 ρ——流体饱和岩石的电阻率（$\Omega \cdot m$）；

ρ_w——导电流体的电阻率（$\Omega \cdot m$）；

S_w——导电流体饱和度（%）；

φ——岩石的有效孔隙度（%）；

α——经验常数，通常为 1；

m——胶结指数；

n——饱和指数。

在压力为 7.5MPa、温度为 40℃ 的条件下，CO_2 饱和砂岩的电阻率大约是原来的 3 倍。在深度约为 650m 的咸水层中，CO_2 注入后电阻率大约增加 2 倍。因此，可利用瞬变电磁法

研究煤层中 CO_2 注入前后电阻率等物性参数的变化，识别煤层中 CO_2 注入后的运移范围。

在实际操作中，根据 CO_2 注入情况，分不同次数进行瞬变电磁法数据采集，每次观测参数保持一致。煤层中 CO_2 注入的瞬变电磁勘探施工主要依据 MT/T 898—2000《煤炭电法勘探规范》、DZ/T 0187—2016《地面磁性源瞬变电磁法技术规程》、GB/T 18314—2009《全球定位系统（GPS）测量规范》等相关规范要求。

根据研究区的地层特点以及 CO_2 注入施工工艺，地层电阻率的变化影响包括：

1) 受 CO_2 注入压裂影响，由于注入井在完钻前已完成压裂改造，背景值观测在地层改造之后，后期注入压力只维持 CO_2 扩散运移的所需压力，避免新的构造裂隙产生，该影响相对较小。

2) 周围监测井的生产排采，将引起煤层中 CH_4、含水量等因素变化，对监测井周围产生较大影响，并对注入井产生间接影响。

3) 注入井在注入前进行相应的生产改造和关井，并进行相应的瞬变电磁观测，液态 CO_2 注入对地层电阻率产生直接的影响，这是主要的研究对象。

野外数据在采集之后由于关断时间的不同，首先进行关断时间校正，并截取每一个测点相同采样时移时间段内的感应电压，而后反演成图。根据场的传播，典型的正常场就是均匀非磁性导电半空间表面的瞬变响应，层状大地可视为某一电阻率的半空间，在单匝圆形回线中部，场近于均匀分布，其垂直分量的响应计算公式为

$$V_I = \frac{3IS}{\sigma r^3} f_I(\tau_0) \tag{6-69}$$

其中，

$$f_I(\tau_0) = \varphi\left(\frac{1}{2\sqrt{\tau_0}}\right) - e^{-1/(4\tau_0)} \frac{1+6\pi}{6\tau_0\sqrt{\pi\tau_0}} \tag{6-70}$$

在瞬变电磁勘探早期时，$\tau_0 \leq 0.01$，$f_I(\tau_0) \to 1$，得到

$$V_I = \frac{3\sqrt{\pi} IS\rho}{a} \quad (\text{边长为 } a \text{ 的方形回线}) \tag{6-71}$$

在瞬变电磁勘探晚期时，$\tau_0 \geq 1$，$f_I(\tau_0) \approx 1/(60\sqrt{\pi}\tau_0^{2.5})$，得到

$$V_I = \frac{I\mu_0^{2.5} Sa^2}{20\pi\sqrt{\pi}\rho^{1.5} T^{2.5}} \quad (\text{边长为 } a \text{ 的方形回线}) \tag{6-72}$$

式中 V_I——发射电流为 I 时的感应电压（V）；

S——接收线圈的有效面积（m^2）；

r——发射线圈的半径（m）；

ρ——地层平均电阻率（$\Omega \cdot m$）；

T——瞬变电磁采样延时（s）；

τ_0——综合参数（无量纲），$\tau_0 = t/(\sigma\mu_0 r^2)$；

σ——地层的电导率（S/m）；

μ_0——空间的磁导率（H/m）。

式（6-72）表明，早期的瞬变电磁响应与采样时移无关，而与平均电阻率有关。在瞬变电磁勘探晚期感应电压和采样时移存在一定的关系，若固定其采样时移，其感应电压的变化

就反映了平均电阻率的变化,从而可以说明地层电性特性的变化。

煤层附近地层所对应感应电压的计算步骤如下:

1)计算背景值观测数据反演视电阻率,求解其地表到达煤层底板的等效电阻率值并和测井电阻率进行比较,分析反演数据的准确性。

2)依据地表到达煤层底板的等效电阻率,计算背景值煤层的瞬变电磁采样时移,并提取其对应的感应电压值。

3)以背景值瞬变电磁采样时移为基准,提取CO_2注入后各次瞬变电磁采样煤层所对应的感应电压值。

4)进行差值处理,求其变化量和相对变化率,划分各次采集感应电压相对于背景值感应电压的变化情况,并和瞬变电磁法勘探视电阻率断面图结合分析,用以识别CO_2注入后地层电性特征的变化及其运移范围。

通过煤层附近地层所对应的感应电压分析中可知:感应电压对CO_2注入以及各钻井生产排采所引起的地层电性特征的变化反应更为直观、清晰,后期划分CO_2注入运移范围,主要用煤层附近地层所对应的感应电压变化,结合数理统计和误差分析进行综合判断。对煤层中CO_2注入后运移范围进行分析,通过计算各次观测煤层附近地层感应电压,并求解感应电压的变化量和相对变化率,将其绘制成图,对煤层中CO_2注入后运移范围进行分析。

2. 监测实例

在沁水盆地柿庄北煤层气开发中,利用瞬变电磁法监测煤层中CO_2注入前后电阻率变化进行了实验探索(图 6-23)。目标区地层由上而下主要为第四系、三叠系下统刘家沟组、二叠系上统石千峰组和上石盒子组、二叠系下统下石盒子组和山西组、石炭系太原组和本溪组。二叠系下统山西组厚 63m,由深灰色、灰色粉砂岩、细砂岩、泥岩和煤层组成,是主要的含煤地层。煤层走向主要为 NE,地层倾角一般为小于 6°,断层总体不发育。

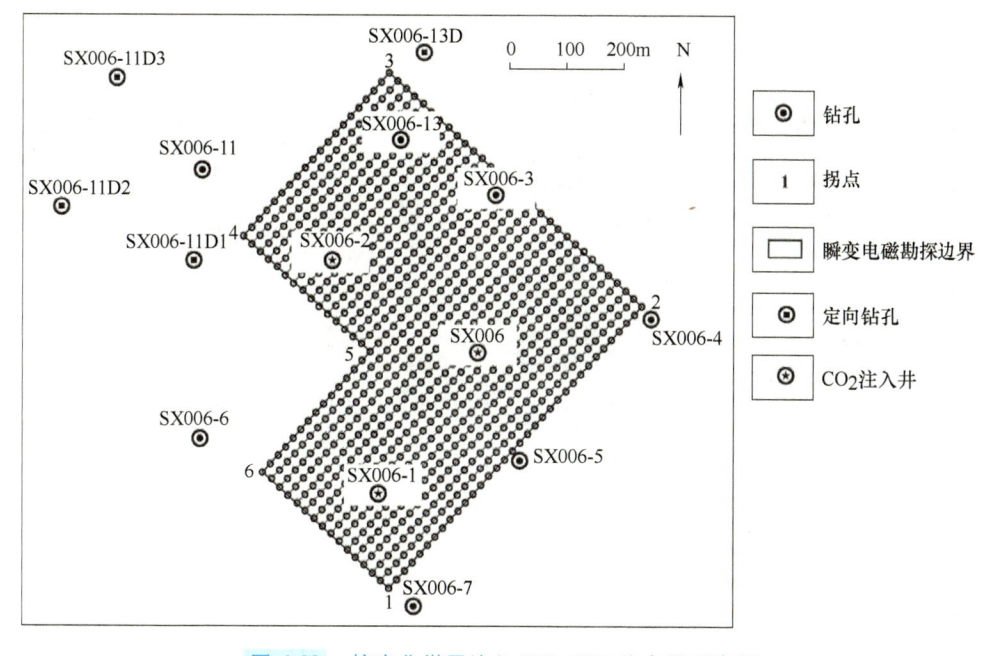

图 6-23 柿庄北煤层注入 CO_2 区工作布置示意图

SX006-1 井 CO_2 注入分为三个阶段，第一阶段从 2013 年 3 月 25 日—7 月 1 日，CO_2 注入量为 490.38t，第二阶段从 2013 年 11 月 6 日—12 月 13 日，CO_2 注入量为 286.49t，第三阶段从 2014 年 4 月 29—12 月 2 日，CO_2 注入量为 842.88t，之后停止了 CO_2 注入作业，两期累计注入 CO_2 约为 1619.75t。SX006 井从 2014 年 8 月 1 日—2015 年 11 月 25 日进行注入 CO_2 施工，累计注入量 1888.19t。SX006-2 从 2015 年 3 月 26 日—2015 年 11 月 26 日进行施工，CO_2 累计注入量为 825.29t。

根据 CO_2 注入情况，分 4 次进行瞬变电磁法数据采集，各次观测参数保持一致。依据 CO_2 注入情况和瞬变电磁法观测时段，2011 年 10 月因进行测区背景值数据采集，未实施 CO_2 注入作业。2013 年 11 月数据采集时，SX006-1 井 CO_2 累计注入量约 700t；2014 年 11 月数据采集时，SX006-1 井 CO_2 累计注入量约 1460t。第二期 CO_2 注入量约 840t，第二期和第一期时间间隔约 5 个月。即闷井时间为 5 个月，2015 年 10 月数据采集时，SX006-1 井已停止了 CO_2 的注入作业，并经过 10 个月闷井，其 CO_2 累计注入量为 1619t。SX006 井 CO_2 累计注入量约 1750t，SX006-2 井 CO_2 累计注入量约 800t。

采集参数：线框大小为 920m×920m，工作频率 2.5Hz，电流约 13A，积分时间 120s，采用 4 倍增益，并保持各次观测参数一致。

图 6-24 分别为 1240 线和 1260 线电阻率断面，图中示意了主要的地层界线，注入井 SX006-1 和 SX006 分别位于 1260 线的 320 点和 620 点附近。整体来看，电阻率断面图中电阻率的分布和钻井揭露的地层层位基本一致（图 6-25），且基本稳定，说明 4 次勘探数据真实可靠，反演电阻率值具有可对比性。对比可知，2013 年 SX006-1 孔注入 CO_2 约 700t 以后，1240 线注入井煤层附近的电阻率值明显增大；至 2014 年底，在 SX006-1 井 CO_2 纯注入量约 1460t 以后，注入井煤层附近的电阻率值增大异常明显，范围有所扩大；2015 年 SX006-1 井

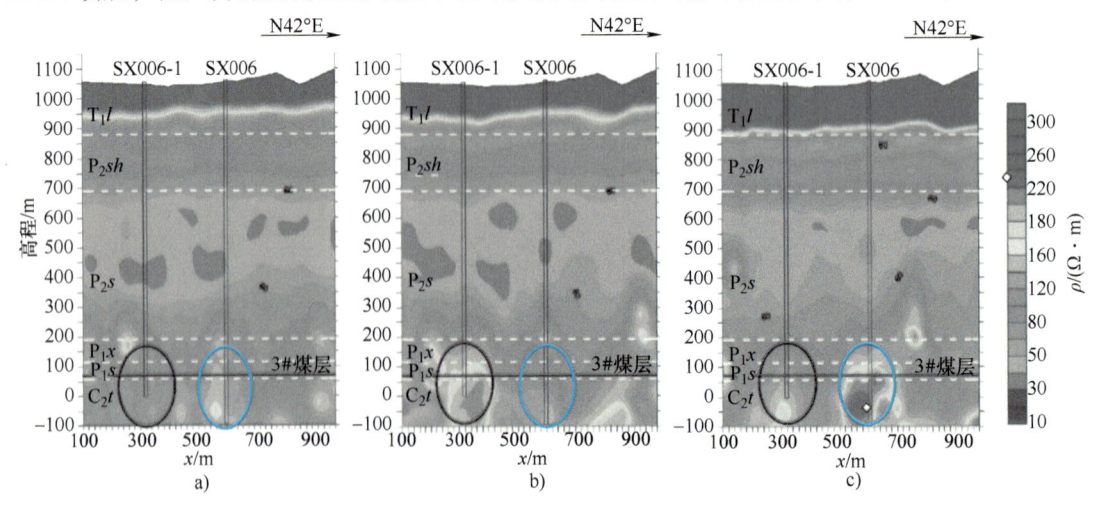

图 6-24 反演电阻率断面（一）

a) 2011 年 10 月背景值观测　b) 2013 年 11 月 SX006-1 井注入 700t CO_2 后的观测
c) 2015 年 10 月 SX006-1 井注入 1619t CO_2 后闷井 10 个月，随后 SX006 井注入 1750t CO_2 后的观测（椭圆区域为异常区）

停止了 CO_2 注入作业，在断面图中显示煤层附近的电阻率值明显减小，推测异常发生的原因与 2015 年停止 CO_2 注入作业、10 个月的闷井以及后期试采气工作存在一定的关联。CO_2 的注入、扩散以及其与 CH_4 的置换、试采气工作改变了煤层中 CO_2 饱和度，使瞬变电磁观测到的感应电压值增大，电阻率减小。

在 SX006-1 井未注 CO_2 之前，注入井周围感应电压处于高值区，在其注入 700t CO_2 之后，注入井周围感应电压值降低（图 6-26a、b）。在其 CO_2 注入量达 1619t 之后转入闷井，闷井 10 个月后试采，感应电压值明显增大，如图 6-26c 中蓝色椭圆圈定的区域。图 6-26c 所示：对于 SX006 井，注入 CO_2 约 1750t 以后，其注入井周围感应电压值显著减小，而 SX006-2 井在注入 800t CO_2 之后，注入井周围的感应电压值减小较为明显。

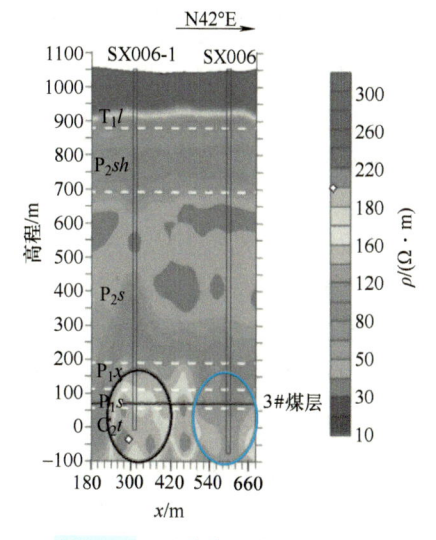

图 6-25 反演电阻率断面（二）

注：2014 年 11 月 SX006-1 井注入 1460t CO_2 后的观测（椭圆区域为异常区）。

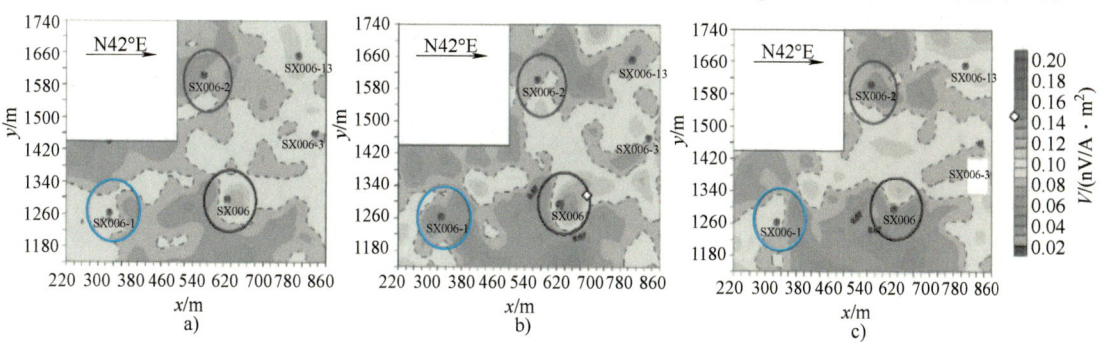

图 6-26 煤层附近地层感应电压平面对比

a）2011 年 10 月背景值观测　b）2013 年 11 月 SX006-1 井注入 700t CO_2 后的观测
c）2015 年 10 月 SX006-1 井注入 1619t CO_2 后闷井 10 个月，随后 SX006 井注入 1750t CO_2、SX006-2 井注入 800t CO_2 后的观测

6.3.2 电阻率层析成像监测

1. 原理

电阻率层析成像监测手段（Electrical Resistance Tomography，简称为 ERT）是采用先进的计算机控制技术，依靠强大的数据处理功能及数字成像技术，集电测深与电剖面于一体的多装置多极距的组合测量方法。通过测量地下物质的电阻率分布来获取地下结构信息。在 CO_2 地质封存监测中，电阻率层析成像可以用于识别 CO_2 的流动路径，监测封存层和盖层的完整性，并评估封存地点的稳定性。

电阻率层析成像是一种用于可视化多孔介质中流体运动的间接方法，需要中间应用反演算法，将原始电阻测量值转换为流体羽流的层析图像（电阻率或浓度）。该方法假设在可渗透监测区内可探测到的电阻率变化伴随着流体的侵入（这里是超临界 CO_2），其特征是电阻率明显高于多孔介质中已经存在的含盐孔隙流体。该技术包括通过一个已知的电流（DC）穿过一个目标区域，同时测量该区域周围许多位置的电势。对通过该区域的许多不同电流路径重复该操作，可生成一组电阻数据，该数据集可以反向生成与施加电流产生的电位一致的电阻率空间分布。用于传递电流和测量电位的电极通常沿钻孔均匀分布，有时也分布在确定目标区域边界的表面上。

井间 ERT 系统中，在一个钻孔中布置激励电极系，另一个钻孔中布置测量电极系，对激励电极依次供电，同时观测测量电极之间的电压，进而将观测值换算为视电阻率，最后反演出井间监测区域的电性参数分布图像。

图 6-27 所示井间 ERT 监测数据的采集方式。固定电极 A 和 B 的位置，测量电极 M 和 N 依次选通其他电极，在完成所有测量电极的观测之后，移动电极 A 和 B 至下一对激励电极的位置，重复上述测量电极 M 和 N 的选通和观测过程，直至完成所有激励电极条件下测量电极电压信号的采集。

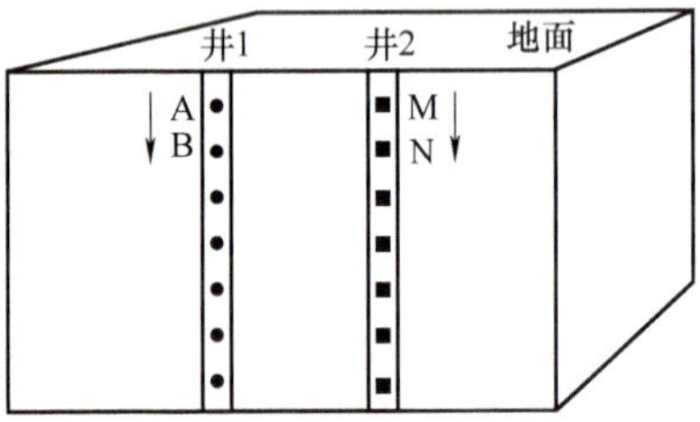

通过用 Archie 方程中的绝缘 CO_2 代替含盐流体，可以从电阻率数据估算 CO_2 饱和度如下：

$$\rho = \frac{a \cdot \varphi^{-m} \cdot \rho_w}{S_w^n} \tag{6-73}$$

图 6-27 井间 ERT 监测数据的采集方式

式中 ρ——岩石的体积电阻率（$\Omega \cdot m$）；

ρ_w——盐水的电阻率（$\Omega \cdot m$）；

φ——地层的孔隙度（%）；

S_w——盐水的饱和度（%）；

n——饱和度指数；

a、m——经验指数，将在后面的推导中被消去。

对于深部储层的时移监测，CO_2 注入前的基线盐水饱和度为 100%。令

$$\rho_0 = a \cdot \varphi^{-m} \cdot \rho_w \tag{6-74}$$

将式（6-73）除以式（6-74），且 $S_w + S_{CO_2} = 100\%$，则 S_{CO_2} 为

$$S_{CO_2} = 1 - \left(\frac{\rho_0}{\rho}\right)^{1/n} \tag{6-75}$$

式（6-75）表明，CO_2 饱和度可由监测电阻率与基线电阻率之比估算，饱和度指数 n 通常设置为 2.0。

ERT 数据处理包括以下主要步骤：预处理识别并去除多阈值数据点和时间序列分析，基线数据集的组装和反演，将电阻率分布的监测数据集转换为 CO_2 饱和度进行差分反演。具体步骤如下：

1) 预处理。为了准备 ERT 数据进行时移反演，需要提前识别并去除可能导致反演伪影

的噪声数据。噪声数据包括由于设备不完善而导致的不准确测量和由除 CO_2 注入以外的地下事件导致的异常值。

2）基线数据集准备。基线数据的反演产生了一个时间推移反演的参考模型，用于与后续数据集进行比较，有一个噪声较小的基线数据集是十分重要的。

3）差分反演。差分反演方法反演监测数据集和基线数据集之间的差异，并使用基线电阻率模型作为先验模型。将监测数据集与基线数据集进行比较，并且在差分反演中仅使用匹配的数据点。该方法的主要优点是减轻了系统和相干数据噪声的影响，从而在差分图像上显示出更少的反演伪影。

电阻率层析成像技术可以帮助监测封存地点内部的地质结构，以确定 CO_2 是否漏出封存层或损坏了封存地点的地下结构。电阻率层析成像技术通常需要使用电极阵列将电流注入地下，并测量在不同位置上获得的电压。根据测量数据，构建电阻率模型，生成地质结构图像。通过定期监测和比较这些成像结果，进一步追踪 CO_2 的分布和迁移路径，以确保地质封存的有效性和安全性。

具体而言，电阻率层析成像通过测量地下不同位置的电阻率进行断层解析和地下介质成像。CO_2 通常具有较高的电阻率，而地质层常常具有较低的电阻率，因此，通过测量地下不同位置的电阻率，可以检测到可能存在的 CO_2 聚集区域。需要注意的是，电阻率层析成像是一种非侵入性的地质勘探技术，但其分辨率可能受到地质条件和成像仪器的限制。因此，在实际应用中，可能需要结合其他地质监测技术和方法来全面评估 CO_2 地质封存的情况。

2. 监测实例

Cranfield 油田位于密西西比州纳切兹以东约 26km 处（图 6-28），该油田最初在 1943 年至 1966 年期间运营，之后一直处于停滞状态，直到 2008 年开始了涉及 CO_2 注入的强化采油作业。在 3000m 以上的深度，20~28m 厚的河流下 Tuscaloosa 砂岩注入带通过分层的四向背斜有效地限制了 CO_2 在其外围的移动，并通过注入带上方和下方的低渗透泥岩层在垂直方向上限制了 CO_2 的移动。注入带本身由辫状河道和山谷组成，这些河道和山谷遍布高渗透性砂岩和砾岩互层。河道和河谷的弯曲性质在二维井间 ERT 成像中引入了平面外流动，这可能会使其解释复杂化。在注入区和地表之间，许多高导水性砂岩与帽状细粒层交互展布，作为缓冲层，减弱注入物的向上运移。

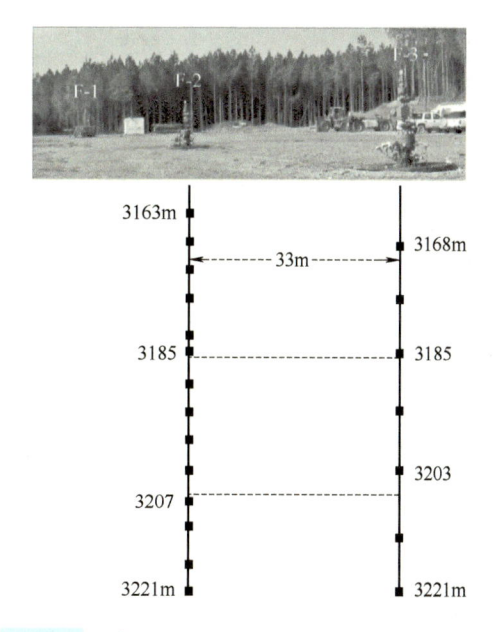

图 6-28 说明了注入井和两个监测钻孔之间的关系，这两个监测钻井为跨井 ERT 系统

图 6-28 注入井 F-1 和监测井 F-2 和 F-3 的布局

注：F-2 中有 14 个电极，F-3 中有 7 个电极。

提供了进入注入区的通道。在所示的共线布置中，离注入井最近的监测井（F-2）相距约70m，而F-2和F-3监测井本身相距约33m。由于电极和目标地层必须与井套管电绝缘，以防止沿钻孔传输的电流短路，因此在每个监测井中使用了大约130m的非导电玻璃纤维井套管，以跨越注入区和相邻的不渗透区。在F-2中，具有4.6m间距和61m总长度的14个电极的垂直阵列且以注入区为中心，而F-3中，只有7个电极跨越相同的阵列长度，需要将间距增加到9.14m。电极间距的差异完全是成本考虑的结果。

准备ERT数据进行时移反演，识别并去除了可能导致反演伪影的噪声数据。由于设备不完善以及除CO_2注入以外的地下事件造成的异常值，噪声数据包括不准确的测量结果。

在基于阈值的预处理留下更准确的数据后，取多个重复数据集的平均值。将2009年11月29日至2010年3月12日ERT数据的互易误差制成直方图，垂直线表示10%的互易误差阈值，末端的巨大峰值解释了互易误差等于或大于50%的数据。在同一天收集数据，如果同一天的重复测量变化超过10%，则数据点被视为有噪声的数据点。这种每日平均过程消除了更多的异常值，进一步提高了数据质量，最终每天只生成一个数据集。

基线数据集是根据2009年11月29日至2009年12月3日期间在2009年1月12日开始注入CO_2之前和之后收集的五个数据集的平均值构建的。2009年3月12日收集的数据应不受注入CO_2的影响，因为监测井F-2中的初始CO_2突破发生在2009年12月12日。计算了五个数据集的平均值和标准差，使用变异系数（CV），即标准差与平均值的比率，作为去除单个噪声数据点的阈值。CV值大于0.1的数据点被拒绝。基线数据的反演产生了一个时间推移反演的参考模型，用于与后续数据集进行比较。关键是要有一个噪声较小的基线数据集。

在正演问题中，用有限差分法将电场的控制偏微分方程转化为线性方程。使用预处理共轭梯度法和对称连续过松弛（SSOR）预处理器迭代求解线性系统。平滑模型最小二乘反算法使加权数据失配和模型粗糙度之和最小化。该过程产生平滑模型，其前向解将测量数据最佳地拟合到预定噪声水平。对于有噪声的数据集，使用稳健的重新加权方案从一次迭代到另一次迭代来降低拟合较差的数据的权重。

2009年12月1日CO_2注入开始前收集的基线数据使用迭代重加权最小二乘平滑模型反演方法进行反演。然后使用差分反演方法对2009年10月12日至2010年12月3日的90个监测数据集进行反演。将监测器和基线电阻率模型之间的电阻率变化百分比转换为CO_2饱和度。图6-29所示与成像区中CO_2羽流的到达和生长相关的随时间推移的CO_2饱和度变化。显然在彻底的数据清理之后，饱和图像具有非常少的伪影，大多数饱和度变化发生在渗透性更强的储层内，CO_2饱和度随着时间的推移而增加且CO_2羽流是连续的并且持续增长。

图6-30所示为F-2和F-3之间超过100天的羽流发展。同样，羽流的发展是连续的，并随着时间的推移而增强。随着羽流的发展，地层的不均匀性显而易见。有趣的是，流动路径不是恒定的，但似乎随着目标区域的填充而演变，这可能是被CO_2置换的天然孔隙流体运动的结果。

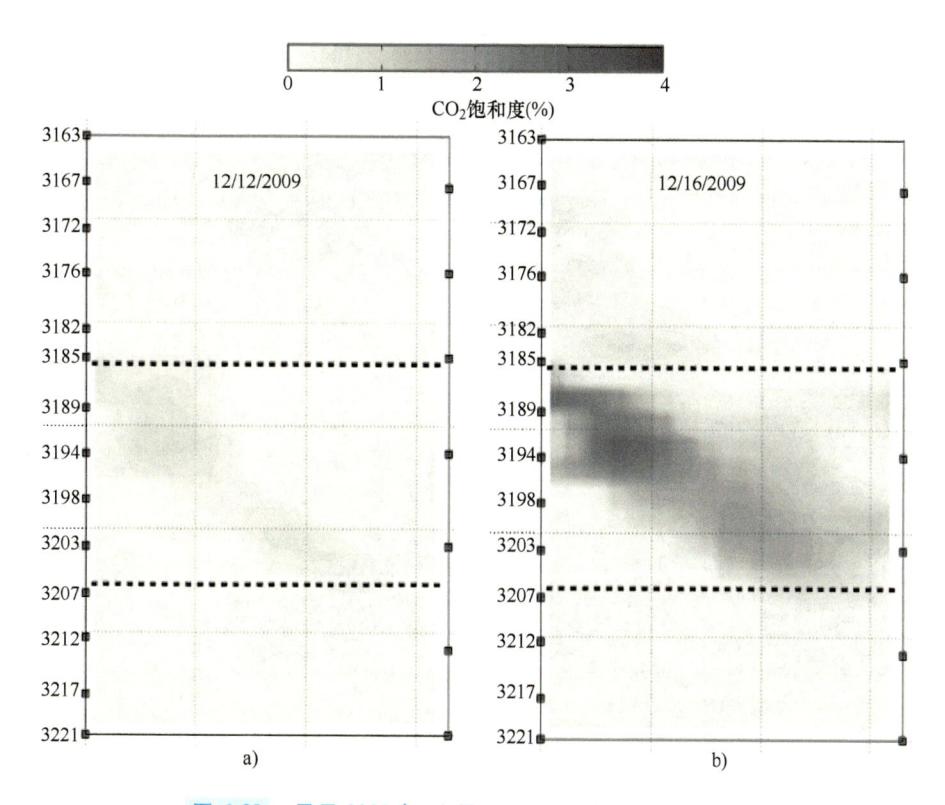

图 6-29 显示 2009 年 12 月 1 日 CO_2 注入开始后监测井

a) F-2 中 CO_2 突破的饱和度图像　b) F-3 中 CO_2 突破的 CO_2 饱和度图像

注：两条虚线定义了近似的储层边界。

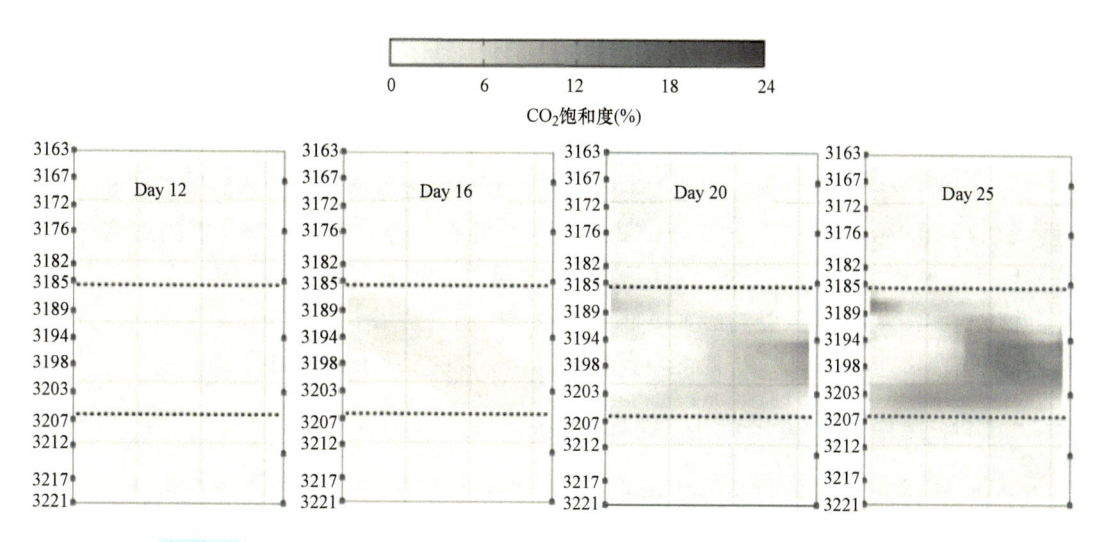

图 6-30 2009 年 12 月 1 日开始 CO_2 注入后前 102 天的时移 CO_2 饱和度图像

注：两条虚线定义了近似的储层边界。

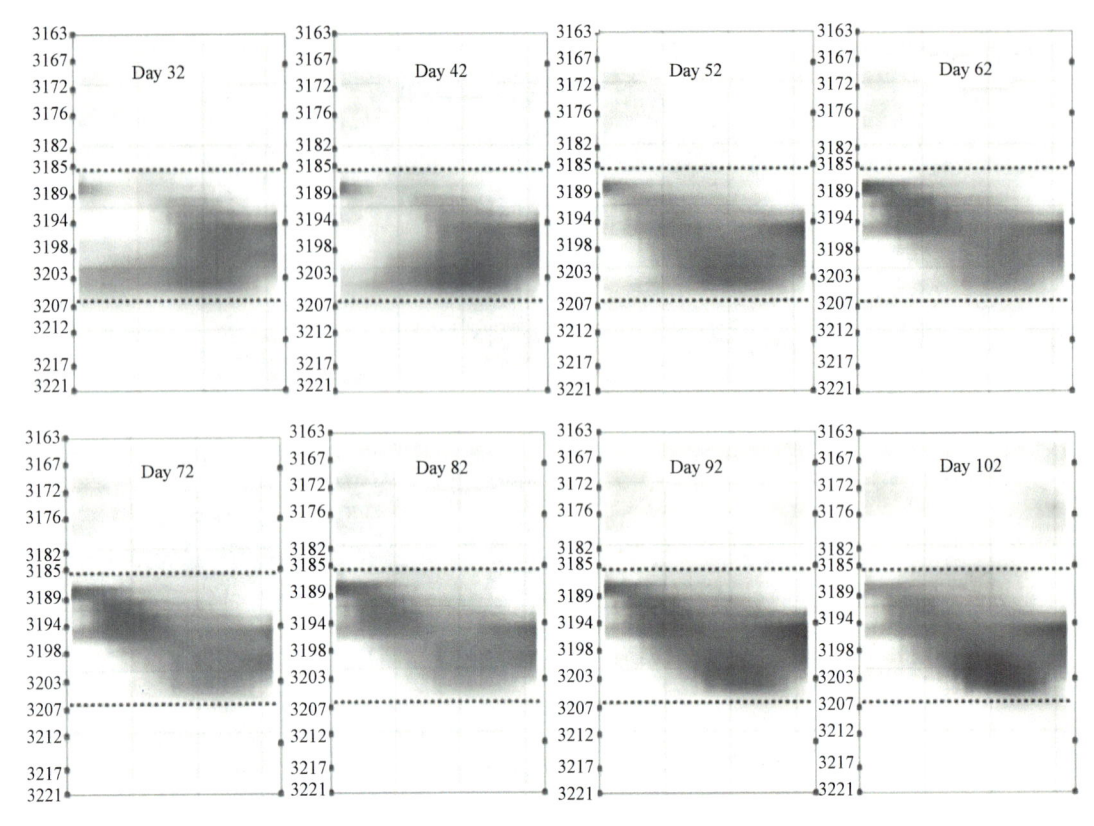

图 6-30 2009 年 12 月 1 日开始 CO_2 注入后前 102 天的时移 CO_2 饱和度图像（续）

注：两条虚线定义了近似的储层边界。

6.4 二氧化碳时移微重力监测

以往普遍认知范围里的重力勘探属于传统重力测量，在油田、煤田、金属矿床等资源的普查过程中起到了巨大的作用。不过较低的分辨率限制了重力法在详查和小构造探测中的应用。随着技术的进步，重力测量的精度不断提升，专门的微重力测量仪器的测量精度达到微伽级（$1\mu Gal = 10^{-8} m/s^2$）。此外，当今计算机技术的发展使得对重力异常数据的正演与反演计算速度飞速提升，能够更加充分利用测量到的微重力异常进行地下微小异常体的探测。与其他勘探方法相比，重力测量的成本更低，维护和操作的费用少，能够长期在相同位置进行时延测量以捕捉微重力变化，这使得它更适合进行长期的二氧化碳时移监测。

6.4.1 CO_2 封存地质演化微重力响应特征

由于地球内部物质密度的非均匀分布，相同质量的物体在地球上不同空间位置受到的重力是不一样的，精确测量地球上不同位置重力加速度的值并研究其规律，这就是地球物理勘探方法中的重力法。当地下存在矿物、岩石等与围岩的密度具有差异的异常体时，在地表或井中测量得到的真实重力与正常重力之间存在差异，这一差异被称为重力异常，三维空间中某一位置的重力异常可以表述为

第 6 章　二氧化碳地质封存地球物理监测

$$\Delta g = g - \gamma \tag{6-76}$$

式中　Δg——实测重力与理论重力的差值；
　　　g——测点位置的真实重力大小，通过重力测量仪器测量获得（图 6-31）；
　　　γ——测点位置的正常重力大小，可以通过建立理论模型计算得到。

在二氧化碳封存项目中，储层中物质的重新分布导致重力响应特征变化，通过在地表监测该变化，能够对储层岩石、流体的密度分布状况进行估算。在二氧化碳地质封存过程中，二氧化碳通常在超临界状态下注入储层，它会逐渐取代并与原始流体混合。外界流体的注入使储层孔隙中原有的流体分布发生变化，同时改变储层中流体的密度。密度的微小变化为在地表进行重力监测提供了物理基础，在地表测量到由于二氧化碳注入引起的重力变化在微伽（μGal）量级，因此被称为微重力异常监测。

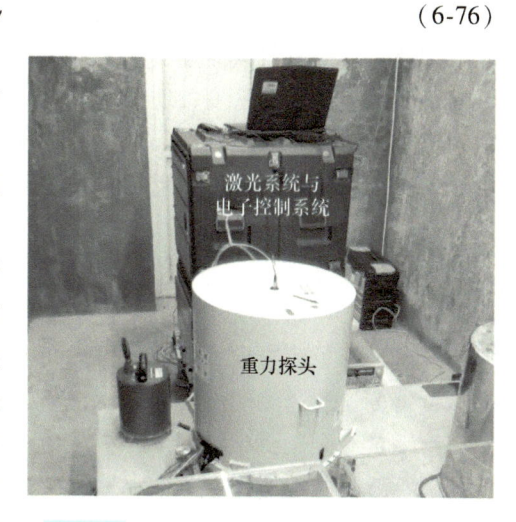

图 6-31　浙江省量子精密测量重点实验室研制的 ZAG-E 型量子重力仪实物图

图 6-32 所示为对二氧化碳注入过程中微重力异常监测的例子。在地表与井中进行监测，地表测量便于测量仪的部署，能收集大范围的微重力异常数据，井中测量距离埋藏区域近，

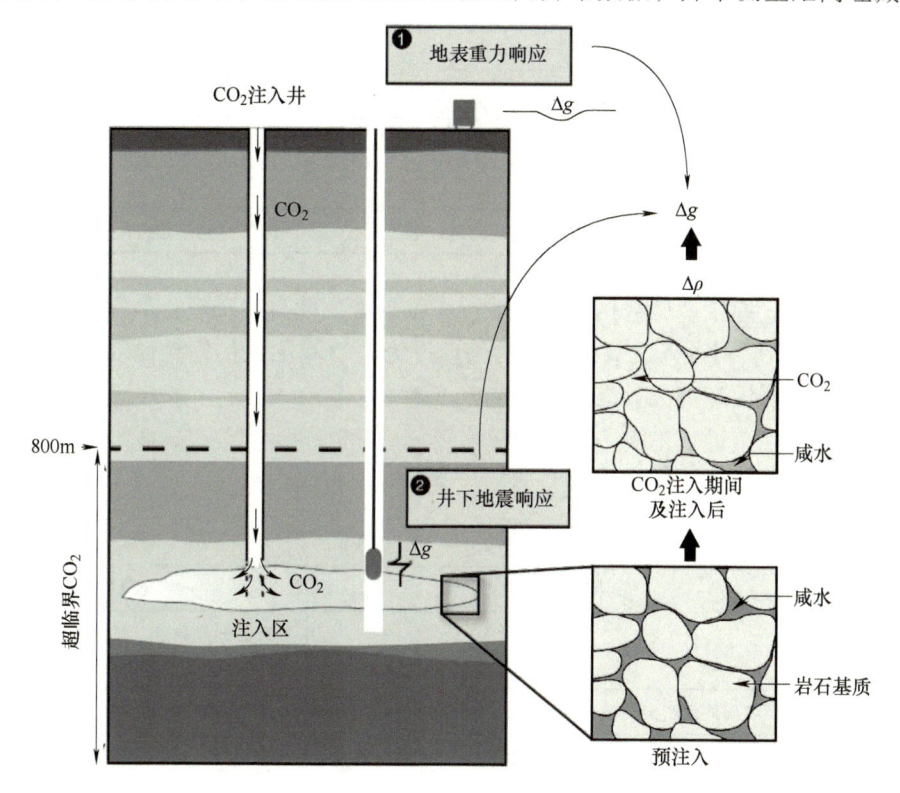

图 6-32　时移微重力监测原理图

采集到的数据分辨率更高,两种测量方式互补,可以获得更全面的重力响应数据。随着二氧化碳的注入,二氧化碳流体替代了位于孔隙基质中的原始流体(盐水),在该例子中二氧化碳的密度低于盐水的密度,使得二氧化碳注入后引起总的平均密度下降,进一步导致重力异常的发生。持续对该区域相同位置进行地表重力测量或是在钻孔中进行重力测量,能够获得由于二氧化碳运移产生的微重力异常数据。

6.4.2 CO_2 封存动态密度监测模型构建

时移微重力异常反演是一个复杂的非线性问题,由于解的不唯一性,通常导致反演结果的不准确,为了解决该核心问题,需要构建一个动态模型,使其与该区域的地质模型有良好的拟合程度,通过对动态模型进行正演为实际采集数据反演提供基础。

地下二氧化碳封存类型多样,包括咸水层封存、枯竭油气藏封存等情况。不同地质封存情况下,对应的地质构造条件、地温梯度、围岩密度等物性参数都有不同,在具体封存过程中,需要根据实际地质条件进行模型设计。表6-1所示是《中国二氧化碳捕集利用与封存(CCUS)年度报告(2021)》中公布的封存类型和对应的封存潜力,其中咸水层封存是二氧化碳封存方式中潜力最大的,在世界范围内都有成功的案例,如挪威的Sleipner、阿尔及利亚的InSalah、我国鄂尔多斯盆地神华等示范工程,这些工程提供了长期CCUS的经验,对于未来二氧化碳地质封存项目实施具有借鉴意义。

表6-1 中国二氧化碳地质封存类型

封存类型	封存潜力/亿t	主要分布
CO_2-EOR	51	松辽盆地、渤海湾盆地、鄂尔多斯盆地、准噶尔盆地
枯竭气藏	153	鄂尔多斯盆地、四川盆地、渤海湾盆地、塔里木盆地
CO_2-EGR	90	
深部咸水层	24200	松辽盆地、塔里木盆地、渤海湾盆地、苏北盆地、鄂尔多斯盆地

在构造模型时,综合地震数据、注入地所在位置地质情况、二氧化碳埋深建立二氧化碳储层模型(图6-33),对注入二氧化碳后的物理行为进行观测,包括流动的几何形状、二氧化碳在地层咸水中的溶解情况、二氧化碳的密度等。

为了对建立的模型进行正演,还需要提取目标地质体的关键信息,主要正演相关参数见表6-2。

表6-2 中央烟囱模型正演参数表

参数类别	几何&物性参数	模型参数
区域背景	观测区域的长度、宽度、深度	长度剖分数量、宽度剖分数量、深度剖分数量
围岩	各向同性密度、地层水密度	
储层	夹层圆盘半径、夹层圆盘埋深、中央圆柱高度、中央圆柱埋深	夹层数量
地质单元	对应温度、压强下的二氧化碳密度	质心坐标、地热梯度、地层压强

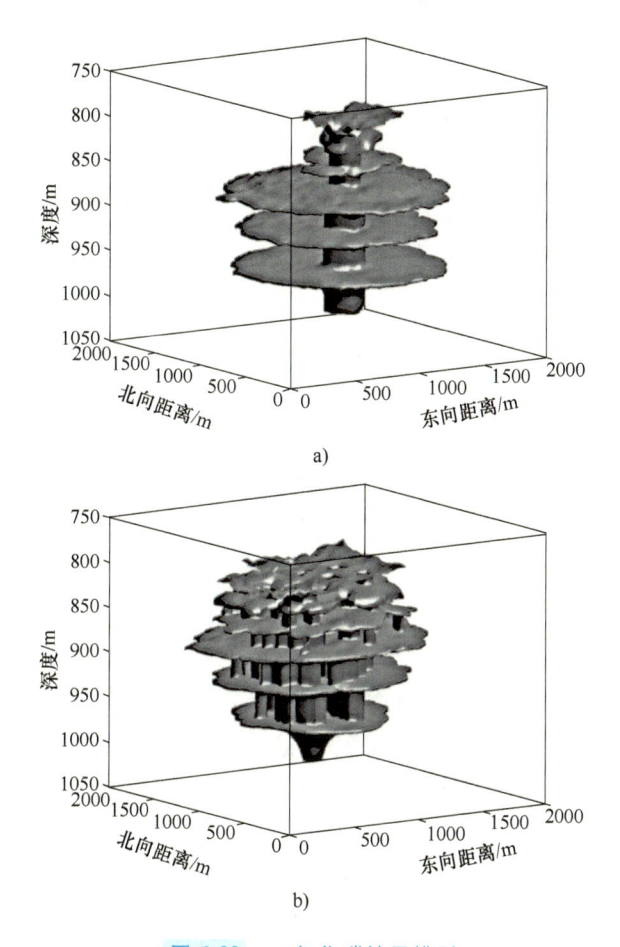

图 6-33 二氧化碳储层模型

a）圆柱叠加圆盘构成的中央烟囱模型　b）复杂的随机孔穴模型

完成模型的构建后，通过牛顿万有引力公式，能够方便地计算三度体引起的重力异常。将不规则形状的三度体剖分为规则几何体作为基本剖分单元，现阶段最常用的建模方式是将研究区域剖分为规则六面体网格，这种剖分方式计算复杂度低，能够很好地表示简单几何模型。此外还有更加灵活的不规则四面体建模方法，该方法建模较规则、建模复杂，但当异常体构造较为复杂时，可以通过改变局部四面体网格的大小逼近任意形态的异常体。对建模后的单元网格进行密度赋值，以深度和压强为参量计算每个单元格的密度，建立一个动态密度模型。

以规则六面体单元作为基本剖分单元为例计算异常体的剩余密度在地表产生的重力异常，如图 6-34 所示，地下某一剩余密度为 ρ 的物体由于与围岩的密度差导致重力场发生变化，其中由该物体剩余密度而引起的重力位可以通过万有引力公式表示，即

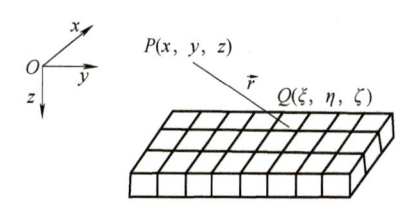

图 6-34　重力异常地下空间剖分示意图

$$V(\vec{r}) = G \iiint_v \frac{\rho}{\vec{r}} dv = G \iiint_v \frac{\rho}{[(x-\xi)^2+(y-\eta)^2+(z-\zeta)^2]^{1/2}} d\xi d\eta d\zeta \qquad (6-77)$$

式中 ρ——异常体与围岩之间的剩余密度；

$\vec{r}$——观测点 $P(x,y,z)$ 到异常地质体点 $Q(\xi,\eta,\zeta)$ 的矢量；

G——万有引力常数，约为 $6.67\times10^{-11}\text{m}^3/(\text{kg}\cdot\text{s}^2)$。

对重力位分别在 x、y、z 三个坐标轴方向求一阶导数，则

$$\Delta V = \left(\frac{\partial V}{\partial x}, \frac{\partial V}{\partial y}, \frac{\partial V}{\partial z}\right)^T = (g_x, g_y, g_z)^T \qquad (6-78)$$

式中 ΔV——重力位（J/kg）；

g_x, g_y, g_z——重力位在三个坐标轴方向上的分量，具体表达分别为

$$g_x = \frac{\partial V}{\partial x} = -G\rho \iiint_v \frac{(x-\xi)}{[(x-\xi)^2+(y-\eta)^2+(z-\zeta)^2]^{3/2}} d\xi d\eta d\zeta$$

$$g_y = \frac{\partial V}{\partial y} = -G\rho \iiint_v \frac{(y-\eta)}{[(x-\xi)^2+(y-\eta)^2+(z-\zeta)^2]^{3/2}} d\xi d\eta d\zeta \qquad (6-79)$$

$$g_z = \frac{\partial V}{\partial z} = -G\rho \iiint_v \frac{(z-\zeta)}{[(x-\xi)^2+(y-\eta)^2+(z-\zeta)^2]^{3/2}} d\xi d\eta d\zeta$$

由上述的推导过程可见，实际上重力场为矢量场，但在重力勘探中通常将重力数据默认为重力场的垂向分量，也有部分机构对重力的三分量数据进行测量。

6.4.3 时移微重力异常反演与深度学习监测方法

二氧化碳封存项目的时间跨度长，利用在监测过程中不同时间点获得的微重力异常数据的变化情况进行反演，称为时移微重力异常反演。二氧化碳封存区域要求储层性质稳定，通常不会出现对储层密度影响较大的地质活动，可以认为在时移过程中监测到的重力异常变化只由二氧化碳的注入与运移产生。假设测点位置在监测过程中不发生变化，那么二氧化碳的密度是对不同时间节点测量到的微重力异常发生变化的唯一因素，单一变量消除了其他因素的影响（如高程、纬度等），从理论上有利于监测二氧化碳的运移情况。

传统的重力异常反演方法通过最小二乘法来求解地下异常体密度分布情况，但随着深度学习技术的发展，我们可以借助深度学习方法来寻找更为准确的解决方法。深度学习方法在求解非线性问题上展现出了优秀的能力，其通过学习大量的数据与模式来发现隐藏在数据背后的复杂关系。在解决微重力异常反演问题时，深度学习模型能找到微重力异常与地下模型物性的映射关系，从而更准确的反演出地下储层的密度分布情况。一旦深度学习模型训练完成，它能以极小的代价进行后续推演工作，该特性便于持续监测地下流体运移，为二氧化碳封存项目的长期稳定和安全运行提供可靠的支持。

图 6-35 所示为基于编码-解码结构的网络，它是包含 4 个下采样层、4 个上采样层和跳跃连接层的全卷积网络，这种类似 'U' 型结构的 CNN 模型被称为 U-Net 神经网络，可以在训练样本较少的情况下对数据获得良好的拟合效果。此外，深度学习方法还具备处理序列数据的能力，RNN 结构的循环神经网络能够充分利用时移监测微重力异常数据的特征，不

仅能实现针对二氧化碳在储层中密度分布的反演，还能对未来的二氧化碳运移情况进行预测。

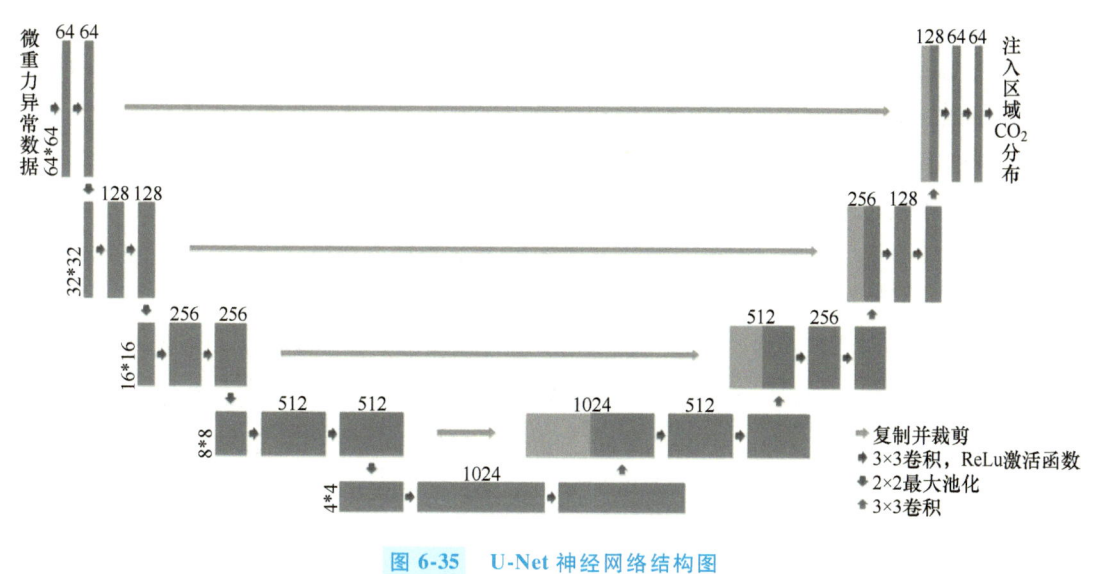

图 6-35　U-Net 神经网络结构图

深度学习监测方法包括以下步骤：

1）数据收集。收集搭建模型的物性特征数据和对应的微重力异常数据用于训练深度学习模型。

2）模型搭建与训练。搭建深度学习模型，并通过收集到的数据进行训练，在该过程中，深度学习模型将学习数据中的映射关系。

3）模型测试。在模型训练完成后，需要对其进行测试以验证其泛化效果。在测试过程中，需要同时结合地震成像、大地电磁成像等其他勘探方法得到的数据进行综合验证，以此从多个模型中找出对实际数据反演效果最好的模型进行时移微重力监测。

6.4.4　Sleipner 工区微重力监测应用

一旦神经网络训练完成，即可应用到实测微重力异常数据的反演中，但受到地形、环境等因素影响，实测数据测点分布不均，测点数据少，不能直接作为神经网络模型的输入。为了解决以上问题，首先需要根据建模数据的覆盖范围，从实测数据中选取覆盖范围内测点最密集的区域，然后对选取区域的测量数据进行插值处理，最终达到满足输入神经网络模型的条件。

以 Sleipner 工区的实测数据为例。Sleipner 田是一个天然气生产区，从该区采集的天然气为了满足商业规范，需要将其中的二氧化碳含量从 9% 减少到 2.5%。从天然气中分离出来的二氧化碳被注入到附近的 Utsira 砂岩地层。在注入点附近，含水层从海平面以下约 1100m 的位置延伸至 800m 的位置，并被 200~300m 厚的页岩层覆盖。二氧化碳储层被平均厚度 1m，垂向间距 30m 的页岩层切割成细-中粒、分选性较好的砂岩。砂岩层厚度约 300m，页岩层将砂体平均分割为多段，每段约 30m。直接覆盖层由富含黏土的沉积物组成，厚度约为 250m。注入点的深度在海平面以下 1012m 处，该处海水深度大约 80m。

实测微重力异常的数据分别测量于 2002 年与 2005 年，通过使用以陆地高精度重力仪核心进行改进的海底重力仪进行测量。一共有 5 个基准验潮站点，通过海上拖船释放机器人到海底水泥桩固定的基站上放置重力仪来完成测量。数据进行了漂移和潮汐校正。

Sleipner 田微重力实测数据反演存在以下难点：

1）数据测点间距过大。本次实测数据的测点间距达到了 500m，导致两个测点之间的数据插值误差较大，失去了很多局部信息。同时实际测量的每个测点还使用了附近 500m 的观测值来进行平均，在重叠区域，重力异常可能存在不同的值，这导致进行反演的数据存在信息的缺失，不能良好的反应精细的重力异常信息，尤其是针对微重力异常反演对数据精度要求较高，稀疏的测网使数据的质量大幅降低，降低了反演的准确性。

2）数据测点数量少。实测数据仅有 30 个测点，虽然可以通过插值平滑等方式进行全部测网数据的补全来满足神经网络反演模型的输入要求，但相较于真实测量的数据存在一定的差距。

在训练出合适的神经网络模型后，对实测数据进行反演前，需要根据建模的测网形态截取出合适的数据。本例中实测微重力异常数据为长度远远大于宽度的长方形，为了进行数据维度的匹配，截取了覆盖重力异常中心区域的最大面积，同时在截取过程中，保留了尽可能多的基准点数目，覆盖了二氧化碳地质封存边界的可能范围。以上区域截取后，通过插值平滑，转化为符合神经网络输入尺寸的重力异常数据，如图 6-36 所示，图中展示了从 2002 年到 2005 年测得的时移重力异常插值后的结果，在图上应以注入点为中心，尽可能覆盖较多测点，截取出深色区域的重力异常数据作为反演数据。

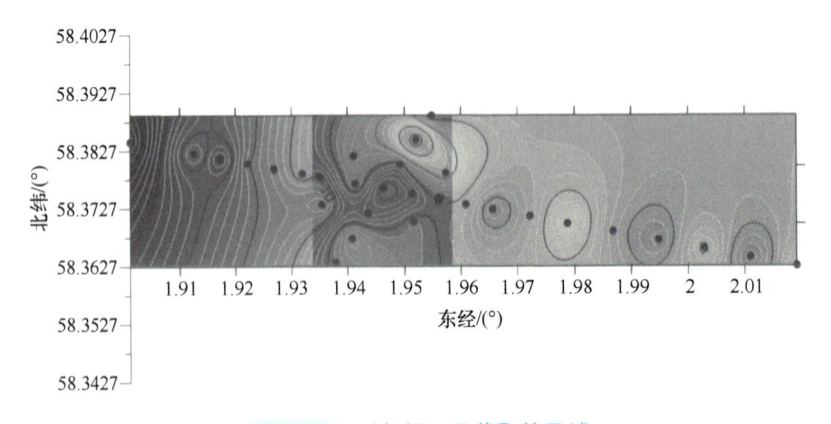

图 6-36 测数据工区截取的区域

图 6-37 所示为深度学习监测模型对 2002 年与 2005 年测得的重力异常数据进行反演后的差值，该结果不仅刻画了 CO_2 的轮廓，还表明从 2002 年到 2005 年该地区封存的二氧化碳密度呈现上升趋势，符合该地区逐年增加二氧化碳注入的实际情况。

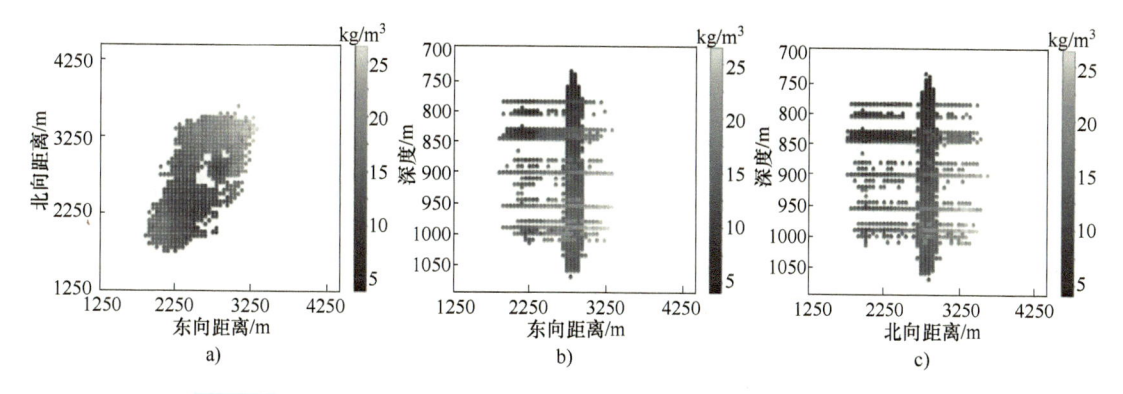

图 6-37 经网络反演模型得到的 2002 年到 2005 年该地区密度变化情况

a）平面图 b）横剖面 c）纵剖面

思 考 题

1. 二氧化碳封存后进行监测的目的是什么？并且有哪些需要着重注意的监测内容？
2. 总结各地球物理监测技术具有哪些优点？以及如何更好地发挥这些优点？
3. 查阅相关文献，说明还有哪些二氧化碳封存的地球物理监测手段，学习其技术原理并尝试分析其优缺点。
4. 请分析二氧化碳地质封存地球物理监测体系有哪些不足之处，并尝试提供解决方案。

第7章 二氧化碳地质封存潜力及风险评估

> **学习要点**
> - 了解 CO_2 地质封存潜力评估的一般流程与评价指标体系。
> - 了解 CO_2 地质封存可能引起的灾害,掌握评估 CO_2 封存风险的方法。
> - 熟悉 CO_2 地质封存的泄漏途径以及可能对环境造成的破坏。

7.1 二氧化碳地质封存潜力评估

7.1.1 CO_2 地质封存潜力评价指标体系

随着全球气候变暖问题日益严重,减少温室气体排放已成为国际社会共同面临的重要任务。CO_2 作为对全球温室效应贡献最大的温室气体,其减排工作受到了广泛关注。在此背景下,旨在实现大规模 CO_2 减排的 CO_2 地质封存技术成为了一种具有重要减排价值的技术手段。为推广 CO_2 地质封存技术,实现 CO_2 地质封存的规模化应用,科学评估 CO_2 地质封存的潜力和对 CO_2 地质封存场地进行封存潜力评估至关重要。本节将简要介绍 CO_2 地质封存潜力评价的定义及 CO_2 地质封存潜力分级评价原则。

CO_2 地质封存潜力评价是指对给定区域的 CO_2 储层进行封存量分析和风险分析,以评价给定区域是否可实现大规模 CO_2 长期安全封存的过程。基于给定区域的大小,可将 CO_2 地质封存潜力评价分为5个等级:区域级潜力评价、盆地级潜力评价、目标区级潜力评价、场地级潜力评价、灌注工程级潜力评价。区域级潜力评价以全国单个盆地为评价单元,对全国所有的沉积盆地进行 CO_2 地质封存潜力评价,淘汰部分不适宜封存 CO_2 的沉积盆地,选择出可供下一阶段继续研究的适宜 CO_2 地质封存的沉积盆地;盆地级潜力评价以适宜 CO_2 地质封存的单个沉积盆地一、二级构造单元为研究对象,对该沉积盆地构造单元各地质时代形成的储、盖层进一步详细分析,通过一级构造单元内的钻孔、地震地球物理、储层岩性资料、水文地质资料等信息的收集，计算出该盆地一、二级构造单元的CO_2封存潜力；目标区级潜力评价以三级构造单元内的圈闭为研究对象，通过圈闭级CO_2地质封存适宜性评价，优选出适宜CO_2地质封存的目标靶区；场地级潜力评价通过目标靶区内具体场地的地球物理勘探、钻井与灌注实验等工作，充分考虑业主意见，实现具体场地的CO_2地质封存适宜性量化评价；灌注工程级潜力评价通过具备一定规模的工程性实际CO_2灌注，实地监测CO_2在储层内的运移扩散，结合监测数据校正的数值模拟结果，实现较精确的工程现场CO_2地质封存适宜性评价。封存潜力评价的金字塔式分级评价示意图如图7-1所示。

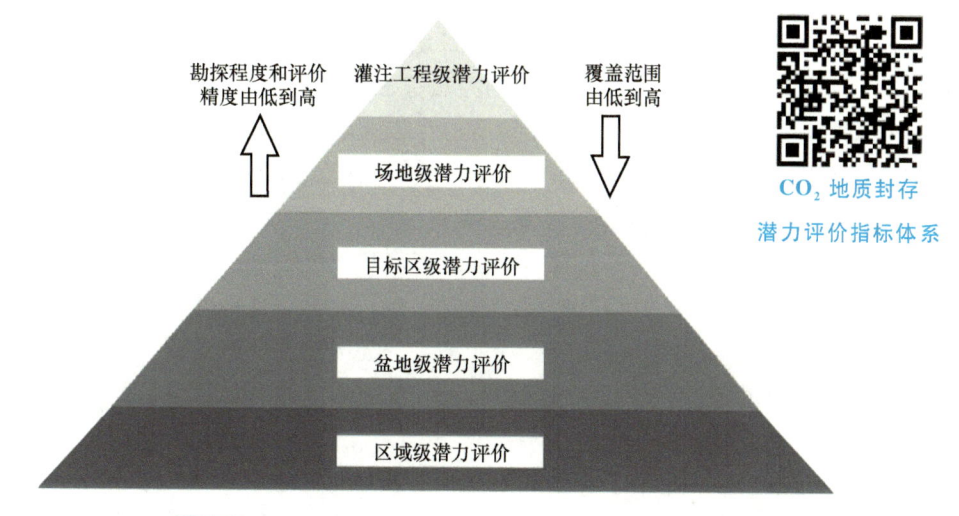

图7-1 封存潜力评价的金字塔式分级评价示意图

应注意：分级潜力评价应根据评价范围和项目具体需求开展，可根据实际情况跳过某些分级评价阶段。比如某项目要求对国内某省的CO_2封存潜力进行整体评价，则评价的精细度达到目标区级即可，不需要对场地级和灌注工程级的CO_2封存潜力进行评价。再如，某CO_2地质封存项目按成本控制要求需要在CO_2气源半径100km内开展，而CO_2气源本身的位置是确定的，则潜力评价可直接进入场地级潜力评价和灌注工程级潜力评价阶段，区域级到目标区级的潜力评价阶段都可以跳过。

在构建CO_2地质封存潜力评价指标体系时，应遵循以下原则：

1) 分级原则。针对前文所述不同级别的CO_2地质封存潜力评价，设置对应于不同级别的地质封存潜力评价指标。评价级别越高（越接近于图7-1所示的金字塔顶端，对应于更加精细的封存潜力评价），则需要考虑的地质封存潜力评价指标就越多。

2) 系统性原则。评价指标应全面反映CO_2地质封存潜力的各个方面，包括地质条件、技术可行性、环境影响等。

3) 科学性原则。评价指标应基于科学原理，能够客观反映CO_2地质封存的实际情况。

4) 可操作性原则。评价指标应具有可操作性，数据易于获取，评价方法简便易行。

5) 动态性原则。评价指标应根据技术进步、环境变化和政策法规发布情况进行动态调整，以适应不同技术发展阶段和政策法规完善程度的需求。

根据以上原则，构建具有普适性并充分考虑不同地质封存工程特点的 CO_2 地质封存潜力评价指标体系，指标体系由以下 3 个层次构成：

（1）一级指标　包括 CO_2 封存量、技术与政策可行性、封存风险和经济性 4 个一级指标。通过设置一级指标，全面涵盖影响 CO_2 地质封存潜力的各种因素，以得到全面客观的潜力评价结果。CO_2 封存量是对封存潜力进行评价的核心指标。对于不同的储层（如深部咸水层、不可采煤层、油气藏、盐穴等），由于其性质的差异，对 CO_2 封存量进行核算的方法也会有所差异。技术与政策可行性是评价 CO_2 地质封存项目是否可顺利开展的基础。技术可行性主要关注封存技术的成熟度和可靠性，包括注入技术、封隔技术和监测技术是否达到现场施工的技术要求。政策可行性则关注项目是否符合国家和地方的相关法规和政策要求，以确保项目在实施过程中不会因为违反相关法律法规而被要求终止。封存风险是评价 CO_2 地质封存项目安全性的关键指标。CO_2 地质封存涉及地下复杂的地质条件和多相流体在储层和井筒中的运移，运移规律复杂，影响因素众多，需要对相关风险进行系统评价。封存风险的评价包括对工程地质风险和 CO_2 泄漏风险的预测和评估、对地下水和生态系统的潜在环境影响等，旨在确保项目在运营过程中不会对环境和人类健康造成不良影响。经济性是评价 CO_2 地质封存项目是否可负担和可持续的重要指标。由于 CO_2 地质封存项目需要大量的资金投入，因此项目的成本控制是决策者关注的重点。经济性的评估包括对项目的成本分析、效益分析、市场竞争力分析等，旨在确保项目在经济成本上具有可行性，并能够在长期内实现成本回收和可持续发展。

（2）二级指标　在一级指标下设置若干个二级指标，进一步细化潜力评价内容。在 CO_2 封存量一级指标下，设置储层类型、储层厚度、储层覆盖面积、储层平均孔隙度、储层封存条件下 CO_2 密度、封存效率系数共 6 个二级指标。在技术与政策可行性一级指标下，设置封存技术成熟度（考虑在给定的储层类型和储层深度条件下，是否已有成功的现场验证和示范项目，配套的监测、注入和封隔技术是否成熟）、法规与政策符合性（考虑封存项目是否符合《矿产资源法》和《矿产资源法实施细则》要求，不出现压覆重要矿产的情况；考虑封存项目是否满足《中华人民共和国环境影响评价法》等相关法律法规要求，封存项目不应位于飞机场、军事基地以及国务院和国务院有关部门及省、自治区、直辖市人民政府划定的野生动物保护区、生态保护红线区域、永久基本农田和其他需要特别保护的区域之内）2 个二级指标。在封存风险一级指标下，设置诱发地表变形和滑坡等地质灾害风险、裂隙生成扩展与断层活化风险、诱发微震风险、盖层泄漏风险、断层泄漏风险、井筒泄漏风险、环境污染风险 7 个二级指标。在经济性一级指标下，设置 CO_2 运输与临时贮存成本、钻井成本、设备运行维护成本、人工成本、风险监测成本 5 个二级指标。

（3）三级指标　对于包含信息较多、二级指标难以全面反映其广泛性和复杂性的潜力评价内容，可在二级指标下进一步设置三级指标，对评价内容进行更加具体的描述。具体而言，对于井筒泄漏风险二级指标，应设置已有的与储层或上覆盖层交会的井筒数量、井斜角、成井时间、井筒废弃时间、水泥环第一界面和第二界面固井质量、固井水泥环封固深度、废弃井封井水泥塞封固长度、固井水泥环底部位置、是否曾发生井喷等井筒工程事件共 9 个三级指标，以具体描述并量化封存 CO_2 可能通过井筒泄漏的风险。

7.1.2　CO_2地质封存潜力预测方法

基于前文建立的CO_2地质封存潜力指标体系，提出了CO_2地质封存潜力预测方法，将CO_2地质封存潜力评价指标体系应用于工程实际。建议采用打分法对给定场地的封存潜力进行评价，基本公式为

$$J = \sum_{i=1}^{n} x_i a_i \tag{7-1}$$

式中　x_i——第i个三级指标根据场地信息打出的分值；

a_i——对应于该指标的权重。

对于不下设三级指标的二级指标，则二级指标直接参与打分。将全部指标分值与权重的相乘结果相加，根据J值的结果判断场地封存潜力的高低。值得注意的是，由于权重的选取和潜力评价的范围都具有主观性，需要依托具有权威性的专家团队，由专家团队通过头脑风暴，为各指标的权重赋值，并根据项目实际情况，制定封存潜力评价分级的具体范围。根据封存潜力评价打分结果和封存潜力评价分级的具体范围，对评价结果进行分析和解释，得出CO_2地质封存潜力评价的结论。根据评价结论，提出相应的建议和措施，为CO_2地质封存项目的选址和建设提供参考。

7.2　二氧化碳地质封存风险评估

CO_2封存风险评估是对CO_2封存潜力进行评估的重要内容。CO_2封存技术将捕获的CO_2注入地下深层地质结构，如咸水层、废弃油气田等，以实现CO_2在地下的长期封存。该过程中，封存的安全性是首要考虑的问题。风险评估工作能够全面分析封存过程中可能出现的各种风险因素，如地质结构稳定性、封存容量、泄漏风险等，从而制定相应的防范措施和应急预案。通过科学的风险评估，可以确保封存项目的安全性，避免或减少因CO_2泄漏而引发的环境问题。同时，对CO_2封存实施过程中可能存在的风险及风险的严重程度进行评估，可以全面、客观地展示封存技术的安全性、效率和经济性，及时发现和应对潜在的风险问题，增强公众对该技术的信任度，消除公众的疑虑和担忧，为技术的广泛应用创造良好的社会环境。

CO_2封存风险评估的通常步骤如下：

1) 确定风险评估边界。在CO_2封存风险评估中，首先需要明确评估的范围和对象。这包括确定封存地点、封存方式、风险评估时间跨度等关键因素。同时，还需要考虑可能受到影响的环境和生态系统，以便全面评估风险。

2) 风险识别。在确定了评估边界后，需要对评估边界内可能存在的各类风险进行识别。这包括地表变形风险、盖层破坏及断层活化风险、微地震风险、泄漏及环境破坏风险。通过风险识别，可以明确产生风险的来源并加以关注。

3) 风险严重程度量化评价。对于已识别的风险，需要对该种风险发生的概率和风险造成的后果两方面进行量化评价，以确定其严重程度。

4）基于量化评价结果，针对性地设计风险监测方案与风险防控预案。根据风险严重程度的量化评价结果，可以针对性地设计风险监测方案和风险防控预案。例如，对于高风险区域，可以加强监测频率和力度；对于可能发生的泄漏事故，可以提前制定事故发生时的应急预案，以减少损失。

7.2.1　CO_2注入导致地表变形风险评估

在CO_2的注入过程中，储层内的压力与温度变化会引发注入区域及其周边区域应力和应变场的改变。这种改变可能造成地表变形的发生，同时亦可能显著改变CO_2储层及其上方盖层的渗透性和流体注入特性。特别是在CO_2咸水封存过程中，注入压力通常高于7.4MPa，并且储层深度通常超过1000米。在此条件下，注入的CO_2在地层温度和压力的共同作用下，呈现出超临界状态，其密度大致为$0.6 \sim 0.75 \text{g/mL}$，这一数值低于岩层孔隙水的密度，并且拥有相对较小的黏滞性。因此，CO_2在压力梯度与孔隙水浮力的共同驱使下，倾向于向上方和横向迁移，形成CO_2羽状流。这种羽状流产生的上浮力与储层岩石的体积膨胀力，会共同作用于盖层，导致上覆地层出现垂直向上的膨胀形变（图7-2）。这种形变累积到一定程度，注入井周边的浅层地表便可能出现明显的、渐进性的地表抬升和隆起现象。

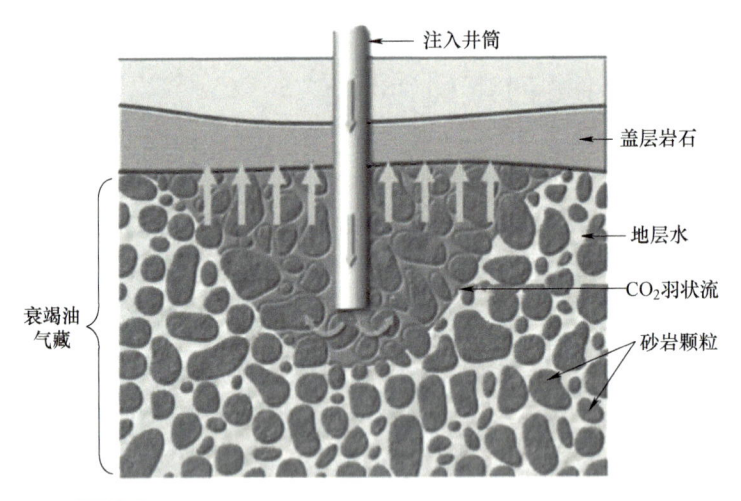

图7-2　注入CO_2流体对储层上覆地层产生上浮力示意图

地表抬升产生的变形量计算公式为

$$\frac{\Delta h}{h} = \alpha \frac{(1+\nu)(1-2\nu)}{(1-\nu)E} \Delta P \tag{7-2}$$

式中　Δh——垂向地层变形量（m）；

　　　h——储层厚度（m）；

　　　α——Biot系数；

　　　ν——泊松比；

　　　E——杨氏模量（N/m^2）；

　　　ΔP——储层中CO_2注入后的压力增量（MPa）。

为了降低注入区域地表发生显著变形的风险，选址阶段应优先考虑具有适宜的孔隙弹性模量、高孔隙度与渗透率、较深埋藏深度的储层。高孔隙度和渗透率有助于注入的高压流体迅速分散，避免局部孔隙压力过度累积，从而防止应力集中和垂直方向变形的发生。其次，较深的埋藏深度能显著减缓储层膨胀和变形向地表传递的速度。为防止地表发生变形，在CO_2注入过程中，必须根据储层的物理性质及地层压力等条件，精确设计CO_2的注入速率和总量。特别是当目标地层具有较低的孔隙度和渗透率时，为预防局部应力集中导致的潜在变形破坏，应适当减少CO_2的注入速率和总量。此外，加强注入过程及后续的地表监测工作至关重要。应结合卫星遥感技术和地面监测设备，对地表垂直方向变形及差异变形进行实时追踪与预警。一旦监测到异常变化，应立即根据监测结果调整CO_2的注入速率，确保项目的安全稳定运行。

7.2.2 CO_2注入导致盖层破坏风险评估

在CO_2地质封存项目中，盖层在保障CO_2安全封存方面起着至关重要的作用。盖层是位于储层上方的低渗透性岩层，其主要功能是阻挡注入的CO_2上移，确保CO_2的长期安全封存。CO_2封存场地必须经过严格的场地筛选和安全性评价，而盖层的封闭性能是影响CO_2封存安全的重要因素，也是场地筛选和安全性评价的重要指标。盖层与其他类型的岩层一样，在高压的作用下会发生物理破坏，从而影响盖层的封闭性。当储层中CO_2过量注入造成超压时，盖层岩石会发生破坏，产生裂隙，造成CO_2通过破坏的盖层逸散。盖层发生破坏的原因：当储层CO_2压力升高，会引起储盖层岩石的有效应力的降低。有效应力的降低会使岩石的强度下降，在局部构造应力的作用下有可能造成岩石的破坏而产生裂隙，从而为CO_2的泄漏提供通道。盖层岩石的3种常见破坏模式为完整岩石剪切破坏、非黏结性断裂再剪切作用和张性破裂引起的新裂缝开裂。通过单独考虑库伦破坏准则，如果保守假定现存断裂可存在于所有方向，则现存断裂的再剪切作用将在完整岩石出现剪切破坏之前发生。

为确定盖层破裂压力，通常建议采集盖层岩心样品，通过在实验室内开展破裂压力测试获得盖层破裂压力。如采集盖层岩心样品有困难，可采用封存现场地层的破裂压力梯度近似估算。破裂压力梯度的数值因场地位置的不同而异，拟使用的破裂压力梯度值需要根据本地区大量压裂实践资料来统计，以保证其准确性。世界上绝大部分CO_2注入项目把盖层破裂压力作为CO_2井底注入压力的"红线"。CO_2井底注入压力需要严格地控制在破裂压力之下，防止产生盖层破坏，进而导致严重的CO_2逸散风险。美国环保署建议CO_2井底注入压力控制在盖层破裂压力的90%以下。此外，某些盖层含有在高浓度CO_2作用下会发生溶解的矿物，如部分溶解度较高的碳酸盐在高浓度CO_2作用下会转化为溶解态的碳酸氢盐：

$$MCO_3 + CO_2 + H_2O \longrightarrow M(HCO_3)_2 \tag{7-3}$$

式中 M——二价金属阳离子。

通常认为碳酸镁和碳酸铁的溶解度较低，与CO_2的反应性差，而碳酸钙与CO_2的反应性较强，长期与高浓度CO_2接触后会发生部分溶解。因此，较薄的碳酸盐岩盖层在长期与高浓度CO_2接触后可能发生部分溶解，进而影响盖层的封闭性，在工程实践中需要加以关注。

7.2.3 CO_2 注入导致断层活化和地震风险评估

在构造应力的作用下，岩石的剪切和张拉破坏会在岩体中形成大小不一的断裂面，断裂面两侧具有明显相对位移的称为断层。大量流体注入地下时，地下断层原有的应力状态可能会发生改变。当流体注入扰动到处于临界应力状态（接近破坏）的断层时，就可能激活断层，进而导致地震的产生。在涉及向深部岩层注入高压流体的地下工程应用中，由于高压流体的注入而导致断层活化，进而诱发地震的事件已有较多报道。世界范围内产生较大影响的流体注入诱发地震事件有荷兰格罗宁根气田水力压裂诱发地震事件、瑞士巴塞尔地热场增强型地热系统注水采热诱发地震事件、韩国浦项增强型地热系统注水采热诱发地震事件等。我国已出现了较多涉及流体注入诱发地震的案例，如 1979 年 9 月因深井长期注水采盐而诱发的长山及罗城盐矿区地震（震级 4.2 级）、2009 年 2 月因废水深井回注而诱发的自贡黄家场气田地震（震级 5.4 级）、2009 年 2 月因页岩气开采中水力压裂注水而诱发的威远-容县页岩气示范开采区块地震（震级 4.4 级）等。

与其他地下流体注入项目相类似，如注入井附近存在活动断层，则 CO_2 注入可能会诱发断层滑移，从而产生地震。目前学界倾向于认为 CO_2 地质封存项目产生大震级地震的风险明显较水力压裂、强化地热开采等项目的风险低，但 CO_2 注入引起的应力和应变场变化仍可能导致可被地震检波器检测到的微震事件（micro-seismic event）发生。此类微震事件的频率与强度同地质因素紧密相连，这些因素包括但不限于地层的初始应力状态、CO_2 的注入量和注入压力、地层中断层和裂隙的分布、岩石的物理特性和化学组成。在非均质岩层中，即便是微小的压力变动和岩石形变也可能触发较显著的微震事件。这些微震活动往往集中在地层中的裂隙区域或其他应力高度集中的地点。在含有已存断层的地质构造中，这些断层在孔隙压力的影响下容易发生激活，进而可能诱发具有显著感知度的地震。诱发地震的发生时间通常在注入开始后，并可能在注入停止后的数年至数十年内持续存在。诱发地震的频率和强度受到流体注入速度和总量的显著影响。在商业化 CO_2 地质封存项目中，通常需要向地下深处注入大量高压 CO_2，注入速率可达 1Mt/a，并且注入过程通常持续超过 10 年。目前已有多个 CO_2 地质封存项目的注入区域附近记录到了低震级的地震活动，见表 7-1。

表 7-1 CO_2 注入诱发地震的案例

工程名称	类型	监测手段	诱发地震特征	地震类型
美国 Aneth	二氧化碳-EOR	钻孔阵列	震级大小为 M-1.2（负震级）到 M0.8 地震发生时间超过 1 年，共 3800 个事件，震源似沿着两条断裂带分布	II
美国 Cogdell	二氧化碳-EOR	地震台站网络	6 年内共发生一个 M4.4 的地震事件，18 个大小超过 M3 的事件	I
加拿大 Weyburn	二氧化碳-EOR	钻孔阵列	震级大小为 M-3（负震级）到 M-1（负震级），地震发生时间超过 7 年，共 100 个事件，呈扩散分布	II
美国 Decatur	二氧化碳封存	钻孔阵列 地表台站	震级大小为 M-2（负震级）到 M1，地震发生时间超过 1.8 年，共发生 10123 个事件，震源呈多条带状分布	I

（续）

工程名称	类型	监测手段	诱发地震特征	地震类型
阿尔及利亚 In Salah	二氧化碳封存	钻孔阵列	震级大小为 M-1（负震级）到 M1，地震发生时间超过2年，共有5500个事件	Ⅰ & Ⅱ

注：地震类型Ⅰ为集中在高压区的地震事件；地震类型Ⅱ为发生在高压带外围的地震事件。

库伦准则可用于判别断层的稳定性，即

$$\tau \leqslant \mu(\sigma - p) \tag{7-4}$$

式中 τ 和 σ——断层面上的剪切力和正应力（MPa）；
p——孔隙流体压力（MPa）；
μ——摩擦系数；
$\sigma - p$——断层面上的有效应力（MPa）。

储层内孔隙压力 p 增加或地层应力减小均会导致断层面上的有效应力减小。当断层面上的切向力大于断层抗剪强度时，断层便会发生滑移。当断层面处于临界应力状态时，即断层面上的切应力接近断层面的抗剪强度时，孔隙压力微小的扰动（<1MPa）便会引起断层滑动，诱发较大的地震。断层面的倾角以及其相对于地应力的方向在一定程度上也会影响断层的稳定性。在 CO_2 地质封存中，高压 CO_2 的注入一方面会引起断层面上流体压力增加，有效应力降低，另一方面流体的存在会引起断层的黏聚力降低，影响断层面的摩擦系数。因此，在这两方面的综合作用下，断层面的抗剪强度在 CO_2 的作用下明显降低，一旦断层面上的剪应力超过断层面的抗剪强度，断层便会活化并产生摩擦滑动，最终引起地震，其活化的力学机制如图7-3所示。

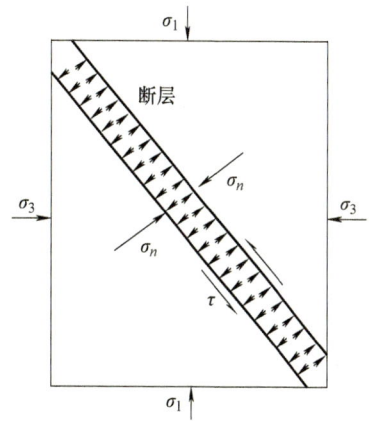

图7-3 孔隙压力增加引起断层活化的力学机制

封存场地附近诱发的有感地震会引发公众恐慌，从而降低公众对 CO_2 地质封存技术的认可度。公众恐慌不仅可能促使政府重新审视和评估 CO_2 注入的安全性，还可能引发公众对技术的抵制，进而威胁到相关项目的顺利推进。为了预防此类情况的发生，减少断层活化及诱发地震的风险，选址时应避开活动断裂带和断层发育区，尤其是那些贯穿储层与盖层的活跃断层。在项目启动前，进行精细的力学稳定性模拟至关重要，它能够预测并评估流体压力增加对断层活化和诱发地震的潜在影响。同时，在注入过程中，对注入区域的储层物性、地表位移及地震活动进行持续监测，并根据监测数据及时调整注入策略，是确保项目安全性的关键措施。此外，建立有效的预警机制和应急预案，以应对可能出现的异常情况，也是不可或缺的。通过这些措施，可以有效降低 CO_2 地质封存项目导致断层活化和诱发地震的风险，增强公众对 CO_2 地质封存技术的信心，推动 CO_2 地质封存项目的部署。

7.2.4 CO_2 注入导致泄漏及环境破坏风险评估

在 CO_2 的地质封存项目中，CO_2 泄漏问题不容忽视。它可能以突发性大规模泄漏或渐进性小规模泄漏方式发生：一方面造成封存的 CO_2 重新回到大气中，导致 CO_2 地质封存项目实现温室气体减排的目标难以完成；另一方面对环境造成不利影响。突发性大规模泄漏通常源于操作失误或注入井的意外破坏，导致 CO_2 迅速且大量释放。而渐进性泄漏则更为隐蔽，可能通过不易察觉的断层、裂缝或井筒环空持续释放 CO_2，尽管释放速率较慢，但其累积效应和对环境的潜在危害不容小觑。CO_2 地质封存条件下 CO_2 发生泄漏的可能途径如下：

1）通过盖层泄漏。当 CO_2 的封存压力超过盖层的毛细管压力（突破压），CO_2 可能通过盖层的连通孔隙散逸到上部地层。

2）通过地层中的不连续构造（如断层）泄漏。地层中的不连续构造可能具有很好的导通性，可成为 CO_2 泄漏的途径。

3）通过注入井或废弃井等井筒泄漏。当现有的注入井或废弃井的密封性发生问题，CO_2 会通过注入井或废弃井泄漏到浅层地下水或地面。

4）通过储层孔隙中流体的自然流动泄漏。CO_2 可以溶解在储层孔隙流体中，随流体的运移而流出封存场地。但是由于地下深部流体的流速十分缓慢，通过该途径发生泄漏的可能性很低。

因此，下文主要对 CO_2 通过盖层泄漏风险、CO_2 通过地层中的不连续构造（如断层）泄漏风险、CO_2 通过注入井或废弃井等井筒泄漏风险进行论述，并简要介绍 CO_2 通过上述途径泄漏后造成的环境破坏。

1. CO_2 通过盖层泄漏风险

盖层是覆盖在储层上方的低渗透性岩层，对注入储层的 CO_2 在垂直方向上起到封闭和隔离作用。在工程实践中，由于盖层岩石内部存在孔隙和微裂隙，即使岩石结构完整，其对流体的封闭能力也是有限的。当储层压力超过某一临界压力时，注入的 CO_2 就可能透过盖层发生泄漏。因此，必须高度重视对盖层封闭性能的评价，并继续加强对盖层封闭性能的研究和监测，以提高 CO_2 地质封存的安全性和有效性。

盖层需具有一定厚度，以保证盖层在纵向上较大范围地展布，并使注入 CO_2 通过盖层的渗滤和扩散速率降低，从而对注入储层的 CO_2 向上逸散起阻碍作用。过薄的盖层会导致 CO_2 向上逸散时较易突破盖层，造成泄漏。盖层覆盖范围小、不连续会导致 CO_2 容易运移出盖层覆盖范围，且可能在盖层不连续面处向上方运移，产生泄漏风险。盖层的孔隙度和渗透率过高，会导致 CO_2 很容易在盖层中向上运移，使 CO_2 突破盖层发生泄漏的风险增加。如在主力盖层之上存在次级储盖层构成的二次截留或二次封闭，CO_2 即使在突破主力盖层后仍可能被次级储盖层截留，则 CO_2 泄漏到地表的风险会有所降低。

盖层通过物性封闭和压力封闭实现下方储层中 CO_2 的长期封存。物性封闭是指依靠岩石孔隙的毛管压力阻止外来的流体进入或穿透盖层，也称为毛细管封闭。压力封闭是指盖层中孔隙水存在超压现象，储层与盖层的压力差小于静水压力梯度对应的压力差，从而使储层中 CO_2 难以向上运移，起到封闭作用。压力封闭一般只存在于压实的泥岩盖层中或其他原因造成地层压力过大的上覆地层中。多数盖层主要依靠盖层的物性封闭机理对储层 CO_2 进行密封。目前常用突破压和渗透率来评价盖层的封闭能力。突破压是 CO_2 进入盖层岩石时储盖层之间的最小压力差。CO_2 透过盖层发生泄漏时，储层中 CO_2 压力与盖层中静水压力之

差应超过盖层岩石孔隙的毛管压力。突破压计算可根据 Washburn 公式得到，即

$$P_c = P_{CO_2} - P_W = \frac{2\sigma\cos\theta}{r} \tag{7-5}$$

式中　P_c——盖层的突破压力（MPa），与盖层的毛细管压力相同；

　　　P_{CO_2}——储层孔隙中 CO_2 相的压力（MPa）；

　　　P_W——盖层静水压力（MPa）；

　　　σ——CO_2 与水之间的表面张力（N）；

　　　θ——CO_2-水-岩石之间接触角；

　　　r——盖层岩石内部最大连通孔隙的孔喉半径。

突破压的大小与岩石孔隙半径、表面张力和接触角有直接关系。突破压力可通过实验室实验进行测量，其测量方法包括压汞法、连续法、分步法、驱替法和脉冲法。应注意：盖层下部压力达到突破压并不意味着盖层发生物理破坏，且当盖层足够厚时，达到突破压并不意味着储层中的 CO_2 一定可以穿透盖层。

2. CO_2 通过地层中的不连续构造（如断层）泄漏风险

在沉积盆地中，非连续性的地质构造，尤其是断层，是地下流体在不同地层间迁移的主要通道。这些非连续构造在 CO_2 地质利用与封存的潜在场地中尤为常见。当 CO_2 被注入到包含断层的区域时，它会在此处逐渐累积，导致该区域的孔隙压力显著上升。这种压力的增加将直接导致断层的有效正应力下降。随着有效应力的降低，断层可能沿法向张开，从而显著提高断层的渗透性。这种渗透性的增加会显著增加 CO_2 通过断层泄漏到周围环境的风险。

当然，CO_2 并不总是会通过断层发生泄漏，其风险与断层的渗透性和断层在地层中的位置紧密相关。若断层密封性优良，则 CO_2 难以通过其逃逸。通常断层的渗透性与穿越断层流体的流通方向密切相关。横向穿越断层方向对应的渗透率较低，从而对该方向流体的流动起到封隔效果。而沿断层延伸方向的渗透率较高，使得 CO_2 和咸水更易沿该方向泄漏，如图 7-4 所示。因此，当面对 CO_2 注入区域存在断层的情况时，我们必须对 CO_2 通过断层泄漏的可能性及其潜在后果进行细致分析。总体而言，CO_2 通过断层泄漏的通量和影响范围对地下条件极为敏感。为准确评估断层对 CO_2 泄漏的影响，需综合考虑储层、盖层、断层、浅层地下水层和其他高渗地层的厚度、延伸范围、初始压力、岩石物理化学特性及边界条件等

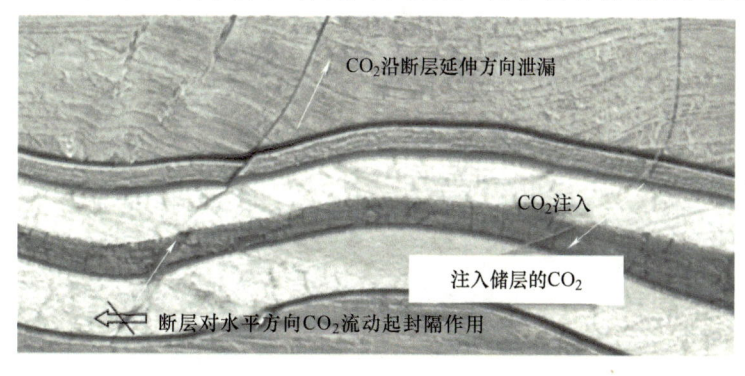

图 7-4　断层影响 CO_2 运移示意图

因素。尽管当前运行和已结束注入的 CO_2 地质封存工程中尚未有 CO_2 沿断层泄漏的明确报道，但天然 CO_2 气藏通过断层发生泄漏的案例已有报道，例如，美国犹他州的天然 CO_2 气藏、美国斯普林格维尔-翰斯 CO_2 气田，以及我国青海平安地区的 CO_2 气藏等。

3. CO_2 通过注入井或废弃井等井筒泄漏风险

在评估 CO_2 地质封存的泄漏风险时，关键因素之一是 CO_2 可能通过与储层或盖层相交会的人工构筑物（如井筒）发生泄漏。注入井或废弃井被视为 CO_2 从储层中泄漏的主要潜在通道。在石油行业中，废弃油井由于操作失误或油井组件（如套管、封隔器和固井水泥）的老化，常被识别为重要的泄漏源。该经验同样适用于新兴的 CO_2 地质封存领域。北美地区的某些沉积盆地，如加拿大西部的阿尔伯塔盆地和美国得克萨斯州西部的 Permian 盆地，由于拥有大量的油气井和邻近的 CO_2 源（如炼油厂和化工厂），被视为 CO_2 地质封存的理想地点。然而，这些盆地中的油气井，尤其是废弃井，可能构成 CO_2 泄漏至浅层地下水和大气中的潜在通道，对封存场地周边的环境造成污染。以阿尔伯塔盆地和 Permian 盆地为例，它们内含有数十万个用于石油和天然气开采的废弃井。其中，阿尔伯塔盆地的 Viking 咸水层作为 CO_2 地质封存的候选地层，与九万多个废弃井交会。这些井筒直接与浅层地下水和地表相连，为 CO_2 从封存地层迁移至外部环境提供了路径，从而增加了 CO_2 泄漏的风险。因此，评估 CO_2 通过井筒泄漏到储层外部的风险，是评估 CO_2 地质封存泄漏风险的核心内容，也是当前 CO_2 地质封存领域的研究重点。影响 CO_2 通过井筒泄漏风险的主要因素有井筒数量、井筒固井质量、井筒距封存现场的距离。在封存现场周边的井筒数量和距离直接影响 CO_2 与井筒发生接触的概率，进而影响发生泄漏的风险。井筒固井质量差，会造成 CO_2 运移到井底后迅速通过井筒环空等通道发生泄漏。

在井筒保持良好完整性的情况下，CO_2 通过井筒泄漏的风险基本不存在。当井筒完整性受损，井壁及井内部产生裂隙时，CO_2 通过井筒泄漏的风险大为上升。CO_2 通过井筒裂隙最主要的泄漏途径有 6 种（图 7-5）：泄漏途径 1，通过钢套管与固井水泥环之间的裂隙；泄漏途径 2，通过水泥塞与钢套管之间的裂隙；泄漏途径 3，通过水泥塞内部的孔隙渗漏；泄漏途径 4，通过因腐蚀产生的钢套管裂隙；泄漏途径 5，通过固井水泥环内部的裂隙；泄漏途径 6，通过固井水泥环与井壁围岩交界处的裂隙。

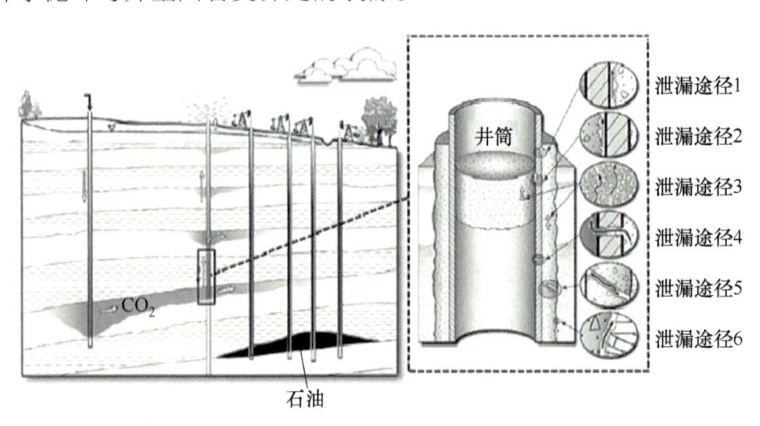

图 7-5 注入 CO_2 通过井筒泄漏的示意图及 6 个主要泄漏途径

为了准确评估井筒泄漏风险，开发一个能够量化 CO_2 通过井筒泄漏量的风险评估体系显得尤为重要。该体系需要两组对井筒进行描述的参数。第一组参数是现有油井的空间位置，第二组参数是相关的井筒渗流参数（如各井筒的长度、截面面积、有效渗透率等）。井筒空间位置的确定需要基于 GIS 数据库，通过分析数据库提供的空间信息确定井筒位置，并开发可快速量化和可视化井筒空间分布和模式的算法。另外，通过查阅钻探资料，也可以获取某些盆地井位置空间统计数据。如加拿大阿尔伯塔省的能源和公用事业委员会在网上发布了阿尔伯塔盆地井筒分布的高质量和完整性的数据库，用户可方便地使用数据库来表征阿尔伯塔盆地井筒的空间分布，并使用数据库附带的统计工具获得井密度和空间分布规律的信息。

为获得井筒泄漏风险评估所需的井筒渗流参数，需要开发对井筒渗流参数进行量化的方法。为开发上述方法，需要对井筒材料（如套管、固井水泥等）在长时间暴露在高浓度 CO_2 情况下的腐蚀状况进行试验及数值模拟，并分析井筒的相关数据（如井的年龄和建造中使用的各种材料），为量化井筒渗流参数积累有价值的信息。此外，还需要通过实验和数值模拟相结合的方法，研究 CO_2 在井筒泄漏通道（如环空）中的渗流行为。

4. CO_2 泄漏后造成的环境破坏风险

CO_2 的泄漏可能导致地下水、地表水、土壤乃至大气中的 CO_2 浓度异常升高，这不仅会破坏环境的自然平衡，还可能对周边的人类、动植物及微生物造成不利影响，包括人畜窒息、土壤酸化、重金属及有毒元素释放迁移等，如图 7-6 所示。

CO_2 浓度高于 0.08% 对植物的生长会产生负面影响。短期大量 CO_2 的泄漏会对地表植物造成不可逆的伤害，甚至死亡。英国诺丁汉大学进行了人工土壤气体排放及响应监测（Artificial Soil Gassing And Response Detection，简称为 ASGARD）实验与研究，以 1L/min 的恒定速率向 24 个小区块供应 CO_2，观察 CO_2 泄漏对大麦、小麦、黑麦草、油菜等农作物生长的影响。研究发现，所有植物的生长都受到了负面影响，但程度不同。春播的大麦和油菜显示出了生物质的下降与植株变矮；甜菜根在甜菜数量、生物量或大小上没有显著差异，但在较高 CO_2 浓度区，甜菜叶片中的生物量减少了 25%。我国学者通过研究发现，高浓度 CO_2 进入土壤会严重阻碍玉米的出苗率，且玉米株高、叶片数会随着通入土壤 CO_2 流通量的增加而减小。绿豆、黄豆、荞麦和马铃薯 C3 作物的植株高度、叶片数、叶片面积、叶片厚度、根系数量和最长根系长度等植株形态指标，随着 CO_2 浓度增大呈现先促进后抑制的趋势。

在 CO_2 泄漏诱发有害金属释放方面，国外学者进行了从浅层地下水层提取的底泥样品与 CO_2 反应的实验，发现在水溶液中通入 CO_2 后，水溶液的 pH 值普遍降低了 1~2。CO_2 的注入导致底泥样品释放出 Na、K、Ca、Mg 等元素，Mn、Co、Ni、Fe 等元素的浓度增加超过 2 个数量级。与部分底泥样品接触的溶液中可以观察到重金属 U 和 Ba 的浓度增加。

综上所述，在 CO_2 地质利用与封存工程中，必须高度重视 CO_2 泄漏造成的环境风险，采取有效的预防措施和监测手段，确保项目的安全稳定运行，防止环境受到不必要的损害。

二氧化碳地质封存与监测

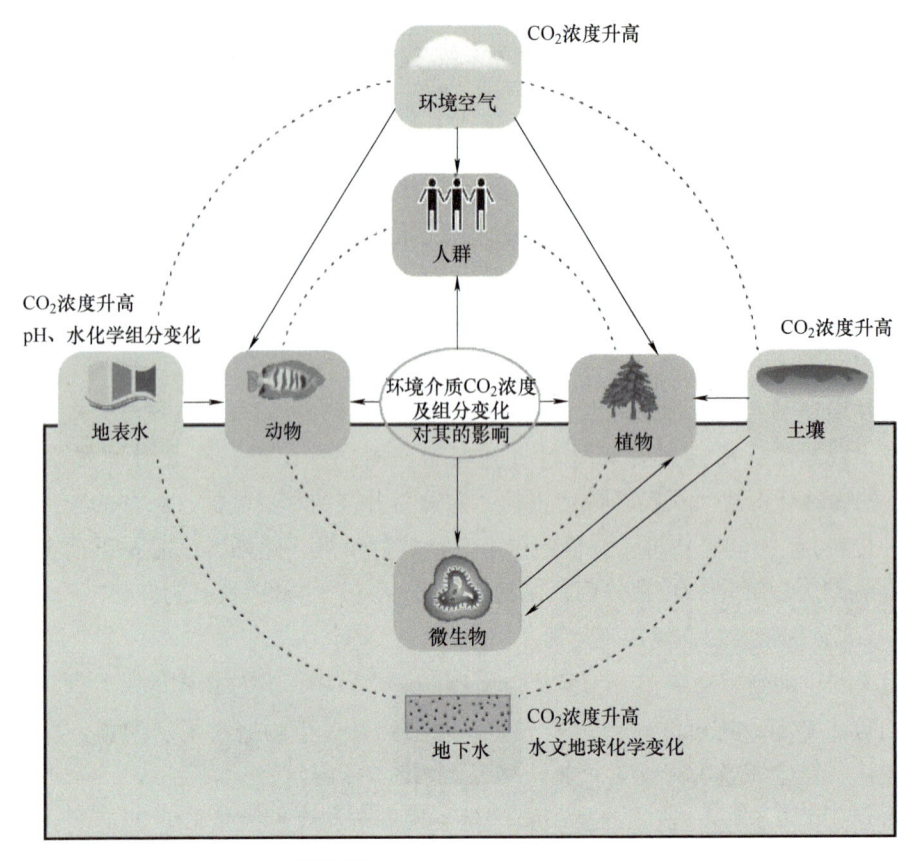

图 7-6 CO_2 泄漏对环境的影响

思 考 题

1. 请问二氧化碳封存量的影响因素有哪些？具体是如何影响的？
2. 二氧化碳泄漏的途径有哪些？
3. 二氧化碳泄漏可能会对环境造成的危害有哪些？
4. 请查阅相关资料，说明常用的防治二氧化碳泄漏措施有哪些？

第8章
国内外二氧化碳地质封存典型项目案例分析

> **学习要点**
> - 了解国内外典型的 CO_2 地质封存案例。
> - 借鉴国内外 CO_2 地质封存成功案例的先进经验，熟悉 CO_2 地质封存的基本流程。

8.1 国外典型二氧化碳地质封存案例分析

美国、欧盟、日本是全球二氧化碳捕集与封存（CCS）的领导者和先行者。美国构建了以美国能源部（DOE）项目资助为引导，以美国地质调查局（USGS）等科研单位为技术支撑，以财税政策激励为动力的发展体系；欧盟和英国通过一系列国际大科学计划，充分发挥各国地学和海洋研究机构的专业技术优势，建立了陆海统筹、要素齐全、体系完备的二氧化碳封存研究网络；日本政府和产业界充分发挥各方力量，构建了"商业+科研+公益"三位一体的技术支撑体系。相较而言，我国 CO_2 地质封存管理制度与标准体系已初步形成，但仍需要进一步完善和细化。我国 CCS 潜力巨大，但前期调查研究薄弱，资源评价结果无法满足实际需求。需要充分借鉴国际先进经验，加快评价我国 CCS 地质条件和封存潜力，启动 CCS 国家示范工程，支持和促进 CCS 技术创新，开展 CCS 产业和绿色金融政策研究。

8.1.1 波兰 Silesian 盆地 CO_2-ECBM 工程

为了控制大气中二氧化碳的总体水平，减少二氧化碳排放一种方式是在地下煤层中永久封存，同时生产甲烷（CO_2-ECBM）。2001年11月，欧盟资助的 RECOPOL 项目启动，目标是开发欧洲第一个煤层二氧化碳封存示范项目，同时提高煤层气的产量。为此，成立了一个国际联盟来执行 RECOPOL 项目的研究、设计、建造和运营。该联盟由来自荷兰、波兰、德国、法国、澳大利亚、美国的研究机构、大学和公司以及国际能源署温室气体研发计划组成，壳牌国际、Jcoal（日本）和瓦隆联邦区（比利时）的最终用户小组参与其中，整体协调工作由 TNO-NITG 负责。

项目的总目标是调查在欧洲地区将二氧化碳永久封存在地下煤层中，同时产生甲烷气体的技术和经济可行性。这个项目的结果应该有助于讨论这种类型的封存是否是一种安全和永久的解决方案。此外，在这个项目中获得的经验应有助于评估 CO_2-ECBM 在欧洲的经济可行性和社会接受度。为了对过程本身有一个明确的理解，在开发阶段有一个明确的目标，即以一种尽可能多地从试验中学习的方式构建试验。为了理解这一点，人们在早期阶段就认识到，需要突破注入的二氧化碳，从而将生产气体中的二氧化碳浓度提高到自然浓度以上。

1. 项目概况

上西里西亚盆地（图 8-1）被选为欧洲最适合应用 ECBM 的煤盆地。该盆地具有（相对）有利的煤层性质（如深度、渗透率、含气量等），以前曾开采过煤层气，与许多其他欧洲国家相比，波兰的钻井成本相对较低。试点位置位于卡托维兹以南约 40km 的 Kaniow 村，是在项目的早期阶段选定的。有两口井，相距 375m，以前用于短期生产煤层气。选定的地点位于西里西亚矿山的特许经营范围内，该矿山已经运营了数十年。现有井 MS-1 和 MS-4 的所有者从这些活动和 20 世纪 90 年代的活动中记录了现场的特征。通过对以往钻井和煤层气生产资料的分析，尽可能多地收集和评估数据，为项目的开发规划提供良好的背景。

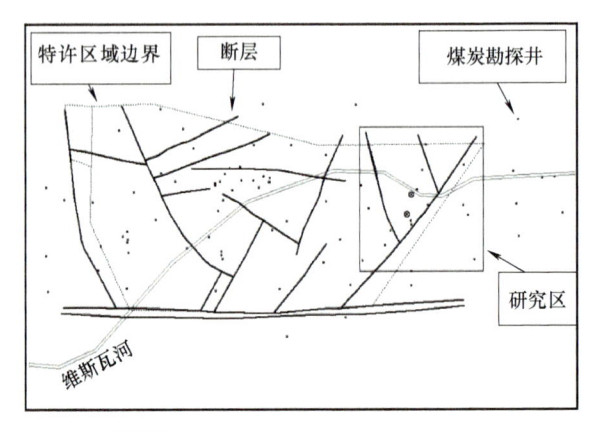

图 8-1 RECOPOL 试验点的地理位置

2. 地质背景

与美国商业煤层气盆地相比，上西里西亚煤盆地构造复杂。目标区域位于阿尔卑斯造山运动期间向上冲升的大块上。石炭系内陡倾正断层以北向南走向为主。该站点本身被 NE-SW 和 NW-SE 断层所包围（图 8-1），预计有小型的断层存在，这些断裂形成于早中新世，早在石炭世就已开始活动。煤矿的经验表明，这些石炭系内断层具有封闭性，这些断层的活动可能在中新世以前就停止了，但南面与上冲地块接壤的东西向主要断裂带仍处于活动状态。CO_2 注入的主要目标为 900~1250m 深度的石炭系煤层，石炭系沉积物被约 200m 厚的中新世页岩覆盖。研究区石炭系沉积由砂岩、页岩和煤层交替组成，厚度超过 1000m。石炭系矿床向北倾 12°，10~20m 厚砂岩体大多具有低渗透、低孔隙度的断裂同沉积特征。一些砂岩切入下伏煤层，从而破坏了煤的横向连续性。因此，由于沉积差异，渗透率和孔隙度分布可能存在一定的横向变化和各向异性。试验选取的三个煤层均沉积在贫砂层序中。煤的主要成分为镜质组（48%~72%）、惰质组（15%~32%）和壳质组（6%~14%），煤的厚度为 1.3~3.3m（图 8-2），矿物含量整体上处于 5%~19% 之间。

3. 生产设备的设计和施工

由于预算限制，不可能将现有的两口井重新投入生产，因而决定清理和修复上倾井（MS-4）。该井所穿透的6个主要煤层的层段是在20世纪90年代打孔的，在364、401和405层（图8-2）出现裂缝。1996—1997年期间对这些井进行的煤层气生产试验被认为是失败的，因为不饱和煤中的含气量很低，这是由过去地质时期的脱气阶段造成的。然而，二氧化碳封存的封存能力仍然存在。

2003年夏，MS-4井的修井作业开始了该试验场的开发。闲置了5年之后，这些井的射孔仍然是开放的。受产权等因素影响，在2004年6月中旬之前无法开始连续生产。因此，在开始注入二氧化碳之前，MS-4的（基线）生产被限制在相对较短的时间内（几周）。产生的气体通过火炬在现场燃烧，产出水（含盐，高达160g/L）被输送到附近矿山的处理场。

4. 注射设施的设计和施工

注水井的位置由油藏建模结果和当地地形条件决定。在测试期内，生产井和注水井之间的距离为150m，是实现二氧化碳突破的最佳时机。注水井位于生产井的下倾位置，与煤层走向呈近矩形。2003年7月中旬至8月期间进行了现场建设、动员和钻机安装工作，随后在8月和9月钻井至1120m深。并取了整个煤层的岩屑和最重要煤层的岩心样品，进行了各种室内实验。在下入7in（1in=2.54cm）套管之前，进行了大量的电缆测井，以确定岩石物理性质、岩性、孔隙度、饱和度、倾角、井斜等，该井完成了套管、水泥和射孔作业。通过水泥胶结测井检查水泥完整性。对射孔层（364、401和405层）进行了测试，于2003年9月进行了井间地震层析成像勘探。在项目的早期阶段，这种地震方法被选择为二氧化碳成功注入成像目标地下结构的可能性最高的方法。测量结束后，安装了2 7/8in油管和封隔器进行 CO_2 注入。

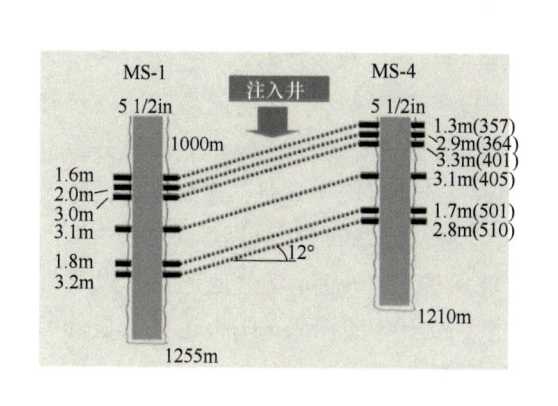

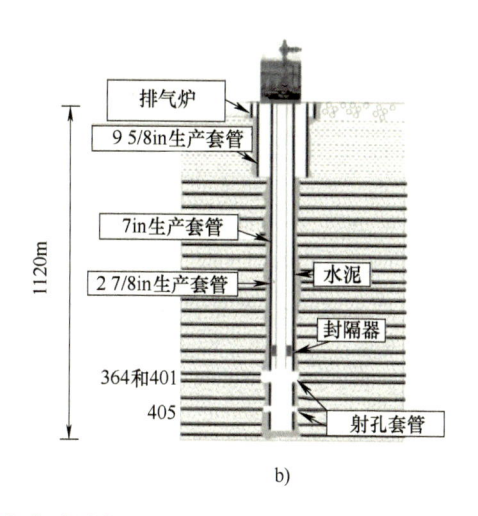

图8-2 RECOPOL试验场二氧化碳封存概况
a）目标煤层　b）注水井布置

2003年秋季的活动包括建设二氧化碳封存和设施（图8-3）。用于的二氧化碳将以液体形式由卡车供应，封存在-20℃、2MPa的两个35t容器中，以确保连续运行。已安装的注水井容量为800kg/h的泵撬允许最大日注入量约为20t。1000m处地层的静水压力约为8MPa。

该设备允许井口压力高达 11MPa，从而使井下压力高达约 20MPa（取决于加压 CO_2 柱的重量）。如果注入速率过低，则考虑调整该设备以达到煤层破裂范围内的压力。注入煤中的二氧化碳总量取决于注入能力和项目寿命，但估计超过 1000t。目的是在接近油藏温度（40℃）的情况下将二氧化碳注入井下。由于最大注入速率相对较低，因此预计需要在表面加热 5℃ 以上，从而使油管中的 CO_2 能够适应围岩的温度。在注入之前，安装了一个加热器将二氧化碳加热到 5℃ 左右，以防止在启动井加压过程中二氧化碳管线和井口的热应力和冻结。

图 8-3 RECOPOL 注入现场概览图（井口位于前端）

5. 研究结果

该项目经历了几次延迟，仅仅是由于法律和行政问题。所有这些问题都在 2004 年期间得到了解决，并在 2004 年 6 月的最后一周至 7 月的第一周开始了现场的初步测试。在井下安装了电缆可回收记忆仪表，用于测量初始测试期间的压力和温度。这种井下监测的结果将用于研究井中的 CO_2 相行为。在第一个星期，出现了几个操作和技术问题，并得到了解决。尽管存在这些问题，还是进行了几次注入试验。这些测试类似于脱落测试，通过对井加压，然后关井进行。油管压力、油管温度、环空压力和泵的活动性都以数字方式连续记录。

在 2005 年 4 月对煤层进行压裂作业后，最终实现了连续注入。煤层的渗透性随着时间的推移而降低，可能是由于与 CO_2 接触而膨胀，因此需要进行增产。在加拿大和美国也进行了类似的观察，也将其归因于煤层的膨胀。追踪后，从 4 月底至 6 月初连续作业，每天注入 12~15t。在 2004 年 8 月至 2005 年 6 月底期间，共注入约 760t CO_2（图 8-4）。

在欧盟委员会资助的 RECOPOL 项目范围内，波兰的上 Silesian 煤盆地建立了煤层二氧化碳封存的试点站点。注入的 CO_2 的突破后，产生了约 10% 的注入 CO_2，还有大量的 CO_2 被煤层吸附，为煤层中注入 CO_2 的长期稳定性提供支撑。

8.1.2 加拿大 Weyburn 油田 CO_2-EOR 项目

EnCana 公司的 Weyburn 油田位于 Williston 盆地的西北角，加拿大 Saskatchewan 省的东南部。1954 年油田开始开采，2000 年油田开始实施一个耗资 10 亿美元的项目，就是注二氧化碳提高采收率。在油田开发期间，经过初采和水驱，180km^2 的油田共生产了 $5.5\times10^7 m^3$ 的原油。但当产量超过预期可采储量的 25% 后，近几年原油产量开始逐年降低。因此，EnCana 公司在政府和其他人的资助下开始利用二氧化碳提高采收率，使油田寿命延长 25 年，预计可从枯竭油藏中采出原油 13000 多万桶。

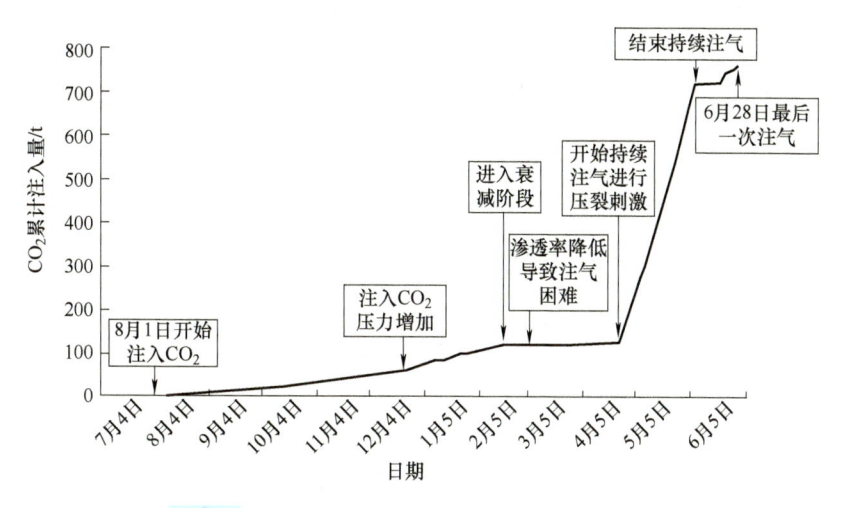

图 8-4　RECOPOL 项目中及时注入的 CO_2 累计量

1. 油藏及地质特征

Weyburn 油田位于加拿大 Saskatchewan 省 Williston 盆地的北部，邻近加拿大与美国的边境，面积 180km²。储层是 Mississippian 层的碳酸盐岩，埋深约为 1300～1500m。Weyburn 油田通过一次采油的方式，开采 API 从 22 到 35 的原油。油藏为欠饱和油藏，油藏初始平均压力 14.6MPa，经过一次采油后，压力很快降至 4.5～6.5MPa，但仍高于泡点压力。油藏分为上下两层（图 8-5），由于沉积环境不同，性质差异很大，上部是 Marly 层，主要是白垩纪的微晶质白云岩和白云质灰岩。泥灰岩有效厚度达 0.1～9.8m，平均有效厚度为 4.3m。泥灰质白云岩的有效孔隙度范围是 16%～38%，整个单元平均有效厚度达 26%。泥灰质基岩空气渗透率在 $0.001\sim0.1\mu m^2$ 之间，平均值为 $0.01\mu m^2$。下部是 Vuggy 层，发育很多裂缝，孔隙度 11%，渗透率 $0.015\mu m^2$。

油田从 2000 年开始注二氧化碳。由于是试运行，施工人员将注入量由原来设计的 5000t/d 缩减为 2500t/d。整个施工期间，二氧化碳只是注入 Weyburn 油田的局部区块。这个区块中的原油储量占整个 Weyburn 油田的 60% 左右，区内 75 口井网全部由反九点转为线性驱动。在注入起始阶段，并没有在意注入能力的有关问题。

2. 井网设计

在实施工程第一阶段的区块中，共有 29 口注入井，形成线性驱动。注入井中有 16 口直井和 13 口水平井。油田三次采油后，预计会注入 1.8×10^6t 的 CO_2。

EnCana 公司采用一种独特的注入方案：水气隔离的同步注入，如图 8-6 和图 8-7 所示。在方案中，二氧化碳注入含有大量滞油的泥灰质储层，被 CO_2 所驱替的原油从水平生产井中开采。原来反九点井网的直井都处于水和气同时但分开注入井网的边缘，CO_2 注入井和直注水井排成一列，而垂直注水井位于多孔介质区，这样注入的水就可以把原油和 CO_2 混合物控制在泥灰质储层中。

根据油藏实际地质情况建立了 21×21×6 网格的三维模型。Vuggy 层裂缝发育，垂直渗透率是水平渗透率的 30 倍。在模拟的所有注采井中，对应的生产层以及模拟的底水层全部射孔，

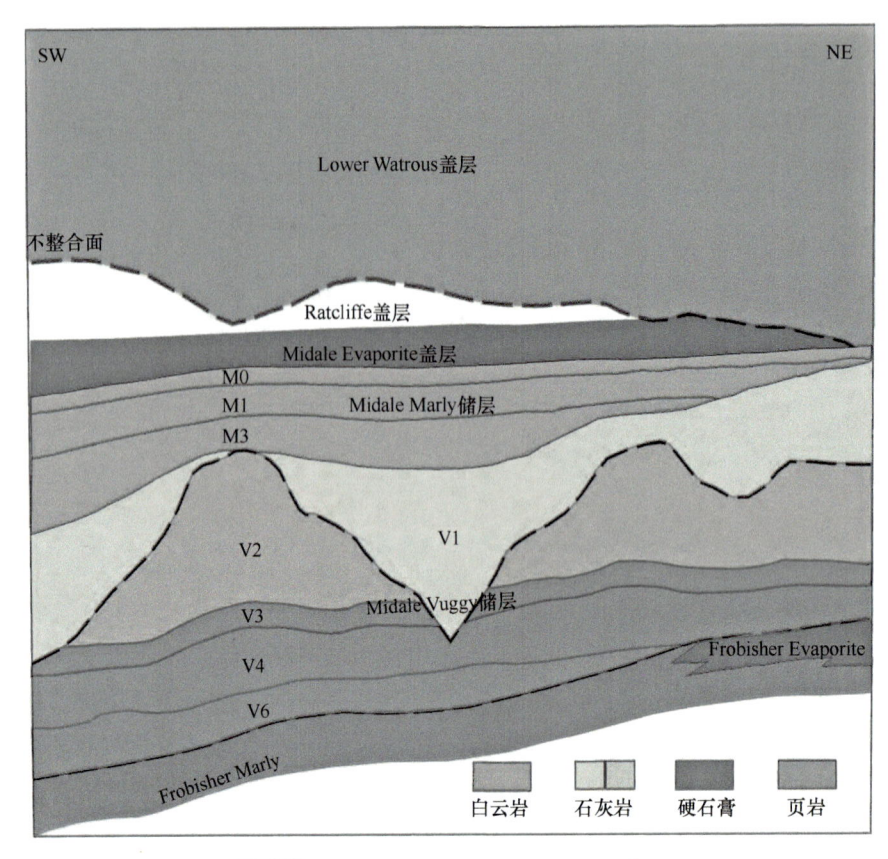

图 8-5　Weyburn 项目 CO_2 封存场地地层

生产井的单井极限气油比为 $1000m^3/m^3$。数值模拟共拟合了 45a 的生产历史，包括一次采油和二次注水开发。注水开采是从 1967 年至 1998 年，历经 34a，压力含水率、气油比的拟合结果与生产实际显示出良好的一致性，说明地质模型与油藏实际比较接近。

3. 开发效果

通过三维地震测量对 Weyburn 油田进行油藏精细描述，同时用以检测二

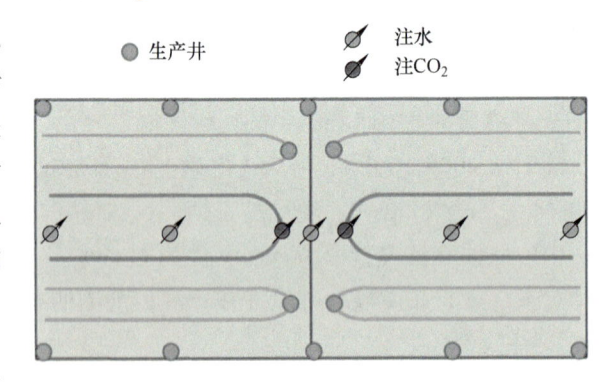

图 8-6　水气隔离的同步注入模式俯视图

氧化碳在油层中的运移情况。首次测量活动是在注气前 2000 年 10 月，注气后 2001 年 10 月开始第二次监测。南部和东部井网二氧化碳驱替效果明显，而北部和西部并不明显。值得关注的是该项目选择了水平井作为二氧化碳的注入井。水平井的部署减少了注气井的井数，然而却大幅度提高了地层的平面波及效率，从而从整体上改善了开发效果。图 8-8 所示是首次监测的结果。由各井网累计注入二氧化碳的体积来看，南部井网注入量最大，北部最小。从图 8-8 中可以看出，南部和西部井网注入二氧化碳量较大；北部注入量最小，效果较弱；东部虽然注入量比北部稍大，效果仍然不明显。

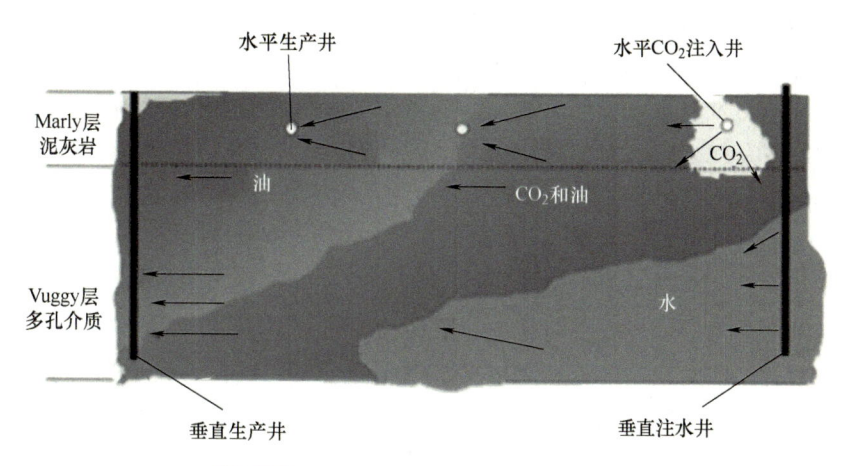

图 8-7 水气隔离的同步注入模式剖面图

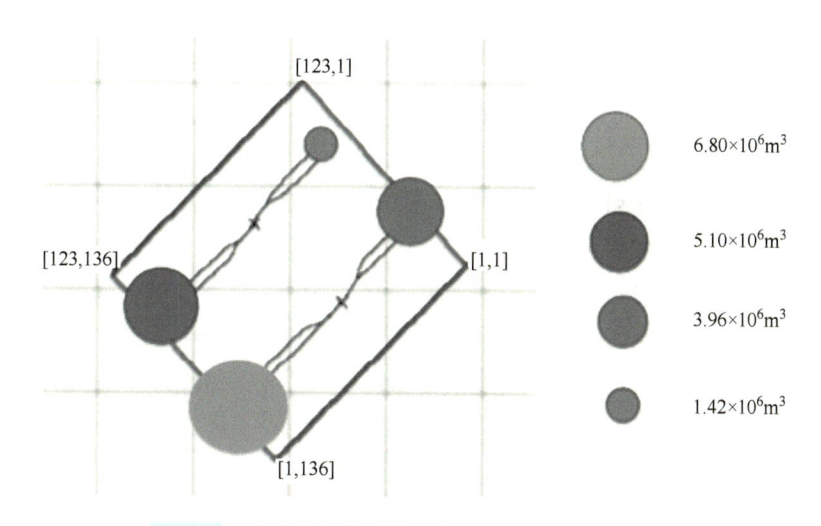

图 8-8 首次监测得到的累计注入二氧化碳的体积

通过对其他二氧化碳驱现场项目的调研与评价,发现以下生产问题直接影响二氧化碳驱的效果:

1)注入二氧化碳纯度的影响。
2)注水开发对混相的影响。
3)底水层对二氧化碳气直接注入的影响。
4)底水的渗透性对采收率的影响。

针对这些问题,设计了一系列模拟方案,并得到以下结论:

1)注入二氧化碳气体中的杂质主要是氮气,氮气形成不流动相,直接影响二氧化碳在原油中的溶解和扩散,并增加二氧化碳的黏度。

2)大多数油藏在注水开发进行二次采油以后再注入二氧化碳进行三次采油,与一次采油后直接注二氧化碳相比,注水开发后使油藏压力升高,有利于混相驱的实现,因此可以增加原油产量。

3）有底水油藏与无底水油藏相比，进行二氧化碳驱后，开发效果显著。

4. 二氧化碳封存量的计算和分布预测

运用多相多组分油藏数值模型来预测 Weyburn 油田的二氧化碳封存量。整个模拟过程包括了 3 个层次：①从 Weyburn 油藏的 1 个具体地质模型建成为 1 个细网格油藏模拟模型；②从 3 个细网格油藏模拟模型到 1 个相同井网的粗网格模型；③3 个粗网格单一井网模型到 1 个同样网格精度的包含 75 口井的井网模型。

油藏模拟中（同时考虑压力—体积—温度关系的模型）所需的状态方程数据主要通过定时地从不同油井采集原油样本并对其进行原油物性与相态平衡方面的实验取得。在此过程中，油藏模型通过对实验数据模拟和对现场数据共同调整，以保证模型准确反映地下情况。在实验数据模拟方面，不同原油样品的二氧化碳岩心驱替数据需要与数值模拟结果进行历史拟合。现场数据模拟方面，不同注入方式和不同井网下的产量数据也要进行历史拟合。根据拟合结果调整模型参数后，利用模型模拟在利用二氧化碳提高采收率条件下 3 个井网模型到整个 75 个井网模型的二氧化碳封存过程。然后，根据模型计算出的二氧化碳提高采收率后的二氧化碳分布状况，利用地质模型计算出不同封存机理下（构造、溶解、矿化等）的总封存量，同时计算出油藏其他相关流体的运动情况。Weyburn 油田注入的二氧化碳纯度达到了 95%，注入率为 5000t/d，根据模拟计算，预计将有 2000 万 t 的二氧化碳埋藏到油藏当中。除压缩及运输二氧化碳和为了延长 Weyburn 油田寿命等措施，产生的额外的二氧化碳排放外，净二氧化碳埋藏量将达到 1400 万 t。

二氧化碳驱油和封存的效果主要取决于二氧化碳的驱替效率。Weyburn 油藏储层是具有天然裂缝的高渗透率储层，注入二氧化碳后很容易导致黏性指进和突进，从而绕过可驱动油层，降低驱替效果。因此，必须要采取措施来提高驱替效率，例如，二氧化碳泡沫驱和凝胶驱等技术。其中产量提高较为明显的井组已经进行了跟踪调查和数据搜集，为将来在整个油田实施大规模作业提供了技术参考。

在对二氧化碳地质封存的预测和提高采收率工程实施准确模拟的基础上，模型进一步对二氧化碳地质封存的经济可行性条件也进行了研究。模型除了可以计算常规提高采收率工程的费用外，还可以计算二氧化碳捕集、运输、封存方面的成本。无论是单纯的二氧化碳封存项目还是兼有提高采收率的封存项目，模型都可以很好地计算其经济极限和当前条件的可行性。建立经济评价模型的目的不仅是要计算总二氧化碳的地质封存量，同时还要计算在当前技术和经济条件下真正经济可行的封存量，为实际封存操作提供更可靠的数据。

8.1.3 挪威 Sleipner 咸水层封存项目

挪威的 Sleipner 气田位于北海中部，大约距挪威海岸 240km，气层深度 2km 以上。其拥有者为挪威国家石油公司，该气田的二氧化碳含量约 9%，从 1996 年 10 月开始 Sleipner 气田将分离出来的二氧化碳以每周 2 万 t 二氧化碳的量注入海底 1000m 之下的 Utsira 储层中，该储层是砂岩咸水层。Sleipner 气田每年向 Utsira 储层注入将近 100 万 t 二氧化碳，约占该国每年向大气层排放二氧化碳总量的 3% 左右。

挪威的 Sleipner 的 Utsira 咸水层二氧化碳封存工程是世界上第一个出于气候环境保护的

考虑将二氧化碳封存于地质结构中的具有商业规模的项目,为二氧化碳的地质封存及其监测提供了极其宝贵的经验。

1. 地质背景

Utsira 储层形成于中新世后期(约 2000 万年前)到上新世初期(约 1400 万年前)。它属于维京地堑带(Viking Graben)诺德兰(Nordland)组。Utsira 储层是一个细长的砂岩层,从北到南延伸 400km,从西到东 50~100km,面积为 26100km^2,如图 8-9 所示。Utsira 储层上部较平滑,但从 500~1500m,特别是 700~1000m 变化剧烈。Utsira 储层有两个主要的区域,第一个是南面,围绕 Sleipner,厚度范围超过了 300m,第二个区域位于 Sleipner 北 200km,在那里储层的厚度大约 200m,距离挪威海岸最近处只有 60~70km。

从测井曲线上可以看出 Utsira 储层大约 70% 都是由砂岩组成的。储层向东边的岩层是倾斜的,因此,封存的二氧化碳将会朝东面运移。Utsira 储层被上部 Nordland 组的上新世的海相泥岩所覆盖。位于 Utsira 储层的上覆盖层系列呈现多样化,主要可以分为 3 部分:底部、中部和上部。底部密封层延伸的很好,完全覆盖了目前 Sleipner 二氧化碳注入的区域,提供了一个有效的遮挡条件(图 8-10)。因此,这个盖层建立了 Sleipner 有效的遮挡条件,二氧化碳通过毛管力泄漏是不可能发生的。Nordland 组的最上部是由更新世松散的泥岩和砂岩组成,还有冰山的沉积物。储层的厚度为 500~1500m。

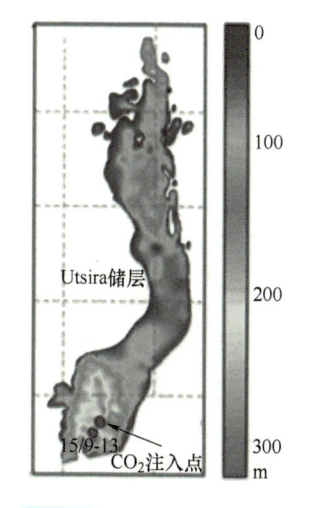

图 8-9 Sleipner 的 Utsira 储层面积位置分布图

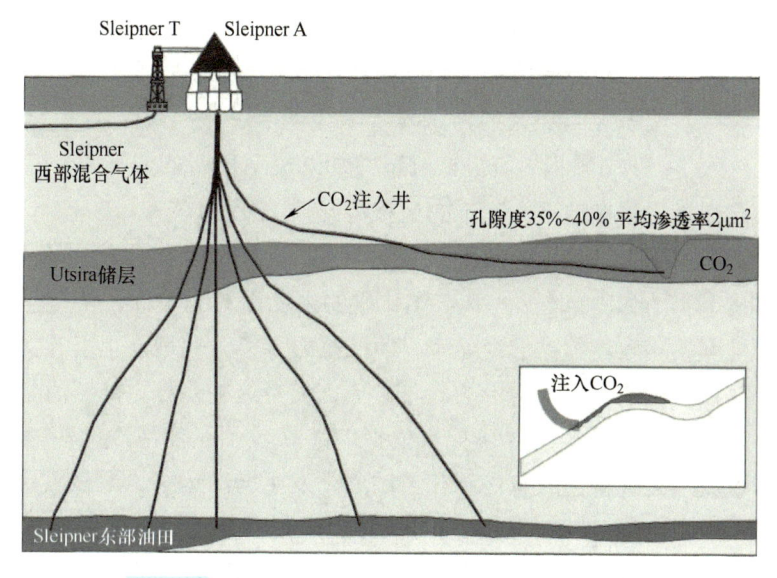

图 8-10 挪威 Sleipner 二氧化碳咸水层封存示意图

从 Utsira 储层的岩心和岩屑样品的宏观和微观分析可以看出,大多数是由未胶结的细粒砂组成,伴有中砂和粗砂。基于显微镜观察 Utsira 储层岩心的孔隙度为 27%~31%,局部可达到 42%。而实验室的岩心测的孔隙度为 35%~42.5%。

2. 二氧化碳封存潜力

在项目实施过程中，已经显示出 Utsira 储层有很好的封存质量，包括孔隙度、渗透率、矿物、层理、深度、压力和温度。它具有很大的咸水层和广阔的泥岩盖层，至今还没有确定出含水层的边界。Utsira 储层已经被认为是欧洲最有前景的二氧化碳封存的含水层。初步估计 Utsira 储层在 800m 深度处孔隙体积达到 $918km^2$，封存二氧化碳的能力大约为 847Mt，而整个含水层的封存能力达到 42356Mt。

3. 二氧化碳地质封存条件的适宜性

在深的咸水层安全封存二氧化碳需要满足以下条件：

1) 足够的封存能力和注入能力。
2) 良好的遮挡层或良好的封闭封存单元。
3) 足够稳定的地质环境以避免破坏封存地层的完整性。

由于地质背景、储层和主体岩石的机械特性引起的应力状态分布和二氧化碳的回退或是注入以及引起的孔隙压力的变化，都会引起储层中地震响应的变化。通过 Sleipner 咸水层二氧化碳封存工程微地震监测的研究得到了以下的结论：由于垂向地层水动力的连续性，该项目局部压缩应力和由于二氧化碳的注入引起的轻微的超压被加到静水压力，不会引发由于天然断层或裂缝产生的地震。Ulsira 砂岩有足够的构造圈闭，在 12km 的注入范围内足以封存 20Mt 的二氧化碳。

4. 注入过程的监测

四维地震监测是该项目实施成功的关键监测工具。目前，Sleipner 覆盖层中还未探测出二氧化碳聚集的信号，这也说明 Utsira 储层没有泄漏发生。

在该项目中，建立了两个新的储层模型以预测二氧化碳的长期运移分布。第一个模型用于描述近井地带储层，覆盖的面积大约为 $7km^2$，由一些细网格组成，这个模型根据四维地震测量二氧化碳注入 3~5a 的累积地震成像解释并加以校正和调整。第二个模型覆盖 $128km^2$ 的面积，用于预测二氧化碳在地下上千年的运移情况。

模拟结果清楚地表明二氧化碳在不同的时间范围内的运移形状以及不同的运移路径（图 8-11、图 8-12）。相对于地层水，二氧化碳的密度相对比较低，使得浮力成为二氧化碳运移的主导物理因素。地震数据已经显示，薄的页岩层暂时性地阻止了二氧化碳的垂直方向运移。由于二氧化碳对四维地震信号的显著影响，使得这些遮挡层能够清楚地描绘出来。

通过二氧化碳注入后长期的全区模拟，模拟的结果显示在停注后的短时间内，大部分的二氧化碳会在盖层下边聚集。二氧化碳在盖层之下发生横向运移，运移只受到盖层地势的控制。二氧化碳在咸水中的溶解在 300a 之内就可能达到最大范围，此后溶解就成为主导作用控制二氧化碳的运动，最终会逐渐消失（大概 4000a）。模拟结果表明，在较长的历史时期（大于 50a）相特性（溶解度、密度）将变成主要的控制因素。

通过上覆页岩的 CO_2 分子扩散可能是 CO_2 逃逸的潜在通道，但模拟结果表明 CO_2 逃逸部分是可以忽略的。

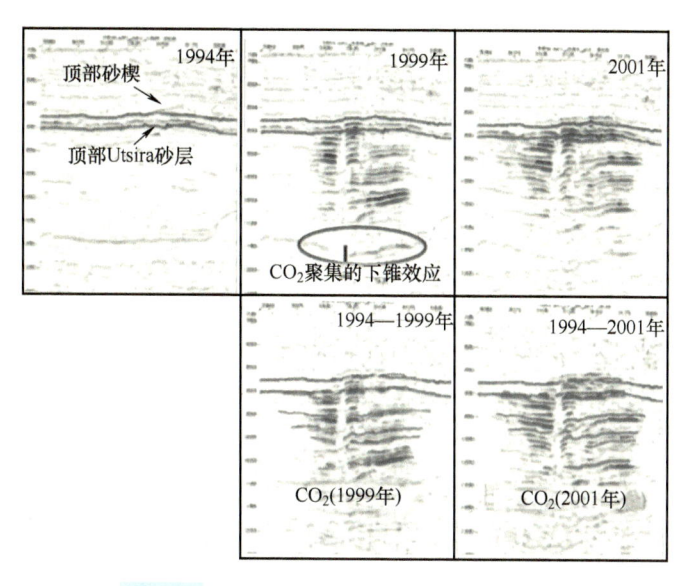

图 8-11　四维地震确定的注入 CO_2 的分布

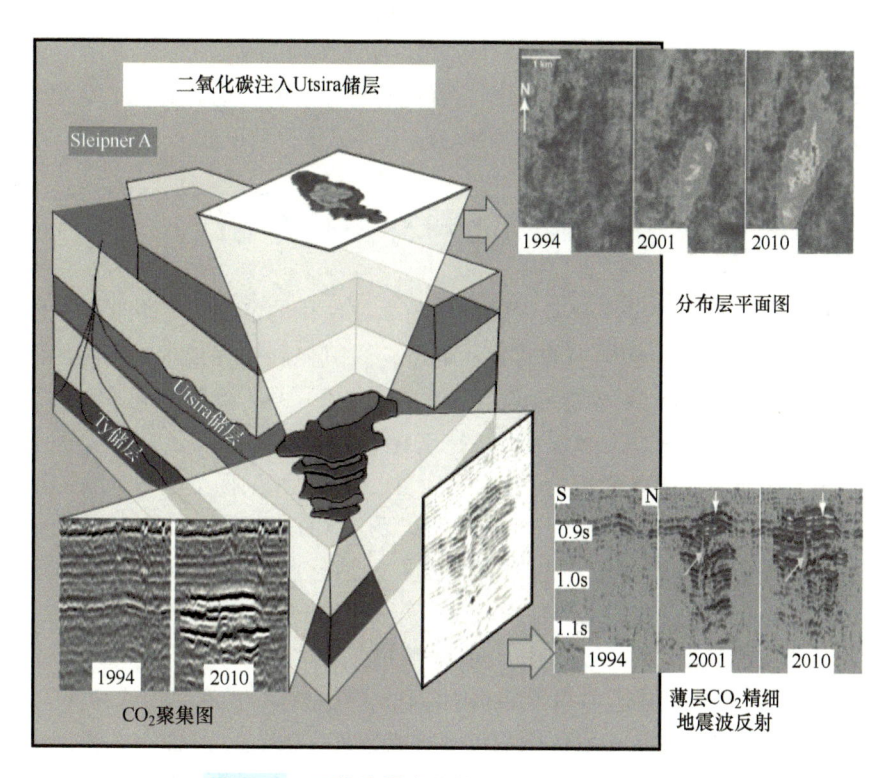

图 8-12　四维地震确定的注入 CO_2 的运移位置

5. 经验教训

目前该项目还未发现有封存泄漏的发生。虽然时间太短还不能很直接地得出二氧化碳长期封存的效果，但到目前至少显示出注入二氧化碳在封层是安全的。为了更好地确定二氧化碳在咸水层中封存的安全性，应该进一步从以下几方面进行研究：

1）定量描述二氧化碳的水岩反应。二氧化碳与地层水和岩石之间的反应产物可能会影响岩石的孔隙率和流动特性，而目前还没有通过实验得到这种影响的定量描述。因此，评价这种影响对于更好地理解储层和注入二氧化碳运移类型显得尤为重要。

2）有效评价储层上覆地层及盖层。目前过多地强调注入点储层的特征，然而，如果泄漏发生，封存层以上地层和盖层特征就需要很好的评价。

3）防治泄漏的方案设计。一旦项目发生泄漏，那么必须有方法测量，用来阻止泄漏或是保护人类和生态环境。因此，合适的备案应该在泄漏方案中加以考虑。

4）含水层边界的准确定位。Utsira储层具有大的水体厚度和广阔的泥岩遮挡层，然而，还没确定含水层的边界，所以，需要进一步评价二氧化碳到达水体边界的时间极其关键。

5）充分考虑网格的类型选择。为了预测长时期的二氧化碳运移（上千年），为了减少计算应用了粗网格。然而，这种网格类型可能会错失的异常现象或是错失反映地层深处断层和裂缝系统的特征，这些都可能成为二氧化碳运移的天然通道。将来的模型应该说明这些不确定性。

6）考虑井壁和相应样品的观察。没有考虑二氧化碳与井壁水泥之间的相互作用，所以不可能直接监测Sleipner-Utsira储层的地球化学过程，因此这些问题的评价应该在将来的监测活动中优先考虑。

7）根据实验进一步改进建模工具来预测二氧化碳封存点的行为。研究二氧化碳在地下和遮挡层下的运移过程，一方面可以增强我们的理解，另一方面又可以向公众证明封存的安全性。

8.2 我国典型二氧化碳地质封存案例分析

我国是国际上首屈一指的能源消耗大国，目前主要使用的能源仍是煤炭，我国二氧化碳的排放量仅次于美国，在国际和国内的双重压力下，二氧化碳封存技术是我国能源革命中的启明灯。通过国家高技术研究发展计划（"863"计划）、国家重点基础研究发展计划（"973"计划）、国家自然科学基金、国家科技支撑计划、国家重点研发计划、国家科技重大专项等，我国大力支持CCUS领域的基础研究、技术研发和工程示范等。我国已投运或建设中的CO_2地质封存与利用项目已有34个，可实现年CO_2地质封存与利用量达百万吨以上。总体来看，我国CO_2地质封存与利用技术发展迅速，各项技术处于不同程度的室内研究和工业示范阶段，但CO_2地质封存与利用示范项目还非常有限。目前，国外已经实施的CO_2地质封存与利用示范项目中，单体最大项目年封存CO_2能力高达400万t，而我国单体最大的CO_2地质封存与利用示范项目是吉林油田的CO_2-EOR示范项目，年CO_2注入量仅80万t，CO_2封存利用能力较欧美发达国家存在较大差距。在技术层面上，我国地质条件复杂，如混相压力高、煤层渗透率较低、咸水层以陆相为主、储层非均质性强等，造成高安全性、大封存容量的CO_2封存场地选择困难，对CO_2注入技术要求较高，因此，高效CO_2地质封存技术以及驱油、驱气、地热能开发技术等还有待攻关突破。本节概括总结了国内典型的CO_2地质封存与利用工程项目实例，前瞻了我国CO_2地质封存与利用工程实践的发展趋势及前景，以期为我国CO_2地质封存与地质利用工程探索提供启示，助力我国去碳技术的应用与发展。

8.2.1 沁水盆地 CO_2-ECBM 微型先导性试验

沁水盆地是一大型 NNE 向展布复式向斜。盆地内部以开阔的短轴褶皱为主，次级褶皱发育，南北翘起端呈箕状斜坡，东西两翼基本对称，西翼地层倾角相对稍陡，东翼相对平缓。断裂以 NE，NNE 和 NEE 向高角度正断层为主，集中分布于盆地的西北部、西南部以及东南部边缘，盆地东北部及腹部地带断裂稀少。含煤地层为上石炭统~下二叠统的太原组和山西组。太原组厚 80~130m，以碳酸盐泻湖-潮坪-障壁体系积为主，主要由砂岩、粉砂岩、砂质泥岩、黑色泥岩、煤和深灰色灰岩组成。山西组发育以滨海三角洲为主的岩相古地理格局，主要由砂岩、粉砂岩、泥岩和煤层组成。整体而言，沁水盆地内部构造简单，且主力煤层顶底板砂岩层连续性差且致密，泥岩层发育较为稳定，封闭性好，注入 CO_2 的泄漏风险低（图 8-13）。

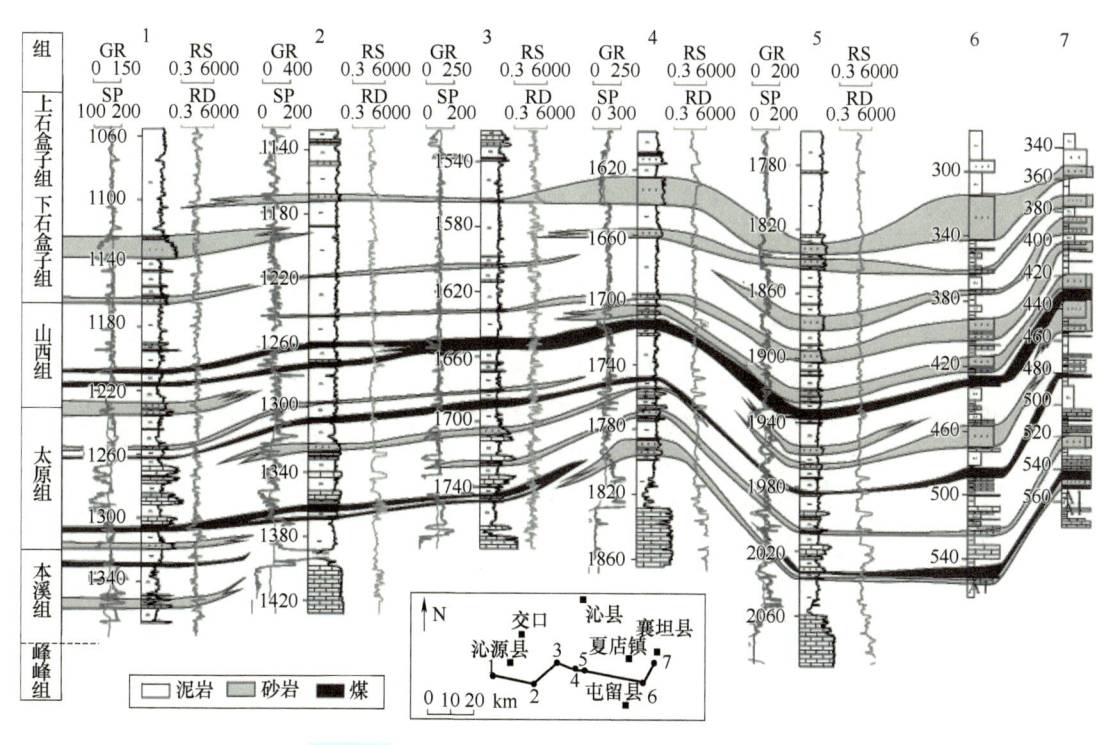

图 8-13 沁水盆地含煤地层岩性叠置和剖面形态

我国和加拿大两国在 2002 年—2006 年开展了该方面的合作，联合开展 CO_2 埋藏和提高煤层气采收率技术的试验研究。确定沁水盆地南部 TL-003 井作为微型先导性试验的第一口井位，并于该井 3 号煤层注入 192.8t 液态 CO_2，提高了煤层气产量，体现了良好的封存潜力和增产前景。

1. 沁水盆地 CO_2 封存地质条件

沁水盆地主要含煤地层为上石炭统太原组和下二叠统山西组，可采煤层多达 10 层以上，单层最大厚度 6.5m，煤层总厚度在 1.2~23.6m。主力煤层为山西组 3 号煤和太原组 15 号煤，横向分布稳定，煤阶为贫煤-无烟煤，为 CO_2 封存提供了有利条件。

（1）煤层含气性　沁水盆地煤层气资源量为 $3.97\times10^{12}m^3$，平均资源丰度超过 $1\times10^8m^3/km^2$。3号煤层平均含气量为 $11.94m^3/t$，15号煤层为 $12.45m^3/t$，从两翼向核部随埋深的增加，含气量逐渐增高，最高达 $23m^3/t$，丰富的煤层气资源提高了 CO_2 封存的经济效益。

（2）煤岩吸附解吸特征　煤岩吸附解吸特征是评价 CO_2 封存和煤层气增产潜能的重要因素。从测试统计结果来看，沁水盆地主力煤层的吸附能力相对较高，其中3号煤层兰氏体积平均为 $39.03m^3/t$，兰氏压力平均为 $2.902MPa$，而15号煤层兰氏体积平均为 $40.91m^3/t$，兰氏压力平均为 $2.542MPa$。主煤层平均理论吸附量较高，有较强的储气能力，这与研究区以中-高煤阶为主的煤阶分布特征有关，一般兰氏体积大的地区兰氏压力也较高，有利于 CO_2 封存和煤层气排采。

通过注 CO_2 驱替煤层甲烷模拟实验，探讨了沁水盆地晋城和潞安地区煤层 CO_2 驱替过程中气体的吸附解吸特征。结果表明：在 CO_2 驱替试验中，晋城煤样 CH_4 单位压降下的解吸率提高了150%，潞安煤样 CH_4 单位压降下的解吸率提高了270%。由此可见，CO_2-ECBM 技术可以显著提高沁水盆地煤层气采收率。

（3）盖层发育特征　良好的封盖层可以有效抑制气体扩散，使得注入的 CO_2 气体能够稳定封存于地下。沁水盆地煤层具有稳定的封盖条件，3号煤层之上直接盖层为厚达 $50m$ 的泥岩、炭质泥岩组合，厚度大、质纯、致密坚硬，岩心未见裂缝，其突破压力为 $8\sim15MPa$，是一套非常好的封盖层。15号煤层直接盖层为一套厚度 $13m$ 以上、稳定分布的致密灰岩，裂缝不发育，突破压力为 $8\sim16MPa$，封盖性能好。同时，厚达 $150m$ 以上泥岩、粉砂质泥岩区域性盖层，为 CO_2 气体保存提供了有利的条件。

（4）煤矿开采深度　由于煤矿开采是 CO_2 封存潜在的泄漏风险，因此 CO_2 封存区需规避现在的煤矿开采和潜在的煤矿开采区。依据我国煤矿井井深分类，浅矿井（小于 $400m$）和中深矿井（$400\sim800m$）占矿井总数的95.82%，浅于 $600m$ 的矿井占80%以上，国有重点煤矿矿井平均开采深度约 $420m$，山西现有各类煤矿开采深度多小于 $500m$。故将深度超过 $600m$ 的煤层确定为深部煤层，划分为 CO_2 埋藏潜在有利区。

综上，沁水盆地煤层气资源丰富，煤层吸附性强，为 CO_2 封存提供了巨大封存空间。盆地边缘地区由于断裂发育、强水动力条件和煤矿的开采，注入的 CO_2 存在泄漏风险，不利于 CO_2 封存。盆地中心区稳定的构造环境、弱水动力条件及良好的区域性盖层为 CO_2 封存提供了很好的保存条件，是 CO_2 封存有利区。通过计算，沁水盆地潜在封存面积达 $1.8\times10^4km^2$，约为总含煤面积的55%。

2. 沁水盆地南部 CO_2-ECBM 微型先导性试验

TL-003 井 CO_2-ECBM 微型先导性试验的工艺技术包括微型先导性试验设计、CO_2 注入技术和数据采集和分析技术等。本次微型先导性试验分6个阶段进行，从2003年10月开始进行 CO_2 注入试验，到2004年8月完成整个野外试验工程。

（1）试验技术流程　试验技术过程可以分为以下5个步骤：

1）预生产阶段。首先将15号煤层与3号煤层分隔，只对3号煤层进行单层排采。预生产阶段共 $130d$。

2）第一次压力恢复试验阶段。历时 $14d$ 对关井期的井底压力和温度数据进行了分析和

第8章 国内外二氧化碳地质封存典型项目案例分析

评价，计算了储层压力和渗透率。

3) 注CO_2阶段。采用间歇式注入方式，每日向3号煤层注入液态CO_2 15~18t。一般需要8~10h。注入完成后，关井使其压力恢复。连续进行了13d，共注入液态CO_2 192.8t。CO_2注入压力低于煤层破裂压力。

4) 注CO_2后焖井及生产试验。注入CO_2后，关闭井口，焖井63d。吸附气和游离气成分在储层中达到平衡，注入的CO_2充分吸附到煤层中，并置换吸附在煤孔隙内表面的CH_4。注入CO_2后进行生产试验确定井的生产能力、井底压力和温度的变化以及气体组成。

5) 第二次压力恢复试验阶段。第二次压力恢复试验共15d，求取井底压力恢复资料。

（2）CO_2注入及设备检测　CO_2注入设备主要包括固态二氧化碳罐车、CO_2注入泵、注入泵变频控制器、地面连接管线、稳压电源。检测设备包括压力监测记录系统和气体检测分析系统。压力监测记录系统包括地面直读压力计、传输电缆、压力面板和计算机。气体检测分析系统用于分析排采阶段产出气的组分，主要包括便携式色谱仪、便携式计算机、样品气传输系统、过滤系统、载气及标气、稳压电源。在分离器后连接一条样品气进气管线，将其埋入地下，做好防冻处理。样品气和载气经过过滤装置后进入样品气传输系统，再进入气相色谱仪，废气由排气口排出。

3. 数据采集和分析技术

由压力计采集井底压力，采样间隔按不同阶段进行不同的设置，每一个阶段的第1天设置得密一些，其余时间采样间隔设置得长一些。

产出气的气体组分分析由气相色谱仪在现场完成。在预排采阶段和注入后生产阶段的前10d，每日对TL-003井产出气的气体组分分析一次，后期改为3d进行一次气体组分分析。

4. 试验结果分析

重新开井生产后，TL-003井的气产量基本稳定在1015~1231m^3/d，水产量为0.2~4.4m^3/d。开始时气体中甲烷浓度低，CO_2浓度高。井底压力为1328kPa。

气成分随生产时间发生变化。开始时CO_2浓度较高，第1天CO_2浓度从62.2%上升到72.8%。之后CO_2浓度缓慢降低，约70d后，CO_2浓度降到约5%，CO_2浓度呈线性下降。

CH_4浓度开始时相对较低，第1天CH_4浓度从37.0%下降到28.2%。之后CH_4浓度缓慢增高，约70d后，CH_4浓度恢复到80%以上，CH_4浓度也呈线性增加。

注入CO_2后产出气体浓度的变化状况反映了这两种气体的吸附解吸特性。由于CO_2吸附能力大于CH_4，CO_2浓度不断降低，CH_4浓度不断升高。

TL-003井的气体组成与注入CO_2前相比，在注入前气体以甲烷为主，其比率为97.40%，氮气为2.52%，CO_2和乙烷分别为0.048%和0.0097%，还有微量的氦气、氢气和氧气。注入CO_2前、后TL-003井产出气体组成变化见表8-1。

表8-1 注入CO_2前、后TL-003井产出气体组成

生产阶段	年-月-日	气体浓度（%）			
		CH_4	C_2H_6	N_2	CO_2
注入前	2003-11-06	97.400	0.0097	2.520	0.048

(续)

生产阶段	年-月-日	气体浓度（%）			
		CH_4	C_2H_6	N_2	CO_2
第 2 天	2004-06-23	63.088	0.0000	0.448	363454
第 9 天	2004-07-30	46.303	0.0200	1.066	52.592
第 150 天	2004-11-15	88.380	0.0000	6.460	5.460
第 167 天	2004-12-02	91.170	0.0000	4.930	3.900

5. 水质的变化

注入前水样测试表明，盐度为 1223mg/L，水质良好。pH 值为 8.8。注入 CO_2 后，盐度达到 3086mg/L，pH 值为 7.0。水质仍然达到环保要求。

CO_2 注入前、后气和水产量的变化，在注入 CO_2 后的重新生产阶段，正常产气量为 998~1466m^3/d，平均产气量为 1186m^3/d。但此时产出的气体为甲烷和 CO_2 的混合气体。产水量约为 1m^3/d，2a 后该井的产气量约为 1200m^3/d，以 CH_4 为主（图 8-14）。

6. 井底压力的变化

TL-003 井 3 号煤储层初始压力为 3360kPa。经过 4 年生产，3 号煤层井底压力降到 960kPa。在预生产阶段，3 号煤层井底压力保持在 910~1010kPa，井口套压为 250kPa。

CO_2 注入压力始终保持在 3 号煤层破裂压力以下。CO_2 注入第 1 天，井底压力为 1187.349kPa，连续间歇性注入 12d 后，井底压力上升到 3273.841kPa。在注入过程中，每天注入压力均在升高，最后一天最高注入压力为 6714.584kPa（图 8-15）。

注入作业结束后关井，初期压力下降较快，1d 后由 6714.584kPa 下降到 2980kPa。之后缓慢下降，两周内降到 2000kPa。重新开井生产第 1 天的井底压力为 1057kPa，50d 后，渐渐降低到 100kPa（图 8-15）。

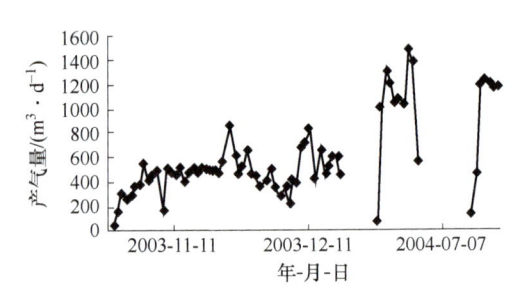

图 8-14 TL-003 井注 CO_2 前、后产气量曲线

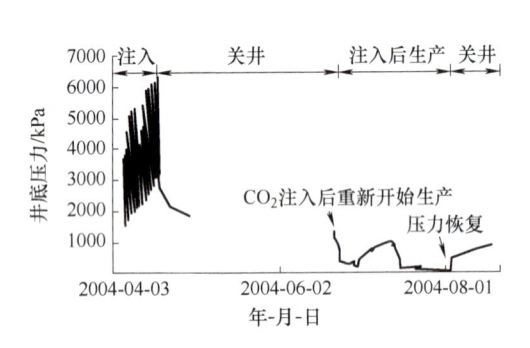

图 8-15 TL-003 井试验阶段井底压力变化

7. CO_2-ECBM 技术评价

（1）单井数值模拟 利用数值模拟手段，建立数学模型和地质模型，对获取的气、水产量和压力进行历史拟合，预测注入 CO_2 后多井的产量。

根据预生产之后关井阶段的压力数据，通过双对数曲线分析，计算得到 3 号煤层裂隙绝对渗透率为 $1.26 \times 10^{-2} \mu m^2$，影响半径约为 100m。气体有效渗透率为 $1.92 \times 10^{-3} \mu m^2$，近井气体饱和度为 40.8%，近井水饱和度为 59.2%。

数值模拟预测发现，在 CO_2 间歇性注入过程中，天然裂隙系统和煤基质中 CO_2 浓度有相当大的差异，这主要是与时间有关。当有足够时间使 CO_2 向煤基质中扩散时，煤基质中 CO_2 的浓度会增高。当 CO_2 扩散并被煤基质吸附时，CO_2 浓度会降低。在注入 CO_2 期间，由于 CO_2 扩散并进入煤基质中，发生煤基质膨胀作用，使近井地带渗透率减小。在 CO_2 注入后期，该现象更加明显。

（2）多井试验的数值模拟　对 5 口井进行了多井先导性试验，其中，1 口为注入井，4 口为生产井。在生产井中间打一口新井，作为注入井。试验井区面积约 780m×780m。所有井目的层均为 3 号煤层。利用 4 口井的生产数据进行历史拟合，获得可靠的储层模型。根据实际生产数据，确定 4 口生产井初始产量基准线。在新注入井中连续注入 CO_2，以 28316.82m³/d 的恒定注入速率连续注 6 个月后关井。4 口生产井以原有生产速率连续生产，井底压力保持在 500kPa 的最小值。

试验结果表明，在注入 CO_2 后，4 口井的 CH_4 产量明显增加。在注入 CO_2 期间内，平均 CH_4 产量是注入前的 2.8~15 倍，见表 8-2。CO_2 突破时间为 2.6~5.1 年，也就是产出气体中 CO_2 浓度不超过 10% 的生产时间。这说明该地层具有封存 CO_2 的能力。

表 8-2　多井试验模拟生产产量变化

井号		FZ-002	FZ-003	FZ-008	TL-003
平均甲烷产率/(m³·d⁻¹)	注 CO_2 后	5275	3600	4657	1394
	未注 CO_2	1883	240	718	405
增产倍率/倍		2.8	15	6.49	3.44
CO_2 突破时间/a		2.6822	5.1233	3.8274	3.1205

本次试验共注入 192.8t 液态 CO_2，在注入后的重新生产初期 CO_2 产出量累计约 30~40t。这些气体一部分来自井筒游离气，一部分为解吸气。而大部分 CO_2 气体被封存在煤层之中。

由于注入液态 CO_2 后煤岩发生收缩作用，随着 CO_2 被煤基质吸收，煤岩又将发生膨胀作用，因此，会导致煤岩渗透性减小。在实际作业中，宜采用低速高压注入泵，控制注入排量，最高注入压力应低于地层破裂压裂。

采用增量评价模型对单井和 5 口井的注入及生产评价结果表明，多井生产净现值大于单井生产的净现值，项目投资的盈利能力更高。多井生产的内部收益率大于基准收益率，表明项目的收益率已超过基准折现率水平，该项目可行。如果进行大规模的井网开采，可获得良好的经济收益。如果能够降低 CO_2 的成本，可以更好地提高项目的经济效益，同时环境效益也十分巨大。

8.2.2　大庆外围榆树林油田 CO_2-EOR 试验

大庆外围榆树林油田的扶杨油层属于典型的特低渗透储层，大部分未动用储量的油层渗透率较低，多数裂缝不发育，水驱开发方式难以经济、有效地动用。改善已开发区块水驱开发效果和提高原油采收率是亟待解决的问题。注入 CO_2 采油是提高油田采收率的有效方法，但国内采用 CO_2 驱油技术仍处于试验阶段。2007 年底在树 101 井区开展了 CO_2 驱油现场试验，探索渗透率 $1.0×10^{-3}\mu m^2$ 左右的难采储层有效开发途径。

1. 地质背景

榆树林油田的构造格局是一个单斜构造，倾斜方向为东北向西南，东北陡，西南缓，构造高差 300~500m。正断层在此十分发育，最发育 T2 反射层的正断层，大体的方向为 NS 向、NNE 向和 NNW 向，只有少数东西向的正断层。断层延伸长度一般 2~5km，最长延伸距离大于 15km，断距一般 30~50m，最大断距为 100m，倾角一般为 30°~50°（图 8-16）。本次研究区树 101 区块 CO_2 驱油试验区位于榆树林油田西南部。区域上属于松辽盆地北部三肇凹陷徐家围子向斜东翼斜坡，地质储量 $217.8×10^4$t，主要储集层是下白垩统泉三、四段地层的扶余油层。油藏中部埋深为 1820m 左右。

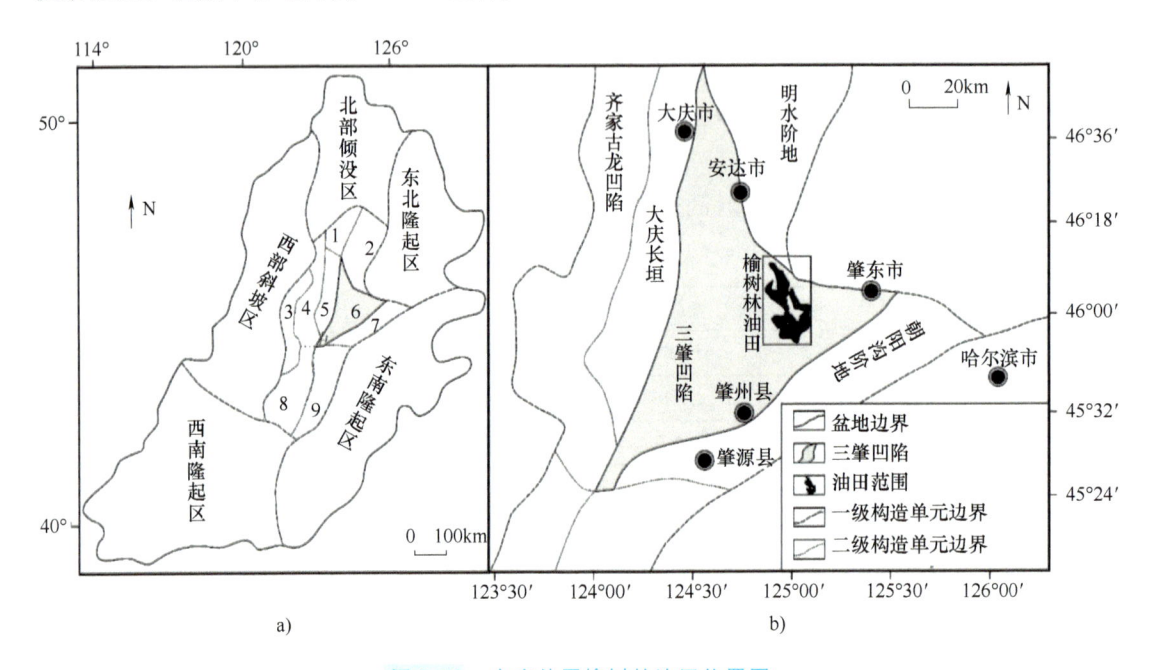

图 8-16 大庆外围榆树林油田位置图
a) 松辽盆地构造分区图 b) 榆树林油田区域位置图

试验区含油面积 $2.36km^2$，地质储量 217.8 万 t，扶杨油层的平均孔隙度 10.0%~10.8%，空气渗透率 $(1.16~0.96)×10^{-3}\mu m^2$，油藏埋深为 1806~2283m，原始地层压力 22.05MPa，饱和压力 4.94MPa，气油比 $22.8m^3/t$，地层原油黏度 $3.6mPa·s$，地层温度 108℃。树 101 试验区由 4 条正断层构成较封闭的区域，断块内断层不发育，天然裂缝不发育，视线密度仅为 0.012 条/m。地层倾角变化相对较缓，约为 2°~4°，平均最大主应力方向为 77°。试验区沉积环境为三角洲分流平原，共发育 5 个主力油层 FII_1^1、$FIII_1^3$、YI_6、YII_4^1、YII_4^2，主力油层平均单井钻遇有效厚度 12.1m，地质储量 148.5 万 t。根据树 101 区块扶杨油层砂体及油层钻遇状况统计结果，各油组砂体钻遇率在 100%，单井平均钻遇砂岩厚度为 7.9~18.3m；各油层组油层有效厚度钻遇率在 58.3% 以上，单井平均钻遇有效厚度 1.6~6.0m，见表 8-3。

试验区于 2007 年投注，采用矩形五点面积井网，井距为 300m 和 250m，排距为 250m，共

24口井（注气井7口，油井17口），开发3个主力油层YI_6、YII_4^1、YII_4^2，储量118.7万t，占总储量的54.5%。

表8-3 树101区块扶杨油层砂体及油层钻遇状况统计表

油层组	砂岩				油层			
	钻遇率（%）	钻遇厚度/m	占总厚度比例（%）	单井平均钻遇厚度/m	钻遇率（%）	钻遇厚度/m	占总厚度比例（%）	单井平均钻遇厚度/m
FI组	100	189.6	13.1	7.9	58.3	33.9	8.0	2.4
FII组	100	297.2	20.6	12.4	87.5	106.6	25.1	5.1
FIII组	100	128.2	8.9	5.3	95.8	36.2	8.5	1.6
YI组	100	439.7	30.4	18.3	91.7	104.4	24.5	4.7
YII组	100	389.4	27.0	16.2	100	144.2	33.9	6.0
总计	—	1444.1	100	—	—	425.3	100	—

2. 试验设计

（1）恒质膨胀试验　恒质膨胀试验是在地层温度条件下测定地层原油的体积与压力的关系，从而得到地层原油的泡点压力密度、相对体积、CO_2溶解度等参数，实验装置为高压的PVT实验仪。试验结果表明，原油泡点压力随着CO_2注入浓度的增大而增大，CO_2在原油中的溶解度也随之上升，可见CO_2可以改善原油的流动性。树101区块地层原油的原始泡点压力为4.7MPa，当CO_2的体积分数为71.29%时，泡点压力升至25.7MPa，CO_2在原油中的溶解度达到270m^3/t。

（2）细管驱替试验　细管驱替试验是为了测定原油与CO_2的最小混相压力，判断地层混相情况。注入的CO_2与地层原油之间发生扩散和传质作用，CO_2和地层原油在油藏条件下形成混相，消除了界面张力的影响，大幅度提高了原油采收率。在细管驱替试验中，最小混相压力为原油采出率超过90%时的压力。试验装置包括细管、气体流量计、油气分离器、计量泵、中间容器、微量泵、气瓶、恒温箱、压力表及气体流量控制器等。细管长度约为18m，内径约为3.9mm。试验结果表明：在一组压力为26MPa、29MPa、31MPa时的原油采出率均低于90%，属于非混相状态；在另一组压力为33MPa、36MPa、39MPa时的原油采出率均高于90%，属于混相状态。通过穿透时的原油采出率随压力的变化得出非混相和混相时的直线，其交点所对应的压力即为该油藏温度下注气时的最小混相压力（约为32.2MPa）。

（3）黏度试验　黏度测试试验是对注入不同体积分数CO_2的油藏测定原油黏度，试验装置为RUSKA落球式黏度计和高压的PVT试验仪。试验结果揭示了CO_2注入对原油黏度的影响规律。在高压条件下，当注入压力超过原油的泡点压力时，随着CO_2注入体积分数的增加，原油的黏度呈现下降趋势。这是因为高压力下CO_2能够有效地溶解在原油中，降低了原油的内部摩擦阻力，从而导致黏度降低。例如，在注入压力为28MPa的情况下，当CO_2的注入体积分数从0%增加到71.29%时，原油的黏度从3.9mPa·s下降到1.6mPa·s，下降幅度为2.3mPa·s。相比之下，在低压条件下，当注入压力低于原油的泡点压力时，情况则有所不同。由于 CO_2 在低压下难以充分溶解在原油中,而是倾向于从原油中萃取轻质组分,导致原油的组成发生变化,这可能会增加原油的黏度。因此,在这种情况下,随着 CO_2 注入体积分数的增加,原油的黏度反而会升高。这种现象对于理解和优化油气田的开采策略具有重要意义,特别是在考虑使用 CO_2 泡沫辅助驱油时,需要综合考虑注入压力对原油黏度的影响。

(4)岩心驱替试验 岩心驱替试验是测定不同注入条件驱油效率及采收率。试验装置包括气体流量计、岩心夹持器、油气分离器、计量泵、中间容器、微量泵、气瓶、恒温箱、压力表及气体流量控制器等。实验所用岩心渗透率为 $1 \times 10^{-3} \mu m^2$。试验结果表明, CO_2 驱比水驱的驱油效率提高 17%~35%,非混相气驱和混相气驱的采收率分别为 48% 和 64%,而水驱的采收率只有 29%。随着注入压差的增大, CO_2 驱油效率的增大幅度逐渐变缓。在相同注入压差下,水气交替驱的驱油效率高于连续 CO_2 驱的驱油效率(图 8-17),表明水气交替注入能最大限度地扩大波及体积,但为防止发生指进,注气速度不宜过快。因此,在注气开发调整中,应尽量提高混相程度,并选择适当时机进行水气交替驱。

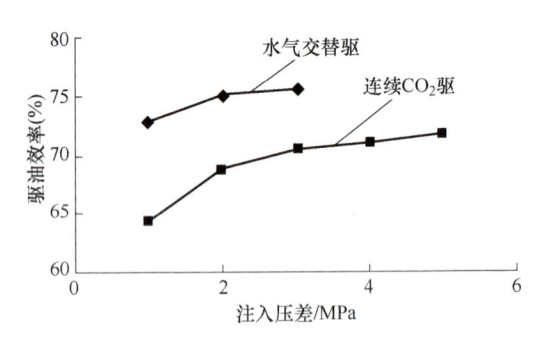

图 8-17 注入压差与驱油效率的关系

(5)现场试验效果 CO_2 驱油提高采收率的主要机理是混相效应,其能够降低界面张力、改善原油性质、增强渗流能力。对比达到最终采收率的驱替时间可知,非混相气驱和混相气驱驱替时间分别为 2.7h 和 2.8h,而水驱的驱替时间为 6.5h,说明气驱的采油速度比水驱的采油速度高。与特低渗透油藏注水开发相比,注气开发具有很大的优越性。

在一定的注入压差下,原油采出程度随注气气量的增加而增大。初期的上升幅度较高,达到一定注入量后增幅变小,由此确定了采出程度随注入量的变化而出现的拐点为最佳的 CO_2 注入量(图 8-18)。因此,为了提高经济效益,在注气开发调整中合理选择最佳注气量。

依据树 101 试验区的油层发育特征及注气开发特点,对开发层系组合、井网部署、注采参数等进行了优化设计。为减缓层间矛盾,减少无效注气,先射开 YI_6、YII_4^1、YII_4^2 三个层位,后期补射 FII_1^1 和 $FIII_1^3$ 两个层位,动用储量 118.7 万 t。考虑到裂缝影响,井排方向设计为 $NE77°$,与最大水平主应力方向一致,井距 300m 和 250m、排距 250m。采用矩形五点井网,共部署注气井 7 口,采油井 17 口。采取超前注 6 个月关 1 个月,正常注入时注 3 个月关 1 个月周期注气,油井生产流压 $\geq 5MPa$,

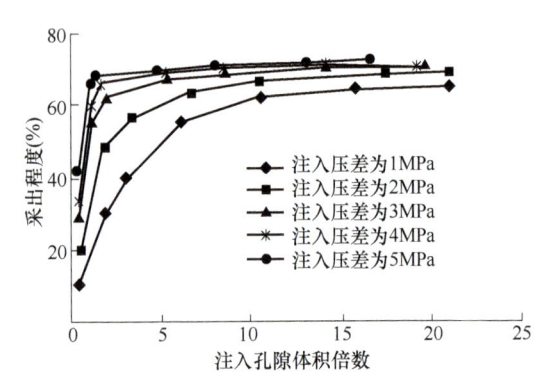

图 8-18 不同注入压差时累计注入量与采出程度的关系

采 20 天关 10 天周期采油。注入系统采用站内集中注入模式，集油系统采用架罐拉油生产方式。

榆树林油田树 101 试验区作为大庆油田首个 CCUS 示范工程，已成功建成了 CO_2 非混相驱现场试验区。2007 年 12 月投注 2 口注气井，2008 年 7 月投注 5 口注气井，注气半年后油井投产；2009 年初，总计注采井 24 口全部投产。2014 年股份公司立项，在树 101 区块开展了 CO_2 非混相驱工业化试验。截至 2023 年 3 月，累计注入液态 CO_2 达 117.17 万 t，累计产油量为 40.24 万 t。经过两个试验阶段的开发调整，大庆油田取得了特低渗透油藏 CO_2 驱 4 项技术成果，实现了气驱区块持续稳产。按照集团公司 CCUS 重大科技专项工作部署，大庆油田计划 2025 年实现 CO_2 年注入能力达 173 万 t、年产油能力达 60 万 t、年封存能力达 143 万 t。榆树林油田 CO_2 驱油试验的成功，对实现大庆外围油田高效动用、持续稳产、CCUS 全产业链研究与示范项目顺利推进具有里程碑意义。

为了满足开发需求，采油工程方案针对设计难点，对各项工艺开展了经济性、技术适应性、配套工艺成熟性等对比分析，优选出以下适用于榆树林油田经济、实用、高效的 CCUS 采油工程系列技术：

1) 注气工艺。国内外 CCUS 项目主要采取笼统注气工艺，榆树林油田形成了特色的单管 2~3 层分注工艺，并配套完善了测调工艺技术。

2) 腐蚀防护技术。针对注采两端不同腐蚀特点设计不同防腐措施，并根据现场试验经验，深入优化确定油井点滴加注缓蚀剂的时机、加注缓蚀剂的方式、点滴加注缓蚀剂的量以及点滴加注缓蚀剂的周期。

3) 采油井见气后的高气液比举升工艺。我国各油田防气举升理念基本相同，榆树林油田采取组合防气措施，适应气液比范围更广。整体上榆树林油田的 CCUS 采油工程技术处于国内领先水平，试验区保持多年平稳生产，达到油藏工程预测指标，实现 CO_2 有效封存，提高原油采收率，形成的方案设计方法可为后续 CCUS 区块的开发提供借鉴。

8.2.3 鄂尔多斯深部咸水层封存示范工程

2010 年 6 月，中国神华煤制油化工有限公司推动和实施的鄂尔多斯 10^5 t/a CCS 项目（以下简称为 SH-CCS 项目）进入施工阶段。项目场地位于内蒙古鄂尔多斯市伊金霍洛旗乌兰木伦镇陈家村。该项目拟在鄂尔多斯盆地将来自煤制油工厂的高浓度 CO_2 收集、经低温浓缩后以高压将 CO_2 注入平均 1680m 以深的砂岩和白云岩中。该项目是我国第 1 个以减排为目的陆上咸水层 CO_2 地质封存规模化探索和全流程示范项目。项目首次试注时间为 2011 年 5 月 9 日，试注期为 49d。自 2011 年 9 月 15 日，SH-CCS 项目正式开始稳定注入，注入周期为 3 a。但运营期间因各种原因，中间存在间断，至 2013 年 12 月，SH-CCS 项目已经成功注入约 $2.0×10^5$ t CO_2。

1. 封存场地概况

SH-CCS 项目场地位于内蒙古鄂尔多斯市区东南，直线距离约 40km。注入场地距离捕集区约 17km。由 5 辆槽车在保证 CO_2 低温条件下（-20℃，2MPa）进行轮流运输。注入场地有一口垂直注入井和两口监测井（监测井 1 和监测井 2）。注入井井径为 30cm，完钻井深为

2826m，人工井底为 2533.25m，水泥返深，井口高出地面 7.12m。监测井 1 位于注入井正西 70m，负责监测 4 个不同层位（1690.4m，1907.4m，2196.4m，2424.3m）的孔隙压力和储层温度。监测井 2 位于注入井正北 30m，用以监测 CO_2 在纵向上封存的有效性，定期在储层顶部盖层以上的（和尚沟组在 1300m 以上）砂岩含水层中取水样和进行时移垂直地震剖面（VSP）测井，以达到及时判断是否有 CO_2 透过盖层上窜泄漏的目的。注入井的压力、温度记录深度在 1631.6m。监测自 2011 年 5 月开始，约每半个月取一次数据。

SH-CCS 项目场地位于鄂尔多斯盆地伊盟隆起，受燕山运动影响，整体为一自东向西倾斜的单斜构造，储层自上而下发育有三叠系下统刘家沟组、二叠系石千峰组、二叠系石河子组、二叠系山西组、太原组以及奥陶系马家沟组咸水层。SH-CCS 项目储盖层具有低渗（一般小于 $5×10^{-3}\mu m^2$）、多层（钻孔穿过 27 个储盖层组合）、完整（大裂缝少）的总体特征，储层岩性除下部为奥陶系白云岩外，其余都是砂岩（图 8-19）。

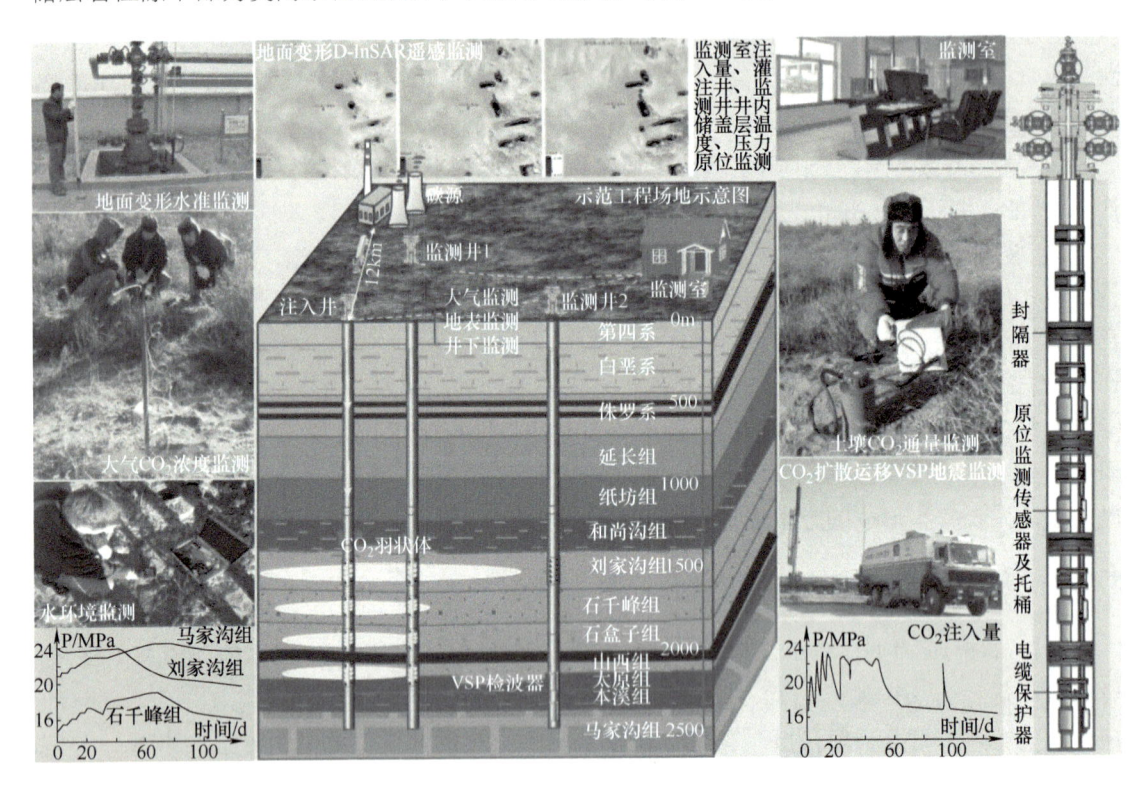

图 8-19　封存场地地质封存与监测一体化示意图

SH-CCS 项目示范工程封存场地占地面积 $11200m^2$，建设有 1 口注入井，2 口监测井。其中，中神监 1 井距离注入井 70m，中神监 2 井距离注入井 31.61m，如图 8-20 所示。注入井和监测井内的压力、温度等监测数据，实时传输至综合办公楼内。

示范工程封存场地即处于伊盟隆起构造单元的东北部（图 8-20），接近与陕北斜坡分界位置。伊盟隆起基底构造复杂，一般埋深较小，上覆有古生界至第四系。该构造单元为一倾向 NW-SE 的单斜构造，构造平缓，倾角约 1°，地壳稳定性较好，地震活动较微弱。

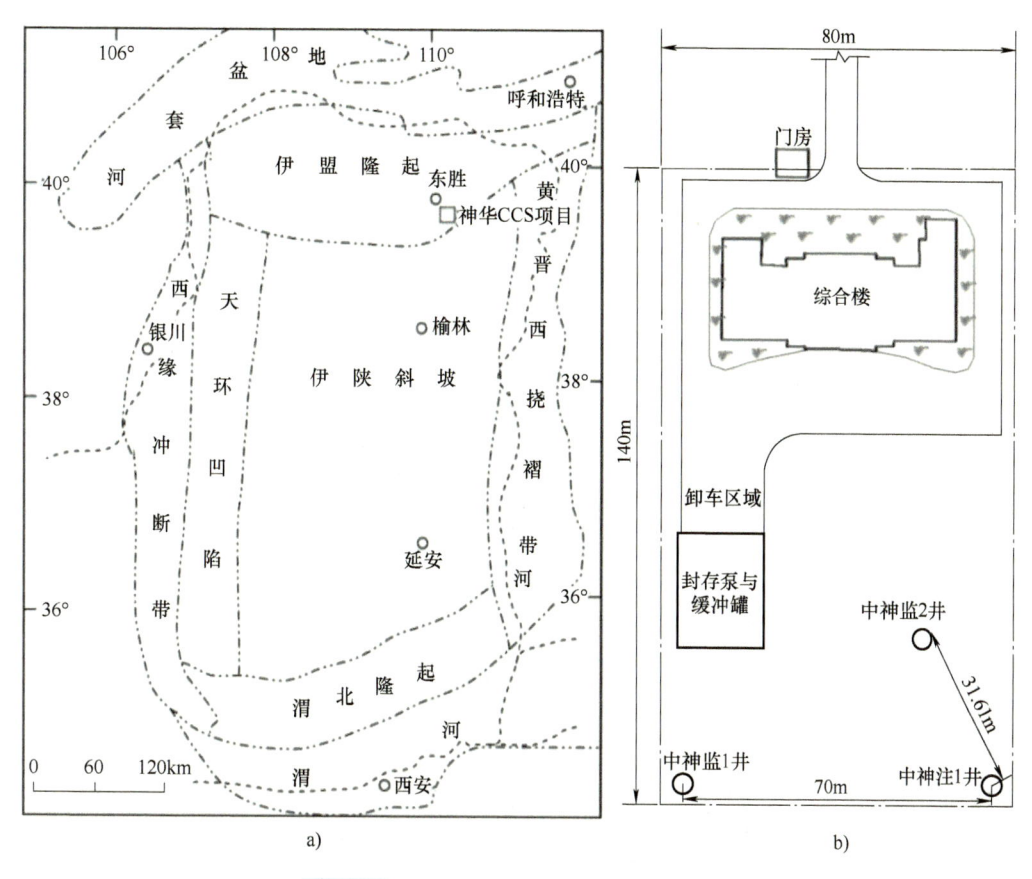

图 8-20　SH-CCS 项目示范工程区域概况
a）区域大地构造位置　b）封存场地图

2. 储运系统设计

（1）CO_2 封存　CO_2 的封存是 CCS 装置的重要环节之一，封存的多少、封存的稳定决定了 CCS 装置是否能长周期稳定地运行。因为 CO_2 特有的物理特性，如在常温下有较高的蒸汽和低的临界温度，决定了大量封存 CO_2 的复杂性。由于 CO_2 液化后的体积仅为气体的 1/500，CO_2 的储运通常以液体形式进行。液体 CO_2 的储运方法可分为常温高压气瓶和低温低压储罐。目前，国外 CO_2 的储运广泛采用低温储运技术，温度为 −20 ~ −30℃，压力为 1.5 ~ 2.5MPa。国内 CO_2 的储运多用常温气瓶，即利用天然 CO_2 气井的井口压力直接充装进高压气瓶，然后将常温高压 CO_2 气瓶运给用户。然而，CO_2 常温气瓶运输方法具有充装速度慢、运输效率低、操作烦琐和污染环境等缺点，尤其对化工等大量应用 CO_2 的行业已远远不能适应，因此，有必要开展 CO_2 低温储运技术的研究。目前，封存 CO_2 比较有效可行的方法是低温液化封存，即通过制冷、加压，将气态 CO_2 相变成液体 CO_2，然后进行储罐封存。神华 CCS 示范工程所采用的就是低温液化封存。

（2）CO_2 运输　SH-CCS 项目示范工程封存区与捕集区（神华鄂尔多斯煤制油分公司）距离 11km，沿线属沙饰丘陵地貌，落差较大，若采用管道输送则管道敷设施工难度大、建设投资大、运行控制不便，而且因为该工程是在鄂尔多斯盆地伊蒙隆起实施封存，地质信息不详，最终生产的食品级 CO_2 能否顺利注入或注入量到底有多大尚不明晰，所以 SH-CCS 项目示范工程采用公路罐车运输方式，公路罐车运输灵活方便且便于控制，一旦注入受限可以将食品级 CO_2 直接销往市场。

如图 8-21 所示，SH-CCS 项目示范工程的储运工艺：生产的合格 CO_2 经过深冷至-40℃→将深冷后的液相 CO_2 管输到 CO_2 储罐→从储罐经装卸栈台将-20℃和 2MPa 左右的液相 CO_2 装入低温罐车→低温罐车运到封存区后由车载泵将液相 CO_2 输入缓冲槽→由注入泵将缓冲槽内的液相 CO_2 经加热后以超临界状态注入目的层。

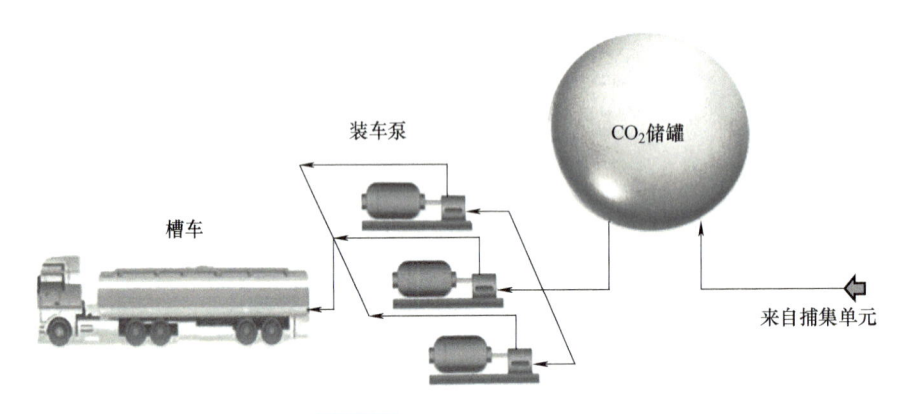

图 8-21 储运系统流程图

（3）注入系统设计 如图 8-22 所示，从罐区 136 单元 CO_2 贮罐（136-T-101）出来的 CO_2，通过 CO_2 装车泵（136-P-101A~C）装车，汽车运送至约 15km 外的封存区，车上自带的卸车泵将车内液体 CO_2 通过管道卸至三台容积均为 150m³ 的 CO_2 缓冲槽（T-401A/B/C）中贮存。在 CO_2 封存试验期间，为防止液态 CO_2 在 CO_2 缓冲槽（T-401A/B/C）中压力下降

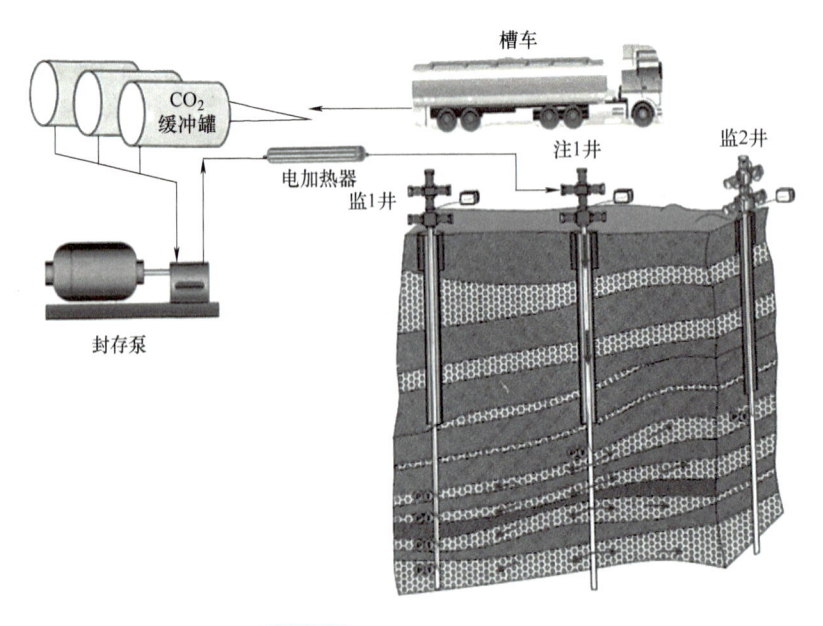

图 8-22 注入系统流程示意图

第8章 国内外二氧化碳地质封存典型项目案例分析

不能满足封存泵的入口压力需要,采用 CO_2 蒸发器对一路液体 CO_2 进行加热以维持压力稳定。CO_2 缓冲槽内的液体在重力作用下进入 CO_2 封存泵(108C-P-401),经泵加压后,经 CO_2 加热器(108C-E-402)加热至 0~15℃后,通过注入井注入 1690~2425m 的中生界、上古生界和下古生界封存地层,实施永久性封存。为获取封存数据及安全性,通过监1井检测 CO_2 在不同地层中压力温度的变化,通过监2井对上部地层的安全、环保进行监测。

(4)试注及其监测 试注施工在注入井与监测井按图 8-23 所示流程进行试注与监测。

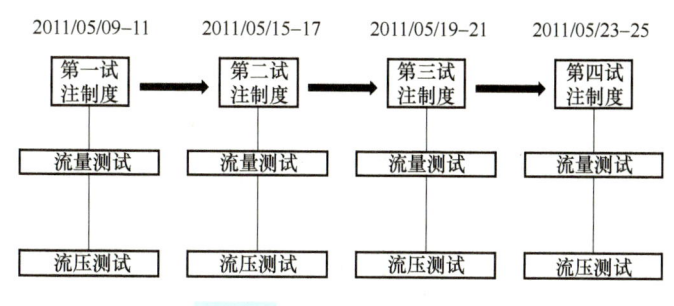

图 8-23 试注与监测流程图

1)吸气剖面监测。用于监测试注层纵向连续吸气剖面。吸气剖面测井仪器主要包括:磁定位、伽马探头、压力传感器、井温探头、全流量井眼计。开始注气后,每项工作制度进行一次注入剖面测井,分别以 10m/min、20m/min、30m/min、40m/min 四种不同的速度测取注气层流量剖面曲线和温度剖面曲线,从而获得试注段连续吸气剖面,并劈分出单层吸气量。

2)压力温度监测。目的是测量每个吸气层的吸气压力,其测试工具串自上而下分别为绳帽、加重杆、PPS 2500 压力计,工具串整体耐压 75MPa,耐温 120℃。

注入期间,每项工作制度下入2支压力计进行流压、流温梯度测试,从井口至 2000m,每 300m 测一个点,从 2000m 至 2600m,每 100m 测一个点,最后 2640m 测一个点,每个测点停点 5min,用于计算试注层实际吸水压力。

试注监测施工工序见表 8-4,注入参数见表 8-5。

表 8-4 试注监测工序

井名	日期	时间	工作内容
中神注1井	2011-05-09 2011-05-11	17:00 22:00	进行第一次工作制度注入过程,累计注入 CO_2 159m³,井下压力 17.85~20.79MPa,温度为 49.28~46.65℃
	2011-05-13	22:00	井口关井,井下压力为 20.79~17.45MPa,温度为 46.65~49.86℃
	2011-05-15	22:00	进行第二次工作制度注入过程,累计注入 CO_2 300m³,井下压力 17.45~22.88MPa,温度为 49.86~42.12℃
	2011-05-17	22:00	井口关井,井下压力为 22.58~18.95MPa,温度为 42.16~49.28℃
	2011-05-19	22:00	进行第三次工作制度注入过程,累计注入 CO_2 442m³,井下压力 18.95~23.52MPa,温度为 49.28~37.45℃
	2011-05-21	22:00	井口关井,井下压力为 23.52~20.20MPa,温度为 37.45~48.58℃
	2011-05-23	22:00	进行第四次工作制度注入过程,累计注入 CO_2 587m³,井下压力 20.20~23.18MPa,温度为 48.58~33.04℃

(续)

井名	日期	时间	工作内容
中神监1井	2011-05-09	19:00	第一层，井下压力为15.29~17.64MPa，温度为51.51~51.52℃ 第二层，井下压力为17.36~22.86MPa，温度为56.97~57.01℃
	2011-05-25	18:00	第一层，井下压力为18.47~24.18MPa，温度为64.94~65.01℃ 第二层，井下压力为21.21~22.67MPa，温度为73.88~73.90℃

表8-5 试注工艺参数

试注制度	注气压力/MPa	试注排量/(m^3/h)
第一制度	6.97	3.4
第二制度	7.93	6.4
第三制度	8.45	9.6
第四制度	8.17	12.8

由以上数据可回归得出吸气方程，即

$$Y = 4.0563X - 25.105$$

式中　Y——注入速率（m^3/h）；

X——注入压力（MPa）。

启动吸气压力为6.189MPa，吸气指数为4.0563m^3/(h·MPa)，当井口注气压力为10MPa时，注气量为225m^3/d，满足10万t/a设计要求。注入井注气曲线如图8-24所示。

吸气剖面在4项工作制度下，通过微流量测井测得吸气剖面如图8-25所示，图中左边为测井曲线，中部4列为累计吸气剖面，右边4列为各层吸气剖面。1751.4~1756.8m层段吸气能力随井口注入排量的增加而增加，在最后一项制度（12.8m^3/h）下变化较为明显，相对吸气量达57.9%。数据显示，该层可能在平面上贯通了渗透性较好的砂层，同时也显示石千峰组可能是最关键储层。

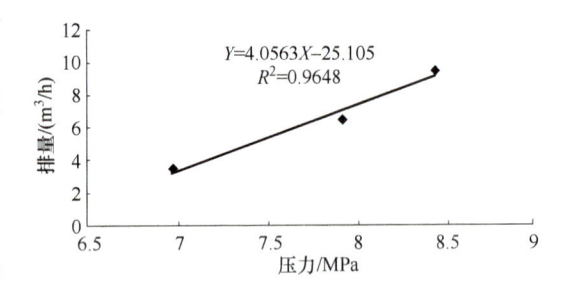

图8-24 中神注1井注入井注气曲线

井下1690~1950m为该井的主要吸入段。4项制度下的相对吸入量分别为66.2%、70.4%、76.7%、85%。该数据还显示1690~1950m的吸气能力随地面注入排量的增加而增大。四项工作制度监测层吸气能力和渗透率差异较大，吸气能力由大到小依次：石千峰组、刘家沟组、石盒子组、马家沟组。随着CO_2不断注入，井筒附近的钻井污染逐步解除，储层物性逐渐变好。

压力降落测试结果（图8-26）表明井储系数为4.74m^3/MPa，地层流动系数为0.078$\mu m^2 \cdot m$/MPa·s，地层产能系数为0.0268$\mu m^2 \cdot m$，有效渗透率为$3.1 \times 10^{-4} \mu m^2$，裂缝半长为44.6m。

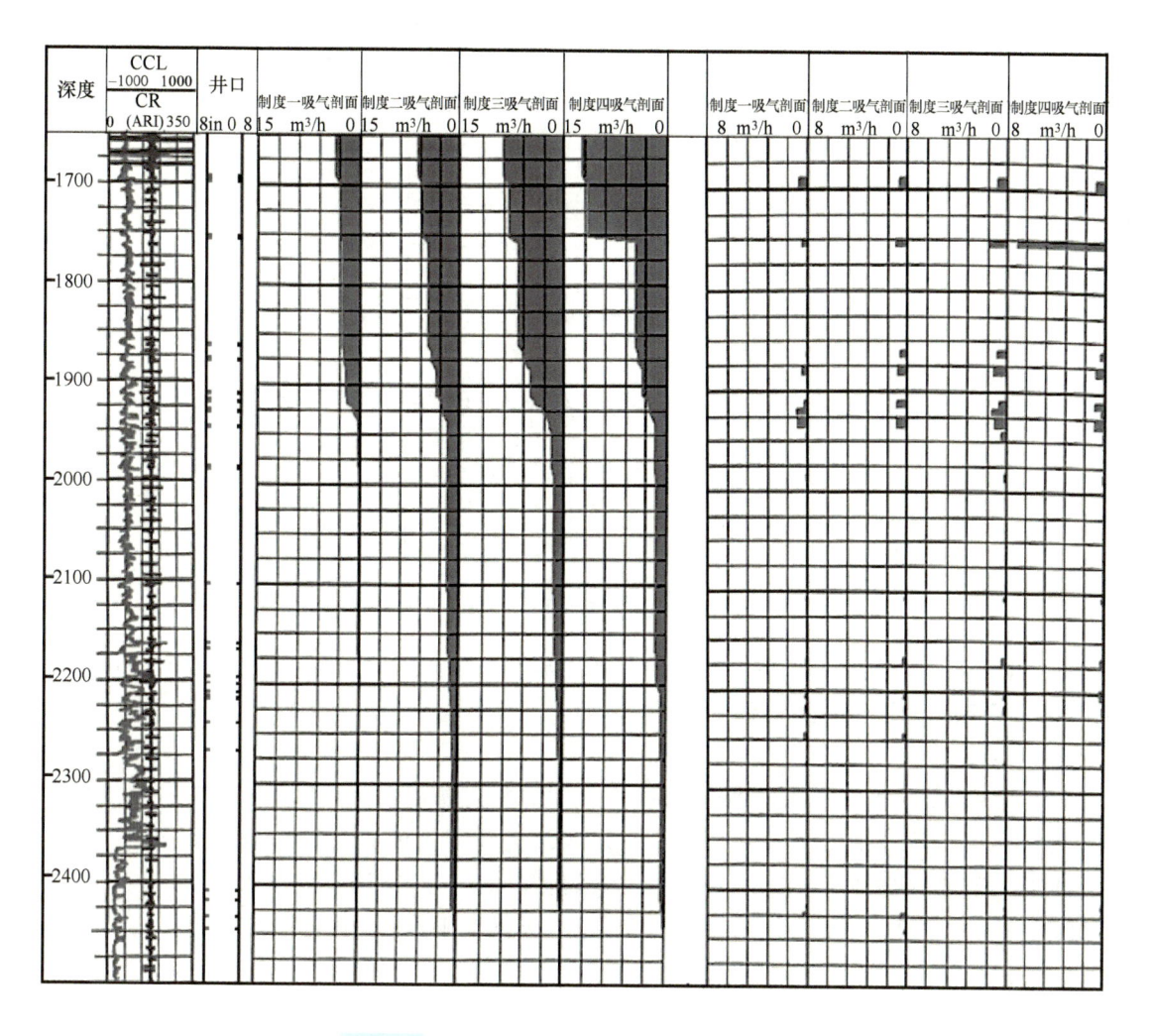

图 8-25 4 项注入井工作制度下各层吸气剖面

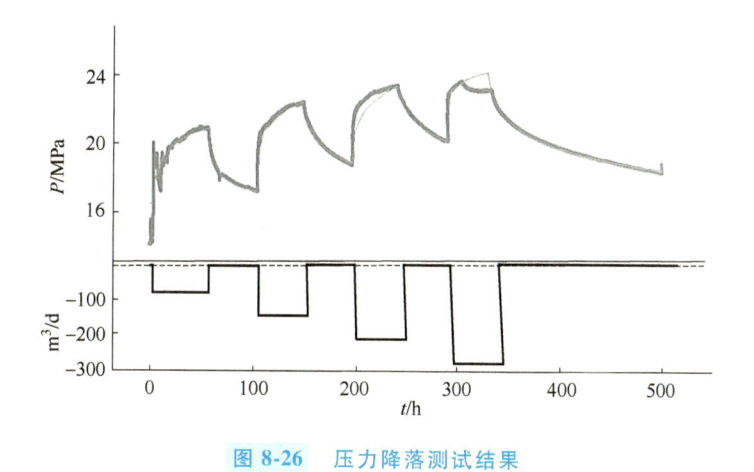

图 8-26 压力降落测试结果

在不同工作制度转换时，利用注入压力变化进行干扰试井，结果发现，中神注 1 井每一次注入或关井操作，中神监 1 井都能明显地接收到干扰信号，表明中神注 1 井与中神监 1 井横向上四个小层组均连通（图 8-27）。

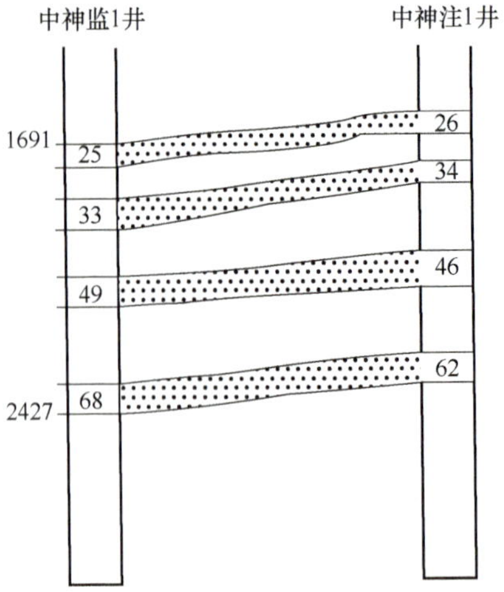

图 8-27　储层连通关系

SH-CCS 示范工程于 2011 年 5 月 9 日开始实施 CO_2 注入实验，借助压力，CO_2 被注入地下 1500~2500m 之间的咸水层封存，截至 2015 年 4 月实现累计注入 CO_2 达 30.26 万 t，随后项目进入监测期。

SH-CCS 示范工程成功打通全流程并试注成功，标志着神华在 CO_2 捕集和封存关键技术上取得了重大突破。SH-CCS 示范项目的成功实施为我国积极探索 CO_2 地质封存的技术集成、挖掘 CO_2 资源化利用的潜力，推动国内研发和示范工作，以及完善碳捕集、利用和封存（CCUS）技术奠定了基础，将在应对气候变化方面产生积极而深远的影响。

思 考 题

1. 试分析本章国内外案例的实施技术方案，并说明这些方案是否适用于不同的地质条件？是否存在潜在的技术挑战或风险？
2. 通过比较国内外地质封存案例，总结国外成功封存案例中的哪些技术值得我们借鉴学习。
3. 请查阅相关资料，分析我国要实现二氧化碳年封存量达百万吨级，还有哪些技术亟须进步？

附 录

附录 A 纯二氧化碳密度值

密度 /(g/cm³)	温度/℃									
	-30	-20	-10	0	10	20	30	40	50	60
1.0	24.38	23.03	21.86	20.84	19.92	19.10	18.35	17.67	17.04	16.46
2.0	1077.80	1031.8	48.765	45.608	42.997	40.773	38.837	37.127	35.599	34.219
3.0	1081.20	1036.30	985.12	77.34	71.01	66.16	62.21	58.89	56.03	53.52
4.0	1084.60	1040.70	991.09	932.11	108.41	97.49	89.76	83.76	78.86	74.73
5.0	1087.90	1044.80	996.73	940.52	868.63	140.65	124.02	113.05	104.85	98.30
6.0	1091.10	1048.90	1002.10	948.20	881.78	782.65	171.44	149.26	135.21	124.91
7.0	1094.20	1052.80	1007.10	955.31	893.11	808.60	266.56	198.02	172.01	155.53
8.0	1097.20	1056.50	1012.00	961.94	903.13	827.71	701.72	277.90	219.18	191.62
9.0	1100.20	1060.20	1016.70	968.17	912.18	843.17	744.31	485.50	285.00	235.39
10.0	1103.10	1063.70	1021.10	974.05	920.46	856.31	771.50	628.61	384.33	289.95
11.0	1105.90	1067.20	1025.40	979.63	928.10	867.81	792.10	683.52	502.64	357.79
12.0	1108.70	1070.50	1029.60	984.94	935.23	878.10	808.93	717.76	584.71	434.43
13.0	1111.40	1073.80	1033.60	990.01	941.91	887.44	823.25	743.04	636.12	505.35
14.0	1114.00	1076.90	1037.40	994.87	948.21	896.01	835.79	763.27	672.17	561.37
15.0	1116.60	1080.00	1041.20	999.53	954.18	903.96	846.98	780.23	699.75	604.09
16.0	1119.10	1083.10	1044.90	1004.00	959.85	911.37	857.12	794.90	722.09	637.50
17.0	1121.60	1086.00	1048.40	1008.40	965.27	918.33	866.41	807.87	740.88	664.59
18.0	1124.10	1088.90	1051.80	1012.50	970.44	924.90	875.00	819.51	757.12	687.25
19.0	1126.50	1091.70	1055.20	1016.60	975.41	931.12	883.00	830.09	771.45	706.68
20.0	1128.90	1094.50	1058.50	1020.50	980.18	937.04	890.50	839.81	784.29	723.68
21.0	1131.20	1097.20	1061.70	1024.30	984.78	942.69	897.56	848.81	795.94	738.78
22.0	1133.50	1099.80	1064.80	1028.00	989.21	948.09	904.23	857.20	806.61	752.38
23.0	1135.70	1102.40	1067.80	1031.60	993.50	953.27	910.57	865.07	816.46	764.73

(续)

密度/(g/cm³)	温度/℃									
	-30	-20	-10	0	10	20	30	40	50	60
24.0	1137.90	1105.00	1070.80	1035.10	997.65	958.25	916.61	872.48	825.62	776.07
25.0	1140.10	1107.50	1073.70	1038.50	1001.70	963.04	922.38	879.49	834.19	786.55
26.0	1142.30	1110.00	1076.50	1041.80	1005.60	967.67	927.91	886.14	842.25	796.30
27.0	1144.40	1112.40	1079.30	1045.00	1009.40	972.14	933.22	892.48	849.85	805.42
28.0	1146.40	1114.80	1082.10	1048.20	1013.10	976.46	938.32	898.53	857.05	813.98
29.0	1148.50	1117.10	1084.70	1051.30	1016.60	980.65	943.24	904.33	863.90	822.06
30.0	1150.50	1119.40	1087.40	1054.30	1020.10	984.72	947.98	909.89	870.43	829.71

附录 B 纯二氧化碳黏度值

压力/MPa	温度/℃									
	-30	-20	-10	0	10	20	30	40	50	60
1.0	12.36	12.84	13.33	13.82	14.30	14.79	15.27	15.74	16.22	16.69
2.0	165.36	139.39	13.58	14.04	14.50	14.97	15.43	15.90	16.36	16.83
3.0	167.34	141.46	118.82	14.45	14.85	15.27	15.70	16.14	16.58	17.03
4.0	169.29	143.48	121.02	100.74	15.48	15.76	16.11	16.49	16.90	17.31
5.0	171.21	145.46	123.15	103.21	84.22	16.68	16.78	17.03	17.35	17.70
6.0	173.10	147.40	125.21	105.54	87.25	67.67	17.98	17.86	17.99	18.23
7.0	174.97	149.31	127.22	107.76	89.97	72.16	21.37	19.28	18.96	18.98
8.0	176.82	151.19	129.17	109.89	92.48	75.72	56.06	22.35	20.48	20.03
9.0	178.64	153.03	131.08	111.94	94.82	78.77	61.93	34.81	23.14	21.55
10.0	180.45	154.85	132.95	113.92	97.03	81.49	66.08	47.83	28.37	23.84
11.0	182.23	156.64	134.78	115.85	99.14	83.97	69.46	54.12	36.61	27.30
12.0	184.00	158.40	136.58	117.72	101.16	86.29	72.38	58.53	43.80	32.05
13.0	185.75	160.15	138.34	119.55	103.11	88.46	75.00	62.06	49.05	37.29
14.0	187.48	161.87	140.08	121.33	104.99	90.52	77.39	65.07	53.14	42.07
15.0	189.20	163.57	141.79	123.07	106.81	92.49	79.61	67.74	56.53	46.14
16.0	190.90	165.25	143.47	124.79	108.59	94.38	81.70	70.16	59.47	49.62
17.0	192.59	166.92	145.13	126.47	110.32	96.20	83.68	72.40	62.08	52.65
18.0	194.26	168.56	146.77	128.12	112.01	97.96	85.57	74.48	64.45	55.35
19.0	195.92	170.19	148.39	129.74	113.66	99.67	87.38	76.45	66.63	57.80
20.0	197.57	171.81	149.99	131.34	115.28	101.34	89.13	78.32	68.67	60.04
21.0	199.20	173.41	151.57	132.92	116.87	102.96	90.82	80.11	70.60	62.13

（续）

压力/MPa	温度/℃									
	-30	-20	-10	0	10	20	30	40	50	60
22.0	200.83	175.00	153.13	134.47	118.43	104.55	92.45	81.82	72.42	64.08
23.0	202.44	176.57	154.68	136.01	119.97	106.11	94.04	83.48	74.16	65.92
24.0	204.04	178.13	156.21	137.53	121.48	107.63	95.60	85.08	75.82	67.67
25.0	205.63	179.68	157.73	139.02	122.98	109.13	97.11	86.63	77.43	69.34
26.0	207.21	181.22	159.23	140.51	124.45	110.60	98.60	88.14	78.98	70.94
27.0	208.78	182.74	160.72	141.97	125.90	112.04	100.05	89.61	80.48	72.48
28.0	210.34	184.25	162.20	143.42	127.33	113.47	101.47	91.05	81.94	73.98
29.0	211.89	185.76	163.67	144.86	128.74	114.87	102.87	92.45	83.37	75.42
30.0	213.44	187.25	165.12	146.28	130.14	116.26	104.25	93.83	84.75	76.82

附录 C 二氧化碳地质封存选址指标

表 C-1 盆地级煤层 CO_2 地质封存场址适宜性指标评价表

一级指标	二级指标	适宜	一般	不适宜
工程地质条件	活断层间距/km	>10	[5,10]	<5
	地震发生概率（封存地区）	100 年内发生 5 级以下地震	100 年内发生 5 级以下地震	100 年内发生 7 级以上地震
	地热流值/(mW·m^{-2})	[30,50)	[50,90]	>90
	地温梯度/(℃/100m)	<2	[2,4]	>4
	地表温度/℃	<2	[2,10]	>10
	活动断裂的发育情况	远离活动断裂带（>25km），无活动断裂通过	距活动断裂较近（<25km），无活动断裂通过	有活动断裂通过，但活动断裂规模较小、活动较弱
	火山发育区	火山少发区	火山发生区	火山多发区
	距火山区距离/km	>250	[25,250]	<25
	地震动峰值加速度	<0.05g	[0.05g,0.1g]	>0.1g
	历史地震	历史地震围空区	$M \leq 6$	$M > 6$
	距地震区距离/km	>250	[25,250]	<25
	盖层岩性	膏岩、泥岩/钙质泥岩	含砂泥岩、含粉砂泥岩、粉砂质泥岩、砂质泥岩	泥质粉砂岩、泥质砂岩、裂缝发育的灰岩、粗碎屑砂岩
	储层岩性	碎屑岩	碎屑岩、碳酸盐混合或碳酸盐	岩浆岩、变质岩、盐丘等特殊储层
	水动力作用	水力封闭作用	水力封堵作用	水力运移逸散作用

（续）

一级指标	二级指标		适宜	一般	不适宜
封存潜力条件	盖层封闭性（泥岩厚度）/m		>50	[10,50]	<10
	煤层气潜力（不可开采煤层中煤层气资源丰度）/($10^8 m^3 \cdot km^{-2}$)		>2	[1,2]	<1
	二氧化碳封存潜力（单位面积封存量）/($10^8 m^3 \cdot km^{-2}$)		>4	[2,4]	<2
	构造单元面积/km^2		>5000	[500,5000]	<500
	沉积地层厚度/m		>3500	[1600,3500]	<1600
	盖层	埋深/m	[800,1200)	[1200,3500]	>3500 或 <800
		厚度/m	>100	[30,100]	<30
		渗透率/$10^{-3} \mu m^2$	<0.01	[0.01,1]	>1
		连续性	连续、稳定	较连续、较稳定	连续性差、不稳定
		数量	多套，质量好	多套，质量较好	一套或无，质量差
	储层	埋深/m	[800,3500]	[800,3500]	>3500 或 <800
		厚度/m	>100	[20,100]	<20
		孔隙度(%)	>25	[10,25]	<10
		渗透率/$10^{-3} \mu m^2$	>50	[1,50]	<1
		砂厚比(%)	>60	[20,60]	<20
		层间非均质性/m	>2000	[600,2000]	<600
		数量	多套	可能存在	无
	储盖组合数量		多套	可能存在	无
	区域性				
	勘探程度		开发中	勘探程度一般	勘探程度低
	数据支持情况		数据充分可靠	数据一般充分可靠	数据不充分
	资源潜力(煤规模)		大	一般	小
	单位面积封存潜力/($10^4 t \cdot km^{-2}$)		>150	[50,150]	<50
社会经济指标	人口密度/(人/km^2)		<25	[25,100]	>100
	土地利用现状		沙漠等未利用土地	牧草地、林地	耕地、林地、交通用地等
	碳源密度		高	中	低
	与居民点距离/m		>1200	[800,1200]	<800
	公众认可程度与法规		公众认可度高，法规完善	工作认可度一般，法规修改	公众排斥

(续)

一级指标	二级指标	适宜	一般	不适宜
社会经济指标	是否符合城市发展规划	符合	符合	不符合
	是否在保护区	不在，且>10km	不在，但可能存在影响	在
	植被状况（重点保护区、植被覆盖率）	无、低	少、一般	多、高
	碳源规模/(10^4t·a^{-1})	>100	[50,100]	<50
	运输方式	管道	公路、铁路	船舶
	捕获成本/(元/t)	<200	[200,400]	>400
	碳源距离/km	<50	[50,150]	>150
	运输成本/(元·km^{-1}·t^{-1})	<0.1	[0.1,0.3]	>0.3
	供给能力/t	>5×10^5	[1×10^5, 5×10^5]	<1×10^5
	井的生产时间/a	>10	[5,10]	<5
	煤层气运输管线长度/km	<30	[30,100]	>100
	用户需求量/(10^4m^3·a^{-1})	10000	[3000,10000]	<3000

表 C-2 目标区级煤层 CO_2 地质封存场址适宜性指标评价表

一级指标	二级指标		适宜	一般	不适宜
工程地质条件	活断层间距/km		>10	[5,10]	<5
	地热流值/(mW·m^{-2})		[30,50)	[50,90]	>90
	地温梯度/(℃/100m)		<2	[2,4]	>4
	地表温度/℃		<2	[2,10]	>10
	活动断裂的发育情况		25km内无活动断裂，且外围25km范围内无活动断层	目标区内无活动断裂，但其外围25km范围内存在活动断层	目标区内及其外围是否发育有活动断裂迄今尚不明确
	地震动峰值加速度		<0.05g	[0.05g,0.1g]	>0.1g
	历史地震		历史地震围空区	$M \leqslant 6$	$M>6$
	盖层岩性		膏岩、泥岩、钙质泥岩、蒸发岩	含砂泥岩、含粉砂泥岩、粉砂质泥岩、砂质泥岩	泥质粉砂岩、泥质砂岩、页岩、致密灰岩
	盖层断裂发育		有限的断层和裂缝，大的泥岩	中等断层中等裂缝	大断层大裂缝
	储层岩性		碎屑岩	碎屑岩与碳酸盐混合	碳酸盐岩
	储层沉积相		河流、三角洲	浊流、冲积扇	滩坝与生物礁
	水动力作用	盖层	地下水高度封闭区	地下水封闭区	地下水半封闭区
		储层	水力封闭作用	水力封堵作用	水力运移逸散作用

（续）

一级指标	二级指标		适宜	一般	不适宜
工程地质条件		地质灾害易发性	不易发	低易发	中-高易发
	不良地质作用	是否在采矿塌陷区、岩溶塌陷区、地面沉降区、沙漠活动区、火山活动区	否	—	是
		是否低于江河湖泊、水库最高水位线或洪泛区	否	—	是
		是否存在活动褶皱、断层封启性变化	否	—	是
封存潜力条件	盖层	埋深/m	<1000	[1000,2700]	>2700 或 <1000
		厚度/m	>20	[10,20]	<10
		累计厚度/m	>300	[150,300]	<150
		渗透率/$10^{-3} \mu m^2$	<0.01	[0.01,1]	>1
		力学稳定性	稳定	较稳定	不稳定
		分布连续性	连续	较连续	连续性差
		封气指数 H_g/m	>200	[100,200]	<100
		数量	多套	一套	无
	储层	厚度/m	>80	[30,80]	<30
		孔隙度（%）	>15	[10,15]	<10
		渗透率/$10^{-3} \mu m^2$	>50	[10,50]	<10
		渗透率变异系数	<0.5	[0.5,0.6]	>0.6
		层间非均质性/m	>2000	[600,2000]	<600
		分布连续性/m	>2000	[600,2000]	<600
		储集体层状展布	二氧化碳易运移至层状储集体压力相对小的或构造高的位置		
		数量	多套	可能存在	无
	储盖组合数量（区域性）	是否处于储盖层交界处	否	—	是
		多层盖层-储层形式	多层盖层-储层形式既可能加大泄漏风险，又可能降低泄漏风险		
		单一盖层-储层形式	单一盖层-储层形式盖层厚度大，但单一盖层一旦被二氧化碳突破，封存系统将完全失效		
		盖层的封闭性（泥岩厚度）/m	>50	[10,50]	<10

（续）

一级指标	二级指标	适宜	一般	不适宜
封存潜力条件	煤层深度/m	>1500	[1200,1500]	<1200
	煤层气潜力（不可开采煤层中煤层气资源丰度）/($10^8m^3 \cdot km^{-2}$)	>2	[1,2]	<1
	煤层气潜力（单位面积封存量）/($10^8m^3 \cdot km^{-2}$)	>4	[2,4]	<2
	封存潜力/10^8t	>50	[0.5,50]	<0.5
	单位面积封存潜力/($10^4t \cdot km^{-2}$)	>100	[10,100]	<10
社会经济指标	人口密度/(人/km²)	<25	[25,100]	>100
	土地利用现状	沙漠等未利用土地	牧草地、林地	耕地、林地、交通用地等
	碳源密度	高	中	低
	与居民点距离/m	>1200	[800,1200]	<800
	公众认可程度与法规	公众认可度高，法规完善	工作认可度一般，法规修改	公众排斥
	是否符合城市发展规划	符合	符合	不符合
	是否在保护区	不在，且>10km	不在，但可能存在影响	在
	植被状况（保护区、植被覆盖率）	无、低	少，一般	多、高
	碳源规模/($10^4t \cdot a^{-1}$)	>100	[50,100]	<50
	运输方式	管道	公路、铁路	船舶
	捕获成本/(元/t)	<200	[200,400]	>400
	碳源距离/km	<50	[50,150]	>150
	运输成本/(元·$km^{-1} \cdot t^{-1}$)	<0.1	[0.1,0.3]	>0.3
	供给能力/t	>5×10^5	[$1 \times 10^5, 5 \times 10^5$]	<1×10^5
	井的生产时间/a	>10	[5,10]	<5
	煤层气运输管线长度/km	<30	[30,100]	>100
	用户需求量/($10^4m^3 \cdot a^{-1}$)	10000	[3000,10000]	<3000

表 C-3　场地级煤层 CO_2 地质封存场址适宜性指标评价表

一级指标	二级指标	适宜	一般	不适宜
工程地质条件	活断层间距/km	>10	[5,10]	<5
	地热流值/(mW·m^{-2})	<50	[50,70]	>70
	地温梯度/(℃/100m)	<2	[2,3]	>3
	地表温度/℃	<3	[3,25]	>25

（续）

一级指标	二级指标		适宜	一般	不适宜
工程地质条件	活动断裂的发育情况		25km内无活动断裂，且外围25km范围内无活动断层	场地尺度内无活动断裂，但其外围25km范围内存在活动断层	场地尺度内及其外围是否发育有活动断裂迄今尚不明确
	断裂和裂缝的发育情况		有限的裂缝，无断层	裂缝发育中等，无断层	大裂缝，发育断层中等
	地震动峰值加速度		<0.05g	[0.05g, 0.1g]	>0.1g
	历史地震		历史地震围空区	$M \leq 6$	$M > 6$
	地貌类型		固定沙丘	基岩丘陵	水域
	地势/m		>1250	[1150, 1250]	[900, 1150)
	地形坡度/(°)		[0, 10)	[10, 25]	>25
	盖层岩性		蒸发岩类	泥质岩类	页岩和致密灰岩
	盖层断裂发育		有限的断层和裂缝，大的泥岩	中等断层中等裂缝	大断层大裂缝
	储层岩性		碎屑岩	碎屑岩与碳酸盐混合	碳酸盐岩
	储层沉积相		河流、三角洲	浊流、冲积扇	滩坝与生物礁
	储层压力系数		<0.9	[0.9, 1.1]	>1.1
	水动力作用		水力封闭作用	水力封堵作用	水力运移逸散作用
	与采煤塌陷区距离/km		>25	[20, 25]	<20
	与节理裂隙区距离/km		>25	[20, 25]	<20
	地质灾害易发性		不易发	低易发	中-高易发
	不良地质作用	是否在采矿塌陷区、岩溶塌陷区、地面沉降区、沙漠活动区、火山活动区	否	—	是
		是否低于江河湖泊、水库最高水位线或洪泛区	否	—	是
		是否存在活动褶皱、断层封启性变化	否	—	是
封存潜力条件	盖层	埋深/m	[800, 1200)	[1200, 1700]	>1700 或 <800
		厚度/m	>100	[50, 100]	<50
		累计厚度/m	>300	[150, 300]	<150
		渗透率/$10^{-3} \mu m^2$	<0.01	[0.01, 1]	>1
		力学稳定性	稳定	较稳定	不稳定
		分布连续性	连续	较连续	连续性差

附　录

（续）

一级指标	二级指标		适宜	一般	不适宜
封存潜力条件	盖层	封气指数 H_g/m	>200	[100,200]	<100
		数量	多套	一套	无
	储层	厚度/m	>80	[30,80]	<30
		长宽比	<1:3	[1:3,1:5]	>1:5
		孔隙度（%）砂岩	>15	[10,15]	<10
		孔隙度（%）碳酸盐岩	>12	[4,12]	<4
		渗透率/$10^{-3}\mu m^2$ 砂岩	>50	[10,50]	<10
		渗透率/$10^{-3}\mu m^2$ 碳酸盐岩	>10	[5,10]	<5
		渗透率变异系数	<0.5	[0.5,0.6]	>0.6
		层间非均质性/m	>1200	[600,1200]	<600
		分布连续性/m	>2000	[600,2000]	<600
		储集体层状展布	二氧化碳易运移至层状储集体压力相对小的或构造高的位置		
		数量	多套	可能存在	无
		注入能力/m^3	>10^{-13}	[$10^{-15},10^{-13}$]	<10^{-15}
	物探工作程度		三维地震测线	二维地震测线	其他
	盖层的封闭性（泥岩厚度）/m		>50	[10,50]	<10
	煤层深度/m		>1500	[1200,1500]	<1200
	煤层气潜力（不可开采煤层中煤层气资源丰度）/($10^8 m^3 \cdot km^{-2}$)		>2	[1,2]	<1
	二氧化碳封存潜力/($10^8 m^3 \cdot km^{-2}$)		>4	[2,4]	<2
	煤层渗透率/$10^{-3}\mu m^2$		>10	[1,10]	<1
	地下水矿化度/($g \cdot L^{-1}$)		[10,50]	[3,10]	<3 或 >50
	封存潜力/10^8t		>50	[0.5,50]	<0.5
	单位面积封存潜力/($10^4 t \cdot km^{-2}$)		>100	[10,100]	<10
	使用年限/a		>30	[10,30]	<10
社会经济指标	人口密度/(人/km^2)		<25	[25,100]	>100
	土地利用现状		沙漠等未利用土地	牧草地、林地	耕地、林地、交通用地等
	碳源密度		高	中	低
	与居民点距离/m		>1200	[800,1200]	<800

(续)

一级指标	二级指标	适宜	一般	不适宜
社会经济指标	是否符合城市发展规划	符合	符合	不符合
	是否在保护区	不在，且>10km	不在，但可能存在影响	在
	植被状况（重点保护区、植被覆盖率）	无、低	少，一般	多、高
	碳源规模/(10^4t·a^{-1})	>100	[50,100]	<50
	运输方式	管道	公路、铁路	船舶
	捕获成本/(元/t)	<200	[200,400]	>400
	碳源距离/km	<50	[50,150]	>150
	运输成本/(元·km^{-1}·t^{-1})	<0.1	[0.1,0.3]	>0.3
	供给能力/t	>5×10^5	[1×10^5,5×10^5]	<1×10^5
	井的生产时间/a	>10	[5,10]	<5
	煤层气运输管线长度/km	<30	[30,100]	>100
	用户需求量/($10^4 m^3$·a^{-1})	10000	[3000,10000]	<3000

表 C-4 灌注级煤层 CO_2 地质封存场址适宜性指标评价表

一级指标	二级指标		适宜	一般	不适宜
工程地质条件	地温梯度/(℃/100m)		<2	[2,3]	>3
	地表温度/℃		<3	[3,25]	>25
	地貌类型		固定沙丘	基岩丘陵	水域
	地势/m		>1250	[1150,1250]	[900,1150)
	地形坡度		高凸开阔地形	开阔-较浅洼地	低洼复杂地形
	盖层岩性		蒸发岩类	泥质岩类	页岩和致密灰岩
	盖层断裂发育		有限的断层和裂缝，大的泥岩	中等断层中等裂缝	大断层大裂缝
	储层岩性		碎屑岩	碎屑岩与碳酸盐混合	碳酸盐岩
	储层沉积相		河流、三角洲	浊流、冲积扇	滩坝与生物礁
	储层压力系数		<0.9	[0.9,1.1]	>1.1
	主导风向		有主导风向	多风向	无主导风向
封存潜力条件	盖层	埋深/m	[800,1200)	[1200,1700]	>1700 或<800
		厚度/m	>100	[50,100]	<50
		渗透率/$10^{-3}\mu m^2$	<0.01	[0.01,1]	>1
		力学稳定性	稳定	较稳定	不稳定
		分布连续性	连续	较连续	连续性差

(续)

一级指标	二级指标		适宜	一般	不适宜
封存潜力条件	盖层	封气指数 H_g/m	>200	[100,200]	<100
		数量	多套	多套	一套
	储层	厚度/m	>80	[30,80]	<30
		孔隙度（%） 砂岩	>15	[10,15]	<10
		孔隙度（%） 碳酸盐岩	>12	[4,12]	<4
		渗透率/$10^{-3}\mu m^2$ 砂岩	>50	[10,50]	<10
		渗透率/$10^{-3}\mu m^2$ 碳酸盐岩	>10	[5,10]	<5
		渗透率变异系数	<0.5	[0.5,0.6]	>0.6
		层间非均质性/m	>1200	[600,1200]	<600
		分布连续性/m	>2000	[600,2000]	<600
		储集体层状展布	二氧化碳易运移至层状储集体压力相对小的或构造高的位置		
		数量	多套	可能存在	无
		注入能力/m³	>10^{-13}	[10^{-15},10^{-13}]	<10^{-15}
		盖层组合数量	多套	可能存在	无
		封存潜力/10^8t	>50	[0.5,50]	<0.5
		单位面积封存潜力/(10^4t·km^{-2})	>100	[10,100]	<10
		使用年限/a	>30	[10,30]	<10
		有效封存系数（%）	>8	[2,8]	<2
		灌注指数/m³	>10^{-14}	[10^{-15},10^{-14}]	<10^{-15}
		灌注井作业压力	小于盖层突破压力和灌注井材质的破坏压力	等于盖层突破压力和灌注井材质的破坏压力	大于盖层突破压力和灌注井材质的破坏压力
		灌注井灌注量	少于封存量	等于封存量	超过封存量
		灌注井灌注速率	小于灌注井作业压力	等于灌注井作业压力	大于灌注井作业压力
社会经济指标		人口密度/(人/km²)	<25	[25,100]	>100
		土地利用现状	沙漠等未利用土地	牧草地、林地	耕地、林地、交通用地等
		碳源密度	高	中	低
		与居民点距离/m	>1200	[800,1200]	<800
		公众认可程度与法规	公众认可度高，法规完善	工作认可度一般，法规修改	公众排斥
		是否符合城市发展规划	符合	符合	不符合
		是否在保护区	不在，且>10km	不在，但可能存在影响	在
		植被状况（重点保护区、植被覆盖率）	无、低	少、一般	多、高
		碳源规模/(10^4t·a^{-1})	>100	[50,100]	<50

（续）

一级指标	二级指标	适宜	一般	不适宜
社会经济指标	运输方式	管道	公路、铁路	船舶
	捕获成本/(元/t)	<200	[200,400]	>400
	碳源距离/km	<50	[50,150]	>150
	运输成本/(元·km^{-1}·t^{-1})	<0.1	[0.1,0.3]	>0.3
	供给能力/t	>5×10^5	[1×10^5,5×10^5]	<1×10^5
	井的生产时间/a	>10	[5,10]	<5
	煤层气运输管线长度/km	<30	[30,100]	>100
	用户需求量/(10^{4}m^3·a^{-1})	10000	[3000,10000]	<3000

表 C-5　盆地级油气藏 CO_2 地质封存场址适宜性指标评价表

一级指标	二级指标	适宜	一般	不适宜
工程地质条件	构造背景	克拉通前陆	内陆裂谷，库扩散被动盆地	走滑断裂盆地
	地热流值/(mW·m^{-2})	<54.5	[54.5,75]	>75
	地表温度/℃	<-2	[-2,10]	>10
	断裂和裂缝发育情况	有限断层，裂缝大的泥岩	有限断层，有限裂缝	中等断层和大裂缝
	断裂封闭性	稳定	中等	不稳定
	是否地震带	地震少发区	地震发生区	地震多发区
	水文地质	重力驱动，长范围流动规模，流动深度深	侵蚀回流，混合通；长范围流动规模，中等动规模，流动深度稍浅	挤压驱动，压实作用，短距离流动规模，流动深度浅
	活动断裂发育情况	远离活动断裂带	距活动断裂带较近	有小型活动断裂带通过
	火山发育区	火山少发区	火山发生区	火山多发区
	距火山区距离/km	>250	[25,250]	<25
	地震动峰值加速度	<0.05g	[0.05g,0.1g]	>0.1g
	历史地震	历史地震围空区	$M≤6$	$M>6$
	距地震区距离/km	>250	[25,250]	<25
	盖层岩性	膏岩、泥岩类	含砂泥岩、砂质泥岩	泥质砂岩、粗碎屑砂岩
	储层岩性	碎屑岩	碎屑岩、碳酸盐	岩浆岩、变质岩等
	水动力作用	水力封闭作用	水力封堵作用	水力运移逸散作用
封存潜力条件	盆地面积/km^2	>100	[10,100]	<10
	盆地深度/m	>5000	[1000,5000]	<1000
	油气开采潜力（饱和度）(%)	>70	[25,70]	<25
	油气提高采收率(%)	>10	[5,10]	<5

（续）

一级指标	二级指标		适宜	一般	不适宜
封存潜力条件	CO_2封存能力$/10^4$t		>900	[300,900]	<300
	使用年限/a		>30	30	<30
	构造单元面积$/km^2$		>5000	[500,5000]	<500
	沉积地层厚度/m		>3500	[1600,3500]	<1600
	盖层	埋深/m	[800,1200)	[1200,3500]	>3500 或 800
		厚度/m	>100	[30,100]	<30
		渗透率$/10^{-3}\mu m^2$	<0.01	[0.01,1]	>1
		连续性	连续、稳定	较连续、较稳定	连续性差、稳定性弱
		数量	多套、高质量	多套、质量一般	一套或无，质量差
	储层	埋深/m	[800,3500]	[800,3500]	>3500 或<800
		厚度/m	>100	[20,100]	<20
		孔隙度(%)	>25	[10,25]	<10
		渗透率$/10^{-3}\mu m^2$	>50	[1,50]	<1
		砂厚比(%)	>60	[20,60]	<20
		层间非均质性/m	>2000	[600,2000]	<600
		数量	多套	可能存在	无
	储盖组合数量		多套	可能存在	无
	勘探程度		开发中	勘探程度一般	勘探程度低
	数据支持情况		数据充分可靠	数据较为充分可靠	数据不充分
	油气资源潜力		大	一般	小
	封存潜力$/10^8$t		>50	[0.5,50]	<0.5
	单位面积封存潜力$/(10^4$t$\cdot km^{-2})$		>150	[50,150]	<50
社会经济指标	人口密度$/($人$/km^2)$		<25	[25,100]	>100
	土地利用现状		沙漠等未利用土地	牧草地、林地	耕地、林地、交通用地等
	碳源密度		高	中	低
	与居民点距离/m		>1200	[800,1200]	<800
	公众认可程度与法规		公众认可度高，法规完善	工作认可度一般，法规修改	公众排斥
	是否符合城市发展规划		符合	符合	不符合
	是否在保护区		不在，且>10km	不在，但可能存在影响	在
	植被状况（重点保护区、植被覆盖率）		无、低	少，一般	多、高
	碳源规模$/(10^4$t$\cdot a^{-1})$		>25	[10,25]	<10
	运输方式		管道	公路、铁路	船舶

（续）

一级指标	二级指标	适宜	一般	不适宜
社会经济指标	碳源距离/km	<100	[100,200]	>200
	基本设施	完善	中等	不完善
	成本	低	中	高
	地下水含水层	无	有，下伏有良好隔水层	有，下伏无良好隔水层
	地下水补给区	不在	不在	在
	水源的距离/m	>150	150	<150

表C-6　目标区级油气藏CO_2地质封存场址适宜性指标评价表

一级指标	二级指标		适宜	一般	不适宜
工程地质条件	盖层岩性		蒸发岩类	泥质岩类	页岩、致密灰岩
	储层沉积环境		冲积平原、三角洲平原和三角洲前缘水下分流河道	冲积扇、三角洲前缘、滨浅湖	湖底扇、浅-半深湖及其他
			封闭或半封闭浅水碳酸盐台地、富含生物的潮间带	潮上带和潮下带	其他
	储层压力系数		<0.9	[0.9,1.1]	>1.1
	地热流值/(m W·m^{-2})		[30,50)	[50,90]	>90
	地温梯度/(℃/100m)		<2	[2,4]	>4
	地表温度/℃		<2	[2,10]	>10
	活动断裂发育情况		25km内无活动断裂，且外围25km范围内不存在活动断层	目标靶区内无活动断裂，但其外围25km范围内存在活动断层	目标靶区内及其外围是否发育有活动断裂不明确
	地震动峰值加速度		<0.05g	[0.05g,0.1g]	>0.1g
	历史地震		历史地震围空区	$M≤6$	$M>6$
	盖层断裂发育		有限的断层和裂缝	中等断层和裂缝	大断层、大裂缝
	储层岩性		碎屑岩	碎屑岩与碳酸盐混合	碳酸盐岩
	储层沉积相		河流、三角洲	浊流、冲积扇	滩坝与生物礁
	水动力作用	盖层	地下水高度封闭区	地下水封闭区	地下水半封闭区
		储层	水利封闭作用	水力封堵作用	水力运移逸散作用
	地质灾害易发性		不易发	低易发	中-高易发
	不良地质作用	是否在采矿塌陷区、岩溶塌陷区、地面沉降区、沙漠活动区、火山活动区	否	—	是
		是否低于江河湖泊、水库最高水位线或洪泛区	否	—	是
		是否存在活动褶皱、断层封启性变化	否	—	是

（续）

一级指标	二级指标		适宜	一般	不适宜
封存潜力条件	盖层	分布连续性	分布连续，具区域性	分布基本连续	分布不连续，局限
		层序结构	多套，高质量	多套，质量一般	无
		埋深/m	<1000	[1000,2700]	>2700
		厚度/m	>20	[10,20]	<10
		累计厚度/m	>300	[150,300]	<150
		渗透率/$10^{-3}\mu m^2$	<0.01	[0.01,1]	>1
		力学稳定性	稳定	较稳定	不稳定
		封气指数 H_g/m	>200	[100,200]	<100
		数量	多套	一套	无
	储层	埋深/m	[800,3500]	>3500	<800
		厚度/m	>80	[30,80]	<30
		孔隙度（%）砂岩	>15	[10,15]	<10
		孔隙度（%）碳酸盐岩	>12	[4,12]	<4
		渗透率/$10^{-3}\mu m^2$ 砂岩	>50	[10,50]	<10
		渗透率/$10^{-3}\mu m^2$ 碳酸盐岩	>10	[5,10]	<5
		地层组合	砂岩夹泥岩，砂厚比>60%	砂泥互层，砂厚比[20%,60%]	泥岩夹砂岩，砂厚比<20%
		厚度/m	>80	[30,80]	[10,30)
		渗透率变异系数	<0.5	[0.5,0.6]	>0.6
		层间非均质性/m	>2000	[600,2000]	<600
		分布连续性/m	>2000	[600,2000]	<600
		储集体层状展布	二氧化碳易运移至层状储集体压力相对小的或构造高的位置		
		数量	多套	可能存在	无
	储盖组合数量	是否处于储盖层交界处	否	—	是
		多层盖层-储层形式	多层盖层-储层形式既可能加大泄漏风险，又可能降低泄漏风险		
		单一盖层-储层形式	单一盖层-储层形式盖层厚度大，但单一盖层一旦被二氧化碳突破，封存系统将完全失效		
		封存潜力/10^8t	>50	[0.5,50]	<0.5
		单位面积封存潜力/(10^4t·km^{-2})	>100	[10,100]	<10
社会经济指标		人口密度/(人/km²)	<25	[25,100]	>100
		土地利用现状	沙漠等未利用土地	牧草地、林地	耕地、林地、交通用地等

（续）

一级指标	二级指标	适宜	一般	不适宜
社会经济指标	碳源密度	高	中	低
	与居民点距离/m	>1200	[800,1200]	<800
	公众认可程度与法规	公众认可度高，法规完善	工作认可度一般，法规修改	公众排斥
	是否符合城市发展规划	符合	符合	不符合
	是否在保护区	不在，且>10km	不在，但可能存在影响	在
	植被状况（重点保护区、植被覆盖率）	无、低	少，一般	多、高
	碳源规模/(10^4 t·a^{-1})	>25	[10,25]	<10
	运输方式	管道	公路、铁路	船舶
	碳源距离/km	<100	[100,200]	>200
	基本设施	完善	中等	不完善
	成本	低	中	高
	地下水含水层	无	有，下伏有良好隔水层	有，下伏无良好隔水层
	地下水补给区	不在	不在	在
	水源的距离/m	>150	150	<150

表 C-7　场地级油气藏 CO_2 地质封存场址适宜性指标评价表

一级指标	二级指标	适宜	一般	不适宜
工程地质条件	盖层岩性	蒸发岩类	泥质岩类	页岩和致密灰岩
	储层沉积环境	冲积平原，三角洲平原和三角洲前缘水下分流河道	冲积扇、三角洲前缘	湖底扇、浅-半深湖及其他
		封闭或半封闭浅水碳酸盐岩台地、富含生物的潮间带	潮上带和潮下带	其他
	地热流值/(mW·m^{-2})	<50	[50,70]	>70
	地温梯度/(℃/100m)	<2	[2,3]	>3
	地表温度/℃	<3	[3,25]	>25
	活动断裂发育情况	25km内无活动断裂，外围25km范围内不存在活动断层	场地级尺度内无断裂，外围25km内存在活动断层	场地级尺度内及其外围是否发育有活动断裂不明确
	断裂和裂缝发育情况	有限的裂缝，无断层	中等程度裂缝，无断层	大裂缝，中等断层
	地震动峰值加速度	<0.05g	[0.05g,0.1g]	>0.1g
	历史地震	历史地震围空区	$M \leq 6$	$M > 6$
	地貌类型	固定沙丘	基岩沙丘	水域

（续）

一级指标	二级指标		适宜	一般	不适宜
工程地质条件	地势/m		>1250	[1150,1250]	[900,1150)
	地形坡度/(°)		[0,10)	[10,25]	>25
	盖层断裂发育		有限断层和裂缝，大块泥岩	中等断层和裂缝	大断层大裂缝
	储层岩性		碎屑岩	碎屑岩、碳酸盐岩混合	碳酸盐岩
	储层沉积相		河流、三角洲	浊流、冲积扇	滩坝与生物礁
	储层压力系数		<0.9	[0.9,1.1]	>1.1
	水动力作用		水力封堵作用	水利封闭作用	水力运移逸散作用
	与采煤塌陷区距离/km		>25	[20,25]	<20
	与节理裂隙区距离/km		>25	[20,25]	<20
	地质灾害易发性		不易发	低-中易发	高易发
	不良地质作用	是否在采矿塌陷区、岩溶塌陷区、地面沉降区、沙漠活动区、火山活动区	否	否，但可能存在影响	是
		是否低于江河湖泊、水库最高水位线或洪泛区	否	否，但可能存在影响	是
封存潜力条件	盖层	分布连续性	分布连续，具区域性	分布基本连续	分布不连续
		层序结构	多套，质量好	多套，质量一般	无
		埋深/m	[800,1200)	[1200,1700]	>1700
		厚度/m	>100	[50,100]	<50
		渗透率/$10^{-3}\mu m^2$	<0.01	[0.01,1]	>1
		力学稳定性	稳定	较稳定	不稳定
		封气指数 H_g/m	>200	[100,200]	<100
		数量	多套，质量好	多套，质量一般	一套
	储层	埋深/m	[800,3500]	>3500	<800
		厚度/m	<10	[10,40]	>40
		孔隙度（%） 砂岩	>15	[10,15]	<10
		孔隙度（%） 碳酸盐岩	>12	[4,12]	<4
		渗透率/$10^{-3}\mu m^2$ 砂岩	>50	[10,50]	<10
		渗透率/$10^{-3}\mu m^2$ 碳酸盐岩	>10	[5,10]	<5
		地层组合	砂岩夹泥岩，砂厚比>60%	砂泥互层，[20%,60%]	泥岩夹砂岩，砂厚比<20%
		厚度/m	>80	[30,80]	<30

（续）

一级指标	二级指标		适宜	一般	不适宜
封存潜力条件	储层	长宽比	<1:3	[1:3,1:5]	>1:5
		渗透率变异系数	<0.5	[0.5,0.6]	>0.6
		层间非均质性/m	>1200	[600,1200]	<600
		分布连续性/m	>2000	[600,2000]	<600
		储集体层状展布	二氧化碳易运移至层状储集体压力相对小的或构造高的位置		
		数量	多套	可能存在	无
		注入能力/m³	>10⁻¹³	[10⁻¹⁵,10⁻¹³]	<10⁻¹⁵
	原油密度/(g·cm⁻³)		<0.82	[0.82,0.88]	[0.88,0.9]
	原油黏度/(mPa·s)		<2	[2,8]	(8,10)
	原油饱和度(%)		>70	[40,70]	<40
	油气藏深度/m		[1500,2000)	[200,3500]	>3500
				[800,1500]	<800
	油气藏温度/℃		[80,90)	[90,120]	>120
				[50,80]	<50
	油气藏压力/MPa		[15,20)	[20,30]	>35
				[10,15]	<10
	油气藏倾度/(°)		>70	[10,70]	<10
	油湿指数		(0.8,1]	[0.4,0.8]	[0,0.4]
	孔隙度(%)		[10,15]	[15,25]	>25
				[6,10]	<6
	渗透率/10⁻³μm²		[0.1,10]	[10,200]	(200,500]
	渗透率变异系数		<0.5	[0.5,0.7]	>0.7
	地层水矿化度/(g·L⁻¹)		[10,50]	[3,10]	<3 或>50
	封存潜力/10⁴t		>900	[300,900]	<300
	单位面积封存潜力/(10⁴t·km⁻²)		>100	[10,100]	<10
	使用年限/a		>30	[10,30]	<10
社会经济指标	人口密度/(人/km²)		<25	[25,100]	>100
	土地利用现状		沙漠等未利用土地	牧草地、林地	耕地、林地、交通用地等
	碳源密度		高	中	低
	与居民点距离/m		>1200	[800,1200]	<800
	公众认可程度与法规		公众认可度高，法规完善	工作认可度一般，法规修改	公众排斥
	是否符合城市发展规划		符合	符合	不符合
	是否在保护区		不在，且>10km	不在，但可能存在影响	在

（续）

一级指标	二级指标	适宜	一般	不适宜
社会经济指标	植被状况（重点保护区、植被覆盖率）	无、低	少，一般	多、高
	碳源规模/(10^4 t·a^{-1})	>25	[10,25]	<10
	运输方式	管道	公路、铁路	船舶
	碳源距离/km	<100	[100,200]	>200
	基本设施	完善	中等	不完善
	成本	低	中	高
	地下水含水层	无	有，下伏有良好隔水层	有，下伏无良好隔水层
	地下水补给区	不在	不在	在
	水源的距离/m	>150	150	<150

表 C-8 灌注级油气藏 CO_2 地质封存场址适宜性指标评价表

一级指标	二级指标		适宜	一般	不适宜
工程地质条件	地温梯度/(℃/100m)		<2	[2,3]	>3
	地表温度/℃		<3	[3,25]	>25
	地貌类型		固定沙丘	基岩沙丘	水域
	地势/m		>1250	[1150,1250]	[900,1150]
	地形坡度		高凸开阔地形	开阔-较浅注地	低注复杂地形
	盖层岩性		蒸发岩类	泥质岩类	页岩和致密灰岩
	盖层断裂发育		有限的断层裂缝，大块泥岩	中等断层裂缝	大断层大裂缝
	储层岩性		碎屑岩	碎屑岩、碳酸盐岩混合	碳酸盐岩
	储层沉积相		河流，三角洲	浊流，冲积扇	滩坝与生物礁
	储层压力系数		<0.9	[0.9,1.1]	>1.1
	主导风向		有主导风向	多风向	无主导风向
封存潜力条件	盖层	埋深/m	[800,1200)	[1200,1700]	>1700
		厚度/m	>100	[50,100]	<50
		渗透率/10^{-3} μm^2	<0.01	[0.01,1]	>1
		力学稳定性	稳定	较稳定	不稳定
		分布连续性	分布连续，有区域性	分布基本连续	分布不连续
		封气指数 H_g/m	>200	[100,200]	<100
		数量	多套，质量好	多套，质量一般	一套
	储层	厚度/m	>80	[30,80]	<30
		孔隙度（%） 砂岩	>15	[10,15]	<10
		孔隙度（%） 碳酸盐岩	>12	[4,12]	<4

(续)

一级指标	二级指标		适宜	一般	不适宜
封存潜力条件	渗透率 /$10^{-3}\mu m^2$	砂岩	>50	[10,50]	<10
		碳酸盐岩	>10	[5,10]	<5
	渗透变异系数		<0.5	[0.5,0.6]	>0.6
	层间非均质性/m		>1200	[600,1200]	<600
	分布连续性/m		>2000	[600,2000]	<600
	储集体层状分布		二氧化碳运移至层状储集体压力相对小的或构造高的位置		
	数量		多套	可能存在	无
	注入能力/m^3		>10^{-13}	[10^{-15},10^{-13}]	<10^{-15}
	储盖组合数量		多套	可能存在	无
	封存潜力/10^4t		>900	[300,900]	<300
	单位面积封存潜力/(10^4t·km^{-2})		>100	[10,100]	<10
	使用年限/a		>30	[10,30]	<10
	有效封存系数(%)		>8	[2,8]	<2
	灌注指数/m^3		>10^{-14}	[10^{-15},10^{-14}]	<10^{-15}
	灌注井作业压力		小于盖层突破压力和灌注井材质的破坏压力	等于盖层突破压力和灌注井材质的破坏压力	大于盖层突破压力和灌注井材质的破坏压力
	灌注井灌注量		少于封存量	等于封存量	超过封存量
	灌注井灌注速率		小于灌注井作业压力	等于灌注井作业压力	大于灌注井作业压力
社会经济指标	人口密度/(人/km^2)		<25	[25,100]	>100
	土地利用现状		沙漠等未利用土地	牧草地、林地	耕地、林地、交通用地等
	碳源密度		高	中	低
	与居民点距离/m		>1200	[800,1200]	<800
	公众认可程度与法规		公众认可度高，法规完善	工作认可度一般，法规修改	公众排斥
	是否符合城市发展规划		符合	符合	不符合
	是否在保护区		不在，且>10km	不在，但可能存在影响	在
	植被状况（重点保护区、植被覆盖率）		无、低	少、一般	多、高
	碳源规模/(10^4t·a^{-1})		>25	[10,25]	<10
	运输方式		管道	公路、铁路	船舶
	碳源距离/km		<100	[100,200]	>200
	基本设施		完善	中等	不完善
	成本		低	中	高
	地下水含水层		无	有，下伏有良好隔水层	有，下伏无良好隔水层

（续）

一级指标	二级指标	适宜	一般	不适宜
社会经济指标	地下水补给区	不在	不在	在
	水源的距离/m	>150	150	<150

表 C-9　盆地级咸水层 CO_2 地质封存场址适宜性指标评价表

一级指标	二级指标		适宜	一般	不适宜
工程地质条件	地热流值/(mW·m^{-2})		<54.5	[54.5,75]	>75
	地温梯度/(℃/100m)		<2	[2,4]	>4
	地表温度/℃		<-2	[-2,10]	>10
	活动断裂发育情况		远离活动断裂带（>25km），无活动断裂带通过	距活动断裂带较近（<25km），无活动断裂带通过	有活动断裂带通过，但规模较小、活动较弱
	火山发育区		少发去	发生区	多发区
	距火山区距离/km		>250	[25,250]	<25
	地震动峰值加速度		<0.05g	[0.05g,0.1g]	>0.1g
	历史地震		历史地震围空区	M≤6	M>6
	距地震区距离/km		>250	[25,250]	<25
	盖层岩性		膏岩、泥岩/钙质泥岩	含砂泥岩，砂质泥岩	泥质粉砂岩、灰岩
	储层岩性		碎屑岩	碎屑岩、碳酸盐岩混合	岩浆岩、变质岩、盐丘
	水动力作用		水利封闭作用	水力封堵作用	水力逸散作用
封存潜力条件	封存潜力/10^{4}t		>900	[300,900]	<300
	使用年限/a		>30	30	<30
	构造单元面积/km^2		>5000	[500,5000]	<500
	沉积地层厚度/m		>3500	[1600,3500]	<1600
	盖层	埋深/m	[800,1200)	[1200,3500]	>3500 或 <800
		厚度/m	>100	[30,100]	<30
		渗透率/10^{-3}μm^2	<0.01	[0.01,1]	>1
		连续性	连续，稳定	较连续，较稳定	连续性差或不稳定
		数量	多套，高质	一套	一套或无
	储层	埋深/m	[800,3500]	[800,3500]	>3500 或 <800
		厚度/m	>100	[20,100]	<20
		孔隙度（%）	>25	[10,25]	<10
		渗透率/10^{-3}μm^2	>50	[1,50]	<1
		砂厚比（%）	>60	[10,60]	<20
		层间非均质性/m	>2000	[600,2000]	<600

（续）

一级指标	二级指标		适宜	一般	不适宜
封存潜力条件	储层	数量	多套	可能存在	无
		储盖组合数量	多套	可能存在	无
	勘探程度		开发中	勘探程度一般	勘探程度低或未勘探过
	数据支持情况		数据充分可靠	数据一般充分可靠	数据不充分
	资源潜力		大	一般	小
	单位面积封存潜力/(10^4t·km^{-2})		>150	[50,150]	<50
社会经济指标	人口密度/(人·km^{-2})		<25	[25,100]	>100
	土地利用现状		沙漠等未利用土地	牧草地、林地	耕地、林地、交通用地等
	碳源密度		高	中	低
	与居民点距离/m		>1200	[800,1200]	<800
	公众认可程度与法规		公众认可度高，法规完善	工作认可度一般，法规修改	公众排斥
	是否符合城市发展规划		符合	符合	不符合
	是否在保护区		不在，且>10km	不在，但可能存在影响	在
	植被状况（重点保护区、植被覆盖率）		无、低	少、一般	多、高
	碳源规模/(10^4t·a^{-1})		>100	[50,100]	<50
	运输方式		管道	公路、铁路	船舶

表 C-10 目标区级咸水层 CO_2 地质封存场址适宜性指标评价表

一级指标	二级指标		适宜	一般	不适宜
工程地质条件	盖层岩性		蒸发岩类	泥质岩类	页岩和致密灰岩
	沉积环境	陆相	冲积平原、三角洲平原和三角洲前缘水下分流河道；砂砾岩、粗砂岩	冲积扇、三角洲前缘、滨浅湖；中-细砂岩	湖底扇、浅-半深湖及其他；粉-泥质砂岩
		海相	封闭或半封闭浅水碳酸盐台地、富含生物的潮间带；生物碎屑灰岩	潮上带和潮下带；碳酸盐岩	其他
	地热流值/(mW·m^{-2})		[30,50)	[50,90]	>90
	地温梯度/(℃/100m)		<2	[2,4]	>4
	地表温度/℃		<2	[2,10]	>10
	活动断裂发育情况		25km 内无活动断裂，且外围 25km 范围不存在活动断层	目标靶区内无活动断裂带，外围 25km 范围存在活动断层	目标靶区及其外围是否发育有活动断裂迄今尚不明确
	地震动峰值加速度		<0.05g	[0.05g,0.1g]	>0.1g
	历史地震		历史地震围空区	$M \leq 6$	$M > 6$

（续）

一级指标	二级指标		适宜	一般	不适宜
工程地质条件	盖层断裂发育		有限的断层和裂缝，大泥岩	中等断层和裂缝	大断层大裂缝
	储层岩性		碎屑岩	碎屑岩与碳酸盐岩混合	碳酸盐岩
	储层沉积相		河流、三角洲	浊流、冲积扇	滩坝与生物礁
	水动力作用	盖层	地下水高度封闭区	地下水封闭区	地下水半封闭区
		储层	水力封闭作用	水力封堵作用	水力运移逸散作用
	地质灾害易发性		不易发	低易发	中-高易发
	不良地质作用	是否在采矿塌陷区、岩溶塌陷区、地面沉降区、沙漠活动区、火山活动区	否	—	是
		是否低于江河湖泊、水库最高水位线或洪泛区	否	—	是
		是否存在活动褶皱、断层封启性变化	否	—	是
封存潜力条件	盖层	分布连续性	分布连续性、具域性	分布基本连续	分布不连续、局限
		埋深/m	<1000	[1000,2700]	>2700
		厚度/m	>20	[10,20]	<10
		累计厚度/m	>300	[150,300]	<150
		渗透率/$10^{-3}\mu m^2$	<0.01	[0.01,1]	>0.01
		力学稳定性	稳定	较稳定	不稳定
		封气指数 H_g/m	>200	[100,200]	<100
		数量	多套	一套	无
	储层	埋深/m	[800,3500]	>3500	<800
		厚度/m	>80	[30,80]	<30
		孔隙度(%) 碳酸盐岩	>15	[10,15]	<10
		孔隙度(%) 砂岩	>12	[4,12]	<4
		渗透率/$10^{-3}\mu m^2$ 碳酸盐岩	>50	[10,50]	<10
		渗透率/$10^{-3}\mu m^2$ 砂岩	>10	[5,10]	<5
		地层组合	砂岩夹泥岩，层状分布，砂厚比>60%	砂泥岩互层，砂厚比[20%,60%]	泥岩夹砂岩，砂厚比<20%
		渗透率变异系数	<0.5	[0.5,0.6]	>0.6
		层间非均质性/m	>2000	[600,2000]	<600
		分布连续性/m	>2000	[600,2000]	<600

（续）

一级指标	二级指标		适宜	一般	不适宜
封存潜力条件	储层	储集体层状展布	二氧化碳易运移至层状储集体压力相对小的或构造高的位置		
		数量	多套	可能存在	无
	储盖层组合数量	是否处于储盖层交界处	否	—	是
		多层盖层-储层形式	多层盖层-储层形式既可能加大泄漏风险，又可能降低泄漏风险		
		单一盖层-储层形式	单一盖层-储层形式盖层厚度大，但单一盖层一旦被二氧化碳突破，封存系统将失效		
	封存潜力/10^8 t		>50	[0.5, 50]	<0.5
	单位面积封存潜力/(10^4 t·km^{-2})		>100	[10, 100]	<10
社会经济指标	人口密度/(人/km^2)		<25	[25, 100]	>100
	土地利用现状		沙漠等未利用土地	牧草地、林地	耕地、林地、交通用地等
	碳源密度		高	中	低
	与居民点距离/m		>1200	[800, 1200]	<800
	公众认可程度与法规		公众认可度高，法规完善	工作认可度一般，法规修改	公众排斥
	是否符合城市发展规划		符合	符合	不符合
	是否在保护区		不在，且>10km	不在，但可能存在影响	在
	植被状况（重点保护区、植被覆盖率）		无、低	少，一般	多、高
	碳源规模/(10^4 t·a^{-1})		>100	[50, 100]	<50
	运输方式		管道	公路、铁路	船舶

表 C-11　场地级咸水层 CO_2 地质封存场址适宜性指标评价表

一级指标	二级指标		适宜	一般	不适宜
工程地质条件	盖层岩性		蒸发岩类	泥质岩类	页岩和致密灰岩
	沉积环境	陆相	冲积平原、三角洲平原及前缘水下分流河道；砂砾岩、粗砂岩	冲积扇、三角洲前缘、滨浅湖；中-细砂岩	湖底扇、浅-半深湖及其他；粉-泥质砂岩
		海相	封闭半封闭浅水碳酸盐台地、富含生物的潮间带；生物碎屑灰岩	潮上带含潮下带；碳酸盐岩	其他
	主导风向		下风向	侧风向	上风向
	地热流值/(mW·m^{-2})		<50	[50, 70]	>70
	地温梯度/(℃/100m)		<2	[2, 3]	>3
	地表温度/℃		<3	[3, 25]	>25

(续)

一级指标	二级指标		适宜	一般	不适宜
工程地质条件	活动断裂发育情况		25km内无活动断裂，且外围25km范围不存在活动断层	场地级尺度内无活动断裂，但其外围25km范围内存在活动断层	场地级尺度内及其外围是否发育有活动断裂迄今尚不明确
	断裂和裂缝发育情况		有限的裂缝，无断层	裂缝发育中等，无断层	大裂缝，断层发育中等
	地震动峰值加速度		$<0.05g$	$[0.05g, 0.1g]$	$>0.1g$
	历史地震		历史地震围空区	$M \leq 6$	$M > 6$
	地貌类型		固定沙丘	基岩沙丘	水域
	地势/m		>1250	$[1150, 1250]$	$[900, 1150)$
	地形坡度/(°)		$[0, 10]$	$[10, 25]$	>25
	盖层断裂发育		有限的断层和裂缝，大泥岩	中等断层和裂缝	大断层大裂缝
	储层岩性		碎屑岩	碎屑岩、碳酸盐岩混合	碳酸盐岩
	储层沉积相		河流、三角洲	浊流、冲积扇	滩坝、生物礁
	储层压力系数		<0.9	$[0.9, 1.1]$	>1.1
	水动力作用		水力封堵作用	水利封闭作用	水力运移逸散作用
	与采煤塌陷区距离/km		>25	$[20, 25]$	<20
	地质灾害易发性		不易发	低-中易发	高易发
	不良地质作用	是否在采矿塌陷区、岩溶塌陷区、地面沉降区、沙漠活动区、火山活动区	否	否，但可能存在影响	是
		是否低于江河湖泊、水库最高水位线或洪泛区	否	否，但可能存在影响	是
封存潜力条件	盖层	分布连续性	分布连续、具区域性	分布基本连续	分布不连续、局限
		埋深/m	$[800, 1200)$	$[1200, 1700]$	>1700
		厚度/m	>100	$[50, 100]$	<50
		渗透率/$10^{-3}\mu m^2$	<0.01	$[0.01, 1]$	>1
		力学稳定性	稳定	较稳定	不稳定
		封气指数 H_g/m	>200	$[100, 200]$	<100
		数量	多套，高质	多套或一套	一套
	储层	埋深/m	$[800, 3500]$	>3500	<800
		厚度/m	>80	$[30, 80]$	<30
		孔隙度(%) 碳酸盐岩	>15	$[10, 15]$	<10
		孔隙度(%) 砂岩	>12	$[4, 12]$	<4

(续)

一级指标	二级指标		适宜	一般	不适宜
封存潜力条件	渗透率 /$10^{-3}\mu m^2$	碳酸盐岩	>50	[10,50]	<10
		砂岩	>10	[5,10]	<5
	地层组合		砂岩夹泥岩,层状分布,砂厚比>60%	砂泥岩互层,砂厚比[20%,60%]	泥岩夹砂岩,砂厚比<20%
	长宽比		<1:3	[1:3,1:5]	>1:5
	渗透率变异系数		<0.5	[0.5,0.6]	>0.6
	层间非均质性/m		>1200	[600,1200]	<600
	分布连续性/m		>2000	[600,2000]	<600
	储集体层状展布		二氧化碳易运移至层状储集体压力相对小的或构造高的位置		
	数量		多套	可能存在	无
	注入能力/m^3		>10^{-13}	[10^{-15},10^{-13}]	<10^{-15}
	地层水矿化度/(g·L^{-1})		[10,50]	[3,10]	<3 或>50
	封存潜力/10^4t		>900	[300,900]	<300
	单位面积封存潜力 /(10^4t·km^{-2})		>100	[10,100]	<10
	使用年限/a		>30	[10,30]	<10
社会经济指标	人口密度/(人/km^2)		<25	[25,100]	>100
	碳源密度		高	中	低
	碳源规模		>20000	[1000,20000]	<1000
	与居民点距离/m		>1200	[800,1200]	<800
	公众认可程度与法规		公众认可度高,法规完善	工作认可度一般,法规修改	公众排斥
	是否符合城市发展规划		符合	符合	不符合
	是否在保护区		不在,且>10km	不在,但可能存在影响	在
	植被状况 (重点保护区、植被覆盖率)		无、低	少、一般	多、高
	碳源规模/(10^4t·a^{-1})		>100	[50,100]	<50
	运输方式		管道	公路、铁路	船舶

表 C-12 灌注级咸水层 CO_2 地质封存场址适宜性指标评价表

一级指标	二级指标	适宜	一般	不适宜
工程地质条件	地温梯度/(℃/100m)	<2	[2,3]	>3
	地表温度/℃	<3	[3,25]	>25
	地貌类型	固定沙丘	基岩沙丘	水域

（续）

一级指标	二级指标		适宜	一般	不适宜
工程地质条件	地势/m		>1250	[1150,1250]	<1150
	地形坡度		高凸开阔地形	开阔-较浅洼地	低洼复杂地形
	盖层岩性		蒸发岩类	泥质岩类	页岩和致密灰岩
	盖层断裂发育		有限的断层和裂缝，大泥岩	中等断层裂缝	大断层大裂缝
	储层岩性		碎屑岩	碎屑岩、碳酸盐岩混合	碳酸盐岩
	储层沉积相		河流、三角洲	浊流、冲积扇	滩坝、生物礁
	储层压力系数		<0.9	[0.9,1.1]	>1.1
	主导风向		有主导风向	多风向	无主导风向
封存潜力条件	盖层	埋深/m	[800,1200)	[1200,1700]	>1700
		厚度/m	>100	[50,100]	<50
		渗透率/$10^{-3}\mu m^2$	<0.01	[0.01,1]	>1
		力学稳定性	稳定	较稳定	不稳定
		分布连续性	分布连续，具区域性	分布基本连续	分布不连续，局限
		封气指数 H_g/m	>200	[100,200]	<100
		数量	多套，高质	多套	一套
	储层	厚度/m	>80	[30,80]	<30
		孔隙度（%）砂岩	>15	[10,15]	<10
		孔隙度（%）碳酸盐岩	>12	[4,12]	<4
		渗透率/$10^{-3}\mu m^2$ 砂岩	>50	[10,50]	<10
		渗透率/$10^{-3}\mu m^2$ 碳酸盐岩	>10	[5,10]	<5
		渗透率变异系数	<0.5	[0.5,0.6]	>0.6
		层间非均质性/m	>1200	[600,1200]	<600
		分布连续性/m	>2000	[600,2000]	<600
		储集体层状展布	二氧化碳易运移至层状储集体压力相对小的或构造高的位置		
		数量	多套	可能存在	无
		注入能力/m³	>10^{-13}	[10^{-15},10^{-13}]	<10^{-15}
	储盖层组合数量		多套	可能存在	无
	封存潜力/10^4t		>900	[300,900]	<300
	单位面积封存潜力/(10^4t·km^{-2})		>100	[10,100]	<10
	有效封存系数（%）		>8	[2,8]	<2
	灌注指数/m³		>10^{-14}	[10^{-15},10^{-14}]	<10^{-15}
	灌注井作业压力		小于盖层突破压力和灌注井材质的破坏力	等于盖层突破压力和灌注井材质的破坏力	大于盖层突破压力和灌注井材质的破坏力

（续）

一级指标	二级指标	适宜	一般	不适宜
封存潜力条件	灌注井灌注量	少于封存量	等于封存量	超过封存量
	灌注井灌注速率	小于灌注井作业压力	等于灌注井作业压力	大于灌注井作业压力
社会经济指标	人口密度/(人/km^2)	<25	[25,100]	>100
	土地利用现状	沙漠等未利用土地	牧草地、林地	耕地、林地、交通用地等
	碳源密度	高	中	低
	与居民点距离/m	>1200	[800,1200]	<800
	公众认可程度与法规	公众认可度高，法规完善	工作认可度一般，法规修改	公众排斥
	是否符合城市发展规划	符合	符合	不符合
	是否在保护区	不在，且>10km	不在，但可能存在影响	在
	植被状况（重点保护区、植被覆盖率）	无、低	少，一般	多、高
	碳源规模/(10^4t·a^{-1})	>100	[50,100]	<50
	运输方式	管道	公路、铁路	船舶

参 考 文 献

[1] 桑树勋,袁亮,刘世奇,等. 碳中和地质技术及其煤炭低碳化应用前瞻[J]. 煤炭学报,2022,47(4):1430-1451.

[2] 刘世奇,皇凡生,杜瑞斌,等. CO_2地质封存与利用示范工程进展及典型案例分析[J]. 煤田地质与勘探,2023,51(2):158-174.

[3] 郭雪飞,孙洋洲,张敏吉,等. 油气行业二氧化碳资源化利用技术途径探讨[J]. 国际石油经济,2022,30(1):59-66.

[4] 姚艳斌,孙晓晓,万磊. 煤层CO_2地质封存的微观机理研究[J]. 煤田地质与勘探,2023,51(2):146-157.

[5] 李阳,黄文欢,金勇,等. 双碳愿景下中国石化不同油藏类型CO_2驱提高采收率技术发展与应用[J]. 油气藏评价与开发,2021,11(6):793-804;790.

[6] 刘廷,马鑫,刁玉杰,等. 国内外CO_2地质封存潜力评价方法研究现状[J]. 中国地质调查,2021,8(4):101-108.

[7] 邹才能,吴松涛,杨智,等. 碳中和战略背景下建设碳工业体系的进展、挑战及意义[J]. 石油勘探与开发,2023,50(1):190-205.

[8] 秦积舜,李永亮,吴德彬,等. CCUS全球进展与中国对策建议[J]. 油气地质与采收率,2020,27(1):20-28.

[9] 孙腾民,刘世奇,汪涛. 中国二氧化碳地质封存潜力评价研究进展[J]. 煤炭科学技术,2021,49(11):10-20.

[10] PAN Z,YE J,ZHOU F,et al. CO_2 storage in coal to enhance coalbed methane recovery:a review of field experiments in China[M]//DAI S,FINKELMAN R B. Coal Geology of China. [S.L.]:[s.n.],2020:224-246.

[11] WHITE C M,SMITH D H,Jones K L,et al. Sequestration of carbon dioxide in coal with enhanced coalbed methane recovery a review[J]. Energy & Fuels,2005,19(3):659-724.

[12] 桑树勋,刘世奇,王文峰,等. 深部煤层CO_2地质存储与煤层气强化开发有效性理论及评价[M]. 北京:科学出版社,2020.

[13] 鹿雯. 强化煤层气采收率的深部煤层封存CO_2技术(CO_2-ECBM)进展研究[J]. 环境科学与管理,2017,42(11):126-130.

[14] 倪冠华,李钊,温永瓒,等. CO_2注入下煤层气产出及储层渗透率演化规律[J]. 采矿与安全工程学报,2022,39(4):837-846.

[15] DAMEN K,FAAIJ A,VAN BERGEN F,et al. Identification of early opportunities for CO_2 sequestration—worldwide screening for CO_2-EOR and CO_2-ECBM projects[J]. Energy,2005,30(10):1931-1952.

[16] FUJIOKA M, YAMAGUCHI S, NAKO M. CO_2-ECBM field tests in the Ishikari Coal Basin of Japan [J]. International Journal of Coal Geology, 2010, 82 (3-4): 287-298.

[17] 袁士义, 马德胜, 李军诗, 等. 二氧化碳捕集、驱油与埋存产业化进展及前景展望 [J]. 石油勘探与开发, 2022, 49 (4): 828-834.

[18] 胡永乐, 郝明强, 陈国利, 等. 中国 CO_2 驱油与埋存技术及实践 [J]. 石油勘探与开发, 2019, 46 (4): 716-727.

[19] 彭会君. 碳中和目标下CCUS技术在油田的应用前景 [J]. 油气田地面工程, 2022, 41 (9): 15-19.

[20] ANDERSEN P ø, BRATTEKÅS B, ZHOU Y, et al. Carbon capture utilization and storage (CCUS) in tight gas and oil reservoirs [J]. Journal of Natural Gas Science and Engineering, 2020, 81: 103458.

[21] 宋新民, 王峰, 马德胜, 等. 中国石油二氧化碳捕集、驱油与埋存技术进展及展望 [J]. 石油勘探与开发, 2023, 50 (1): 206-218.

[22] 王紫剑, 唐玄, 荆铁亚, 等. 中国年封存量百万吨级 CO_2 地质封存选址策略 [J]. 现代地质, 2022, 36 (5): 1414-1431.

[23] 朱佩誉. CO_2 在咸水层的地质封存及应用进展 [J]. 洁净煤技术, 2021, 27 (S2): 33-38.

[24] 周银邦, 王锐, 何应付, 等. 咸水层 CO_2 地质封存典型案例分析及对比 [J]. 油气地质与采收率, 2023, 30 (2): 162-167.

[25] RINGROSE P S, MATHIESON A S, WRIGHT I W, et al. The In Salah CO_2 storage project: lessons learned and knowledge transfer [J]. Energy Procedia, 2013, 37: 6226-6236.

[26] HANSEN O, GILDING D, NAZARIAN B, et al. Snøhvit: The history of injecting and storing 1 Mt CO_2 in the fluvial Tubåen Fm [J]. Energy Procedia, 2013, 37: 3565-3573.

[27] 李琦, 赵楠, 刘兰翠, 等. 澳大利亚Gorgon二氧化碳咸水层封存项目环境风险评价方法 [J]. 环境工程, 2019, 37 (2): 22-26; 34.

[28] ZHOU F, HOU W, ALLINSON G, et al. A feasibility study of ECBM recovery and CO_2 storage for a producing CBM field in Southeast Qinshui Basin, China [J]. International Journal of Greenhouse Gas Control, 2013, 19: 26-40.

[29] 张守仁, 桑树勋, 吴见, 等. CO_2 驱煤层气关键技术研发及应用 [J]. 煤炭学报, 2022, 47 (11): 3952-3964.

[30] 胡永乐, 郝明强, 陈国利, 等. 中国 CO_2 驱油与埋存技术及实践 [J]. 石油勘探与开发, 2019, 46 (4): 716-727.

[31] HILL L B, LI X C, WEI N. CO_2-EOR in China: A comparative review [J]. International Journal of Greenhouse Gas Control, 2020, 103: 103173.

[32] 王国锋. 吉林油田二氧化碳捕集、驱油与埋存技术及工程实践 [J]. 石油勘探与开发, 2023, 50 (1): 219-226.

[33] 王维波, 汤瑞佳, 江绍静, 等. 延长石油煤化工 CO_2 捕集、利用与封存 (CCUS) 工程实践 [J]. 非常规油气, 2021, 8 (2): 1-7; 106.

[34] MA J, WANG X, GAO R, et al. Jing bian CCS project in China: 2015 update [J]. Energy Procedia, 2017, 114: 5768-5782.

[35] 宋永臣, 张毅, 刘瑜. 二氧化碳封存利用 [M]. 北京: 科学出版社, 2023.

[36] 詹扬春. 地质封存中 CO_2-盐水体系密度测量及模型研究 [D]. 大连: 大连理工大学, 2017.

[37] 建伟伟. CO_2-EOR 中 CO_2 烷烃多元体系密度实验和预测模型研究 [D]. 大连: 大连理工大学, 2015.

[38] ZHANG H, CAO D. Molecular simulation of displacement of shale gas by carbon dioxide at different geological

depths [J]. Chemical Engineering Science, 2016, 156: 121-127.

[39] JIA B, TSAU J, BARATI R. A review of the current progress of CO_2 injection EOR and carbon storage in shale oil reservoirs [J]. Fuel, 2019, 236: 404-427.

[40] 赵宝坤. CO_2/CH_4/N_2 三元混合物密度特性研究 [D]. 大连：大连理工大学, 2022.

[41] 吴双亮. 二氧化碳在深部盐水层中埋存的传质研究 [D]. 青岛：中国石油大学（华东），2015.

[42] KNEAFSEY T J, PRUESS K. Laboratory Flow Experiments for Visualizing Carbon Dioxide-Induced, Density-Driven Brine Convection [J]. Transport in Porous Media, 2009, 82: 123-39.

[43] 滕莹. CO_2 咸水层封存毛细管俘获与对流混合特性研究 [D]. 大连：大连理工大学, 2019.

[44] FITTS J P, PETERS C A. Caprock Fracture Dissolution and CO_2 Leakage [J]. Reviews in Mineralogy and Geochemistry, 2013, 77 (1): 459-479.

[45] RAZIPERCHIKOLAEE A, PASUMARTI A, MISHRA S. The effect of natural fractures on CO_2 storage performance and oil recovery from CO_2 and WAG injection in an Appalachian basin reservoir [J]. Greenhouse Gases: Science and Technology, 2020, 10 (5): 1098-1114.

[46] RAZIPERCHIKOLAEE S, ALVARADO V, YIN S. Effect of hydraulic fracturing on long-term storage of CO_2 in stimulated saline aquifer [J]. Applied Energy, 2013, 102: 1091-1104.

[47] 徐宸. 裂缝性深部咸水层中 CO_2 运移影响因素分析 [D]. 大庆：东北石油大学, 2023.

[48] 韩思杰. 深部无烟煤储层 CO_2-ECBM 的 CO_2 封存机制与存储潜力评价方法 [D]. 徐州：中国矿业大学, 2020.

[49] BACHU S. Review of CO_2 storage efficiency in deep saline aquifers [J]. International Journal of Greenhouse Gas Control, 2015, 40: 188-202.

[50] BACHU S, BONJOLY D, BRADSHAW, et al. CO_2 storage capacity estimation: Methodology and gaps [J]. International Journal of Greenhouse Gas Control, 2007, 1 (4): 430-443.

[51] 赵玉龙, 杨勃, 曹成, 等. 盐水层 CO_2 封存潜力评价及适应性评价方法研究进展 [J]. 油气藏评价与开发, 2023, 13 (4): 484-494.

[52] PERERA M S A, RANJITH P G, CHOI S K, et al. The effects of sub-critical and super-critical carbon dioxide adsorption-induced coal matrix swelling on the permeability of naturally fractured black coal [J]. Energy, 2011, 36 (11): 6442-6450.

[53] VISHAL V. In-situ disposal of CO_2: Liquid and supercritical CO_2 permeability in coal at multiple down-hole stress conditions [J]. Journal of CO_2 Utilization, 2017, 17: 235-242.

[54] PERERA M S A, RANATHUNGA A S, RANJITH P G. Effect of coal rank on various fluid saturations creating mechanical property alterations using Australian coals [J]. Energies, 2016, 9 (6): 440.

[55] PERERA M S A, RANJITH P G, RANATHUNGA A S, et al. Optimization of enhanced coal-bed methane recovery using numerical simulation [J]. Journal of Geophysics and Engineering, 2015, 12 (1): 90-107.

[56] MUKHERJEE M, MISRA S. A review of experimental research on Enhanced Coal Bed Methane (ECBM) recovery via CO_2 sequestration [J]. Earth-Science Reviews, 2018, 179: 392-410.

[57] SAKUROVS R, DAY S, WEIR S. Relationships between the critical properties of gases and their high pressure sorption behavior on coals [J]. Energy & Fuels, 2010, 24 (3): 1781-1787.

[58] WENIGER P, FRANCŮ J, HEMZA P, et al. Investigations on the methane and carbon dioxide sorption capacity of coals from the SW Upper Silesian Coal Basin, Czech Republic [J]. International Journal of Coal Geology, 2012, 93: 23-39.

[59] PERERA M S A. Influences of CO_2 injection into deep coal seams: a review [J]. Energy & Fuels, 2017, 31 (10): 10324-10334.

[60] VILARRASA V, RUTQVIST J. Thermal effects on geologic carbon storage [J]. Earth-science reviews, 2017, 165: 245-256.

[61] RANATHUNGA A S, PERERA M S A, RANJITH P G, et al. Super-critical CO_2 saturation-induced mechanical property alterations in low rank coal: an experimental study [J]. The Journal of Supercritical Fluids, 2016, 109: 134-140.

[62] SAMPATH K, PERERA M S A, RANJITH P G, et al. Application of neural networks and fuzzy systems for the intelligent prediction of CO_2-induced strength alteration of coal [J]. Measurement, 2019, 135: 47-60.

[63] RANJITH P G, PERERA M S A. Effects of cleat performance on strength reduction of coal in CO_2 sequestration [J]. Energy, 2012, 45 (1): 1069-1075.

[64] HU Z, ZHANG D, WANG M, et al. Influences of supercritical carbon dioxide fluid on pore morphology of various rank coals: A review [J]. Energy Exploration & Exploitation, 2020, 38 (5): 1267-1294.

[65] KELEMEN S R, KWIATEK L M. Physical properties of selected block Argonne Premium bituminous coal related to CO_2, CH_4, and N_2 adsorption [J]. International Journal of Coal Geology, 2009, 77 (1-2): 2-9.

[66] FARQUHAR S M, Pearce J K, Dawson G K W, et al. A fresh approach to investigating CO_2 storage: experimental CO_2-water-rock interactions in a low-salinity reservoir system [J]. Chemical Geology, 2015, 399: 98-122.

[67] SAMPATH K, PERERA M S A, RANJITH P G, et al. CO_2 interaction induced mechanical characteristics alterations in coal: a review [J]. International Journal of Coal Geology, 2019, 204: 113-129.

[68] GUO H, NI X, WANG Y, et al. Experimental study of CO_2-water-mineral interactions and their influence on the permeability of coking coal and implications for CO_2-ECBM [J]. Minerals, 2018, 8 (3): 117.

[69] 马瑾. 地质封存条件下超临界二氧化碳运移规律研究 [D]. 北京: 清华大学, 2015.

[70] 屈红军, 李鹏, 李严, 等, 2023. 咸水层 CO_2 不同捕获机理封存量计算方法及应用范围 [J]. 西北大学学报 (自然科学版), 53 (6): 913-925.

[71] 舒娇娇. 深部咸水层封存二氧化碳迁移规律研究 [D]. 大连: 大连海事大学, 2020.

[72] BACHU S, BONIJOLY D, BRADSHAW J, et al. CO_2 storage capacity estimation: Methodology and gaps [J]. International Journal of Greenhouse Gas Control, 2007, 1 (4): 430-443.

[73] De SILVA P N K, RANJITH P G, 2012. A study of methodologies for CO_2 storage capacity estimation of saline aquifers [J]. Fuel, 93: 13-27.

[74] SUEKANE T, NOBUSO T, HIRAI S, et al. Geological storage of carbon dioxide by residual gas and solubility trapping [J]. International Journal of Greenhouse Gas Control, 2008, 2 (1): 58-64.

[75] 邹才能, 陈艳鹏, 孔令峰, 等. 煤炭地下气化及对中国天然气发展的战略意义 [J]. 石油勘探与开发, 2019, 46 (2): 195-204.

[76] 刘淑琴, 张尚军, 牛茂斐, 等. 煤炭地下气化技术及其应用前景 [J]. 地学前缘, 2016, 23 (3): 97-102.

[77] ZHENG X, WANG X, GUO J, et al. Experimental study on CH_4 displacement from coal seam fractured by liquid CO_2 [J]. International Journal of Heat and Technology, 2019, 37 (1): 212-218.

[78] RAZAVI S, TOLSON B A, BUN D H. Review of surrogate modeling in water resources [J]. Water Resources Research, 2012, 48 (7): W07401.

[79] AJAYI T, GOMES J S, BERA A. A review of CO_2 storage in geological formations emphasizing modeling,

monitoring and capacity estimation approaches [J]. Petroleum Science, 2019, 16 (5): 1028-1063.

[80] 崔传智, 李安慧, 吴忠维, 等. 基于物质平衡方程的 CO_2 理论构造埋存量计算新方法 [J]. 特种油气藏, 2023, 30 (1): 74-78.

[81] ZHANG R, WINTERFELD P H, YIN X, et al. Sequentially coupled THMC model for CO_2 geological sequestration into a 2D heterogeneous saline aquifer [J]. Journal of Natural Gas Science And Engineering, 2015, 27: 579-615.

[82] CUI G, ZHU L, ZHOU Q, et al. Geochemical reactions and their effect on CO_2 storage efficiency during the whole process of CO_2 EOR and subsequent storage [J]. International of Journal Greenhouse Gas Control, 2021, 108: 103335.

[83] GAO X, YANG S, SHEN B, et al. Influence of Reservoir Spatial Heterogeneity on a Multicoupling Process of CO_2 Geological Storage [J]. Energy Fuels, 2023, 37 (19): 14991-5005.

[84] BACHU S. Sequestration of CO_2 in geological media: criteria and approach for site selection in response to climate change [J]. Energy conversion and management, 2000, 41 (9): 953-970.

[85] 中国 21 世纪议程管理中心. 中国二氧化碳地质封存选址指南研究 [M]. 北京: 地质出版社, 2012.

[86] 张森琦, 郭建强, 刁玉杰, 等. 规模化深部咸水含水层 CO_2 地质储存选址方法研究 [J]. 中国地质, 2011, 38 (6): 1640-1651.

[87] 张晓普, 于开宁, 李文. 鄂尔多斯地区深部咸水层二氧化碳地质储存适宜性评价 [J]. 地质灾害与环境保护, 2012, 23 (1): 73-77.

[88] VAN BERGEN F, PAGNIER H J M, VAN der MEER L G H, et al. Development of a field experiment of CO_2 storage in coal seams in the Upper Silesian Basin of Poland (RECOPOL) [C] //Proceedings of the 6th International Conference on Greenhouse Gas Control Technologies. Oxford: Pergamon Press, 2003: 569-574.

[89] 张晓娟, 李旭峰, 张杨. 利用遥感和 GIS 技术的 CO_2 地质储存选址研究 [J]. 遥感信息, 2015, 30 (4): 121-124; 129.

[90] 祁生文, 郑博文, 王赞, 等. 二氧化碳地质利用与封存场址的地质评价 [J]. 中国科学: 地球科学, 2023, 53 (9): 1937-1957.

[91] 祁生文, 郑博文, 路伟, 等. 二氧化碳地质封存选址指标体系及适宜性评价研究 [J]. 第四纪研究, 2023, 43 (2): 523-550.

[92] 张冰, 梁凯强, 王维波, 等. 鄂尔多斯盆地深部咸水层 CO_2 有效地质封存潜力评价 [J]. 非常规油气, 2019, 6 (3): 15-20.

[93] GRATALOUP S, BONIJOLY D, BROSSE E, et al. A site selection methodology for CO_2 underground storage in deep saline aquifers: case of the Paris Basin [J]. Energy Procedia, 2009, 1 (1): 2929-2936.

[94] AJAYI T, GOMES J S, BERA A. A review of CO_2 storage in geological formations emphasizing modeling, monitoring and capacity estimation approaches [J]. Petroleum Science, 2019, 16: 1028-1063.

[95] 张冰, 梁凯强, 王维波, 等. 鄂尔多斯盆地深部咸水层 CO_2 有效地质封存潜力评价 [J]. 非常规油气, 2019, 6 (3): 15-20.

[96] 张晓娟. 准噶尔盆地 CO_2 地质利用与储存潜力研究 [D]. 北京: 中国地质大学, 2020.

[97] 刁玉杰, 朱国维, 金晓琳, 等. 四川盆地理论 CO_2 地质利用与封存潜力评估 [J]. 地质通报, 2017, 36 (6): 1088-1095.

[98] 许晓艺, 李琦, 刘桂臻, 等. 基于多准则决策的 CO_2 地质封存场地适宜性评价方法 [J]. 第四纪研究, 2023, 43 (2): 551-559.

[99] 李冬. CO_2 封存储层精细描述及运移监测方法研究 [D]. 北京: 中国矿业大学, 2021.

[100] 史浩磊. 全变分正则化约束的井地联合全波形反演方法研究 [D]. 北京：中国矿业大学，2023.

[101] 雷蕾. 二氧化碳驱油岩石物理分析及地震正演模拟 [J]. 地球物理学进展，2016，31（2）：675-682.

[102] ZHANG F, JUHLIN C, IVANDIC M, et al. Application of seismic full waveform inversion to monitor CO_2 injection: modelling and a real data example from the Ketzin site, Germany [J]. Geophysical Prospecting, 2013, 61: 284-299.

[103] STORK L A, ALLMARK C, CURTIS A, et al. Assessing the potential to use repeated ambient noise seismic tomography to detect CO_2 leaks: Application to the Aquistore storage site [J]. International Journal of Greenhouse Gas Control, 2018, 2 (7): 7120-7135.

[104] 马劲风，李琳，王浩璠，等. CO_2 地质封存地球物理监测技术 [J]. Applied Geophysics, 2016, 13（2）：288-306；417-418.

[105] 范芬. CO_2 地质封存时移地震监测中重复性分析和随机噪音对振幅的影响 [D]. 西安：西北大学，2014.

[106] 陈龙. CO_2 地质封存四维地震监测技术中属性分析研究和应用 [D]. 西安：西北大学，2016.

[107] 田宝卿，徐佩芬，庞忠和，等. CO_2 封存及其地球物理监测技术研究进展 [J]. 地球物理学进展，2014，29（3）：1431-1438.

[108] 李军，张军华，谭明友，等. CO_2 驱油及其地震监测技术的国内外研究现状 [J]. 岩性油气藏，2016，28（1）：128-134.

[109] 杨扬，马劲风，李琳. CO_2 地质封存四维多分量地震监测技术进展 [J]. 地球科学进展，2015，30（10）：1119-1126.

[110] SHIN, YOUNGJAE, et al. 4D Seismic Monitoring with Diffraction-Angle-Filtering for Carbon Capture and Storage (CCS) [J]. Journal of Marine Science and Engineering, 2022, 11 (1): 57.

[111] VERDON P J, KENDALL J, WHITE J D, et al. Passive seismic monitoring of carbon dioxide storage at Weyburn [J]. The Leading Edge, 2010, 29 (2): 200-206.

[112] 魏旭旺. 基于裂隙介质理论 CO_2 地质封存的 4D AVOA 正反演 [D]. 西安：西北大学，2012.

[113] 郝艳军，杨顶辉，程远锋. 基于自适应杂交遗传算法的 CO_2 地质封存的储层参数反演研究 [J]. 地球物理学报，2016，59（11）：4234-4245.

[114] 南德，靳志强，王海朋，等. 咸水层 CO_2 地质封存测井资料评价研究进展 [J]. 测井技术，2022，46（3）：241-250.

[115] 潘和平，马火林，蔡柏林，等. 地球物理测井与井中物探 [M]. 北京：科学出版社，2009.

[116] ZHANG, et al. Prediction of CO_2 saturation by using well logging data, in the process of CO_2-EOR and geological storage of CO_2 [J]. Energy Procedia, 2017, 114: 4552-4556.

[117] YAMAMOTO H, NAKAJIMA T, XUE Z. Quantitative Interpretation of Trapping Mechanisms of CO_2 at Nagaoka Pilot Project a History Matching Study for 10-Year post-injection- [J]. Energy Procedia 2017, 114: 5058-5069.

[118] SATO K, MITD S, HORIE T, et al. Monitoring and simulation studies for assessing macro-and meso-scale migration of CO_2 sequestered in an onshore aquifer: Experiences from the Nagaoka pilot site, Japan [J]. International Journal of Greenhouse Gas Control, 2011, 5 (1): 125-137.

[119] 赵改善. 二氧化碳地质封存地球物理监测：现状、挑战与未来发展 [J]. 石油物探，2023，62（2）：194-211.

[120] 崔方智，周韬，张兵. 煤层中 CO_2 注入运移瞬变电磁法监测技术探索 [J]. 物探与化探，2020，44（3）：573-581.

[121] 徐同晖，吴陈芋潼，邢兰昌，等. 井间 ERT 监测数据远程传输与数据处理平台设计与开发 [J]. 计算机测量与控制，2023，31（11）：273-279；320.

[122] CARRIGAN C R, YANG X, LABRECQUE D J, et al. Electrical resistance tomographic monitoring of CO_2 movement in deep geologic reservoirs [J]. International journal of greenhouse gas control, 2013, 18: 401-408.

[123] 朱栋，高世腾，朱欣欣，等. 量子重力仪在地球科学中的应用进展 [J]. 地球科学进展，2021，36（5）：480-489.

[124] KELLEY M. An Assessment of Monitoring Technologies Deployed in Multiple Carbonate Reef Reservoirs at the MRCSP Large-Scale CO_2-EOR Site Michigan [J]. Social Science Research Network, 2021 (1): 3816757.

[125] 蔡博峰，李琦，张贤. 中国二氧化碳捕集利用与封存（CCUS）年度报告（2021）[J]. 环境经济，2021（16）：40-42.

[126] NOONER S L, EI KEN O, HERMANRUD C, et al. Constraints on the in situ density of CO_2 within the Utsira formation from time-lapse seafloor gravity measurements [J]. International Journal of Greenhouse Gas Control, 2007, 1 (2): 198-214.

[127] 甘满光，雷宏武，张力为，等. 基于数值模拟的 CO_2 地质封存项目井筒泄漏风险定量化评价方法 [J]. 工程科学与技术，2024，56（1）：195-205.

[128] 雷兴林，苏金蓉，王志伟. 四川盆地南部持续增长的地震活动及其与工业注水活动的关联 [J]. 中国科学：地球科学，2020，50（11）：1505-1532；1-8.

[129] 李琦，宋然然，匡冬琴，等. 二氧化碳地质封存与利用工程废弃井技术的现状与进展 [J]. 地球科学进展，2016，31（03）：225-235.

[130] 李志鹏，卜丽侠. 二氧化碳驱油及封存过程中的地质安全界限体系 [J]. 特种油气藏，2021，24（2）：141-144.

[131] 任韶然，李德祥，张亮，等. 地质封存过程中 CO_2 泄漏途径及风险分析. 石油学报，2014，35（3），591-601.

[132] 张力为，李琦. 二氧化碳地质利用与封存的风险管理 [M]. 北京：科学出版社，2020.

[133] ELLSWORTH W L, GIARDINI D, TOWNEND J, et al. Triggering of the Pohang, Korea, Earthquake (Mw 5.5) by enhanced geothermal system stimulation [J]. Seismological Research Letters, 2019, 90 (5): 1844-1858.

[134] LEVINE J S, FUKAI I, SOEDER D J, et al. US DOE NETL methodology for estimating the prospective CO_2 storage resource of shales at the national and regional scale [J]. International Journal of Greenhouse Gas Control, 2016, 51: 81-94.

[135] PAN P, WU Z, FENG X, et al. Geomechanical modeling of CO_2 geological storage: A review [J]. Journal of Rock Mechanics and Geotechnical Engineering, 2016, 8 (6): 936-947.

[136] SU X, LIU S, ZHANG L, et al. Wellbore leakage risk management in CO_2 geological utilization and storage: a review [J]. Energy Reviews, 2023, 2 (4): 35-48.

[137] VLEK C. Rise and reduction of induced earthquakes in the Groningen gas field, statistical trends, social impacts, and policy change [J]. Environmental earth sciences, 2019, 78 (3): 59.

[138] WHITE J A, FOXALL W. Assessing induced seismicity risk at CO_2 storage projects: Recent progress and remaining challenges [J]. International Journal of Greenhouse Gas Control, 2016, 49: 413-424.

[139] PAGNIER H, VAN BERGEN F, KRZYSTOLIK P, et al. Field experiment of CO_2-ECBM in the Upper Silesian Basin of Poland (RECOPOL) [C] //Proceedings of the 7th International Conference on Greenhouse

Gas Control Technologies, 2005, II (1): 1391-1397.

[140] VAN BERGEN F, KRZYSTOLIK P, VAN WAGENINGEN N, et al. Production of gas from coal seams in the Upper Silesian Coal Basin in Poland in the post-injection period of an ECBM pilot site [J]. International Journal of Coal Geology, 2009, 77 (1-2): 175-187.

[141] JENSEN G K S. Weyburn oilfield core assessment investigating cores from pre and post CO_2 injection: Determining the impact of CO_2 on the reservoir [J]. International Journal of Greenhouse Gas Control, 2016, 54: 490-498.

[142] CAVANAGH A J, HASZELDINE R S. The Sleipner storage site: Capillary flow modeling of a layered CO_2 plume requires fractured shale barriers within the Utsira Formation [J]. International Journal of Greenhouse Gas Control, 2014, 21: 101-112.

[143] Fornel, Alexandre, and Audrey Estublier. To a dynamic update of the Sleipner CO_2 storage geological model using 4D seismic data [J]. Energy Procedia, 2013, 37: 4902-4909.

[144] 周银邦, 王锐, 何应付, 等. 咸水层 CO_2 地质封存典型案例分析及对比 [J]. 油气地质与采收率, 2023, 30 (2): 162-167.

[145] 叶建平, 冯三利, 范志强, 等. 沁水盆地南部注二氧化碳提高煤层气采收率微型先导性试验研究 [J]. 石油学报, 2007, (4): 77-80.

[146] 王烽, 汤达祯, 刘洪林, 等. 利用 CO_2-ECBM 技术在沁水盆地开采煤层气和埋藏 CO_2 的潜力 [J]. 天然气工业, 2009, 29 (4): 117-120; 146-147.

[147] 申建, 秦勇, 张春杰, 等. 沁水盆地深煤层注入 CO_2 提高煤层气采收率可行性分析 [J]. 煤炭学报, 2016, 41 (1): 156-161.

[148] 韩学婷, 张兵, 叶建平. 煤层气藏 CO_2-ECBM 注入过程中 CO_2 相态变化分析及应用: 以沁水盆地柿庄北区块为例 [J]. 非常规油气, 2018, 5 (1): 80-85.

[149] 汪艳勇. 大庆榆树林油田扶杨油层 CO_2 驱油试验 [J]. 大庆石油地质与开发, 2015, 34 (1): 136-139.

[150] 张英芝, 杨铁军, 杨正明, 等. 榆树林油田特低渗透扶杨油层 CO_2 驱油效果评价 [J]. 科技导报, 2015, 33 (5): 52-56.

[151] 吴欣松, 唐振兴, 张琴, 等. 松辽盆地扶新隆起带北部扶杨油层地层水化学特征及其与油气富集关系 [J]. 天然气地球科学, 2022, 33 (6): 979-991.

[152] 吴秀章. 中国二氧化碳捕集与地质封存首次规模化探索 [M]. 北京: 科学出版社, 2013.

[153] GUO J, WEN D, ZHANG S, et al. Potential and Suitability Evaluation of CO_2 Geological Storage in Major Sedimentary Basins of China, and the Demonstration Project in Ordos Basin [J]. Acta Geologica Sinica (English Edition), 2015, 89 (4): 1319-1332.

[154] 刁玉杰. 神华 CCS 示范工程场地储层表征与 CO_2 运移规律研究 [D]. 北京: 中国矿业大学, 2017.